Annika Clauss

Anfechtungsrechte bei Wertpapiergeschäften zu nicht marktgerechten Preisen (Mistrades)

BrV 32

Schriftenreihe der Bankrechtlichen Vereinigung

herausgegeben von

Mathias Habersack
Peter O. Mülbert
Gerd Nobbe
Arne Wittig

Band 32

De Gruyter

Annika Clauss

Anfechtungsrechte bei Wertpapiergeschäften zu nicht marktgerechten Preisen (Mistrades)

De Gruyter

Dr. iur. *Annika Clauss*, LL.M. (Harvard), Hengeler Mueller, Frankfurt am Main

Gedruckt mit Unterstützung des Förderungs- und Beihilfefonds Wissenschaft der VG Wort

ISBN 978-3-11-026153-0
e-ISBN 978-3-11-026144-8

Bibliografische Information der Deutschen Nationalbibliothek

Die Deutsche Nationalbibliothek verzeichnet diese Publikation in der Deutschen Nationalbibliografie; detaillierte bibliografische Daten sind im Internet über http://dnb.d-nb.de abrufbar.

Datenkonvertierung/Satz: WERKSATZ Schmidt & Schulz GmbH, Gräfenhainichen
Druck: Hubert & Co. GmbH & Co. KG, Göttingen

∞ Gedruckt auf säurefreiem Papier

Printed in Germany

www.degruyter.com

Meiner Großmutter Lieselotte Groth

Danksagung

Die Universität Hamburg hat die vorliegende Arbeit im Wintersemester 2010/2011 als Dissertation angenommen. Rechtsprechung und Literatur sind bis Ende Januar 2011 und zum Teil darüber hinaus berücksichtigt.

Mein herzlicher Dank gilt meinem Doktorvater, Herrn Prof. Dr. Dr. Dr. h.c. mult. Klaus J. Hopt, für die hervorragende Betreuung. Herrn Prof. Dr. Robert Koch danke ich für die zügige Erstellung des Zweitgutachtens.

Den Herausgebern der Schriftenreihe der Bankrechtlichen Vereinigung gilt mein Dank für die Aufnahme der Arbeit in diese Reihe. Ebenfalls danke ich der Studienstiftung des deutschen Volkes für die Förderung seit dem Grundstudium sowie dem Förderungs- und Beihilfefonds Wissenschaft der VG WORT für die Übernahme eines großen Teils der Druckkosten. Bei der Esche Schümann Commichau Stiftung bedanke ich mich für die Auszeichnung der Arbeit mit einem Förderpreis.

Meiner Familie und meinen Freunden danke ich herzlich für ihre Unterstützung, insbesondere Christine und Harald Buczilowski, Jörg Buschbaum, Cornelia und Wolfgang Clauss, Andreas M. Fleckner, Lieselotte Groth, Andreas Haub, Suzu Pahlke, Heiko Richter und Vera Schultze.

Frankfurt am Main, im Mai 2011 Annika Clauss

Inhaltsübersicht

Inhaltsverzeichnis

Abkürzungsverzeichnis

a.A.	anderer Ansicht
ABl.	Amtsblatt
Abs.	Absatz
AcP	Archiv für die civilistische Praxis
a.E.	am Ende
a.F.	alte Fassung
AG	Amtsgericht / Aktiengesellschaft / Die Aktiengesellschaft
AGB	Allgemeine Geschäftsbedingungen
AGB-Banken	Allgemeine Geschäftsbedingungen der privaten Banken und der Genossenschaftsbanken
All ER	All England Law Reports
Alt.	Alternative
a.M.	am Main
Anm.	Anmerkung
AöR	Archiv des öffentlichen Rechts
Art.	Artikel
AT	Allgemeiner Teil
Aufl.	Auflage
BauGB	Baugesetzbuch
BB	Der Betriebs-Berater
Bd.	Band
Bearb	Bearbeitung
BedDüWB	Bedingungen für die Geschäfte an der Börse Düsseldorf
BedEurex	Bedingungen für den Handel an der Eurex Deutschland und der Eurex Zürich
BedFreiverkehr	Allgemeinen Geschäftsbedingungen der Deutsche Börse AG für den Freiverkehr an der Frankfurter Wertpapierbörse
BedFWB	Bedingungen für Geschäfte an der Frankfurter Wertpapierbörse
BedMüWB	Bedingungen für die Geschäfte an der Börse München
Begr.	Begründer
Beil.	Beilage
Beschl.	Beschluss
BGB	Bürgerliches Gesetzbuch
BGH	Bundesgerichtshof
BGHZ	Entscheidungen des Bundesgerichtshofes in Zivilsachen
BGBl.	Bundesgesetzblatt
BIS	Bank for International Settlements
BKR	Zeitschrift für Bank- und Kapitalmarktrecht
BörsG	Börsengesetz
BT-Drucks.	Bundestags-Drucksache
BVerfG	Bundesverfassungsgericht
BVerfGE	Entscheidungen des Bundesverfassungsgerichts
BVerfGG	Bundesverfassungsgerichtsgesetz
bzw.	beziehungsweise
CATS-OS	Citibank Automated Trading System
CCP	Central Counterparty / Zentraler Kontrahent
ClearBed.	Eurex Clearing-Bedingungen

Conn.	Connecticut
CR	Computer und Recht
DAX	Deutscher Aktien Index
DB	Der Betrieb
DDV	Deutscher Derivate Verband
DepotG	Depotgesetz
d.h.	das heißt
DöV	Die öffentliche Verwaltung
DVBl.	Deutsches Verwaltungsblatt
ECNs	Electronic Communication Networks
EG	Europäische Gemeinschaft
Entsch.	Entscheidung
etc.	et cetera
EU	Europäische Union
EUR	Euro
Euwax	European Warrant Exchange
EWG	Europäische Wirtschaftsgemeinschaft
EWiR	Entscheidungen zum Wirtschaftsrecht
f.	folgende (Seite)
FAZ	Frankfurter Allgemeine Zeitung
ff.	folgende (Seiten)
Fn.	Fußnote
FRUG	Finanzmarkt-Richtlinie-Umsetzungsgesetz
FTD	Financial Times Deutschland
FWB	Frankfurter Wertpapierbörse
FWB-BörsO	Börsenordnung für die Frankfurter Wertpapierbörse
GG	Grundgesetz
GVBl.	Gesetz- und Verordnungsblatt
Halbs.	Halbsatz
HandelsOFreiverkehr	Handelsordnung für den Freiverkehr an der Frankfurter Wertpapierbörse
Hess. AGVwGO	Hessisches Gesetz zur Ausführung der Verwaltungsgerichtsordnung
HGB	Handelsgesetzbuch
Hrsg.	Herausgeber
insb.	insbesondere
JR	Juristische Rundschau
JuS	Juristische Schulung
JW	Juristische Wochenschrift
JZ	Juristenzeitung
KapitalmarktRK	Kapitalmarktrechtskommentar
KGaA	Kommanditgesellschaft auf Aktien
K & R	Kommunikation & Recht
KWG	Kreditwesengesetz
LG	Landgericht
LZ	Leipziger Zeitschrift für Deutsches Recht
MiFID	EG-Richtlinie über Märkte für Finanzinstrumente
Minn.	Minnesota
Mio.	Million
MMR	Multimedia und Recht
Mrd.	Milliarde
MüKoBGB	Münchener Kommentar zum Bürgerlichen Gesetzbuch

MüKoHGB	Münchener Kommentar zum Handelsgesetzbuch
m.w.N.	mit weiteren Nachweisen
NJOZ	Neue Juristische Online-Zeitschrift
NJW	Neue Juristische Wochenschrift
NJW-RR	NJW-Rechtsprechungsreport
No.	Number
Nr.	Nummer
n.v.	nicht veröffentlicht
N.W.	North Western Reporter
OLG	Oberlandesgericht
OTC	Over The Counter
PrOVG	Preußisches Oberverwaltungsgericht
PrOVGE	Entscheidungen des Preußischen Oberverwaltungsgerichtes
RabelsZ	Rabels Zeitschrift für ausländisches und internationales Privatrecht
Rdn.	Randnummer
Red.	Redakteur
RG	Reichsgericht
RGRK	Reichsgerichtsrätekommentar
RGZ	Entscheidungen des Reichsgerichts in Zivilsachen
RIW	Recht der Internationalen Wirtschaft
S.	Seite / Satz
SBT	Sonderbedingungen für Termingeschäfte
SBW	Sonderbedingungen für Wertpapiergeschäfte
SeuffA	Seufferts Archiv für Entscheidungen der obersten Gerichte in den deutschen Staaten
Sonderbeil.	Sonderbeilage
StGB	Strafgesetzbuch
UNIDROIT	International Institute for the Unification of Private Law
Urt.	Urteil
USA	United States of America
USD	United States Dollar
v.	versus / vom
Var.	Variante
VG	Verwaltungsgericht
Vgl.	Vergleiche
Vol	Volume
VwGO	Verwaltungsgerichtsordnung
WM	Wertpapier-Mitteilungen, Zeitschrift für Wirtschafts- und Bankrecht
WpDVerOV	Verordnung zur Konkretisierung der Verhaltensregeln und Organisationsanforderungen für Wertpapierdienstleistungsunternehmen
WpHG	Wertpapierhandelsgesetz
WuB	Entscheidungssammlung zum Wirtschafts- und Bankrecht
z.B.	zum Beispiel
ZBB	Zeitschrift für Bankrecht und Bankwirtschaft
ZG	Zeitschrift für Gesetzgebung
ZGR	Zeitschrift für Unternehmens- und Gesellschaftsrecht
ZHR	Zeitschrift für das gesamte Handelsrecht und Wirtschaftsrecht
Ziff.	Ziffer
ZIP	Zeitschrift für Wirtschaftsrecht

Erster Teil
Einführung

A. Problemstellung

In den letzten Jahren sind vermehrt Fälle bekannt geworden, in denen Wertpapiergeschäfte zu nicht marktgerechten Preisen geschlossen wurden, sogenannte Mistrades. In Erinnerung geblieben sein dürften beispielsweise der Einbruch des Dow Jones im Mai 2010, der von der Frankfurter Allgemeinen Zeitung als „vermutlich teuerste[r] Tippfehler der Welt" bezeichnete Vorfall an der Tokioter Börse im Jahr 2005 sowie im deutschsprachigen Raum der Kurseinbruch an der Eurex im November 2001.[1] Mistrades mit derart hohen Schadensvolumina bzw. drastischen Kursbeeinflussungen sind selten, weniger spektakuläre Fälle ereignen sich hingegen nahezu täglich.[2] Besonders häufig treten Mistrades im außerbörslichen bilateralen Direkthandel mit derivativen Finanzinstrumenten (Optionsscheinen und Zertifikaten) auf.

Ursache von Mistrades sind – wie bei irrtumsbedingt geschlossenen Geschäften üblich – manuelle Eingabe- oder Berechnungsfehler, technisches Versagen der Computersysteme bei der Datenübermittlung oder -berechnung oder täuschendes Verhalten der Beteiligten. Es drängt sich daher nahezu auf, die Anfechtungsrechte der Beteiligten bei Mistrades zu untersuchen. Überraschenderweise haben sich bislang jedoch weder die Rechtsprechung noch das Schrifttum ausführlicher mit dieser Frage auseinandergesetzt. Einige der wenigen Beiträge, die sich mit der Aufhebbarkeit von Mistrades beschäftigen, weisen zwar darauf hin, dass die Anfechtungsrechte eine Lücke in der bisherigen Erörterung der Mistrade-Problematik darstellen,[3] konzentrieren sich aber im Übrigen ausschließlich auf die den Beteiligten aus den speziellen börslichen und außerbörslichen Mistrade-Regeln[4] zustehenden Rechte.[5] Diese mögen den Vorteil haben, dass sie speziell auf die Mistrade-Problematik zugeschnitten sind und daher einige dogmatisch schwierige Fragen der gesetzlichen Rechte umgehen. Allerdings ist ihre Geltung zum Teil mit Unsicherheiten behaftet. Zudem unterscheiden sich die Anfechtungsrechte und die Mis-

---

1 Für eine Auflistung bekannter Mistrade-Fälle siehe Zweiter Teil. B. I.

2 Dies ist beispielsweise anhand der Mistrade-Listen der Wertpapierbörsen Frankfurt und Stuttgart ersichtlich, dazu Zweiter Teil. B. II., insb. Fn. 35.

3 *Fleckner/Vollmuth*, WM 2009, 1819, 1819; *Fleckner*, WuB I G. 2 – 1.09, S. 515 f.; *ders.*, WuB I G 2. – 2.09, S. 593; *ders.*, WM 2011, 585, 591 f.

4 Zum Begriff der Mistrade-Regeln siehe Zweiter Teil. C. II. 1.

5 Monographisch *Lindfeld*, Mistrade-Regeln; erstmals *Fleckner/Vollmuth,* WM 2004, 1263 ff.; zudem auch *Fridrich/Seidel*, BKR 2008, 497 ff.; *Koch*, ZBB 2005, 265 ff.; siehe auch die Nachweise in Fn. 187.

trade-Regeln auch in ihren Voraussetzungen und ihrem Umfang. Für die Beteiligten ist daher die Klärung der ihnen gesetzlich – zusätzlich zu den Mistrade-Regeln – zustehenden Anfechtungsrechte sowie des Konkurrenzverhältnisses beider Regelungsregime zueinander von großem Interesse.

Die Prüfung der Anfechtungsrechte bei Mistrades ist vor allem wegen zweier Charakteristika des Wertpapierhandels schwierig. Erstens besteht die Besonderheit, dass die Kunden als wirtschaftlich Hauptbetroffene keinen unmittelbaren Marktzugang haben, sondern nur über einen Marktintermediär – in der Regel eine Bank als Effektenkommissionärin – handeln können. Da der Kunde deshalb nicht selbst, sondern vielmehr seine Bank das Mistrade-Geschäft abschließt, stellen sich die typischen Fragen von Drei- und Mehrpersonenverhältnissen (Zurechnung von Wissen, Verhalten und Schadensposten). Zweitens wird sowohl der außerbörsliche als auch der börsliche Wertpapierhandel vorwiegend elektronisch über automatisierte Computersysteme abgewickelt. Dadurch muss überlegt werden, inwiefern die herkömmlichen bürgerlichrechtlichen Vorschriften auf diese Sachverhalte anwendbar sind.

Eine weitere dogmatische Schwierigkeit besteht darin, dass die Anfechtungsrechte an Fehler anknüpfen, die bei der Abgabe von Willenserklärungen entstanden sind. Vor allem im außerbörslichen Wertpapierhandel treten die den Mistrade verursachenden Fehler allerdings nicht bei Abgabe der Willenserklärung auf, sondern bei der Äußerung einer *invitatio ad offerendum*. Auch für diese Fälle ist daher die Anwendbarkeit der Vorschriften über die Anfechtung zu klären. Dafür ist ein Vergleich mit Geschäftsabschlüssen zu nicht marktgerechten Preisen im Internetversandhandel gewinnbringend. Der *Bundesgerichtshof* hat einen Fall entschieden, in dem ein Computerversandhändler aufgrund eines Softwarefehlers fälschlicherweise einen Computer zu einem zu niedrigen Preis auf seiner Website anbot und durch Automatisierungsvorgänge an eine Vielzahl von Kunden verkaufte.[6] Die Problematik stellt sich dort – allerdings im Zweipersonenverhältnis – in ähnlicher Weise wie in den Mistrade-Fällen und bietet daher möglicherweise übertragbare Lösungen.

Die im börslichen Handel bestehenden Sonderbestimmungen, die den Ausschluss der Anfechtungsrechte und die ersatzweise Geltung der Mistrade-Regeln vorsehen, werfen schließlich komplexe Fragen nach ihrer Wirksamkeit auf. Im Hinblick auf die Geltung der Geschäftsbedingungen der Börsen (Börsenusancen) ist insbesondere die Normsetzungskompetenz der Börse zu untersuchen. Bei der Einbeziehung der börslichen Sonderbestimmungen in die Clearing-Vereinbarungen zwischen der Eurex Clearing AG und den Clearing-Mitgliedern stellen sich nicht zuletzt AGB-rechtliche Probleme.

---

6 Siehe die Nachweise in Fn. 242; Fälle wie dieser haben sich in der jüngsten Vergangenheit zahlreich ereignet.

B. Gang der Darstellung

Die weitere Darstellung gliedert sich in drei Teile. Im Zweiten Teil wird ein Überblick über die Mistrade-Problematik und ihre Hintergründe gegeben. Neben der Erörterung des Begriffs des Mistrades und einer Auflistung besonders folgenreicher Mistrade-Fälle werden die Handelsplätze skizziert, an denen Mistrades auftreten, und die Finanzinstrumente beschrieben, die Gegenstand eines Mistrades sein können. Sodann folgt eine Erörterung der Besonderheiten, die sich für die Mistrade-Problematik aus der rechtlichen Ausgestaltung von Wertpapieraufträgen als Kommissionsgeschäfte ergeben.

Im Dritten Teil werden die Anfechtungsrechte der Beteiligten im außerbörslichen Handel geprüft. Den Schwerpunkt bildet die Erörterung der Rechte des außerbörslichen Handelspartners, da von diesem meist das Aufhebungsbegehren ausgeht. Diskutiert wird insbesondere, auf welche Anfechtungsgründe der außerbörsliche Handelspartner sich wegen eines Mistrades stützen kann. Aufgrund des kommissionsrechtlich bedingten Dreipersonenverhältnisses sowie der automatisierten, elektronischen Abwicklung ergeben sich dabei vielfältige Besonderheiten. Erörterungsbedürftig sind auch Beginn und Länge der Anfechtungsfristen sowie die sich anschließende Frage des Vertrauensschadensersatzes. Ebenfalls untersucht werden die Anfechtungsrechte der Bank als Kommissionärin und des Kunden als Kommittenten.

Der Vierte Teil widmet sich der Anfechtung im börslichen Handel, insbesondere der Frage, ob der Ausschluss der Anfechtungsrechte in den Börsenusancen sowie den Clearing-Bedingungen wirksam ist, so dass die Beteiligten allein ihre Rechte aus den Mistrade-Regeln geltend machen können.

Zweiter Teil
Wirtschaftlicher und rechtlicher Rahmen

A. Begriff des Mistrades

Der Begriff des „Mistrades" wird in verschiedenen börslichen und außerbörslichen Regelwerken, Gerichtsurteilen und Stellungnahmen des Schrifttums verwendet. Die Begriffsdefinitionen weichen dabei teilweise voneinander ab.

Für den außerbörslichen Handel erklärt sich das schon daraus, dass es keine einheitlichen Mistrade-Regeln gibt,[7] sondern aufgrund der hohen Anzahl von Handelspartnern zahlreiche verschiedene Fassungen.[8] Als Beispiel einer Definition lässt sich etwa „[die] Bildung nicht marktgerechter Preise im außerbörslichen Geschäft" nennen.[9] Die Gerichtsentscheidungen zu außerbörslichen Mistrades enthalten ebenfalls verschiedene Beschreibungen. Ein Mistrade liegt danach beispielsweise vor, „wenn der Preis des Geschäfts [...] erheblich und offenkundig von dem zum Zeitpunkt des Zustandekommens des betreffenden Geschäfts marktgerechten Preis (Referenzpreis) abweicht".[10] Nach anderen Entscheidungen ist ein Mistrade „die Festsetzung eines extrem marktfernen Kurses eines Wertpapieres"[11] oder „[die] Bildung nicht marktgerechter Preise".[12]

---

7 Eine Aufstellung der außerbörslichen Handelspartner sowie der jeweils geltenden Mistrade-Regeln findet sich beispielsweise bei Cortal Consors (einsehbar unter https://www.cortalconsors.de, unter „Produkte & Beratung" → „Trading" → „Handelsplätze" → „Außerbörslicher Handel" → „Handelspartner") oder dem Online Broking Angebot „maxblue" der Deutsche Bank Privat- und Geschäftskunden AG (einsehbar unter http://www.maxblue.de, unter „Produkte" → „Depot" → „Handel" → „Handelspartner und Zeiten".

8 Eine Vereinheitlichung der außerbörslichen Mistrade-Regeln wurde bereits mehrfach angeregt, siehe beispielsweise in den freiwillig einzuhaltenden Bestimmungen des Derivate Kodex des Deutschen Derivate Verbandes (DDV), S. 19, abrufbar unter http://www.deutscher-derivate-verband.de, unter „Politik" → „Derivate Kodex"; zum jetzigen Stand wurde die Vereinheitlichung aber noch nicht erreicht.

9 Nr. 1 der Mistrade-Regel zwischen Cortal Consors und der Deutschen Bank; ähnlich auch Nr. 1 der maxblue Mistrade-Regel mit der Citigroup (siehe jeweils den Abdruck im Anhang); diese dienen auch im Nachfolgenden als Beispiele für außerbörsliche Mistrade-Regeln.

10 LG Itzehoe, Urt. v. 12.1.2006 – 7 O 292/05 (unveröffentlicht); ähnlich auch OLG Schleswig, Beschl. v. 9.1.2004 – 5 U 130/03 = WM 2004, 1280, 1281 und LG Itzehoe, Urt. v. 10.10.2003 – 7 O 40/03 (unveröffentlicht) (alle im Tatbestand).

11 LG Nürnberg-Fürth, Urt. v. 25.1.2007 – 10 O 8762/05 = WM 2007, 2374, 2374.

12 LG Frankfurt am Main, Urt. v. 20.5.2008 – 2-19 O 370/07 (unveröffentlicht) (Tatbestand).

Auch im börslichen Handel gibt es keine einheitliche Begriffsbestimmung. In den mittlerweile unmittelbar in den Börsenusancen der Frankfurter Wertpapierbörse[13] enthaltenen börslichen Mistrade-Regeln wird der Begriff des Mistrades nicht ausdrücklich definiert. Das gleiche gilt für die Börsenusancen der Eurex.[14] Das Begriffsverständnis ergibt sich aber aus der jeweiligen Website. Für die Frankfurter Wertpapierbörse ist ein Mistrade beschrieben als „Geschäftsabschluss [...], wenn dieser zu einem nicht marktgerechten Preis zustande kam“[15] und für die Eurex als „ein Geschäftsabschluss mit einer erheblichen Abweichung vom als Referenzpreis definierten Marktpreis“.[16]

Das entscheidende Kriterium für die Annahme eines Mistrades ist das Abweichen des Abschlusspreises von dem marktgerechten Preis. Unter einem Mistrade ist daher der Abschluss eines Wertpapiergeschäfts „zu einem nicht marktgerechten Preis“ zu verstehen.[17] Sofern darüber hinaus noch das Kriterium des Irrtums in die Definition aufgenommen wird,[18] kann dem nicht gefolgt werden. Denn ein Mistrade kann nicht nur auf einem Irrtum beruhen, sondern auch auf technischen Fehlern der börslichen oder außerbörslichen Computersysteme.[19]

---

13 Bedingungen für Geschäfte an der Frankfurter Wertpapierbörse vom 1.4.2011 (BedFWB), abrufbar unter http://deutsche-boerse.com, unter „Info-Center/Regelwerke“ → „Regelwerk“ → „Bedingungen für Geschäfte an der Frankfurter Wertpapierbörse“ (siehe den auszugsweisen Abdruck im Anhang).

14 Bedingungen für den Handel an der Eurex Deutschland und der Eurex Zürich vom Stand 2.1.2009 (BedEurex), abrufbar unter http://www.eurexchange.com, unter „Dokumente“ → „Regelwerke“ → „Handelsbedingungen“ (siehe den auszugsweisen Abdruck im Anhang).

15 In dem Artikel „Mistrades in Strukturierten Produkten im Freiverkehr und dem Regulierten Markt“, abrufbar unter http://deutsche-boerse.com, unter „Trading & Clearing“ → „Handel“ → „Scoach“ → „Mistrades“.

16 Abrufbar unter http://www.eurexchange.com, unter „Handel“ → „Marktmodell“ → „Matching-Prinzipien“ → „Mistrades“.

17 So erstmals im Schrifttum die Definition von *Fleckner/Vollmuth*, WM 2004, 1263, 1264 („Geschäftsabschluss zu einem nicht marktgerechten Preis“); bestätigend *dies.*, WM 2009, 1819, 1819; *Fleckner*, WuB I G 2. – 1.04, S. 662; *ders.*, WuB I G 2. – 1.08, S. 268; *ders.*, WuB I G. 2 – 1.09, S. 513; *ders.*, WuB I G 2. – 2.9, S. 592; so auch *Koch*, ZBB 2005, 265, 266.

18 Jahresbericht der Bundesanstalt für Finanzdienstleistungsaufsicht 2003 vom 24.5.2004, S. 67, abrufbar unter http://www.BaFin.de, unter „Veröffentlichungssuche“ → „Jahresberichte“ → „Jahresbericht der BaFin 03 – Gesamtdokument“ („Unter einem Mistrade versteht man einen Geschäftsabschluss, der durch die irrtümliche Eingabe von Aufträgen zustande kommt und storniert werden kann“) und *Lindfeld*, Mistrade-Regeln, S. 21 („Unter einem Mistrade versteht man – sehr verkürzt – den irrtumsbedingten Abschluss eines Wertpapiergeschäftes zu einem marktfernen Preis“).

19 So auch *Fleckner/Vollmuth*, WM 2009, 1819, 1819; dies untersucht *Lindfeld* richtigerweise auch entgegen ihrer Definition; allgemein *Finsterbusch*, FAZ v. 8.5.2010 – Chaos an der Wallstreet / Der Algorithmus der Börse.

B. Vorkommen von Mistrades

Mistrades treten bei einer Vielzahl von Wertpapiergeschäften an unterschiedlichen Handelsplätzen weltweit auf. Zur Veranschaulichung werden im Nachfolgenden zunächst einige aus der Presse bekannte Mistrade-Fälle beschrieben. Sodann werden die börslichen und außerbörslichen Wertpapierhandelsplätze kurz dargestellt und die Finanzinstrumente benannt, die Gegenstand eines Mistrades sein können.

I. Beispiele aus der Presse

Besondere Aufmerksamkeit in der Öffentlichkeit erregten in den letzten Jahren Mistrades, die weitreichende Folgen nach sich zogen, beispielsweise hohe Schadensvolumina oder erhebliche Kursbeeinflussungen.

International machten vor allem Mistrades an der Börse in Japan Schlagzeilen. Als „vermutlich teuersten Tippfehler der Welt“ bezeichnete die Frankfurter Allgemeine Zeitung einen Fehler, der im Dezember 2005 an der Börse in Tokio zu einem Mistrade führte und einen Schaden von rund 200 Mio. EUR verursachte.[20] Der Kunde wollte *eine* Aktie zu *610 000* Yen verkaufen, stattdessen gab seine Bank aber eine Order für *610 000* Aktien zu je *einem* Yen ein. Ein ähnlicher Fehler war bereits im November 2001 in Tokio passiert, als ein Händler *610 000* Aktien zu je *16* Yen verkaufte, obwohl er beauftragt war, *16* Aktien zu *610 000* Yen zu verkaufen.[21] Im Februar 2009 kam es zu dem volumenmäßig wohl schwerstwiegenden Fehler an der Tokioter Börse. Aufgrund eines Computerfehlers gab eine Bank zeitgleich eine Kauf- und Verkaufsorder in Höhe von 31 *Mrd.* Yen anstatt 31 *Mio.* Yen ein.[22] Diese Fehler führten in den ersten beiden Fällen dazu, dass die Kursentwicklung der entsprechenden Aktien erheblich beeinflusst wurde.[23] Auswirkung auf den Nikkei-

---

20 *N.N.*, FAZ v. 12.8.2006 – Der vermutlich teuerste Tippfehler der Welt; zu diesem Vorfall auch *N.N.*, Süddeutsche Zeitung v. 9.12.2005 – Der 190-Millionen-Euro-Tippfehler; *N.N.*, The New York Times v. 9.12.2005 – Japan rebukes exchange for costly trading error; *N.N.*, Handelsblatt v. 12.12.2005 – Tippfehler kommt japanische Bank Mizuho teuer zu stehen; *Fackler*, The New York Times v. 16.12.2005 – This time, banks hit in Tokyo trade error (Aktie des Telekommunikationsunternehmens J-Com).

21 *N.N.*, FAZ v. 12.8.2006 – Der vermutlich teuerste Tippfehler der Welt; *v. Frentz*, Manager-Magazin v. 30.11.2001 – Fehltrade in Tokio (Aktie der Werbeagentur Dentsu); *N.N.* (dpa-afx), Handelsblatt v. 3.12.2001 – UBS Warburg will „enormen“ Fehler korrigieren.

22 Bloomberg's v. 25.2.2009 – UBS Erroneously Places 3 Trillion Yen Order After System Error; FAZ v. 26.2.2009 – UBS legt Handel lahm; *N.N.*, The New York Times v. 5.12.2009 – Japan unit of UBS places $ 31 billion order in error (Wandelanleihe des Computerspieleherstellers Capcom).

23 *N.N.* (dpa-afx), Handelsblatt v. 3.12.2001 – UBS Warburg will „enormen“ Fehler korrigieren (Dentsu); *N.N.*, Süddeutsche Zeitung v. 9.12.2005 – Der 190-Millionen-Euro-Tippfehler; (J-Com); *N.N.*, Handelsblatt v. 12.12.2005 – Tippfehler kommt japanische Bank Mizuho teuer zu stehen.

Index hatte im Juni 2010 ein Computerfehler im Handelssystem einer Bank, wodurch fälschlicherweise Verkaufsaufträge für Derivate auf den Nikkei in Höhe von umgerechnet 150 Mrd. EUR eingegeben wurden.[24] Ebenfalls aufsehenerregende Mistrade-Fälle sind beispielsweise an der Nasdaq,[25] an der Londoner Börse[26] sowie an der Mailänder Börse[27] vorgekommen.[28]

Aus jüngerer Zeit dürften Fälle aus den USA in Erinnerung geblieben sein. Besondere Aufmerksamkeit erregte der Einbruch des Dow Jones um rund 1000 Punkte innerhalb weniger Minuten im Mai 2010.[29] Die Ursache dieser außergewöhnlichen Kursschwankung ist nicht genau aufgeklärt. Spekuliert wurde über die fehlerhafte Ordereingabe eines Händlers, die sodann eine Abwärtsspirale über computergestützte, automatisierte Verkaufsprogramme ausgelöst haben soll.[30] Ein weiterer Fall ereignete sich im September 2010 an der Chicago Mercantile Exchange. Aufgrund eines Systemfehlers weitete sich die Kursdifferenz zwischen Heizölkontrakten von Oktober und Dezember innerhalb von sechs Minuten um 28% aus.[31]

---

24 *N.N.*, FTD v. 3.6.2010 – Deutsche Bank verschreckt Japaner / Milliarden-Computerpanne sorgt für Aufregung an Börse in Fernost.

25 Aufgrund einer fehlerhaften Order wurden Google-Aktien für 38 USD an der Nasdaq gehandelt, obwohl der Kurs eigentlich 380 USD entsprach; siehe dazu *Dorfman*, The New York Sun v. 31.7.2006 – Error Knocks Down Google $ 350 a Share; *N.N.*, FAZ v. 1.8.2006 – Google zum Schnäppchenpreis von 38 Dollar; *N.N.*, FAZ v. 12.8.2006 – Der vermutlich teuerste Tippfehler der Welt.

26 *N.N.*, FAZ v. 16.5.2001 – Druck auf den falschen Knopf schickt Börse auf Talfahrt / Zweitgrößter Tagesverlust in der Geschichte der Londoner Börse / Lehman Brothers unter Verdacht.

27 *N.N.*, FAZ v. 26.6.2004 – Kurssprung nach Fehleingabe.

28 Für eine Auflistung weiterer aufsehenerregender Mistrade-Fälle siehe *Lewis*, TimesOnline v. 9.12.2005 – Fat fingered typing costs a trader's bosses £ 128 m unter dem Punkt „Fallible Masters of the Universe".

29 Einzelne Aktien sind sogar bis zu 99% eingebrochen, siehe beispielsweise *Bayer/Mai/Speicher-Utsch/Göggelmann*, FTD v. 11.5.2010 – Das Geheimnis des großen Börsencrashs.

30 Es bestand der Verdacht, dass ein Händler der Citigroup versehentlich 16 Mrd. USD anstatt 16 Mio. USD eingetippt hatte, die Citigroup bestritt diese Theorie allerdings; zu den Hintergründen *El-Sharif*, Spiegel Online v. 7.5.2010 – Ursachensuche an US-Börse / Wie es zu dem Kurs-Chaos kommen konnte; *Kuls/Mohr*, FAZ v. 7.5.2010 – Chaos an der Wall Street – „Es war wie ein Torpedo"; *N.N.*, Handelsblatt v. 7.5.2010 – Der Börsen-Crash, der aus dem Nichts kam; *Finsterbusch*, FAZ v. 8.5.2010 – Chaos an der Wallstreet / Der Algorithmus der Börse; *Bräuer*, FTD v. 10.5.2010 – Die 1000-Mrd.-Viertelstunde knockt auch deutsche Anleger aus; *Bayer/Mai/Speicher-Utsch/Göggelmann*, FTD v. 11.5.2010 – Das Geheimnis des großen Börsencrashs.

31 *Bayer*, FTD v. 16.9.2010 – US-Börse patscht mit Wurstfingern / Kurse an der Chicago Mercantile Exchange spielen verrückt / Peinlicher Systemfehler sorgt für Verwirrung.

Im deutschsprachigen Raum hat vermutlich der Mistrade an der Terminbörse Eurex im November 2001 den größten Bekanntheitsgrad erreicht.[32] Durch eine falsche Ordereingabe brach der Kurs des DAX-Futures innerhalb weniger Sekunden um rund 800 Punkte ein. Dieser Trend wurde durch die automatischen Verkaufseingaben (Stopp-Loss-Orders) anderer Handelsteilnehmer verstärkt und wirkte sich letztlich auch auf die Kursentwicklung anderer an der Eurex gehandelter Finanzinstrumente aus. Selbst der DAX fiel durch entsprechende Gegengeschäfte der Handelsteilnehmer um rund 110 Punkte. Der Grund für den Fehler wurde nicht eindeutig benannt. Die Eurex trat Spekulationen entgegen, dass die Ursache eine von der Eurex ausgelieferte Software gewesen sei, und verwies stattdessen auf den Fehler eines Handelsteilnehmers, dessen Identität sie aber nicht offen legte.[33] Letztendlich stornierte die Eurex rund 1300 Geschäftsabschlüsse unter Berufung auf ihre Mistrade-Regel. Dadurch entstanden den betroffenen Handelsteilnehmern zum Teil große Verluste, unter anderem auch, weil ihre zur Absicherung geschlossenen Gegengeschäfte am Kassamarkt bestehen blieben. Die Vorgehensweise der Eurex sorgte für Kritik einiger Handelsteilnehmer und Androhung straf- und verwaltungsrechtlicher Klagen.[34]

II. Handelsplätze

Mistrade-Fälle von solch spektakulärem Ausmaß wie vorstehend für den börslichen Handel aufgezeigt sind selten. Für den außerbörslichen Wertpapierhandel in Deutschland zeigt sich anhand sogenannter Mistrade-Listen der Handelsplätze Frankfurt und Stuttgart jedoch, dass Mistrades fast täglich vorkommen.[35] Die hohe

32 *N.N.*, Handelsblatt v. 20.11.2001 – Bedienungsfehler sorgt für Kurssturz an den Märkten; *N.N.*, FAZ v. 21.11.2001 – Helle Aufregung nach Fehleingabe beim Dax-Terminkontrakt; siehe zudem die ausführliche Darstellung bei *Lindfeld*, Mistrade-Regeln, S. 19 f.

33 Eurex Presseerklärung v. 23.11.2001 – Eurex zieht Resümee der außerordentlichen Handelssituation am Dienstag, abrufbar unter http://www.eurexchange.com, unter „Über uns" → „Presse" → „2001"; in der Presse wurde angegeben, ein Händler habe „das Simulationsprogramm für den Eurex-Computerhandel mit dem richtigen Handelsprogramm verwechselt und Futures unlimitiert verkauft", siehe *N.N.*, Handelsblatt v. 20.11.2001 – Bedienungsfehler sorgt für Kurssturz an den Märkten; *N.N.*, Spiegel Online v. 20.11.2001 – Lehrling brachte Dax zu Fall.

34 *Reiche*, Manager Magazin v. 14.12.2001 – Ultimatum für Eurex; *N.N.*, Handelsblatt v. 21.11.2001 – Eurex droht Klage wegen schweren Betrugs; *N.N.*, Manager Magazin v. 21.11.2001 – Investor will Eurex anzeigen; siehe zudem VG Frankfurt am Main, Urt. v. 5.4.2004 – 9 E 4690/02 (unveröffentlicht); VG Frankfurt am Main, Urt. v. 5.4.2004 – 9 E 175/03 (unveröffentlicht).

35 Siehe für den Handelsplatz Stuttgart unter https://www.boerse-stuttgart.de, unter „Aktuelles" → „Mistrade-Liste" und für den Handelsplatz Frankfurt unter http://www.scoach.de, unter „Aktuelles" → „Handelsinfos" → „Mistrades"; die Handelssegmente „Euwax"

Relevanz des Themas lässt sich zudem an den inzwischen bekannt gewordenen neun Gerichtsverfahren dazu ablesen, wovon fünf obergerichtlich und eines vom *Bundesgerichtshof* entschieden wurden.[36] Zudem hat sich der *Bundesgerichtshof* im Jahr 2009 in einem *obiter dictum* erneut zu einer Mistrade-Frage geäussert.[37] Zu beachten ist des Weiteren, dass Meinungsverschiedenheiten über Mistrades nicht immer vor Gericht ausgetragen, sondern in der Praxis auch oft durch einen Vergleich geregelt werden.[38]

Aus den Beispielen wird deutlich, dass Mistrades sowohl im börslichen als auch im außerbörslichen Wertpapierhandel auftreten. Beide Handelsplätze werden im Folgenden kurz beschrieben.

1. Börslicher Wertpapierhandel

Die genaue Abgrenzung von börslichem und außerbörslichem Wertpapierhandel bereitet in der Rechtsprechung und Literatur schon seit langem Schwierigkeiten. Diese äußern sich im Wesentlichen darin, eine aussagekräftige Definition des Börsenbegriffs zu finden, da aufgrund des technischen Fortschritts heutzutage außerbörsliche elektronische Handelssysteme in vielen Aspekten Übereinstimmungen mit den Charakteristika von Wertpapierbörsen aufweisen. Im Folgenden soll der aktuelle Stand der Diskussion, insbesondere unter Berücksichtigung der Umsetzung der EG-Richtlinie über Märkte für Finanzinstrumente (MiFID)[39] durch das Finanzmarkt-Richtlinie-Umsetzungsgesetz (FRUG)[40] in das deutsche Recht im Jahr 2007, kurz dargestellt und auf die Bedeutung für die Mistrade-Problematik hingewiesen werden.

a) Börsenbegriff und neuere Entwicklung

Unterschieden werden muss zwischen dem formellen und dem materiellen Börsenbegriff. Eine Börse im formellen Sinne liegt vor, wenn sie von den zuständigen staat-

---

und „Scoach" sind Teil des Freiverkehrs an den Handelsplätzen Stuttgart und Frankfurt und werden als außerbörslicher Handel eingeordnet, siehe dazu Zweiter Teil. B. II. 1. a).

36 Siehe die Rechtsprechungsübersicht zu den Mistrade-Entscheidungen im Anhang; ferner *Fleckner/Vollmuth*, WM 2009, 1819, 1819; *Fleckner*, WM 2011, 585, 586 ff.

37 BGH, Urt. v. 30.6.2009 – XI ZR 364/08 = WM 2009, 1500, 1502.

38 *Fleckner*, WuB I G. 2 – 1.09, S. 516; *ders.*, WM 2011, 585, 592.

39 Richtlinie 2004/39/EG des Europäischen Parlaments und des Rates vom 21.4.2004 über Märkte für Finanzinstrumente, zur Änderung der Richtlinien 85/611/EWG und 93/6/EWG des Rates und der Richtlinie 2000/12/EG des Europäischen Parlaments und des Rates und zur Aufhebung der Richtlinie 93/22/EWG des Rates, ABl. L 145/1 vom 30.4.2004.

40 Gesetz zur Umsetzung der Richtlinie über Märkte für Finanzinstrumente und der Durchführungsrichtlinie der Kommission v. 16.7.2007, BGBl. I, S. 1330.

lichen Stellen als Börse genehmigt worden ist.[41] Eine Börse im materiellen Sinne ist ein Markt, welcher die tatbestandlichen Voraussetzungen erfüllt, um als Börse genehmigt zu werden.[42] Die Kriterien des materiellen Börsenbegriffs wurden bereits im 19. Jahrhundert kontrovers diskutiert.[43] Praktische Relevanz erlangte insbesondere die Begriffsbestimmung aus der „Feenpalastentscheidung" des Preußischen Oberverwaltungsgerichts,[44] deren Kriterien zum großen Teil auch noch in jüngster Zeit verwendet wurden, abgesehen von durch den technischen Fortschritt überholten Merkmalen wie der Ortsgebundenheit.

Seit Umsetzung des FRUG in das deutsche Recht im Jahr 2007 findet sich nun eine Legaldefinition der Börse in § 2 Abs. 1 BörsG. Danach sind Börsen „teilrechtsfähige Anstalten des öffentlichen Rechts, die nach Maßgabe dieses Gesetzes multilaterale Systeme regeln und überwachen, welche die Interessen einer Vielzahl von Personen am Kauf und Verkauf von dort zum Handel zugelassenen Wirtschaftsgütern und Rechten innerhalb des Systems nach festgelegten Bestimmungen in einer Weise zusammenbringen oder das Zusammenbringen fördern, die zu einem Vertrag über den Kauf dieser Handelsobjekte führt".

Es kann durchaus bezweifelt werden, dass durch diese Definition die Abgrenzungsschwierigkeiten zwischen börslichem und außerbörslichem Wertpapierhandel beseitigt wurden. Denn – wie zu Recht kritisiert wurde – unterscheidet die Legaldefinition nicht zwischen formellem und materiellem Börsenbegriff und stellt letztlich einen Zirkelschluss dar, da die Rechtsfolgen der Genehmigung mit den Voraussetzungen vermischt werden.[45] Als Anknüpfungspunkt für die Abgrenzung zum außerbörslichen Handel, insbesondere den multilateralen Handelssystemen,[46] eignet sich am ehesten – trotz des letztlich geringen Aussagewertes – der formelle Börsenbegriff, also die Genehmigung des Marktes als Börse mit den vorgesehenen Rechtsfolgen wie beispielsweise der Organisation als teilrechtsfähige Anstalt des

41 *Reuschle/Fleckner*, BKR 2002, 617, 623; *Fleckner*, Handwörterbuch Europäisches Privatrecht, Börsen, S. 225; KapitalmarktRK/*Beck*, § 1 BörsG Rdn. 3.

42 *Reuschle/Fleckner*, BKR 2002, 617, 623; *Fleckner*, Handwörterbuch Europäisches Privatrecht, Börsen, S. 225; KapitalmarktRK/*Beck*, § 1 BörsG Rdn. 3.

43 Zur historischen Entwicklung des Börsenbegriffs siehe KapitalmarktRK/*Beck*, § 1 BörsG Rdn. 2 f.; *Seiffert*, in: Kümpel/Wittig, Bank- und Kapitalmarktrecht, Rdn. 4.23 ff.; *Schönemann*, Organisationsstruktur der Börse, S. 40 ff.; *Fleckner/Hopt*, in: Festschrift Hamburger Börse, S. 249, 250 f., 259 ff.

44 PrOVG, Urt. v. 26.11.1898, PrOVGE 34, 315, 335 f. = ZHR 48 (1899), 274, 294 f.; darin wurde abgestellt auf „an einem bestimmten Ort zu festgelegten Zeiten und in verhältnismäßig kurzen Zeitabständen stattfindende Versammlungen einer größeren Anzahl von in der Nähe ansässigen, zumindest überwiegend kaufmannsähnlich tätigen Personen, die dem Zweck dienen, Handel in nicht zur Stelle gebrachten, vertretbaren Waren zu treiben".

45 *Fleckner*, Handwörterbuch Europäisches Privatrecht, Börsen, S. 225.

46 Siehe dazu sogleich Zweiter Teil. B. II.2. a).

öffentlichen Rechts.[47] Im materiellen Sinne würden auch außerbörsliche multilaterale Handelssysteme – nicht hingegen bilaterale Handelssysteme[48] – weitgehend unter den Börsenbegriff fallen.[49]

Besonderheiten gelten für den an der Börse angesiedelten Freiverkehr,[50] zu dem auch die Handelssegmente Euwax (European Warrant Exchange) und Scoach gehören, an denen sich aufgrund des Handels mit derivativen Finanzinstrumenten häufiger Mistrades ereignen.[51] Der Freiverkehr ist privatrechtlich organisiert[52] und daher weder eine Börse nach § 2 Abs. 1 BörsG noch ein organisierter Markt nach § 2 Abs. 5 WpHG.[53] Systematisch gehört er dadurch zum außerbörslichen Handel.[54] Für die Mistrade-Problematik ist zu berücksichtigen, dass der Freiverkehr als multilaterales Handelssystem[55] ebenfalls strengen gesetzlichen Regeln unterliegt und durch den Generalverweis in § 48 Abs. 3 BörsG zudem wichtige Regelungen des Börsengesetzes entsprechend auf den Freiverkehr anzuwenden sind.[56] Nach

---

47 Dazu die Begründung des Regierungsentwurfes zum Finanzmarkt-Richtlinie-Umsetzungsgesetz, BTDrucks. 16/4028, S. 79.

48 Siehe dazu sogleich Zweiter Teil. B. II.2. b).

49 So die Begründung des Regierungsentwurfes zum Finanzmarkt-Richtlinie-Umsetzungsgesetz, BTDrucks. 16/4028, S. 79 („Rein materiell unterscheidet sich das börsliche Handelssystem damit grundsätzlich nicht von dem eines multilateralen Handelssystems nach § 31f ff. WpHG"); dazu auch *Schönemann*, Organisationsstruktur der Börse, S. 45.

50 An der Frankfurter Wertpapierbörse nach § 1 Abs. 1 S. 1 der Allgemeinen Geschäftsbedingungen der Deutsche Börse AG für den Freiverkehr an der Frankfurter Wertpapierbörse vom 14.2.2011 (BedFreiverkehr) „Open Market" genannt.

51 Zu den Handelsgegenständen von Mistrades sogleich Zweiter Teil. B. III.

52 Der Betrieb des Freiverkehrs wird durch den Börsenträger unter bestimmten Voraussetzungen zugelassen, § 48 Abs. 1 S. 1 BörsG; zur privatrechtlichen Organisation des Freiverkehrs siehe *Groß*, Kapitalmarktrecht, § 48 BörsG, Rdn. 2; *Seiffert*, in: Kümpel/Wittig, Bank- und Kapitalmarktrecht, Rdn. 4.70, 4.71; *Kümpel/Hammen*, Börsenrecht, S. 60; *Harrer/Müller*, WM 2006, 653, 654.

53 KapitalmarktRK/*Beck*, § 2 WpHG Rdn. 46; *Harrer/Müller*, WM 2006, 653, 654; *Schlitt/Schäfer*, AG 2006, 147, 147; für die Frankfurter Wertpapierbörse siehe auch die Beschreibung auf der eigenen Website, unter http://deutsche-boerse.com, unter „Listing" → „Marktstruktur" → „Gesetzliche Marktsegmente" → „Open Market (Freiverkehr)".

54 Vor Umsetzung der MiFID *Lenenbach*, Kapitalmarkt- und Börsenrecht, 2002, Rdn. 1.18 f.; *Kümpel*, Bank- und Kapitalmarktrecht, 3. Aufl. 2004, Rdn. 17.124; *Fleckner/Vollmuth*, WM 2004, 1263, 1264; *Reuschle/Fleckner*, BKR 2002, 617, 624 f.; nach Umsetzung der MiFID *Lindfeld*, Mistrade-Regeln, S. 100; *Gomber/Hirschberg*, AG 2006, 777, 779; a.A. Claussen/*Ekkenga*, Bank- und Börsenrecht, § 6 Rdn. 253; KapitalmarktRK/*Schwark*, 3. Aufl. 2004, § 58 BörsG Rdn. 1 mit Fn. 2.

55 *Gomber/Hirschberg*, AG 2006, 777, 779; *Hirschberg*, AG 2006, 398, 401; *Kümpel/Hammen*, Börsenrecht, S. 59.

56 Insbesondere sind Preise, die während der Börsenzeit im Freiverkehr an einer Wertpapierbörse festgestellt werden, nach § 24 Abs. 1 S. 1 BörsG Börsenpreise, siehe dazu *Reuschle/Fleckner*, BKR 2002, 617, 624 f.; nicht anwendbar sind hingegen die Zulassungspflichten nach §§ 32 ff. BörsG.

§§ 3 Abs. 2, 4 Abs. 2 HandelsOFreiverkehr[57] sollen auch die Börsenusancen der Frankfurter Wertpapierbörse für den Freiverkehr, inklusive des Ausschlusses der Anfechtungsrechte sowie der börslichen Mistrade-Regeln nach den §§ 25 – 28, 30 – 38 BedFWB, entsprechend gelten.[58]

b) Marktüberblick

Der börsliche Wertpapierhandel erstreckt sich in Deutschland auf sieben Regionalbörsen[59] sowie die deutsch-schweizerische Terminbörse Eurex (European Exchange). Die mit Abstand meisten Wertpapiergeschäfte werden über die Frankfurter Wertpapierbörse abgewickelt.[60] Andere Regionalbörsen haben sich teilweise mit Erfolg spezialisiert, beispielsweise die Stuttgarter Wertpapierbörse auf den Handel mit derivativen Finanzinstrumenten in dem Handelssegment Euwax.

Die meisten Wertpapiergeschäfte im börslichen Handel werden elektronisch über Computersysteme abgewickelt. Immer weniger praktische Bedeutung hat demgegenüber der Präsenz- oder auch Parketthandel, bei dem ein Skontroführer die ihm während der Börsenzeit mündlich, telefonisch oder elektronisch zugegangenen Orders zusammenführt.[61] Beispielsweise wurden im Jahr 2008 von den Kassamarktprodukten an der Frankfurter Wertpapierbörse rund 84% über das elektronische Handelssystem Xetra gehandelt.[62] Auch an den Regionalbörsen ist der elektronische Handel vorherrschend. Der Handel mit derivativen Finanzinstrumenten in dem Handelssegment Euwax der Stuttgarter Wertpapierbörse wird sogar

57 Handelsordnung für den Freiverkehr an der Frankfurter Wertpapierbörse vom 29.11.2010, abrufbar unter http://deutsche-boerse.com, unter „Info-Center/Regelwerke" → „Regelwerk" → „Handelsordnung für den Freiverkehr an der Frankfurter Wertpapierbörse".

58 Siehe zur Anfechtung im börslichen Handel Vierter Teil.

59 Diese befinden sich in Berlin, Frankfurt, Hamburg und Hannover (gemeinsame Trägergesellschaft), Düsseldorf, Stuttgart und München; an der Börse Bremen findet seit dem Jahr 2007 kein Handel mehr statt.

60 Im Jahr 2008 wurden beispielsweise rund 88% der an den deutschen Börsen gehandelten Kassamarktprodukte über die Frankfurter Wertpapierbörse gehandelt, davon rund 84% über Xetra, siehe die Statistik der Frankfurter Wertpapierbörse „Cash Market: Monthly Statistics – December 2008", S. 3, abrufbar unter http://deutsche-boerse.com, unter „Market Data & Analytics" → „Statistiken & Analysen" → „Kassamarktstatistik" → „2008".

61 Zum Präsenzhandel siehe Claussen/*Ekkenga*, Bank- und Börsenrecht, § 6 Rdn. 236 ff. m.w.N.

62 Statistik der Frankfurter Wertpapierbörse „Cash Market: Monthly Statistics – December 2008", S. 3 (siehe Fn. 60); im April 2008 wechselte auch Scoach (Joint Venture der SIX Group und Deutsche Börse AG) für den Handel mit derivativen Finanzinstrumenten in Deutschland vom Parketthandel der Frankfurter Wertpapierbörse zum elektronischen Handel über Xetra, dazu http://www.scoach.de, unter „Über uns" → „Börsenhandel"; zu Xetra siehe auch *Beck*, WM 1998, 417, 418 ff.

ausschließlich elektronisch abgewickelt.[63] Im Gegensatz zu den Handelsplätzen Frankfurt und Stuttgart, an denen es neben dem volumenmäßig überwiegenden elektronischen Handel auch noch einen Parketthandel gibt, ist auch die Terminbörse Eurex als reine Computerbörse ausgestaltet.[64]

2. *Außerbörslicher Wertpapierhandel*

Wie bereits vorstehend erläutert, ist eine klare Differenzierung zwischen börslichen und außerbörslichen Handelsplätzen schwierig. Dies erscheint auch nicht verwunderlich, weil die Betreiber außerbörslicher Handelssysteme letztlich die gleiche Dienstleistung wie die staatlich genehmigten Börsen anbieten. Grund für die Abgrenzungsschwierigkeiten ist neben der ungenügenden Definition des Börsenbegriffs auch die große Vielfalt der Ausgestaltung und Bezeichnung von außerbörslichen Handelssystemen.

Kurz umrissen gibt es beispielsweise passive und aktive Bulletin Boards (Preisinformationssysteme, in denen Interessierte Angebote veröffentlichen und, bei aktiven Bulletin Boards, auch innerhalb des Systems zu standardisierten Bedingungen annehmen können), Proprietary Trading Systems (Systeme, in denen professionelle und teilweise auch private Anleger untereinander oder mit dem Betreiber des Systems Wertpapiergeschäfte abschließen können) und Electronic Communication Networks (ECNs), die sich wiederum in Matching- oder Price-Making-Systems (Systeme, die Transaktionen in ein eigenes vollautomatisches Orderbuch stellen) sowie Crossing- oder Price-Taking-Systems (Systeme, die Preise zu festgelegten Zeiten anhand von Referenzkursen Dritter feststellen) unterteilen.[65] Als Oberbegriff für diese verschiedenen Gestaltungsformen außerbörslicher Handelssysteme wird auch oft die Bezeichnung alternative Handelssysteme (ATSs) verwendet.

Die Grenzen zwischen diesen außerbörslichen Handelssystemen untereinander sowie im Verhältnis zu staatlich genehmigten Börsen sind verschwommen. Daran ändert auch die neue Legaldefinition der Börse in § 2 Abs. 1 BörsG nichts, ebenso

---

63 Siehe die Informationen auf der Website der Stuttgarter Wertpapierbörse unter https://www.boerse-stuttgart.de, unter „Markt und Kurse“ → „Handelssegmente und Handelsinitiativen“ → „Euwax“; als Teil des Freiverkehrs gehört der Handel an der Euwax wie dargelegt (Zweiter Teil. B. II. 1. a)) eigentlich zum außerbörslichen Handel.

64 *Ekkenga*, Effektengeschäft, Rdn. 10; *Lenenbach*, Kapitalmarktrecht, Rdn. 9.106; *Becker*, in: Grunewald/Schlitt, Kapitalmarktrecht, S. 142; *Beck*, WM 1998, 417, 418 f.; siehe auch die Website der Eurex unter http://www.eurexchange.com, unter „Technologie“ → „Anbindungsmöglichkeiten“ („integrierte vollelektronische Handels- und Clearing-Plattform“).

65 Für einen Überblick über die verschiedenen Gestaltungsvarianten siehe *Fehr*, Außerbörslicher Aktienhandel, S. 154 ff.; *Lenenbach*, Kapitalmarktrecht, Rdn. 3.8 ff.; KapitalmarktRK/*Schwark*, § 31f WpHG Rdn. 1 ff.; *Krause*, Alternative Wertpapierhandelssysteme, S. 42 ff.; *Kumpan*, Außerbörsliche Wertpapierhandelssysteme, S. 7 ff.; *Schönemann*, Organisationsstruktur der Börse, S. 81 ff.

wenig wie andere oft genannte Abgrenzungskriterien (staatlich überwachte Preisbildung, Art und Qualität der Preisfeststellung, Vorhandensein von Maklern).[66] Gemeinsam ist den außerbörslichen Handelssystemen im Übrigen, dass die Wertpapieraufträge darüber überwiegend elektronisch ausgeführt werden[67] und die telefonische Abwicklung – ebenso wie im börslichen Handel – an praktischer Bedeutung verliert.[68]

Innerhalb der vielfältigen Erscheinungsformen außerbörslicher Handelssysteme lässt sich aber eine Systematisierung in die beiden Gruppen der multilateralen und bilateralen Handelssysteme vornehmen.

a) Multilaterale Handelssysteme

Entscheidendes Merkmal eines multilateralen Handelssystems ist nach § 2 Abs. 3 Nr. 8 WpHG, dass es „die Interessen einer Vielzahl von Personen am Kauf und Verkauf von Finanzinstrumenten innerhalb des Systems und nach festgelegten Bestimmungen in einer Weise zusammenbringt, die zu einem Vertrag über den Kauf dieser Finanzinstrumente führt". Aus dieser Definition ergibt sich schon die börsenähnliche Kontur multilateraler Handelssysteme,[69] die ebenfalls strengen gesetzlichen Anforderungen unterliegen.[70] Da sich bisher im deutschen Wertpapierhandel kaum multilaterale Handelssysteme etabliert haben,[71] sind diese für die Mistrade-Problematik nicht allzu bedeutend. Eine Ausnahme bilden die Freiverkehrsseg-

---

66 Für einen ausführlichen Überblick siehe *Kumpan*, Außerbörsliche Wertpapierhandelssysteme, S. 242 ff. m.w.N. auch zu anderen Abgrenzungskriterien; des Weiteren *Breitkreuz*, Ordnung der Börse, S. 36; *Groß*, Kapitalmarktrecht, § 2 BörsG, Rdn. 5; *Seiffert*, in: Kümpel/Wittig, Bank- und Kapitalmarktrecht, Rdn. 4.51 ff.; *Lenenbach*, Kapitalmarktrecht, Rdn. 3.15 ff.; *Reuschle/Fleckner*, BKR 2002, 617, 623.

67 Allgemein dazu *Fehr*, Außerbörslicher Aktienhandel, S. 74 f.; *Kumpan*, Außerbörsliche Wertpapierhandelssysteme, S. 9; als Beispiele lassen sich die Freiverkehrs-Handelssegmente Scoach und Euwax nennen, ebenso wie Chi-X und Turquoise (multilaterale Handelssysteme) bzw. CATS-OS oder Xetra Best (bilaterale Handelssysteme); siehe dazu das Xetra Best Marktmodell der Gruppe Deutsche Börse v. 21.9.2009, S. 5 ff., abrufbar unter http://deutsche-boerse.com, unter „Trading & Clearing" → „Handel" → „Xetra" → „Xetra BEST" → „Xetra BEST – Marktmodell".

68 Zum Telefonhandel Claussen/*Ekkenga*, Bank- und Börsenrecht, § 6 Rdn. 253; KapitalmarktRK/*Schwark*, § 48 BörsG Rdn. 14.

69 Umgekehrt sind auch Wertpapierbörsen multilaterale Handelssysteme, erfüllen darüber hinaus aber noch weitere Kriterien.

70 Der Betrieb eines multilateralen Handelssystems ist nach § 2 Abs. 3 Nr. 8 WpHG als Wertpapierdienstleistung definiert, so dass alle Vorschriften anwendbar sind, die sich an Wertpapierdienstleistungsunternehmen richten. Spezielle Regelungen finden sich zudem in den §§ 31 ff. WpHG.

71 Beispiele für multilaterale Handelssysteme mit Sitz im Ausland sind etwa Chi-X, das zu Instinet (ursprünglich ein US-amerikanisches Handelssystem; im Jahr 2007 durch die japanische Bankengruppe Nomura Holdings übernommen) gehört und Turquois; beide bieten auch Wertpapierhandel in Deutschland an.

mente der Börsen, die zwar als außerbörsliche multilaterale Handelssysteme einzuordnen sind, auf die nach §§ 3 Abs. 2, 4 Abs. 2 HandelsOFreiverkehr aber der Anfechtungsausschluss sowie die börslichen Mistrade-Regeln nach den §§ 25 – 28, 30 – 38 BedFWB entsprechend Anwendung finden.[72] Für die Frage der Aufhebbarkeit von Mistrades werden die Freiverkehrssegmente der Börsen im Rahmen dieser Arbeit daher nach den börslichen Regeln behandelt.[73]

b) Bilaterale Handelssysteme

Hauptsächlich kommen Mistrades im außerbörslichen bilateralen Handel vor, d.h. das Geschäft wird direkt mit dem Systembetreiber oder sonstigen Geschäftspartner abgeschlossen. Der außerbörsliche Handelspartner der Bank ist in den meisten Fällen gleichzeitig Emittent der Wertpapiere.[74] Der bilaterale Handel, in diesem weiten Sinn verstanden, stellt die dominierende außerbörsliche Handelsart dar.[75] Er unterliegt – abgesehen von besonderen Ausprägungen, wie insbesondere den systematischen Internalisiererungssystemen – im Gegensatz zum börslichen und sonstigen multilateralen Handel nicht den strengen gesetzlichen Anforderungen. Beispiel für ein bilaterales Handelssystem ist etwa das „Citibank Automated Trading System“ (kurz: CATS-OS) der Citibank.[76]

Eine besondere, gesetzlich geregelte Form des bilateralen Handels sind systematische Internalisierer. Nach § 2 Abs. 10 WpHG ist ein systematischer Internalisierer „ein Unternehmen, das [...] häufig regelmäßig und auf organisierte und systematische Weise Eigenhandel außerhalb organisierter Märkte und multilateraler Handelssysteme betreibt“. Systematische Internalisierer sind im Gegensatz zu den multilateralen Handelssystemen nicht als Wertpapierdienstleistungsunternehmen eingestuft. Sie unterliegen aber gleichwohl gesetzlichen Bestimmungen wie den Transparenzpflichten nach den §§ 32 ff. WpHG.[77] Ein Beispiel für ein börsen-

72 Siehe bereits Zweiter Teil. B. II. 1. a).

73 Zur Anfechtung im börslichen Handel siehe Vierter Teil.

74 *Fleckner/Vollmuth*, WM 2004, 1263, 1266; allgemein *Kumpan*, Außerbörsliche Wertpapierhandelssysteme, S. 18.

75 Dazu *Kümpel*, Bank- und Kapitalmarktrecht, 3. Aufl. 2004, Rdn. 17.143; genaue statistische Angaben liegen mangels Erfassung aufgrund der vielfältigen Abschlussmöglichkeiten nicht vor.

76 Dazu *Kumpan*, Außerbörsliche Wertpapierhandelssysteme, S. 18; siehe zudem die Website der Citibank zu CATS-OS unter http://catsos.citigroup.com.

77 Dazu Claussen/*Ekkenga*, Bank- und Börsenrecht, § 6 Rdn. 251; *Ekkenga*, Effektengeschäft, Rdn. 12.; *von Rosen*, in: Assmann/Schütze, Kapitalanlagerecht, § 2 Rdn. 289 f.; *Köndgen*, in: Festschrift H. Schmidt, S. 281, 297 ff.; insbesondere sind sie nach § 32a Abs. 1 S. 1 WpHG verpflichtet, „regelmäßig und kontinuierlich während der üblichen Handelszeiten für die [...] angebotenen Aktiengattungen zu angemessenen kaufmännischen Bedingungen verbindliche Kauf- und Verkaufsangebote (Quotes) zu veröffentlichen [...].“

betriebenes systematisches Internalisierungssystem ist „Xetra Best Execution" (kurz: Xetra Best) der Deutsche Börse AG.[78]

Wie sich aus den Gerichtsentscheidungen zu Mistrades im außerbörslichen Handel ablesen lässt, treten diese jedoch weniger in systematischen Internalisierungssystemen als vielmehr beim bilateralen Geschäftsabschluss der orderausführenden Bank mit ihrem Handelspartner in dessen Doppelfunktion als Emittent auf.[79]

3. Zwischenergebnis

Mistrades können grundsätzlich an allen vorstehend beschriebenen Wertpapierhandelsplätzen auftreten. Der größte Teil der Mistrade-Fälle ereignet sich aber im außerbörslichen bilateralen Handel.

Da der Hauptteil des börslichen und außerbörslichen Wertpapierhandels inzwischen elektronisch abgewickelt wird, kommen Mistrades dementsprechend ganz überwiegend im elektronischen Handel vor, wie sich für den deutschen Raum am Beispiel des Eurex-Mistrades 2001 sowie den meisten Gerichtsentscheidungen zu Mistrades zeigt. Dies lässt bereits darauf schließen, dass neben Fehleingaben und Irrtümern von Menschen insbesondere technische Übertragungs- und Berechnungsfehler eine wichtige Rolle bei der rechtlichen Bewertung von Mistrades spielen.

III. Handelsgegenstände

Grundsätzlich kann jedes börslich oder außerbörslich gehandelte Finanzinstrument (im Sinne der Legaldefinition des § 1 Abs. 11 KWG) Gegenstand eines Geschäfts sein, das zu nicht marktgerechten Preisen geschlossen wird. Besonders oft treten Mistrades jedoch beim Handel mit derivativen Finanzinstrumenten auf.

---

78 Dazu *Göhmann*, Verhaltenspflichten, S. 181 ff.; *Kümpel/Hammen*, Börsenrecht, S. 69 f.; *Schlüter*, Börsenhandelsrecht, S. 541 ff.; *Hammen*, WM 2002, 2129, 2132; *Köndgen*, in: Festschrift H. Schmidt, S. 281, 289 ff.; siehe auch das Xetra Best Marktmodell der Gruppe Deutsche Börse v. 21.9.2009, abrufbar unter http://deutsche-boerse.com, unter „Trading & Clearing" → „Handel" → „Xetra" → „Xetra BEST" → „Xetra BEST – Marktmodell" (die Gruppe Deutsche Börse stuft Xetra Best als Bestandteil der Xetra-Handelsplattform allerdings als Teil des Börsenhandels an der Frankfurter Wertpapierbörse ein).

79 Beispielsweise OLG Düsseldorf, Urt. v. 27.1.2000 – 6 U 168/98 = RIW 2001, 226, 226; vorangehend LG Düsseldorf, Urt. v. 30.10.1998 – 15 O 60/98 (unveröffentlicht); LG Itzehoe, Urt. v. 12.1.2006 – 7 O 292/05 (unveröffentlicht); LG Nürnberg-Fürth, Urt. v. 25.1.2007 – 10 O 8762/05 = WM 2007, 2374, 2374; LG Frankfurt am Main, Urt. v. 20.5.2008 – 2-19 O 370/07 (unveröffentlicht); LG Frankfurt am Main, Urt. v. 23.12.2008 – 2-19 O 147/08 = WM 2009, 455, 455.

1. Begriffsklärung

Der Begriff des derivativen Finanzinstruments wird im Folgenden als Oberbegriff gebraucht und schließt den in den börslichen Mistrade-Regeln unter anderem verwendeten, aber nicht definierten Begriff des „strukturierten Produkts“[80] mit ein. Strukturierte Produkte sind charakteristischerweise aus mehreren Finanzinstrumenten zusammengesetzt, darunter mindestens ein derivatives Finanzinstrument.[81] § 2 Abs. 2 Nr. 1 WpHG definiert Derivate als Festgeschäfte oder Optionsgeschäfte, die zeitlich verzögert zu erfüllen sind und deren Wert sich unmittelbar oder mittelbar vom Preis oder Maß eines Basiswertes („Underlying“) ableitet.[82] Als Basiswerte sind in § 2 Abs. 2 Nr. 1 WpHG Wertpapiere oder Geldmarktinstrumente, Devisen oder Rechnungseinheiten, Zinssätze oder andere Erträge, Indices der vorstehend genannten Basiswerte, andere Finanzindices oder Finanzmessgrößen oder Derivate aufgeführt.[83] § 2 Abs. 2 Nr. 2 WpHG nennt zudem Waren, Frachtsätze, Emissionsberechtigungen, Klima- oder andere physikalische Variablen, Inflationsraten oder andere volkswirtschaftliche Variablen oder sonstige Vermögenswerte, Indices oder Messwerte als Basiswerte, sofern sie bestimmten Voraussetzungen entsprechen (z.B. Erfüllung durch Barausgleich; Abschluss auf einem organisierten Markt oder in einem multilateralen Handelssystem).[84] Derivate sind zudem finanzielle Differenzgeschäfte (§ 2 Abs. 2 Nr. 3 WpHG), Kreditderivate (§ 2 Abs. 2 Nr. 4 WpHG) und unter bestimmten Voraussetzungen auch Termingeschäfte mit Bezug auf die in Artikel 39 der Verordnung (EG) Nr. 1287/2006 genannten Basiswerte (§ 2 Abs. 2 Nr. 5 WpHG).

2. Beispiele

Zur Veranschaulichung werden nachfolgend einige Beispiele aus den börslichen und außerbörslichen Mistrade-Regeln sowie den Gerichtsentscheidungen zu außerbörslichen Mistrades zusammengestellt.

---

80 Beispielsweise in §§ 31 Abs. 4 S. 2, 32 S. 1, 35 Abs. 3 S. 1 BedFWB („bei Geschäften in strukturierten Produkten“); für eine Auflistung verschiedener Definitionen in der wirtschaftswissenschaftlichen Literatur siehe *Wohlwend*, Strukturierte Produkte, S. 3 f.

81 Ähnlich *Becker*, in: Grunewald/Schlitt, Kapitalmarktrecht, S. 136; *Wohlwend*, Strukturierte Produkte, S. 9.

82 Siehe auch *Becker*, in: Grunewald/Schlitt, Kapitalmarktrecht, S. 125; *Rudolf*, in: Kümpel/Wittig, Bank- und Kapitalmarktrecht, Rdn. 19.23; *Lehmann*, Finanzinstrumente, S. 337; *Rudolph/Schäfer*, Derivative Finanzmarktinstrumente, S. 15 f.; *M. Schmidt*, Derivative Finanzinstrumente, S. 1.

83 Für einen Überblick siehe zudem *Rudolph/Schäfer*, Derivative Finanzmarktinstrumente, S. 15 f.; *M. Schmidt*, Derivative Finanzinstrumente, S. 2 f.

84 Allgemein *Rudolph/Schäfer*, Derivative Finanzmarktinstrumente, S. 185 ff.; als Beispiel für nicht handelbare Basiswerte dienen Wetterderivate, bei denen zur Absicherung des Wetterrisikos wetterspezifische Daten als Basiswert verwendet werden; dazu *Schmitz*, Wetterderivate, 2007; zu rechtlichen Fragen *Rinker*, Wetterderivate, 2008.

Auch wenn viele Mistrade-Regeln zunächst den allgemeinen Begriff des Wertpapiers verwenden,[85] zeigt sich die große Bedeutung derivativer Finanzinstrumente für börsliche Mistrade-Geschäfte darin, dass bestimmte Regelungen der Börsenusancen ausdrücklich darauf abstellen. Neben dem bereits erwähnten Begriff des strukturierten Produkts in der aktuellen Fassung der Börsenusancen findet sich in einer inzwischen aufgehobenen älteren Fassung die Aufzählung „Optionsscheine (außer Company Issued Warrants), Zertifikate und Reverse Convertibles".[86] Die große Relevanz derivativer Finanzinstrumente spiegelt sich auch in den außerbörslichen Mistrade-Regeln wieder. Als mögliche Handelsgegenstände eines Mistrades werden ausdrücklich „Optionsscheine und sonstige verbriefte Termingeschäfte, Indexzertifikate, strukturierte Wertpapiere und Investmentanteilsscheine"[87], schließlich allerdings auch Aktien[88] genannt.

Auch in den Gerichtsentscheidungen zu außerbörslichen Mistrades ging es abgesehen von zwei Urteilen zu Aktien[89] in der Hauptzahl der Fälle um derivative Finanzinstrumente, insbesondere um Optionsscheine,[90] Hebelzertifikate[91] und Bas-

85 Für den börslichen Handel beispielsweise in §§ 25 Abs. 2 S. 1, 30 S. 2, 31 Abs. 2 S. 1 und Abs. 3 S. 1, 34 Abs. 1 S. 1 und Abs. 2 S. 1 BedFWB; für den außerbörslichen Handel beispielsweise in Nr. 4 (a) der Mistrade-Regel zwischen Cortal Consors und der Deutschen Bank und Nr. 5 a.) der maxblue Mistrade-Regel mit der Citigroup; („Geschäft in dem fraglichen Wertpapier").

86 In § 2.2 Abs. 2 der Ausführungsbestimmung zu § 8 Abs. 2 und § 40 BedFWB vom 1.11.2007 (alte Fassung, bereits geändert am 11.3.2008, inzwischen ganz aufgehoben).

87 In Nr. 4 (a) der Mistrade-Regel zwischen Cortal Consors und der Deutschen Bank und Nr. 5 b.) der maxblue Mistrade-Regel mit der Citigroup.

88 In Nr. 5 (a) der Mistrade-Regel zwischen Cortal Consors und der Deutschen Bank und Nr. 6 a.) der maxblue Mistrade-Regel mit der Citigroup.

89 LG Nürnberg-Fürth, Urt. v. 14.2.2001 – 10 O 831/00 = WM 2001, 988, 988; AG Nürnberg, Urt. v. 29.8.2002 – 20 C 3178/02 (unveröffentlicht).

90 OLG Düsseldorf, Urt. v. 27.1.2000 – 6 U 168/98 = RIW 2001, 226, 226; vorangehend LG Düsseldorf, Urt. v. 30.10.1998 – 15 O 60/98 (unveröffentlicht) (Währungs-Optionsscheine); BGH, Urt. v. 25.6.2002 – XI ZR 239/01 = WM 2002, 1687 (Mistrade-Urteil); vorangehend OLG München, Urt. v. 26.4.2001 – 19 U 5248/00 = ZBB 2002, 223 (red. Leitsatz) und LG München I, Urt. v. 14.9.2000 – 6 O 5426/00 (unveröffentlicht) (Aktienoptionsscheine); LG Itzehoe, Urt. v. 12.1.2006 – 7 O 292/05 (unveröffentlicht); LG Nürnberg-Fürth, Urt. v. 25.1.2007 – 10 O 8762/05 = WM 2007, 2374, 2374 (Index-Optionsscheine); LG Frankfurt am Main, Urt. v. 20.5.2008 – 2-19 O 370/07 (unveröffentlicht) (Aktienoptionsschein); OLG Frankfurt am Main., Urt. v. 4.3.2009 – 16 U 174/08 = WM 2009, 1032, 1033; vorangehend LG Frankfurt am Main, Urt. v. 11.1.2008 – 2–21 O 261/04 (unveröffentlicht); BGH, Urt. v. 30.6.2009 – XI ZR 364/08 = WM 2009, 1500, 1502; vorangehend OLG Frankfurt am Main, Urt. v. 6.11.2008 – 16 U 183/07 (unveröffentlicht); vorangehend LG Frankfurt am Main, Urt. v. 19.6.2007 – 2/19 O 271/06 (unveröffentlicht) (Knockout-Optionsscheine).

91 OLG Schleswig, Beschl. v. 9.1.2004 – 5 U 130/03 = WM 2004, 1280, 1280; vorangehend LG Itzehoe, Urt. v. 10.10.2003 – 7 O 40/03 (unveröffentlicht).

ketzertifikate.[92] Einige Gerichtsentscheidungen behandelten auch Fälle, bei denen ein Mistrade-Antrag im börslichen Handel gestellt wurde, wobei in beiden keine inhaltliche Auseinandersetzung mit börslichen Mistrades erfolgte, sondern Zulässigkeitsprobleme der Klage erörtert wurden. Bei den Finanzinstrumenten handelte es sich um Terminkontrakte auf den Deutschen Aktienindex (DAX)[93] und um Optionen auf Aktien.[94]

3. *Einordnung*

Die Beispiele zeigen, dass Mistrades im Wertpapierhandel zwar generell vorkommen und nicht auf bestimmte Finanzinstrumente beschränkt sind, aber besonders oft beim Handel mit derivativen Finanzinstrumenten auftreten.

a) Bedeutung für das Auftreten von Mistrades

Es ist zu erwarten, dass sich mit der Zunahme des Handelsvolumens derivativer Finanzinstrumente[95] auch die hohe Mistrade-Quote in diesem Bereich fortsetzt.

---

92 LG Frankfurt am Main, Urt. v. 23.12.2008 – 2-19 O 147/08 = WM 2009, 455, 455 (Rohstoff-Schuldverschreibung mit Kapitalgarantie).

93 VG Frankfurt am Main, Urt. v. 5.4.2004 – 9 E 4690/02 (unveröffentlicht); VG Frankfurt am Main, Urt. v. 5.4.2004 – 9 E 175/03 (unveröffentlicht).

94 OLG Frankfurt am Main, Urt. v. 18.1.2001 – 1 U 209/99 = ZIP 2001, 730, 730.

95 Derivative Finanzinstrumente werden sowohl börslich als auch außerbörslich gehandelt (typischerweise je nach Ausgestaltung nur an einem der beiden Handelsplätze, siehe für einen Überblick *Becker*, in: Grunewald/Schlitt, Kapitalmarktrecht, S. 142 ff.). Für den börslichen Handel im Jahr 2007 gibt der Deutsche Derivate Verband (DDV) einen Umsatz von 190,89 Mrd. EUR an, *DDV*, Börsenumsätze in derivativen Wertpapieren, S. 1. Die genaue Angabe des außerbörslichen Handelsvolumens von derivativen Finanzinstrumenten ist mangels vollständiger Datenerfassung nicht möglich, liegt aber um einiges höher. Ein guter Anhaltspunkt ist die statistische Erfassung zum weltweiten Derivategeschäft der Bank für Internationalen Zahlungsausgleich in Zusammenarbeit mit den nationalen Notenbanken, aus der die globale Zunahme des außerbörslichen Handels mit Derivaten hervorgeht, siehe *Bank for International Settlements (BIS)*, Triennial Central Bank Survey 2007, Kapitel „OTC derivatives markets“ ab S. 13 ff.; die Deutsche Bundesbank hat den arbeitstäglichen Durchschnitt von zins- und währungsbezogenen derivativen Geschäftsabschlüssen für April 2007 mit über 93 Mrd. USD (ca. 69,6 Mrd. EUR) angegeben, siehe *Deutsche Bundesbank*, Pressenotiz „Devisenhandels- und Derivateumsätze von Banken in Deutschland“ vom 25.9.2007, S. 2 und 4 (Umfrage auf freiwilliger Basis bei 18 größeren Banken); im Vergleich dazu hat der DDV das durchschnittliche monatliche börsliche Handelsvolumen in derivativen Wertpapieren für 2007 mit ca. 15,9 Mrd. EUR angegeben, siehe *DDV*, Börsenumsätze in derivativen Wertpapieren, S. 1; die Marktteilnehmer haben ein zunehmendes Interesse an derivativen Finanzinstrumenten, da sie ertragsreiche Spekulations- und Arbitragemöglichkeiten bieten und zugleich eine Absicherung gegen zukünftige Risiken darstellen können.

Der Grund hierfür ist, dass derivative Finanzinstrumente ein besonders großes Fehlerpotential bergen:[96] Zum einen ist das Produktangebot sehr vielfältig und unübersichtlich, zumal die Emittenten ständig neue derivative Finanzinstrumente entwickeln. Dies gilt insbesondere für den außerbörslichen Handel, der aufgrund der vielfältigeren Gestaltungsmöglichkeiten und flexibleren Handelsbedingungen gute Voraussetzungen für diese Neuentwicklungen bietet.[97] Zum anderen gibt es im Vergleich zu anderen Finanzinstrumenten viel mehr Daten, über die sich die Handelsteilnehmer irren und damit einen Mistrade verursachen können, da die Wertentwicklung derivativer Finanzinstrumente von vielen verschiedenen Faktoren, vor allem von der Entwicklung des zugrundeliegenden Basiswertes abhängt. Die Datenvielfalt begünstigt zugleich technische Systemfehler, die Mistrades zur Folge haben können.

b) Abgrenzung verschiedener derivativer Finanzinstrumente

In den besonderen Regeln und Gerichtsentscheidungen zu Mistrades werden oft die zur Gruppe der derivativen Finanzinstrumente gehörenden Begriffe Zertifikate, Optionsscheine und Optionen genannt. Diese weisen viele Ähnlichkeiten, aber auch Unterschiede auf. Sie werden daher nachfolgend kurz voneinander abgegrenzt.

Unter den Begriff des Zertifikats fällt eine Reihe unterschiedlich ausgestalteter Finanzinstrumente, die ständig weiterentwickelt werden. Kurz gefasst verbrieft ein Zertifikat die Teilnahme an der Kursentwicklung anderer Finanzinstrumente.[98] Zertifikate werden grundsätzlich in zwei Kategorien unterteilt. Zum einen kann die Wertentwicklung des Zertifikats so gestaltet werden, dass sie der Entwicklung des Basiswertes folgt (sogenannte Anlagezertifikate).[99] Zum anderen kann die Wertentwicklung des Zertifikats stärker ausgestaltet werden als die Entwicklung des Basiswertes (sogenannte Hebelzertifikate).[100] Dadurch wird ein geringerer Kapitaleinsatz benötigt als beim Erwerb des Basiswertes und überproportional dessen Wertent-

---

96 So auch *Koch*, ZBB 2005, 265, 266 bezogen auf den Optionsscheinhandel.

97 Genaue statistische Angaben sind mangels vollständiger Datenerfassung des außerbörslichen Derivatehandels wie erläutert (siehe die Angaben in Fn. 95) nicht möglich. Festhalten lässt sich aber, dass der außerbörsliche Handel in derivativen Finanzinstrumenten den börslichen Handel um ein Vielfaches übersteigt, allgemein dazu *Becker*, in: Grunewald/Schlitt, Kapitalmarktrecht, S. 143; *Rudolph/Schäfer*, Derivative Finanzmarktinstrumente, S. 60 ff.

98 Definition des DDV, abrufbar unter http://www.deutscher-derivate-verband.de, unter „Wissen" → „Lexikon" → „Zertifikat"; die Bezeichung „Verbriefung" ist letztlich natürlich unpräzise, siehe ausführlich zum Begriff und der rechtlichen Einordnung von Zertifikaten *Lehmann*, Finanzinstrumente, S. 108 ff.

99 Beispiele hierfür sind Indexzertifikate oder Basketzertifikate, deren Wertentwicklung dem entsprechenden Basiswert (Indices oder speziell zusammengestellte Aktienkörben) folgt.

100 Teilweise wird auch der Begriff „Knock-Out-Produkt" verwendet, *Lehmann*, Finanzinstrumente, S. 109.

wicklung realisiert.[101] Der Handel mit Zertifikaten findet überwiegend außerbörslich statt.[102]

Ebenfalls ein (nicht notwendigerweise verbrieftes) Hebelprodukt sind Optionen. Eine Option gibt dem Käufer gegen Zahlung einer Prämie das Recht, innerhalb eines bestimmten Zeitraums (amerikanische Version) oder zu einem bestimmten zukünftigen Zeitpunkt (europäische Version) ein Wirtschaftsgut zu einem vereinbarten Preis zu kaufen oder zu verkaufen.[103] Je nach Ausgestaltung werden zum einen überwiegend außerbörslich gehandelte Optionsscheine[104] und zum anderen rein börslich gehandelte Optionen unterschieden.[105] Im Gegensatz zu Optionen verbriefen Optionsscheine das Optionsrecht.[106] Zudem sind sie meist mit längeren Laufzeiten ausgestattet und generell freier in der Gestaltung als die börsengehandelten Optionen.[107] Charakteristikum der Optionen ist, dass die Vertragsparameter stark standardisiert und die Laufzeiten eher kurzfristig sind.[108]

4. *Zwischenergebnis*

Mistrades können sich bei einer Vielzahl von Wertpapiergeschäften ereignen. Anhand der börslichen und außerbörslichen Mistrade-Regeln sowie den Gerichtsentscheidungen zu Mistrades zeigt sich jedoch, dass Mistrades besonders oft beim Handeln in derivativen Finanzinstrumenten, insbesondere Optionen bzw. Optionsscheinen sowie Zertifikaten auftreten. Diese zeichnen sich dadurch aus, dass ihre Wertentwicklung unter anderem von der Entwicklung eines zugrundeliegenden

---

101 Möglicherweise bis zum Verfall des gesamten eingesetzten Kapitals, *Lehmann*, Finanzinstrumente, S. 109.

102 Wie dargelegt ist der an der Börse angesiedelte Freiverkehr als außerbörslich einzuordnen, obwohl letztlich viele börsliche Bestimmungen entsprechend anzuwenden sind; siehe dazu die Ausführungen und Nachweise unter Zweiter Teil. B. II. 2.

103 *Becker*, in: Grunewald/Schlitt, Kapitalmarktrecht, S. 132; *Deutsch*, Derivate und Interne Modelle, S. 54; *Rudolph/Schäfer*, Derivative Finanzmarktinstrumente, S. 21; *M. Schmidt*, Derivative Finanzinstrumente, S. 3; zu Fragen des Optionsvertrages siehe *Casper*, Optionsvertrag, 2005.

104 Siehe Fn. 102.

105 Die Terminologie ist teilweise uneinheitlich; für einen Überblick siehe *Becker*, in: Grunewald/Schlitt, Kapitalmarktrecht, S. 133 f. sowie *Lehmann*, Finanzinstrumente, S. 91 ff.

106 *Rudolf*, in: Kümpel/Wittig, Bank- und Kapitalmarktrecht, Rdn. 19.88 ff.; *Lehmann*, Finanzinstrumente, S. 93 f.; *Rudolph/Schäfer*, Derivative Finanzmarktinstrumente, S. 78.

107 *Deutsch*, Derivate und Interne Modelle, S. 54; *Lehmann*, Finanzinstrumente, S. 94; *Rudolph/Schäfer*, Derivative Finanzmarktinstrumente, S. 78 f.

108 *Deutsch*, Derivate und Interne Modelle, S. 54; *Rudolph/Schäfer*, Derivative Finanzmarktinstrumente, S. 31; allgemein zur Abgrenzung von börslich und außerbörslich gehandelten Derivaten *Rudolf*, in: Kümpel/Wittig, Bank- und Kapitalmarktrecht, Rdn. 19.88 ff. und in Bezug auf Optionsgeschäfte Rdn. 14.138 ff.; *Becker*, in: Grunewald/Schlitt, Kapitalmarktrecht, S. 142.

Basiswertes abhängt. Dies erschwert die Wertberechnung des jeweiligen Produktes und schafft so Fehlerquellen, die Ursache eines Mistrades sein können.

C. Effektenkommission

Wertpapieraufträge können grundsätzlich auf verschiedene Arten ausgeführt werden. Als rechtliche Gestaltungsformen in Betracht kommen die offene Stellvertretung, das Festpreisgeschäft sowie das Kommissionsgeschäft. In der Praxis werden Wertpapieraufträge fast ausschließlich kommissionsrechtlich ausgestaltet, so dass sich auch Mistrades in der Regel im Rahmen eines effektenkommissionsrechtlichen Ausführungsgeschäfts ereignen. Im Nachfolgenden werden daher kurz der wirtschaftliche und rechtliche Hintergrund der Effektenkommission beleuchtet (I. und II.) und die Rechtsbeziehungen der Beteiligten zueinander dargestellt (III.).

I. Abgrenzung der rechtlichen Gestaltungsformen

Der Wertpapierhandel in Deutschland ist dadurch gekennzeichnet, dass die Kunden keinen unmittelbaren Marktzugang haben,[109] sondern sich zum Erwerb und zur Veräußerung von Finanzinstrumenten eines sogenannten Marktintermediärs bedienen.[110] Als solcher fungieren Wertpapierdienstleistungsunternehmen, in der Regel Banken, welche die Wertpapieraufträge der Kunden entweder an einer Börse oder in außerbörslichen Handelssystemen ausführen. Festhalten lässt sich also, dass der Kunde nicht Partei des Ausführungsgeschäfts wird, selbst wenn Banken im Online-Handel teilweise etwas missverständlich von „Direkthandel“ oder „Di-

---

109 Für den börslichen Wertpapierhandel folgt dies aus den umfangreichen Zulassungsvoraussetzungen nach § 19 Abs. 2 BörsG; für den außerbörslichen Wertpapierhandel ergibt sich dies faktisch daraus, dass nur Banken und teilweise institutionelle Anleger Marktzugang haben, siehe beispielsweise für Xetra Best das Marktmodell der Gruppe Deutsche Börse v. 21.9.2009, S. 7 ff., abrufbar unter http://deutsche-boerse.com, unter „Trading & Clearing“ → „Handel“ → „Xetra“ → „Xetra BEST“ → „Xetra BEST – Marktmodell“; zu CATS-OS siehe die Website der Citibank unter http://catsos.citigroup.com, unter „cats-os“ → „cats-os partners“; allgemein dazu auch *Einsele*, Bank- und Kapitalmarktrecht, § 8 Rdn. 1; *Lenenbach*, Kapitalmarktrecht, Rdn. 4.1; zur Entwicklung der teilweisen „Disintermediation“ bei institutionellen Investoren *Baum/Hopt*, in: Festschrift Rudolph, S. 537, 543 f.; *Schönemann*, Organisationsstruktur der Börse, S. 84.

110 *Starke*, in: Kümpel/Wittig, Bank- und Kapitalmarktrecht, Rdn. 17.7 ff.; *Lenenbach*, Kapitalmarktrecht, Rdn. 4.1; *Roth*, in: Assmann/Schütze, Kapitalanlagerecht, § 10 Rdn. 41 ff.; *Kümpel*, WM 1993, 2025, 2025 f.; zur historischen Entwicklung *Schmidt-Rimpler*, in: Handbuch des gesamten Handelsrechts, S. 554 ff.

rect Trade" sprechen.[111] Der Kunde wird vielmehr Vertragspartner der Bank, die ihrerseits zur Ausführung der Kundenorder einen Vertrag mit einem Handelspartner schließt. Die vertragsrechtliche Ausgestaltung des Erwerbs oder der Veräußerung von Finanzinstrumenten können die Beteiligten dabei jedoch frei wählen.[112]

Für die Beurteilung von Mistrade-Geschäften ist die Einordnung und Abgrenzung der dafür in Betracht kommenden verschiedenen Gestaltungsformen wichtig, da sie verschiedene rechtliche Folgen nach sich ziehen. Bei der offenen Stellvertretung würde der Vertrag direkt zwischen dem Kunden und dem Handelspartner zustande kommen, so dass sich ein Erfüllungsanspruch des Kunden nach den Vereinbarungen in diesem Verhältnis richtete. Läge ein Festpreisgeschäft mit dem Intermediär vor, käme es für den Erfüllungsanspruch des Kunden nur auf die kaufvertragliche Vereinbarung mit der Bank an. Eine Mistrade-Klausel zwischen der Bank und dem Handelspartner hätte keine Auswirkung auf den Erfüllungsanspruch des Kunden. Bei einem Effektenkommissionsgeschäft hingegen hätte der Kunde gegen die Bank nach § 384 Abs. 2 Halbs. 2 HGB nur einen Anspruch auf Herausgabe des Erlangten. Dieser Anspruch liefe aber ins Leere, wenn die Bank aufgrund der Aufhebung des Wertpapiergeschäfts wegen einer wirksamen Mistrade-Klausel von dem Handelspartner nichts erlangt hat.

1. *Offene Stellvertretung*

Ihre Funktion als Marktintermediär könnte die Bank ausfüllen, indem sie als offener Stellvertreter für den Kunden nach Maßgabe des § 164 Abs. 1 S. 1 BGB mit dem Handelspartner einen Vertrag über den Erwerb oder die Veräußerung von Wertpapieren schließt. Die Rechtswirkungen des Geschäfts würden dadurch ohne weitere Abwicklungsprozesse unmittelbar in der Person des Vertretenen, also des Kunden, eintreten. Diese zunächst nahe liegende Lösung wird allerdings aus verschiedenen Gründen nicht praktiziert.[113]

Der wichtigste Grund dürfte sein, dass der Handelspartner nicht das Insolvenzrisiko des Kunden tragen möchte.[114] Käme der Vertrag direkt mit diesem zustande, müsste der Handelspartner für jedes einzelne Wertpapiergeschäft die Solvenz des

111 *Lindfeld*, Mistrade-Regeln, S. 143 und S. 150; *Fleckner/Vollmuth*, WM 2004, 1263, 1266; so im Ergebnis auch, aber kritisch aufgrund des bestimmenden Einflusses des Kunden bei der Auftragsausführung *Köndgen*, in: Festschrift Canaris, Bd. II, S. 183, 195.

112 Die Anschaffung und Veräußerung von Finanzinstrumenten für andere stellt keinen eigenen Vertragstyp dar, *Göhmann*, Verhaltenspflichten, S. 25; *Lenenbach*, Kapitalmarktrecht, Rdn. 4.6.

113 Eine Ausnahme ist der Erwerb von Investmentfondsanteilen, siehe dazu *Canaris*, Bankvertragsrecht, Rdn. 1821; *Göhmann*, Verhaltenspflichten, S. 26; *Kümpel*, in: Festschrift Th. Raiser, S. 700, 712; früher zudem zur Vermeidung der Börsenumsatzsteuer *ders.*, Bank- und Kapitalmarktrecht, 3. Aufl. 2004, Rdn. 10.73.

114 *Einsele*, Bank- und Kapitalmarktrecht, § 8 Rdn. 4; *Göhmann*, Verhaltenspflichten, S. 26; *Fleckner*, in: Beiträge für Hopt, S. 3, 12 f.; *Fleckner/Vollmuth*, WM 2004, 1263, 1266.

jeweiligen Kunden überprüfen. Dies ist faktisch nicht leistbar, nicht nur wegen der Vielzahl von Wertpapiergeschäften, sondern auch, weil dem Handelspartner im Vorfeld des Geschäftsabschlusses meist die Identität des Kunden gar nicht bekannt ist. Den Handelsteilnehmern kommt es zudem allgemein auf die Zuverlässigkeit der Geschäftsabwicklung an, die bei einem professionellen Intermediär sicherer gewährleistet ist.[115] Zudem will der Intermediär manchmal aus Konkurrenzgründen vermeiden, die Identität seines Kunden offenzulegen,[116] wozu er durch das Offenkundigkeitserfordernis der Stellvertretung gezwungen wäre. Allerdings gilt das nur für Orders geringeren Volumens, da bei größeren Wertpapiergeschäften eine Offenlegung bei der Veränderung von Stimmrechtsanteilen nach Maßgabe der §§ 21 Abs. 1 S. 1, 22 Abs. 1 S. 1 Nr. 2 WpHG ohnehin vorgeschrieben ist. Letztlich kann auch der Kunde an der Geheimhaltung seiner Identität interessiert sein, was ihm durch die Offenkundigkeit des Stellvertretungsrechts ebenfalls verwehrt bliebe. Im Wertpapierhandel dürfte diese Motivation – im Gegensatz zu anderen Geschäftsbereichen – allerdings nicht entscheidend sein.[117]

Vor allem dem Intermediär und dem Handelspartner kommt es also aus Gründen der Solvenz und Zuverlässigkeit entscheidend darauf an, jeweils Vertragspartner des anderen bei einem Wertpapiererwerb oder einer Wertpapierveräußerung zu werden. Es ist dementsprechend kein Mistrade-Geschäft bekannt geworden, das in Form der offenen Stellvertretung abgewickelt wurde.

2. *Festpreisgeschäft*

Häufiger Gegenstand gerichtlicher Mistrade-Entscheidungen ist hingegen die Frage, ob die Beteiligten den Erwerb oder die Veräußerung der Wertpapiere als Effektenkommissionsgeschäft oder als Festpreisgeschäft ausgestaltet haben.[118]

115 *Starke*, in: Kümpel/Wittig, Bank- und Kapitalmarktrecht, Rdn. 17.7 ff.; *Fleckner*, in: Beiträge für Hopt, S. 3, 12 f.; *Kümpel*, WM 1993, 2025, 2026.

116 *Göhmann*, Verhaltenspflichten, S. 26; *Lenenbach*, Kapitalmarktrecht, Rdn. 4.12 f.; *Starke*, in: Kümpel/Wittig, Bank- und Kapitalmarktrecht, Rdn. 17.7 ff.; *Fleckner*, in: Beiträge für Hopt, S. 3, 14 Fn. 43 a.E., der allerdings zu Recht darauf hinweist, dass dieses Motiv aufgrund der heutigen Informations- und Interessenlage der Beteiligten nachrangig ist.

117 Hierzu *Fleckner*, in: Beiträge für Hopt, S. 3, 14; anders beispielsweise im Kunsthandel, siehe nur MüKoHGB/*Häuser*, § 383 Rdn. 6 m.w.N.

118 Von einem Festpreisgeschäft ausgehend OLG Düsseldorf, Urt. v. 27.1.2000 – 6 U 168/98 = RIW 2001, 226, 227; so auch bereits vorangehend LG Düsseldorf, Urt. v. 30.10.1998 – 15 O 60/98 (unveröffentlicht); ebenfalls OLG München, Urt. v. 26.4.2001 – 19 U 5248/00 = ZBB 2002, 223 (red. Leitsatz), a.A. in der Revision allerdings BGH, Urt. v. 25.6.2002 – XI ZR 239/01 = WM 2002, 1687, 1688 (Mistrade-Urteil); ebenfalls von einem Kommissionsgeschäft ausgehend ferner LG Nürnberg-Fürth, Urt. v. 14.2.2001 – 10 O 8312/00 = WM 2001, 988, 990; AG Nürnberg, Urt. v. 29.8.2002 – 20 C 3178/02 (unveröffentlicht); OLG Schleswig, Beschl. v. 9.1.2004 – 5 U 130/03 = WM 2004, 1280,

Beide Möglichkeiten sind in Nr. 1 Abs. 1 der Sonderbedingungen für Wertpapiergeschäfte (SBW)[119] als Formen des Wertpapiergeschäfts vorgesehen.

Bei einem Festpreisgeschäft wird zwischen Bank und Kunde ein Kaufvertrag zu einem festen oder bestimmbaren Preis geschlossen, Nr. 1 Abs. 3 S. 1 SBW. Die Bank tätigt sodann zur Erfüllung des Anspruchs des Kunden aus dem Kaufvertrag ein entsprechendes Deckungsgeschäft am Markt.[120] Sofern die Bank zusätzlich ein einseitiges Preisbestimmungsrecht nach § 315 Abs. 1 BGB haben soll, so dass der Kaufpreis nicht bei Abschluss des Kaufvertrages, sondern erst nach Tätigung des Deckungsgeschäfts festgelegt wird,[121] stellt dies eine besondere Form des Festpreisgeschäfts dar und wird Eigenhändlergeschäft genannt.[122]

Diese spezielle Form des Festpreisgeschäfts hat bei Mistrade-Geschäften keine Bedeutung erlangt, rein praktisch schon deshalb nicht, weil durch ein nachträgliches Preisbestimmungsrecht der Bank der Mistrade-typische Streitgegenstand zwischen den Beteiligten beseitigt wäre. Im Übrigen setzt Nr. 1 Abs. 3 SBW für das Festpreisgeschäft die Vereinbarung eines festen oder bestimmbaren Preises voraus und beinhaltet im Gegensatz zu den Sonderbedingungen für Termingeschäfte

---

1281; vorangehend LG Itzehoe, Urt. v. 10.10.2003 – 7 O 40/03 (unveröffentlicht); LG Nürnberg-Fürth, Urt. v. 25.1.2007 – 10 O 8762/05 = WM 2007, 2374, 2375; LG Frankfurt am Main, Urt. v. 20.5.2008 – 2-19 O 370/07 (unveröffentlicht); LG Frankfurt am Main, Urt. v. 23.12.2008 – 2-19 O 147/08 = WM 2009, 455, 456; OLG Frankfurt am Main, Urt. v. 4.3.2009 – 16 U 174/08 = WM 2009, 1032, 1033; vorangehend LG Frankfurt am Main, Urt. v. 11.1.2008 – 2-21 O 261/04 (unveröffentlicht); die Literatur nimmt einheitlich das Kommissionsgeschäft als Regelfall eines Mistrade-Geschäfts (teilweise nur auf den außerbörslichen Handel bezogen) an *Göhmann*, Verhaltenspflichten, S. 214; *Einsele*, WuB I G 2. – 5.02, S. 1165; *Fleckner/Vollmuth*, WM 2004, 1263, 1266 f.; *Fleckner*, WuB I G 2. – 1.04, S. 662; *ders.*, WuB I G 2. – 1.08, S. 268; *ders.*, WuB I G. 2 – 1.09, S. 513; *Fridrich/Seidel*, BKR 2008, 497, 497; *Koch*, ZBB 2005, 265, 267; *K. Schmidt*, JuS 2003, 198, 198; *Tilp*, EWiR Nr. 9 SBW 1/02, 453, 454; für das Privatkundengeschäft *Lindfeld*, Mistrade-Regeln, S. 145 ff.

119 Sonderbedingungen für Wertpapiergeschäfte, gültig ab 1.11.2007, abgedruckt bei Baumbach/*Hopt*, Nr. 8 Sonderbedingungen für Wertpapiergeschäfte (AGB-WpGeschäfte).

120 Die zeitliche Abfolge ist nicht festgelegt; die Bank kann auch aus schon bestehenden Beständen erfüllen, siehe dazu den Sachverhalt des OLG Düsseldorf, Urt. v. 27.1.2000 – 6 U 168/98 = RIW 2001, 226, 227 (hier allerdings Nichterfüllung durch die Direktbank).

121 *Göhmann*, Verhaltenspflichten, S. 28.

122 Das Eigenhändlergeschäft ist in § 2 Abs. 3 Nr. 2 WpHG als „die Anschaffung oder Veräußerung von Finanzinstrumenten für eigene Rechnung als Dienstleistung für andere" legaldefiniert und als Wertpapierdienstleistung eingeordnet; siehe zudem die Regelung in Nr. 7 der Sonderbedingungen für Termingeschäfte in der Fassung 1999, abgedruckt bei *Ekkenga*, Effektengeschäft, Anlage S. 1641 ff.; bei einem Eigenhändlergeschäft steht zudem der Kaufvertrag nach § 158 Abs. 1 BGB unter der aufschiebenden Bedingung der Vornahme des Deckungsgeschäfts, siehe dazu *Göhmann*, Verhaltenspflichten, S. 28; *Lenenbach*, Kapitalmarktrecht, Rdn. 4.18 f.; *Roth*, in: Assmann/Schütze, Kapitalanlagerecht, § 10 Rdn. 56.

(SBT) keine eigene Regelung zum Eigenhändlergeschäft.[123] Große Bedeutung hat hingegen das Festpreisgeschäft im weiteren Sinn, weil sich Kunden in Gerichtsverfahren über Mistrade-Fälle regelmäßig darauf berufen, sie hätten mit der Bank einen Kaufvertrag über die Wertpapiere zu einem festen oder bestimmbaren Preis geschlossen.

3. *Kommissionsgeschäft*

Wertpapiergeschäfte werden ganz überwiegend als Kommissionsgeschäfte nach den §§ 383 ff. HGB ausgestaltet, so dass auch Mistrades meist im kommissionsrechtlichen Ausführungsgeschäft auftreten.[124] Der Kunde und die Bank schließen zunächst einen Kommissionsvertrag, worin der Kunde die Bank beauftragt, ein bestimmtes Wertpapiergeschäft für ihn zu tätigen. Charakteristisch für diese Auftragsausführung ist, dass der Kommissionär das Wertpapiergeschäft mit dem Handelspartner im eigenen Namen, aber für Rechnung des Kommittenten abschließt, § 383 Abs. 1 HGB.[125] Rechtlich gesehen ist daher die Bank als Kommissionärin immer Partei des Ausführungsgeschäfts; die wirtschaftlichen Folgen treffen hingegen den Kunden als eigentlichen „Geschäftsherrn".[126] Das Kommissionsgeschäft ist sowohl nach Nr. 1 Abs. 2 SBW für Wertpapiergeschäfte als auch nach Nr. 1 Abs. 1 SBT für Termingeschäfte als Regelfall vorgesehen.

Zur Vollständigkeit sei erwähnt, dass es sich bei von Banken[127] ausgeführten Wertpapieraufträgen meistens um Kommissionsgeschäfte ohne Selbsteintrittsrecht handelt. Die in § 400 Abs. 1 HGB enthaltene Möglichkeit,[128] dass der Kommissionär das vertraglich vereinbarte Wertpapier selbst als Verkäufer liefert oder als Käufer übernimmt, haben die Banken durch die Neufassung des Nr. 1 Abs. 2 S. 1 SBW im Jahr 1995 eingeschränkt, da nunmehr der Geschäftsabschluss „mit einem ande-

---

123 Sonderbedingungen für Termingeschäfte in der Fassung 1999, abgedruckt bei *Ekkenga*, Effektengeschäft, Anlage S. 1641 ff.

124 Siehe die Angaben in Fn. 118.

125 In § 2 Abs. 3 Nr. 1 WpHG wird das *Finanz*kommissionsgeschäft als „die Anschaffung oder Veräußerung von Finanzinstrumenten im eigenen Namen für fremde Rechnung" beschrieben; im Folgenden wird aber weiterhin der Begriff „*Effekten*kommission" aufgrund der gängigen Verwendung in der Rechtsprechung und Literatur gebraucht.

126 *Ekkenga*, Effektengeschäft, Rdn. 91; *Starke*, in: Kümpel/Wittig, Bank- und Kapitalmarktrecht, Rdn. 17.47 ff.; MüKoHGB/*Häuser*, § 383 Rdn. 45 ff.

127 Dies ist der Regelfall, da § 1 Abs. 1 S. 2 Nr. 4 KWG die Anschaffung oder Veräußerung von Finanzinstrumenten im eigenen Namen für fremde Rechnung als Bankgeschäft einordnet; ausführlich auch zu Wertpapierhandelsunternehmen und Wertpapierhandelsbanken *Göhmann*, Verhaltenspflichten, S. 30; *Schlüter*, Börsenhandelsrecht, S. 87.

128 Dem Wortlaut nach ist § 400 Abs. 1 HGB aufgrund der Abschaffung der amtlichen Kursfeststellung nicht mehr einschlägig, so MüKoHGB/*Häuser*, § 400 Rdn. 18; dies erscheint allerdings eher ein Anpassungsversäumnis des Gesetzgebers zu sein, siehe dazu *Ekkenga*, Effektengeschäft, Rdn. 95.

ren Marktteilnehmer oder einer Zentralen Gegenpartei" gefordert ist.[129] Eine Ausnahme besteht unter gewissen Voraussetzungen nach Nr. 1 Abs. 2 S. 3 SBW für den elektronischen Handel an der Börse.[130] Zudem erfüllt die Bank im Terminhandel regelmäßig die Order des Kunden durch Selbsteintritt.[131] Nach Nr. 1 Abs. 1 S. 3 SBT kommt nämlich „mit Zustandekommen des Geschäfts an der Eurex Deutschland (Ausführungsgeschäft) [...] gleichzeitig ein entsprechendes Geschäft zwischen dem Kunden und der Bank [...] zustande".[132] Die SBT sind allerdings nicht auf Geschäfte anwendbar, bei denen die Rechte in Urkunden verbrieft sind, also beispielsweise bei Optionsscheinen und Zertifikaten, die gerade besonders oft Handelsgegenstand von Mistrade-Geschäften sind.[133]

4. Abgrenzungskriterien

Besonders relevant für die rechtliche Beurteilung von Mistrades ist die Abgrenzung von Kommissions- und Festpreisgeschäft. Die Kunden berufen sich bei einer Mistrade-Streitigkeit meistens auf ein Festpreisgeschäft, da ihr Erfüllungsanspruch dann nur von der vertraglichen Vereinbarung mit ihrer Bank abhängt, nicht aber von der zwischen der Bank und deren Handelspartner vereinbarten Mistrade-Klausel. Da Bank und Kunde beide Geschäftsformen zur Ausgestaltung ihres Vertragsverhältnisses wählen können, ist gemäß den Grundsätzen der Vertragsauslegung nach §§ 133, 157 BGB jeweils zu ergründen, was sie vereinbart haben. Zur Unterscheidung können verschiedene Kriterien beitragen.[134]

Das wichtigste Merkmal hierbei ist die Art der Preisbestimmung in dem Rechtsverhältnis zwischen Kunde und Bank.[135] Beim Festpreisgeschäft wird bei Vertragsabschluss ein fester oder bestimmbarer Preis vereinbart, wodurch die Bank das

---

129 Siehe Baumbach/*Hopt*, Nr. 1 AGB-WPGeschäfte Rdn. 3; ausführlich zu den Hintergründen *Göhmann*, Verhaltenspflichten, S. 31 f.; *Roth*, in: Assmann/Schütze, Kapitalanlagerecht, § 10 Rdn. 49 ff.

130 Dazu Baumbach/*Hopt*, Nr. 1 AGB-WPGeschäfte Rdn. 4 („Xetra Best und ähnlichen Systemen"); *Ekkenga*, Effektengeschäft, Rdn. 95; *Roth*, in: Assmann/Schütze, Kapitalanlagerecht, § 10 Rdn. 51.

131 Dazu *Ekkenga*, Effektengeschäft, Rdn. 104; *Lindfeld*, Mistrade-Regeln, S. 146 f.

132 Aufgrund des Eintritts der Bank *ipso jure* auch „modifizierter Selbsteintritt" genannt, *Ekkenga*, Effektengeschäft, Rdn. 104.

133 Siehe S. 3 der SBT Einleitung; auf diese sind vielmehr die SBW und damit der Ausschluss des Selbsteintrittsrechts nach Nr. 1 Abs. 1 S. 2 SBW anwendbar.

134 Ein Überblick über die Kriterien sowie die Rechtsprechung dazu findet sich bei Baumbach/*Hopt*, § 383 Rdn. 7.

135 BGH, Urt. v. 25.6.2002 – XI ZR 239/01 = WM 2002, 1687, 1688 (Mistrade-Urteil); OLG Frankfurt am Main, Urt. v. 4.3.2009 – 16 U 174/08 = WM 2009, 1032, 1033; *Lenenbach*, Kapitalmarktrecht, Rdn. 4.21 f.; *Roth*, in: Assmann/Schütze, Kapitalanlagerecht, § 10 Rdn. 64; allgemein zum Kommissionsgeschäft MüKoHGB/*Häuser*, § 383 Rdn. 32.

Risiko der Beschaffung und Kursveränderung trägt.[136] Beim Kommissionsgeschäft wird hingegen erst durch den Abschluss des Ausführungsgeschäfts zwischen Bank und Handelspartner bestimmt, ob der Kunde einen Anspruch auf Lieferung der Wertpapiere bei der Einkaufskommission bzw. Zahlung des Kaufpreises bei der Verkaufskommission hat. Daraus würde sich auch erst die Höhe des Kaufpreises ergeben. Der Kunde kann seine Order zwar limitieren und der Bank hinsichtlich des Ausführungskurses damit Vorgaben machen. Dadurch steht aber nur ein Preisrahmen fest, nicht hingegen, dass die Order tatsächlich ausgeführt werden kann. Der genaue Preis ergibt sich immer erst bei Orderausführung. Dies gilt auch im sogenannten Direkthandel oder Sekundenhandel.[137] Dabei kann der Kunde den Wertpapierkurs online abrufen und zu diesem innerhalb einiger Sekunden das Geschäft abschließen.[138] Dieses Angebot schützt die Kunden aber nur vor negativen Kursbewegungen zwischen Kursmitteilung und dem Zustandekommen des Ausführungsgeschäfts.[139] Nicht ermöglicht wird hingegen der Abschluss eines Festpreisgeschäfts zwischen Direktbank und Kunde.[140] Ein weiteres Kriterium, das für die Ausgestaltung als Kommissionsgeschäft spricht, ist eine Provisionsforderung der Bank.[141] Der Provisionsanspruch des Kommissionärs ergibt sich aus § 396 Abs. 1 HGB. Durch eine entsprechende Rechnungsstellung der Bank kann zumindest auf deren Vorstellung geschlossen werden, als Kommissionärin tätig geworden zu sein.

Bei Mistrade-Geschäften liegt also nur selten ein Festpreisgeschäft, sondern meistens ein Kommissionsgeschäft vor, weil Kunde und Bank keinen Festpreis für das Wertpapiergeschäft vereinbaren. Zudem stellt die Bank in aller Regel eine Provision in Rechnung.

5. Zwischenergebnis

Aufgrund des klaren Vorrangs des Kommissionsgeschäfts als Gestaltungsform von Wertpapiergeschäften ist dieses Ausgangspunkt der nachfolgenden Überlegungen. An einigen Stellen wird auf Besonderheiten beim Festpreisgeschäft hingewiesen.

---

136 Dazu *Ekkenga*, Effektengeschäft, Rdn. 106; *Schlüter*, Börsenhandelsrecht, S. 97 f.

137 BGH, Urt. v. 25.6.2002 – XI ZR 239/01 = WM 2002, 1687, 1688 (Mistrade-Urteil); *Roth*, in: Assmann/Schütze, Kapitalanlagerecht, § 10 Rdn. 69; *Fleckner/Vollmuth*, WM 2004, 1263, 1266.

138 Zum Direkthandel *Balzer*, WM 2001, 1533 ff.; speziell zu Mistrades *Fleckner/Vollmuth*, WM 2004, 1263, 1265 f.

139 BGH, Urt. v. 25.6.2002 – XI ZR 239/01 = WM 2002, 1687, 1688 (Mistrade-Urteil).

140 BGH, Urt. v. 25.6.2002 – XI ZR 239/01 = WM 2002, 1687, 1688 (Mistrade-Urteil); *Fleckner/Vollmuth*, WM 2004, 1263, 1266.

141 BGH, Urt. v. 25.6.2002 – XI ZR 239/01 = WM 2002, 1687, 1688 (Mistrade-Urteil); OLG Frankfurt am Main, Urt. v. 4.3.2009 – 16 U 174/08 = WM 2009, 1032, 1033; *Roth*, in: Assmann/Schütze, Kapitalanlagerecht, § 10 Rdn. 69.

II. Rechtliche Grundlagen

Dem Abschluss von Wertpapiergeschäften für andere, sowie speziell deren Stornierung oder Rückabwicklung bei Mistrades, sind von verschiedenen Regelungswerken Grenzen und Vorgaben gesetzt.

1. Mistrade-Regeln

Sowohl für den börslichen als auch für den außerbörslichen Wertpapierhandel gibt es spezielle Mistrade-Regeln, welche beim Zustandekommen eines Wertpapiergeschäfts zu nicht marktgerechten Preisen unter bestimmten Voraussetzungen die Aufhebung und Rückabwicklung des Geschäfts vorsehen. Weder im börslichen Handel noch im außerbörslichen Handel sind diese Mistrade-Regeln einheitlich.

An der Frankfurter Wertpapierbörse sind die für den Präsenzhandel und den elektronischen Handel geltenden Mistrade-Regeln nun unmittelbar in den Börsenusancen, in §§ 25 – 28, 30 – 38 BedFWB, enthalten. Gleiches gilt auch für die Eurex, deren Mistrade-Regeln in Ziff. 2.7 BedEurex umfasst sind.[142] Diese sind nicht identisch, weisen aber im Wesentlichen einen ähnlichen Regelungsinhalt auf. Vor allem werden die Voraussetzungen und Grenzen des Aufhebungs- und Rückabwicklungsrechts beschrieben.[143]

Im außerbörslichen Handel gibt es eine kaum zu überschauende Vielfalt von Mistrade-Regeln. Die außerbörslichen Handelspartner vereinbaren mit verschiedenen Banken jeweils einzeln Mistrade-Regeln. Auch die Banken bieten ihrerseits den Handel mit einer Vielzahl von außerbörslichen Handelspartnern an, für die jeweils unterschiedliche Mistrade-Regeln gelten.[144] Die Regelungslage ist letztlich noch unübersichtlicher, weil einige Banken insofern eine Doppelfunktion wahrnehmen: Sie können einerseits Wertpapiere als Kommissionär für Kunden erwerben und veräußern und andererseits als Handelspartner einer als Kommissionär tätigen Bank

---

142 Siehe die Nachweise in Fn. 13 und in Fn. 14; vorher waren sowohl an der Frankfurter Wertpapierbörse als auch der Eurex die Mistrade-Regeln noch in Ausführungsbestimmungen zu den Börsenusancen enthalten; diese wurden an der Frankfurter Wertpapierbörse mit Wirkung zum 15.4.2009 aufgehoben (Aufhebung der Ausführungsbestimmung zu § 27 der Bedingungen für Geschäfte an der Frankfurter Wertpapierbörse (Mistrade-Regel), abrufbar unter http://deutsche-boerse.com, unter „Info-Center/Regelwerke" → „Regelwerk") und an der Eurex mit Wirkung zum 2.1.2009 (Ausführungsbestimmungen zur Behandlung von Fehleingaben an der Eurex Deutschland und der Eurex Zürich, abrufbar unter http://www.eurexchange.com, unter „Dokumente" → „Regelwerke"); zum alten Stand siehe noch *Lindfeld*, Mistrade-Regeln, S. 28 ff.

143 Die Darstellung der börslichen Mistrade-Regeln konzentriert sich aufgrund des hohen Handelsvolumens auf die der Frankfurter Wertpapierbörse und der Eurex.

144 Für eine Aufstellung der außerbörslichen Handelspartner sowie der jeweils geltenden Mistrade-Regeln am Beispiel von Cortal Consors sowie dem Online Broking Angebot „maxblue" der Deutsche Bank Privat- und Geschäftskunden AG siehe die Nachweise in Fn. 7.

auftreten. In vielen Fällen emittieren Banken die Wertpapiere auch noch selbst. Weitere außerbörsliche Mistrade-Regeln gibt es teilweise für den Freiverkehr, beispielsweise für die Euwax in Ziff. 3.9 der „Ausführungsbestimmungen verbriefte Derivate“.[145] Der Regelungsinhalt außerbörslicher Mistrade-Regeln orientiert sich zum großen Teil an dem der börslichen Mistrade-Regeln.[146]

2. Sonstige Rechtsbestimmungen

Im Übrigen finden auf Wertpapiergeschäfte eine Vielzahl unterschiedlicher Rechtsbestimmungen Anwendung,[147] die daher auch für die rechtliche Beurteilung von Mistrades eine Rolle spielen.

Sowohl das Innenverhältnis zwischen Kunde und Bank als auch das Außenverhältnis zwischen Bank und Handelspartner sind zunächst durch Vertragsrecht bestimmt. Die sich aus dem Kommissionsvertrag zwischen Kunde und Bank ergebenden Rechte und Pflichten werden vor allem durch das Kommissionsrecht nach den §§ 383 ff. HGB geregelt. Grundlage des Kommissionsvertrages ist wiederum ein entgeltlicher Geschäftsbesorgungsvertrag mit Dienstleistungscharakter im Sinne des § 675 Abs. 1 BGB,[148] so dass zudem die auftragsrechtlichen Vorschriften der

145 Ausführungsbestimmungen zur Börsenordnung der Baden-Württembergischen Wertpapierbörse für den elektronischen Handel verbriefter Derivate an der Baden-Württembergischen Wertpapierbörse, insbesondere im Handelssegment Euwax vom 10.10.2010, abrufbar unter https://www.boerse-stuttgart.de, unter „Börsenplatz Stuttgart“ → „Regelwerke“ → „Ausführungsbestimmung Derivate“; für das Handelssegment „Scoach“ der Frankfurter Wertpapierbörse gelten hingegen die Mistrade-Regeln der Börsenusancen der Frankfurter Wertpapierbörse.

146 Als Beispiele im Rahmen dieser Arbeit dienen die Mistrade-Regel zwischen Cortal Consors und der Deutschen Bank sowie die maxblue Mistrade-Regel mit der Citigroup (Abdruck im Anhang).

147 Für einen ausführlichen Überblick siehe *Göhmann*, Verhaltenspflichten, S. 33 ff.

148 Ob die Grundlage des Kommissionsvertrages ein Geschäftsbesorgungsvertrag mit Dienstleistungs- oder Werkvertragscharakter ist, wird unterschiedlich beurteilt; für den Dienstleistungscharakter spricht, dass der Kommissionär aufgrund des Kommissionsvertrages nur das Bemühen um die Orderausführung schuldet; ebenfalls RG, Urt. v. 24.1.1925 – I 728/23 = RGZ 110, 119, 123; OLG Schleswig, Beschl. v. 9.1.2004 – 5 U 130/03 = WM 2004, 1280, 1282; *Canaris*, Bankvertragsrecht, Rdn. 1822; *Ekkenga*, Effektengeschäft, Rdn. 70 und Rdn. 436; MüKoHGB/*Häuser*, § 383 Rdn. 29; Schlegelberger/*Hefermehl*, § 383 Rdn. 31; tendenziell auch *Lenz*, in: Röhricht/Westphalen, § 383 Rdn. 6; *Starke*, in: Kümpel/Wittig, Bank- und Kapitalmarktrecht, Rdn. 17.54; *Dalwigk zu Lichtenfels*, Effektenkommissionsgeschäft, S. 5 f.; *Göhmann*, Verhaltenspflichten, S. 30; *Schmidt-Rimpler*, in: Handbuch des gesamten Handelsrechts, S. 497 ff.; differenzierend Baumbach/*Hopt*, § 383 Rdn. 6; Ebenroth/Boujong/Joost/*Krüger*, § 383 Rdn. 14 ff.; Staub/*Koller*, § 383 Rdn. 60; für den Werkvertragscharakter RG, Urt. v. 17.4.1909 – I 209/08 = RGZ 71, 76, 78; *Knütel*, ZHR 137 (1973), 285, 286 f.; weiterführend zum Umfang der Bemühenspflicht der Bank bei einem Mistrade-Geschäft *Fleckner*, WuB I G 2. – 1.08, S. 269.

§§ 663, 665 – 670, 672 – 674 BGB Anwendung finden. Das Ausführungsgeschäft zwischen Bank und Handelspartner ist ein Wertpapierkaufvertrag, auf den daher die Vorschriften der §§ 433 ff. BGB anwendbar sind sowie die Vorschriften über den Handelskauf nach §§ 373 ff. HGB, da sowohl Bank als auch Handelspartner Kaufmann sind. Besondere Erwähnung verdienen auch die Anfechtungsregeln nach den §§ 119 ff. BGB, die neben den vielen verschiedenen börslichen und außerbörslichen Mistrade-Regeln einheitliche Regelungen über die Aufhebung von irrtums- oder fehlerbedingt zustande gekommenen Geschäften enthalten.

Darüber hinaus gibt es eine Vielzahl weiterer Regelungswerke, welche den Abschluss und die Ausführung von Wertpapiergeschäften regeln. Von den Banken werden verschiedene Allgemeine Geschäftsbedingungen (AGB) verwendet und meist durch Rahmenverträge bei Depoteröffnung in die Wertpapiergeschäfte miteinbezogen, beispielsweise die AGB-Banken[149] sowie die bereits erwähnten Sonderbedingungen SBW und SBT. Dazu kommen aufsichtsrechtliche Vorschriften, beispielsweise die Wohlverhaltensregeln der §§ 31 ff. WpHG, ergänzt durch die Bestimmungen der Wertpapierdienstleistungs-Verhaltens- und Organisationsverordnung (WpDVerOV).[150] Für den börslichen Handel finden die Vorschriften des BörsG (allerdings hauptsächlich als Organisationsvorschriften) sowie die jeweiligen Börsenordnungen und bereits erwähnten Börsenusancen Anwendung. Vor dem Hintergrund der zunehmenden europäischen Rechtsvereinheitlichung spielen auch im deutschen Wertpapierhandelsrecht gemeinschaftsrechtliche Vorgaben eine wichtige Rolle. Diese können vor allem bei der Gesetzesauslegung Bedeutung erlangen, beispielsweise die Vorgaben der MiFID im Hinblick auf die neue Fassung des WpHG.

III. Rechtsbeziehungen der Beteiligten

Die Rechtsbeziehungen der Beteiligten beim Effektenkommissionsgeschäft sind im außerbörslichen und börslichen Wertpapierhandel teilweise unterschiedlich ausgestaltet.

Im außerbörslichen Handel sind drei Beteiligte zu unterscheiden: Der Kunde als Kommittent, die Bank als Kommissionärin und der außerbörsliche Handelspartner.[151] In der Regel ist der außerbörsliche Handelspartner beim Handel mit derivativen Finanzinstrumenten gleichzeitig Emittent der Wertpapiere.[152]

---

149 Allgemeine Geschäftsbedingungen der privaten Banken und der Genossenschaftsbanken; abgedruckt und kommentiert bei *Bunte*, AGB-Banken und Sonderbedingungen, Nr. 1.

150 Verordnung zur Konkretisierung der Verhaltensregeln und Organisationsanforderungen für Wertpapierdienstleistungsunternehmen (WpDVerOV) vom 20.7.2007 (BGBl. I. S. 1432); geändert durch die Verordnung vom 21.11.2007 (BGBl. I S. 2602).

151 Die gleichen Beteiligten würden bei einem Festpreisgeschäft handeln, allerdings nicht als Kommittent und Kommissionär, sondern als Parteien eines Kaufvertrages.

152 Siehe die Nachweise in Fn. 74.

Im börslichen Handel sind die Rechtsbeziehungen wegen weiterer Beteiligter und unterschiedlicher Formen des Geschäftsabschlusses komplizierter. Im Präsenzhandel sind fünf Personen zu unterscheiden: Der Kunde, der eine Kauforder erteilt, die für ihn handelnde Bank als Kommissionärin, der Kunde, der eine Verkaufsorder erteilt, die für ihn handelnde Bank als Kommissionärin und der Skontroführer, der im Präsenzhandel die Kauf- und Verkauforders zusammenführt. Dieser ist ebenfalls ein Kreditinstitut, welches von der Börsengeschäftsführung nach § 27 Abs. 1 BörsG als Skontroführer zugelassen wurde. Im elektronischen Handel werden die Aufträge stattdessen von einem elektronischen Handelssystem zusammengeführt.[153] Ganz überwiegend tritt im Präsenzhandel und beim Handel über Xetra an der Frankfurter Wertpapierbörse sowie an der Eurex der Zentrale Kontrahent (auch „Central Counterparty – CCP" genannt)[154] als Abschlusspartner für alle Orders ein.[155] Im Vergleich zum außerbörslichen Wertpapierhandel kommt an der Börse also eine weitere Instanz hinzu, bei der zu einem Mistrade führende Fehler auftreten können: der Skontroführer im Präsenzhandel sowie das elektronische Handelssystem bzw. der Zentrale Kontrahent im elektronischen Handel.

1. Kommissionsvertrag (Innenverhältnis)

Sowohl im außerbörslichen als auch im börslichen Wertpapierhandel wird das Innenverhältnis zwischen Bank und Kunde durch den von ihnen geschlossen Kommissionsvertrag bestimmt. Mit diesem beauftragt der Kunde die Bank zu einem bestimmten Wertpapiergeschäft, möglicherweise mit genauer Weisung hinsichtlich des Ausführungspreises und Handelsplatzes. Die Bank bemüht sich daraufhin um die entsprechende Ausführung des Wertpapiergeschäfts mit einem Handelspartner. Dieser ist regelmäßig ebenfalls eine Bank, im außerbörslichen Handel sogar meistens der Emittent des Wertpapiers.[156]

Da sich die börslichen und außerbörslichen Mistrade-Regeln grundsätzlich nur auf das Ausführungsgeschäft beziehen, versuchen die Banken teilweise, ihre Haf-

---

153 Zu den Besonderheiten des Vertragschlusses im elektronischen Handel *Rinker*, Vertragsschluss, Rdn. 67 ff.; *Kümpel*, WM 1991, Sonderbeil. 4, S. 4 ff.

154 Wenn die Bank selbst Nicht-Clearing-Mitglied ist, benötigt sie unter Umständen Anschluss an das Clearing-System über eine Vereinbarung mit einem Clearing-Mitglied; dadurch würde eine weitere Person hinzukommen; zum Clearing-System und den Besonderheiten beim Vertragsschluss unter Beteiligung eines Zentralen Kontrahenten siehe *Alfes*, Central Counterparty, S. 76 ff.; *Kunz*, Rechtsprobleme des Zentralen Kontrahenten, S. 77 ff. und S. 277 ff.; *Rinker*, Vertragsschluss, Rdn. 302 ff.; *Brass/Tiedemann*, ZBB 2007, 257 ff.

155 Ausgeschlossen vom Handel mit dem Zentralen Kontrahenten sind allerdings Wertpapiere, die nicht girosammelverwahrt werden, siehe dazu § 2 Abs. 2 S. 1 BedFWB, Ziff. 1.2.1, 1.2.2, 1.5 Clearbed; zudem *Alfes*, Central Counterparty, S. 84, Fn. 281.

156 Siehe die Nachweise in Fn. 74.

tung gegenüber dem Kunden aufgrund der mistrade-bedingten Aufhebung eines Wertpapiergeschäfts durch eigene Mistrade-Klauseln oder Rezeptionsklauseln in ihren AGB zu begrenzen. In einer solchen Mistrade-Klausel wird üblicherweise die Rechtslage zwischen Bank und Handelspartner bei einem Mistrade erklärt[157] und teilweise sogar explizit ein entsprechendes Aufhebungsrecht der Bank gegenüber dem Kunden begründet.[158] In einer Rezeptionsklausel werden börsliche oder außerbörsliche Mistrade-Regeln auch im Verhältnis zum Kunden für anwendbar erklärt.[159] Die Wirksamkeit solcher Mistrade-Klauseln oder Rezeptionsklauseln hängt allerdings von ihrer AGB-rechtlichen Zulässigkeit ab.[160]

---

157 Siehe beispielsweise Nr. 21.2. der allgemeinen und produktbezogenen Geschäftsbedingungen der comdirect, abrufbar unter http://www.comdirect.de, unter „AGB": „Zur Ausführung der von dem Kunden erteilten Kommissionsaufträge nutzt die comdirect bank AG die von den Handelspartnern oder dritter Seite zur Verfügung gestellten elektronischen Handelssysteme. Die in diesem Zusammenhang abgeschlossenen Rahmenverträge zum außerbörslichen Handel sehen eine Rückabwicklungsmöglichkeit für den Fall der Bildung nicht marktgerechter Preise vor. Hat danach der Handelspartner dem Geschäft aufgrund einer technisch begründeten Fehlfunktion des Handelssystems oder aufgrund eines Bedienungsfehlers irrtümlich einen falschen Kurs zugrunde gelegt, der erheblich und offenkundig von dem zum Zeitpunkt des Zustandekommens des Geschäfts marktadäquaten Preis – dem Referenzpreis – abweicht (Mistrade), so steht dem Handelspartner gegenüber der comdirect bank AG ein vertragliches Rücktrittsrecht/Aufhebungsrecht zu".

158 So beispielsweise die der Entscheidung des OLG Schleswig zugrundeliegende Mistrade-Klausel, OLG Schleswig, Beschl. v. 9.1.2004 – 5 U 130/03 = WM 2004, 1280, 1281.

159 Siehe beispielsweise Nr. 3 Abs. 1 SBW: „Die Ausführungsgeschäfte unterliegen den für den Wertpapierhandel am Ausführungsplatz geltenden Rechtsvorschriften und Geschäftsbedingungen (Usancen); daneben gelten die Allgemeinen Geschäftsbedingungen des Vertragspartners der Bank"; diese Regelung ist wortgleich beispielsweise in Nr. 2.1.1. und Nr. 3.1. der allgemeinen und produktbezogenen Geschäftsbedingungen der comdirect sowie in Nr. 3 Abs. 1 der Allgemeinen Geschäftsbedingungen von Cortal Consors im Abschnitt XII. Sonderbedingungen für den Handel in Finanzinstrumenten (abrufbar unter https://www.cortalconsors.de, unter „AGB") übernommen; siehe weiterhin Nr. 1 Abs. 1 S. 4 SBT: „Für sämtliche Geschäfte mit dem Kunden in Kontrakten, die zum Handel an der Eurex Deutschland zugelassen sind, gelten die Handels- und Clearingbedingungen sowie die Börsenordnung der Eurex Deutschland" und Nr. 1 Abs. 2 S. 3 SBT: „Die Ausführungsgeschäfte in Kontrakten, die an ausländischen Terminbörsen gehandelt werden, unterliegen den dort geltenden Rechtsvorschriften und Geschäftsbedingungen (Usancen); daneben gelten die Allgemeinen Geschäftsbedingungen des Vertragspartners der Bank/Sparkasse/Landesbank"; speziell für Mistrades Nr. 4 Abs. 2 S. 1 der Geschäftsbedingungen von Cortal Consors im Abschnitt XIII. Sonderbedingungen für den außerbörslichen Handel in Finanzinstrumenten und Derivaten: „Diese Mistrade-Regelungen sind Handelsusancen des jeweiligen außerbörslichen Handelspartners, die dieser mit der Bank vereinbart hat. Sie gelten daher für jedes Geschäft, das die Bank als Kommissionärin des Kunden mit dem außerbörslichen Handelspartner tätigt und werden ausdrücklich auch im Verhältnis von der Bank zum Kunden einbezogen".

160 Siehe dazu ausführlich *Lindfeld*, Mistrade-Regeln, S. 189 ff.

2. *Ausführungsgeschäft (Außenverhältnis)*

Da Mistrades im Ausführungsgeschäft zwischen Bank und außerbörslichem Handelspartner entstehen, ist es wichtig, sich kurz zu verdeutlichen, welche Verpflichtungen die Bank im Ausführungsgeschäft gegenüber ihrem Kunden hat, welche Aufgaben sie für ihn übernehmen darf und schließlich im praktisch vorherrschenden Direkthandel tatsächlich übernimmt.

a) Grundsätzliche Pflichten

Durch den Kommissionsvertrag ist die Bank nicht unbedingt verpflichtet, für den Kunden ein Wertpapiergeschäft mit einem Handelspartner abzuschließen. Sie schuldet aber das Bemühen[161] um die Herbeiführung eines dem Kommissionsauftrag inhaltlich entsprechenden Ausführungsgeschäfts[162] sowie die Wahrnehmung einer sich am Kapital- oder Terminmarkt bietenden und dem Wertpapierauftrag entsprechenden Abschlussgelegenheit.[163] Bei einem Festpreisgeschäft wäre die Bank hingegen zur Lieferung oder Abnahme der Wertpapiere gegenüber dem Kunden entsprechend der vertraglichen Vereinbarung verpflichtet.

Die Bank kann die Order des Kunden durch Abschluss eines Wertpapiergeschäfts mit verschiedenen Handelspartnern an börslichen oder außerbörslichen Handelsplätzen ausführen. Die Wahl des jeweiligen Ausführungsplatzes wird vorrangig durch die Weisung des Kunden bestimmt. Hat dieser keine erteilt, trifft die Bank – sowohl bei der Ausführung als Kommissionsgeschäft als auch als Festpreisgeschäft – eine interessengerechte Wahl im Sinne des Kunden, §§ 384 Abs. 1 Halbs. 2 Alt. 1 HGB, 2 Abs. 3 Nr. 1 und Nr. 2, 31 Abs. 1 Nr. 1, 33a WpHG.[164] Dabei ist sie nicht mehr dem früher geltenden Börsenzwang aus § 22 Abs. 1 BörsG a.F. unterworfen, der durch Umsetzung der MiFID ins deutsche Recht in dieser strengen Form abgeschafft wurde. Allerdings ist ihr nach § 33a WpHG eine Vielzahl von Kriterien zur bestmöglichen Ausführung von Kundenaufträgen vorgegeben. Aus § 33a Abs. 5 S. 2 WpHG ergibt sich, dass Wertpapieraufträge vorrangig über organisierte Märkte und multilaterale Handelssysteme ausgeführt werden. Eine Ausführung über andere Handelsplätze ist aber im Rahmen der allgemeinen Ausführungs-

---

161 Die Grundlage des Kommissionsvertrages ist wie dargelegt ein Geschäftsbesorgungsvertrag mit Dienstleistungscharakter, siehe dazu Zweiter Teil. C. II. 2. und Fn. 148.

162 BGH, Beschl. v. 28.5.2002 – XI ZR 336/01 = WM 2002, 1502, 1503; *Ekkenga*, Effektengeschäft, Rdn. 435; *Göhmann*, Verhaltenspflichten, S. 30; *Lenenbach*, Kapitalmarktrecht, Rdn. 4.54; MüKoHGB/*Häuser*, § 383 Rdn. 29 und § 384 Rdn. 4 f.; *Roth*, in: Assmann/Schütze, Kapitalanlagerecht, § 10 Rdn. 70; *Roth*, in: Koller/Roth/Morck, § 384 Rdn. 2; differenzierend nach der Einordnung als Dienst- oder Werkvertrag Staub/*Koller*, § 383 Rdn. 60.

163 *Ekkenga*, Effektengeschäft, Rdn. 435.

164 Für die Wahl des Ausführungsplatzes bei Termingeschäften zudem entsprechend in Nr. 3 SBT beschrieben.

grundsätze möglich, wenn der Kunde darauf hingewiesen wird und er ausdrücklich, entweder generell oder bezogen auf das einzelne Geschäft, eingewilligt hat.

b) Weisungsgebundenheit

Sofern der Kunde eine Weisung erteilt, hat diese Vorrang und muss von der Bank bei der Ausführung des Wertpapierauftrages als Kommissionsgeschäft befolgt werden, §§ 384 Abs. 1 Halbs. 2 Alt. 2, 385 Abs. 1 HGB. Die Weisungsgebundenheit gilt gleichermaßen bei der Orderausführung als Festpreisgeschäft, wie sich aus §§ 2 Abs. 3 Nr. 2, 33a Abs. 4 und Abs. 6 Nr. 2 WpHG erkennen lässt.

Große Bedeutung haben Kundenweisungen insbesondere bei online erteilten Wertpapieraufträgen im Direkthandel. Gleichlaufend mit der elektronischen Orderausführung an börslichen und außerbörslichen Handelsplätzen im Verhältnis zwischen Kommissionär und Handelspartner[165] nimmt auch das „Direktbanking“[166] im Verhältnis zwischen Kunde und Kommissionär immer weiter zu.[167] In ihrem Leistungsangebot konzentrieren sich Direktbanken auf die Ausführung der Kundenorder, wobei sie ausschließlich nach Weisung der Kunden handeln.[168] Die für das Effektenkommissionsgeschäft sonst üblichen Nebendienstleistungen wie Beratung und Aufklärung werden nicht oder nur in vergleichsweise geringem Umfang erbracht.[169] Die wesentlichen Ausführungsbedingungen bestimmt der Kunde vielmehr eigenständig durch Eingabe seines Wertpapierauftrages in die Online-Maske der Direktbank. Über das Computersystem der Direktbank kann er den aktuellen Kurs des gewünschten Wertpapiers abrufen sowie die möglichen börslichen und außerbörslichen Handelsplätze in Erfahrung bringen. Unmittelbar im Anschluss daran muss er sich entscheiden, ob er das Wertpapiergeschäft an dem ausgewählten Ausführungsplatz zu dem angebotenen Kurs tätigen möchte. Im außerbörslichen Handel bestimmt der Kunde auf diese Weise zudem den Handelspartner der Bank.[170]

---

165 Siehe dazu bereits Zweiter Teil. B. II.

166 Die Bezeichnungen sind vielfältig; verwendet werden auch die Begriffe „Online-Brokerage“ oder „Discount-Brokerage“, siehe dazu *Ekkenga*, Effektengeschäft, Rdn. 453; *Göhmann*, Verhaltenspflichten, S. 77 ff.; *Lenenbach*, Kapitalmarktrecht, Rdn. 4.136 ff.

167 Für das Jahr 2003 siehe den Überblick bei *Göhmann*, Verhaltenspflichten, S. 77; allgemein *Balzer*, WM 2001, 1533, 1533; der Kundenzuwachs bei Direktbanken ist auch an dem aktuellen Streit um die Sperrung von Filialbank-Geldautomaten für Direktbankkunden ersichtlich, *Hiller von Gaertringen*, FAZ v. 2.4.2009 – Sparkasse kann Geldautomaten weiter sperren.

168 *Ekkenga*, Effektengeschäft, Rdn. 453; *Fleckner/Vollmuth*, WM 2004, 1263, 1270.

169 *Kümpel*, Bank- und Kapitalmarktrecht, 3. Aufl. 2004, Rdn. 10.98; *Lenenbach*, Kapitalmarktrecht, Rdn. 4.148 f.

170 Dies ist beispielsweise an der Eingabemaske des außerbörslichen Handelssystems „LiveTrading“ der comdirect ersichtlich, bei der in einem Eingabefeld mittels Dropdown-Menü zwischen verschiedenen, namentlich bezeichneten Banken als Handelspartner ausgewählt werden kann, siehe unter http://www.comdirect.de, unter „Order“ →

Für die Mistrade-Problematik ist es wichtig zu verdeutlichen, dass die Funktion der Direktbank als Kommissionärin nahezu auf eine „technische Übermittlungsinstanz“ reduziert ist.[171] Sie stellt ihr Computersystem für die Information des Kunden sowie Übermittlung seiner Order zur Verfügung und ist nur rechtlich als Vertragspartner zwischen diesen und den Handelspartner geschaltet. Die tatsächliche Auswahl sämtlicher Ausführungsbedingungen geht vom Kunden aus und wird von der Bank grundsätzlich nicht überprüft, sondern automatisiert ausgeführt.[172]

Durch die Orderausführung entsprechend einer Kundenweisung gilt die Pflicht zur bestmöglichen Ausführung nach § 33a Abs. 4 WpHG für die Bank in diesem Fall als gewahrt. Über die Befolgung der Kundenweisung hinaus muss die Bank nicht generell die Plausibilität der Order überprüfen.[173] Sofern der Kunde jedoch eine mehrdeutige, nicht durch Auslegung zu ermittelnde Order erteilt, ist die Bank zur Nachfrage verpflichtet.[174] Im Direktbanking wird dies jedoch selten der Fall sein, da der Kunde die Felder der Eingabemaske anhand der Auswahlmöglichkeiten aus einem Dropdown-Menü eindeutig ausfüllen muss. Unterläuft ihm dabei ein Fehler, ist der Wertpapierauftrag trotzdem eindeutig in dieser Form erteilt, ihm stehen aber möglicherweise Aufhebungsrechte zu.[175]

„LiveTrading“; im börslichen Handel legt der Kunde zwar ebenfalls den Handelsplatz, aber nicht den Handelspartner fest; zur Auswahl des Handelspartners im Direktbanking durch den Kunden auch *Lindfeld*, Mistrade-Regeln, S. 175; *Fleckner*, in: Beiträge für Hopt, S. 3, 21; *Fleckner/Vollmuth*, WM 2009, 1819, 1820; *Köndgen*, in: Festschrift Canaris, Bd. II, S. 183, 195; zum Prozess der Disintermediation *Baum/Hopt*, in: Festschrift Rudolph, S. 537, 543 f.; *Schönemann*, Organisationsstruktur der Börse, S. 84.

171 So *Köndgen*, in: Festschrift Canaris, Bd. II, S. 183, 185; generell auf die Effektenkommission bezogen bereits ähnlich *Dalwigk zu Lichtenfels*, Effektenkommissionsgeschäft, S. 17 und S. 24 („Briefträger“ bzw. „Botenfunktion“); in neuerer Zeit *Fleckner*, in: Beiträge für Hopt, S. 3, 15 („Bereitstellung der Infrastruktur“); *Fleckner/Vollmuth*, WM 2004, 1263, 1270 („nur ein technischer Vorgang“).

172 *Fleckner/Vollmuth*, WM 2004, 1263, 1270; *Fleckner*, in: Beiträge für Hopt, S. 3, 15; *Köndgen*, in: Festschrift Canaris, Bd. II, S. 183, 185.

173 *Balzer*, WM 2001, 533, 538; Baumbach/*Hopt*, § 384 Rdn. 2; *Ekkenga*, Effektengeschäft, Rdn. 446; MüKoHGB/*Häuser*, § 383 Rdn. 34; Schlegelberger/*Hefermehl*, § 384 Rdn. 19; weitergehender Ebenroth/Boujong/Joost/*Krüger*, § 384 Rdn. 15; *Roth*, in: Koller/Roth/Morck, § 385 Rdn. 2, die eine Pflicht des Kommissionärs zur Äußerung von Bedenken annehmen.

174 Ebenroth/Boujong/Joost/*Krüger*, § 384 Rdn. 15; MüKoHGB/*Häuser*, § 383 Rdn. 34; *Roth*, in: Koller/Roth/Morck, § 385 Rdn. 2; Schlegelberger/*Hefermehl*, § 384 Rdn. 20; *Göhmann*, Verhaltenspflichten, S. 76; *Balzer*, WM 2001, 533, 538; ist eine Nachfrage zeitlich nicht möglich, ist der Kommissionär unter engen Voraussetzungen möglicherweise verpflichtet, von der Weisung abzuweichen, siehe dazu Staub/*Koller*, § 385 Rdn. 14; ebenfalls Baumbach/*Hopt*, § 385 Rdn. 2, der eine Pflicht zur Abweichung von der Kundenweisung annimmt, wenn diese den Interessen des Kunden klar und erkennbar widerspricht.

175 Siehe dazu Dritter Teil. E.

c) Interessenwahrung

Hat der Kunde keine Weisung erteilt oder ist diese ausnahmsweise unbeachtlich, muss die Bank als Kommissionärin bei der Orderausführung das Interesse ihres Kunden wahren, §§ 384 Abs. 1 Halbs. 2 Alt. 1 HGB, 2 Abs. 3 Nr. 1, 31 Abs. 1 Nr. 1, 33a WpHG. Dies gilt nach §§ 2 Abs. 3 Nr. 2, 31 Abs. 1 Nr. 1, 33a WpHG auch bei der Ausführung als Festpreisgeschäft.[176] Da die Kunden wie dargelegt keinen direkten Marktzugang haben, sondern auf einen Marktintermediär zurückgreifen müssen, sind sie auf die Wahrung ihrer Interessen durch diesen angewiesen.

Der kommissionsrechtliche Grundsatz der Interessenwahrung wird weiter konkretisiert durch Verhaltenspflichten des WpHG. Nach § 31 Abs. 1 Nr. 1, Nr. 2 WpHG muss die Bank Wertpapierdienstleistungen „mit der erforderlichen Sachkenntnis, Sorgfalt und Gewissenhaftigkeit im Interesse [der] Kunden [...] erbringen" und sich um die Vermeidung von Interessenkonflikten bemühen. In § 33a WpHG sind Vorgaben zur bestmöglichen Ausführung von Kundenaufträgen festgelegt. Im Wesentlichen ist die Bank verpflichtet, Grundsätze zur Auftragsausführung zur Erzielung des bestmöglichen Ergebnisses für ihre Kunden festzulegen sowie jährlich zu überprüfen (§ 33a Abs. 1 Nr. WpHG) und die Einhaltung dieser Grundsätze bei der Auftragsausführung sicherzustellen (§ 33a Abs. 1 Nr. 2 WpHG). Die Kriterien zur Festlegung der Ausführungsgrundsätze sind beispielhaft in § 33a Abs. 2 WpHG beschrieben. Insbesondere kommt es danach auf „die Preise der Finanzinstrumente, die mit der Auftragsausführung verbundenen Kosten, die Geschwindigkeit, die Wahrscheinlichkeit der Ausführung und die Abwicklung des Auftrags sowie den Umfang und die Art des Auftrags" an. Die Verpflichtung zur bestmöglichen Auftragsausführung meint im Übrigen keinen individuellen, sondern einen generellen Maßstab. Die Bank muss also nicht für jeden einzelnen Kundenauftrag das bestmögliche Ergebnis erzielen, sondern nur eine gewisse Qualität der Auftragsausführung durch Festlegung und Einhaltung ausgewogener Ausführungsgrundsätze für die Gesamtheit ihrer Kunden bieten.[177]

Die Frage der Interessenwahrung wird bei Mistrades besonders im außerbörslichen Handel relevant, wenn die Bank Klauseln in AGB ihres Handelspartners zugestimmt hat, die für den Kunden im Ergebnis ungünstige Mistrade-Regeln enthalten.[178]

---

176 Dazu *Köndgen*, in: Festschrift Canaris, Bd. II, S. 183, 206, der das Festpreisgeschäft methodisch deshalb als typengemischten Vertrag mit kaufvertraglicher Grundstruktur und geschäftsbesorgungsrechtlichen Elementen einstuft.

177 *Ekkenga*, Effektengeschäft, Rdn. 444; *Gomber/Hirschberg*, AG 2006, 777, 782; *Zingel*, BKR 2007, 173, 174; zur Diskussion im Vorfeld des FRUG *Balzer*, ZBB 2003, 177, 188; *Hirschberg*, AG 2006, 398, 402 f.; *Kumpan/Hellgardt*, DB 2006, 1714, 1716 f.; *Spindler/Kasten*, WM 2006, 1797, 1801 f.

178 Die Bank verstößt beispielsweise gegen ihre Interessenwahrungspflicht aus § 384 Abs. 1 Halbs. 2 Alt. 1 HGB, wenn sie bei Vereinbarung von Mistrade-Klauseln in den AGB mit dem außerbörslichen Handelspartner keinen dem § 122 BGB entsprechenden Schadens-

D. Zusammenfassung

Unter einem Mistrade ist der Abschluss eines Wertpapiergeschäfts zu einem nicht marktgerechten Preis zu verstehen. Mistrades können bei einer Vielzahl von Wertpapiergeschäften an unterschiedlichen Handelsplätzen weltweit vorkommen, treten aber insbesondere beim Handel in derivativen Finanzinstrumenten im börslichen und insbesondere außerbörslichen elektronischen Wertpapierhandel auf. Vor diesem Hintergrund werden bereits zwei wesentliche Fehlerquellen deutlich: Da der Wert eines derivativen Finanzinstrumentes immer von einem Basiswert abhängt, liegen Berechnungs- und Datenübertragungsfehler nahe. Die elektronische Abwicklung begünstigt zudem technisches Versagen als Fehlerursache.

Der rechtliche Rahmen der Mistrade-Problematik wird zum einen durch gesetzliche Bestimmungen, insbesondere über die Anfechtung von Willenserklärungen, und zum anderen durch speziell vereinbarte Mistrade-Regeln vorgegeben. Die Anfechtungsrechte bilden dabei notwendigerweise den Ausgangspunkt, da diese – für den Fall, dass die Parteien, soweit zulässig, nicht eine andere Regelung vereinbart haben – die gesetzlich vorgesehene Lösung von fehlerbedingt zustande gekommenen Geschäften sind. In dieser Funktion stellen sie zum einen den Maßstab dar, an dem die Mistrade-Problematik gemessen wird: So fließen die anfechtungsrechtlichen Wertungen in die Überprüfung der Wirksamkeit der Mistrade-Regeln nach dem Recht der Allgemeinen Geschäftsbedingungen nach den §§ 305 ff. BGB oder gegebenenfalls den guten Sitten nach § 138 Abs. 1 BGB genauso ein wie in die sich anschließenden Schadensersatzfragen, wie beispielsweise die Verletzung der kommissionsrechtlichen Interessenwahrungspflicht aus § 384 Abs. 1 Halbs. 2 Alt. 1 HGB bei Nichtvereinbarung einer Vertrauensschadensersatzpflicht.[179] Zum anderen stellen die Anfechtungsrechte bei mangelnder Vereinbarung oder Unwirksamkeit der Mistrade-Regeln die einzige Aufhebungsmöglichkeit für die Beteiligten dar. Dass die Mistrade-Regeln trotz ihres spezifischen Zuschnitts auf die Mistrade-Fälle diese nicht zufriedenstellend lösen, zeigt sich anhand verschiedener Punkte: Erstens hat sich im außerbörslichen Handel immer noch keine einheitliche Mistrade-Regel herausgebildet, sondern es besteht eine kaum zu überschauende Vielfalt an verschiedenen Fassungen, zweitens werfen die Mistrade-Regeln in der Tat sowohl im außerbörslichen als auch im börslichen Handel Zweifel hinsichtlich ihrer

---

ersatzanspruch vereinbart, BGH, Urt. v. 25.6.2002 – XI ZR 239/01 = WM 2002, 1687, 1688 (Mistrade-Urteil); so auch *Koch*, ZBB 2005, 265, 270 f. (im Zusammenhang mit der AGB-rechtlichen Vereinbarkeit); kritisch *Fleckner/Vollmuth*, WM 2004, 1263, 1277; *Fleckner*, WuB I G 2. – 1.04, S. 663; zurückhaltender *ders.*, WuB I G. 2 – 1.09, S. 514; die Pflicht zur Vereinbarung einer dem § 122 BGB entsprechenden Regelung verneinend *Lindfeld*, Mistrade-Regeln, S. 158 ff.

179 Siehe die Nachweise in Fn. 178.

Wirksamkeit auf[180] und drittens berufen sich die Beteiligten im Vorfeld eines Vergleiches häufig auf die Geltendmachung von Anfechtungsrechten.[181]

180 Zum börslichen Handel Vierter Teil. A. und Vierter Teil. B. I. 4. c) bb) (3) (a); *Lindfeld*, Mistrade-Regeln, S. 80 ff.; zum außerbörslichen Handel *Fleckner/Vollmuth*, WM 2004, 1263, 1273 ff.; *Fridrich/Seidel*, BKR 2008, 497, 498 ff.; *Koch*, ZBB 2005, 265, 268 ff.; *Lindfeld*, Mistrade-Regeln, S. 120 ff.

181 Siehe bereits Fn. 38.

Dritter Teil
Anfechtung im außerbörslichen Wertpapierhandel

Die Beteiligten eines Mistrade-Geschäftes streiten im Wesentlichen darüber, dass sich eine Vertragspartei im Gegensatz zur anderen von dem zu nicht marktgerechten Preisen abgeschlossenen Wertpapierkaufvertrag lösen möchte. Das Aufhebungsbegehren geht in den meisten Fällen von dem Handelspartner der Bank aus. Es sind aber auch Fallkonstellationen denkbar, in denen der Kunde als Kommittent oder die Bank als Kommissionärin eine Aufhebung wünschen.

Zentrale Fragestellung einer rechtlichen Untersuchung von Mistrade-Geschäften ist daher, ob und in welchem Umfang den Beteiligten Aufhebungsrechte zustehen. Diesbezüglich kommen sowohl die zwischen den Beteiligten besonders vereinbarten Mistrade-Regeln als auch die gesetzlich bestehenden Anfechtungsrechte in Betracht.

Gegenstand der nachfolgenden Untersuchung bilden die Anfechtungsrechte der Beteiligten. Eine Aufhebung nach den Mistrade-Regeln kann sinnvoll ohnehin erst geprüft werden, wenn die Frage geklärt ist, ob sich die Beteiligten auf gesetzliche Aufhebungsrechte berufen können. Denn die Wirksamkeit der Mistrade-Regeln bestimmt sich – im Rahmen der Überprüfung nach den §§ 305 ff. BGB oder nach § 138 Abs. 1 BGB – im Vergleich dazu. Die bisherigen Beiträge zu den Mistrade-Regeln stellen richtigerweise im Rahmen der AGB-rechtlichen Prüfung auf das Anfechtungsrecht als maßgeblichen Bezugspunkt ab,[182] allerdings ohne ausführlich dessen Voraussetzungen zu prüfen. Unter den gesetzlichen Aufhebungsrechten versprechen die Anfechtungsrechte den größten Erfolg bei der Aufhebung von Wertpapiergeschäften nach allgemeinem Zivilrecht. Sonstige gesetzliche Aufhebungsrechte – wie Rücktritt,[183] Widerruf[184] oder Störung der Geschäftsgrundlage[185] – liegen im Ergebnis nicht vor.

---

182 *Lindfeld*, Mistrade-Regeln, S. 127 ff.; *Fleckner/Vollmuth*, WM 2004, 1263, 1274 ff.; *Fridrich/Seidel*, BKR 2008, 497, 498 f.; *Koch*, ZBB 2005, 265, 269 ff.

183 Mistrade-Geschäfte entstehen durch Mängel in der Willenserklärung oder -bildung sowie durch technische Störungen, also vor und während des Vertragsschlusses; das Rücktrittsrecht knüpft hingegen an Fehler bei der Vertragsausführung an, dazu auch *Lindfeld*, Mistrade-Regeln, S. 108 f.; allgemein *Mankowski*, Beseitigungsrechte, S. 15 ff.; eine vertragliche Missbrauchs-Klausel in Mistrade-Fällen nach dem gesetzlichen Leitbild der Rücktrittsregelungen vorschlagend *Fridrich/Seidel*, BKR 2008, 497, 500 ff.

184 Gesetzliche Widerrufsrechte kommen nicht in Betracht, da diese die Verbrauchereigenschaft des Rechtsinhabers voraussetzen, der Mistrade sich aber im Ausführungsgeschäft zwischen professionellen Marktteilnehmern ereignet, so auch *Lindfeld*, Mistrade-Regeln, S. 109; anders LG Düsseldorf, Urt. v. 30.10.1998 – 15 O 60/98 (unveröffentlicht), das eine telefonische Aussage der Bank in dem zugrundeliegenden Fall als Einräumung eines beiderseitigen (vertraglichen) Widerrufsrechts deutete.

185 In der Regel legen die Beteiligten ihre Berechnung bei Abschluss des Wertpapiergeschäfts nicht offen, so dass diese nicht zur Geschäftsgrundlage werden kann und Ansprüche wegen Störung der Geschäftsgrundlage ausscheiden.

Im Folgenden wird zunächst die Bedeutung der Anfechtung für Mistrade-Geschäfte erklärt (A.). Sodann wird erläutert, dass die Anfechtungsrechte der Beteiligten durch die speziellen Aufhebungsrechte in den Mistrade-Regeln nicht verdrängt werden (B.). Im Anschluss daran werden die Anfechtungsrechte des außerbörslichen Handelspartners (C.), der Bank als Kommissionärin (D.) und zuletzt des Kunden als Kommittenten (E.) erörtert.

A. Bedeutung der Anfechtung für Mistrade-Geschäfte

Bislang wurde weder in der Rechtsprechung[186] noch im Schrifttum[187] ausführlicher untersucht, ob die bei einem Mistrade abgegebenen Willenserklärungen anfechtbar sind. Diese Vernachlässigung überrascht aus mehreren Gründen.

I. Die Anfechtung als typisches irrtumsbedingtes Aufhebungsrecht

Das Anfechtungsrecht ist das typische gesetzliche Aufhebungsrecht für den Fall eines Irrtums bzw. unter Umständen anderen Fehlers vor oder bei Vertragsschluss, so dass eine Untersuchung der Aufhebbarkeit von Mistrade-Geschäften nach den allgemeinen Anfechtungsrechten nahe liegt. Die Gerichte erwähnen in den Entscheidungen zu außerbörslichen Mistrade-Geschäften die Anfechtung zwar häufig, haben diese bislang aber noch nie bejaht.[188] In der Praxis spielt das Anfechtungs-

186 Das OLG Düsseldorf, Urt. v. 27.1.2000 – 6 U 168/98 = RIW 2001, 226, 227 verneint eine Anfechtbarkeit der Willenserklärungen eines Mistrade-Geschäfts, allerdings im Rahmen eines Festpreisgeschäfts; im zugrundeliegenden Fall hatte die Direktbank ausdrücklich die Anfechtung gegenüber dem Kunden erklärt.

187 *Fleckner/Vollmuth,* WM 2004, 1263, 1268 Fn. 40 verzichten in ihrem Beitrag ausdrücklich auf eine Darstellung der Anfechtungsrechte; knapp nun *Fleckner*, WuB I G. 2 – 1.09, S. 515 f.; auf die Anfechtungsrechte hinweisend auch *Fleckner/Vollmuth*, WM 2009, 1819, 1819 und *Fleckner*, WuB I G 2. – 2.09, S. 593; kurz zur arglistigen Täuschung *Fridrich/Seidel*, BKR 2008, 497, 498; kurz zum Kalkulationsirrtum *Koch*, ZBB 2005, 265, 272 Fn. 54; ihre Untersuchung ausdrücklich auf die Mistrade-Regeln beschränkend *Lindfeld*, Mistrade-Regeln, S. 24 (aber mit vielfachen Bezugnahmen auf die Anfechtung, insbesondere S. 36, 38, 54, 60 – 63, 70, 99, 109 – 116, 119, 134, 138); die Anfechtbarkeit im Zusammenhang mit Optionsverträgen an der Eurex in Übereinstimmung mit der entsprechenden Mistrade-Regel ablehnend *Casper*, Optionsvertrag, S. 272; knapp zum Ausschluss der Anfechtbarkeit im börslichen Werpapierhandel *Lenenbach*, Kapitalmarktrecht, Rdn. 4.97.

188 LG Düsseldorf, Urt. v. 30.10.1998 – 15 O 60/98 (unveröffentlicht) (Erwähnung im Tatbestand, aber keine Prüfung der Anfechtung); OLG Düsseldorf, Urt. v. 27.1.2000 – 6 U 168/98 = RIW 2001, 226, 227 (Prüfung und Verneinung der Anfechtung); BGH, Urt. v. 25.6.2002 – XI ZR 239/01 = WM 2002, 1687, 1689 (Mistrade-Urteil); LG Nürnberg-Fürth, Urt. v. 14.2.2001 – 10 O 8312/00 = WM 2001, 988, 989 (Hinweis auf

recht hingegen eine größere Rolle und hat in einigen Fällen bereits zu Vergleichen mit der Gegenseite geführt.[189]

Auf den ersten Blick könnte die Vernachlässigung der Anfechtung in der Rechtsprechung trotz der bestehenden Praxisrelevanz damit erklärt werden, dass die Parteien in den gerichtlich entschiedenen Fällen nicht ausdrücklich die Anfechtung erklärt, sondern sich auf die vereinbarten Mistrade-Regeln berufen haben.[190] Dieser Erklärungsansatz trägt bei weiterer Überlegung aber nicht. Denn die Anfechtungsrechte einer Vertragspartei sind zu prüfen, sobald diese deutlich gemacht hat, dass sie ihre Willenserklärung nicht gelten lassen möchte.[191] Es kommt also nicht darauf an, dass ausdrücklich das Wort „Anfechtung“ verwendet wurde.[192] Vielmehr ist nach den allgemeinen Auslegungsregeln zu untersuchen, ob die Willensäußerung der Vertragspartei eindeutig zum Ausdruck bringt, dass das Geschäft wegen eines Willensmangels oder Fehlers nicht bestehen bleiben soll.[193] Diese Kriterien erfüllt die Partei eines Mistrade-Geschäfts, indem sie unter Berufung auf die Mistrade-Regeln das Geschäft storniert.[194] Denn diese knüpfen an bestimmte Fehlertypen an, bei deren Vorliegen das zu einem nicht marktgerechten Preis abgeschlossene Wertpapiergeschäft storniert werden kann.[195] Unter Berufung darauf äußert der Erklärende eindeutig, dass er das Geschäft wegen eines Willenmangels oder Fehlers nicht mehr gelten lassen möchte. Das Aufhebungsrecht in den Mistrade-Regeln ist überdies dem Anfechtungsrecht strukturell ähnlich auf eine rückwirkende Beseitigung gerichtet.[196] Die Berufung der Parteien darauf muss auch als

---

die fehlende Anfechtungserklärung); AG Nürnberg, Urt. v. 29.8.2002 – 20 C 3178/02 (unveröffentlicht) (kurze Prüfung und Verneinung der Anfechtung); LG Itzehoe, Urt. v. 10.10.2003 – 7 O 40/03 (unveröffentlicht); LG Nürnberg-Fürth, Urt. v. 25.1.2007 – 10 O 8762/05 = WM 2007, 2374, 2375; LG Frankfurt am Main, Urt. v. 20.5.2008 – 2-19 O 370/07 (unveröffentlicht); BGH, Urt. v. 30.6.2009 – XI ZR 364/08 = WM 2009, 1500, 1502.

189 *Fleckner*, WuB I G. 2 – 1.09, S. 516.

190 Ausdrücklich auf die fehlende Anfechtungserklärung abstellend LG Nürnberg-Fürth, Urt. v. 14.2.2001 – 10 O 8312/00 = WM 2001, 988, 989.

191 MüKoBGB/*Busche*, § 143 Rdn. 2; Staudinger/*Roth*, Neubearb. 2003, § 143 Rdn. 2; Larenz/*Wolf*, Bürgerliches Recht AT, S. 804.

192 BGH, Urt. v. 7.6.1984 – IX ZR 66/83 = BGHZ 91, 324, 331; Staudinger/*Roth*, Neubearb. 2003, § 143 Rdn. 2; Larenz/*Wolf*, Bürgerliches Recht AT, S. 804; ausführlich *Probst*, JZ 1989, 878 ff.

193 BGH, Urt. v. 7.6.1984 – IX ZR 66/83 = BGHZ 91, 324, 331 („In jedem Fall ist aber erforderlich, daß sich unzweideutig der Wille ergibt, das Geschäft gerade wegen des Willensmangels nicht bestehenlassen zu wollen“); MüKoBGB/*Busche*, § 143 Rdn. 2; Staudinger/*Roth*, Neubearb. 2003, § 143 Rdn. 2.

194 So auch *Fleckner*, WuB I G. 2 – 1.09, S. 516.

195 Siehe als Beispiel für den außerbörslichen Handel Nr. (1) und (2) der Mistrade-Regel zwischen Cortal Consors und der Deutschen Bank und für den börslichen Handel §§ 25, 35 BedFWB.

196 Für den außerbörslichen Handel ergibt sich dies beispielsweise aus Nr. 7 der Mistrade-Regel zwischen Cortal Consors und der Deutschen Bank und für den börslichen Handel

Anfechtungserklärung ausgelegt werden. Ein hinreichender Grund für die Vernachlässigung der Anfechtungsrechte ergibt sich aus dem Fehlen einer ausdrücklichen Anfechtungserklärung also nicht.

Dasselbe gilt für das Argument, dass die Mistrade-Regeln die Anfechtungsrechte verdrängten.[197] Die außerbörslichen Mistrade-Regeln sehen vielmehr üblicherweise vor, dass sonstige Rechte, insbesondere die Anfechtungsrechte, unberührt bleiben.[198]

Ein letzter, ebenfalls nicht tragfähiger Erklärungsversuch für das Versäumnis der Überprüfung der Anfechtungsrechte sind die Unsicherheiten, die in Bezug auf die rechtliche Einordnung von Fehlern, insbesondere technischen Defekten bei automatisierten Willenserklärungen im Online-Handel, bestehen. Aufgrund der bereits vorherrschenden und weiter zunehmenden „Computerisierung" des Wertpapierhandels ist es gerade dringend notwendig, diese Fragen zu untersuchen.

II. Die Anfechtung bei missbräuchlichem Verhalten der Kunden

Die geringe Berücksichtigung der Anfechtungsrechte verwundert des Weiteren, weil den zu Mistrades im außerbörslichen Wertpapierhandel ergangenen Gerichtsentscheidungen oft Sachverhalte zugrundeliegen, in denen die Kunden den nicht marktgerechten Preis eines Wertpapiers erkannt und bewusst durch den Erwerb des betreffenden Wertpapiers ausgenutzt haben. Dies wird beispielsweise daran deutlich, dass Kunden plötzlich in erhöhtem Umfang Wertpapiere erwerben,[199] dass zur

---

aus §§ 26 S. 1, 36 S. 1 BedFWB; nur bei Unmöglichkeit der Stornierung oder Löschung von Geschäften werden entsprechende Gegengeschäfte getätigt; teilweise wird gefordert, dass die Willensäußerung beinhalten muss, dass das Geschäft von Anfang an nichtig sein soll, so BGH, Urt. v. 7.6.1984 – IX ZR 66/83 = BGHZ 91, 324, 331; Soergel/Hefermehl, § 143 Rdn. 1; überzeugend a.A. MüKoBGB/*Busche*, § 143 Rdn. 2; Staudinger/*Roth*, Neubearb. 2003, § 143 Rdn. 2.

197 So aber *Lindfeld*, Mistrade-Regeln, S. 119 f.

198 Beispielsweise Nr. 8 der Mistrade-Regel zwischen Cortal Consors und der Deutschen Bank; dazu auch *Fleckner/Vollmuth*, WM 2004, 1263, 1267; *dies.*, WM 2009, 1819, 1820; dies muss auch *Lindfeld*, Mistrade-Regeln, S. 119 f. für das von ihr verwendete Beispiel der Mistrade-Regel db max blue zugeben; siehe zudem sogleich Dritter Teil. B.; eine solche Regelung war im Übrigen bisher auch in den börslichen Mistrade-Regeln enthalten (siehe die inzwischen aufgehobene Nr. 6 der Ausführungsbestimmung zu § 27 der Bedingungen für Geschäfte an der Frankfurter Wertpapierbörse (Mistrade-Regel) vom 21.11.2008 („Die Geltendmachung weiter gehender Rechte zwischen den Parteien des Geschäfts bleibt unberührt.")); die im April 2009 neu eingeführte Bestimmung des § 28 S. 1 BedFWB sieht nun allerdings einen Ausschluss der Anfechtbarkeit vor; zur Frage der Wirksamkeit dieses Ausschlusses siehe ausführlich Vierter Teil.

199 BGH, Urt. v. 25.6.2002 – XI ZR 239/01 = WM 2002, 1687 (Mistrade-Urteil); vorangehend OLG München, Urt. v. 26.4.2001 – 19 U 5248/00 = ZBB 2002, 223 (red. Leitsatz) und LG München I, Urt. v. 14.9.2000 – 6 O 5426/00 (unveröffentlicht).

Umgehung von manuellen Kontrollen von demselben Kunden mehrere Orders geringeren Volumens für das gleiche Wertpapier eingegeben werden[200] oder dass Kunden sich telefonisch der Richtigkeit des Ankaufspreises versichern.[201] Darüber hinaus gibt es sogar Kunden, die in elektronischen Handelssystemen gezielt nach Fehlern suchen, um ein Wertpapier zu einem in ihrem Sinne günstigen, nicht marktgerechten Preis zu kaufen.[202] Diese Sachverhalte, die keinesfalls Ausnahmen sind, legen die Überprüfung einer Anfechtung aufgrund arglistiger Täuschung nahe.[203]

III. Die Anfechtung als relevanter Prüfungsmaßstab

Überraschend ist die Außerachtlassung der Anfechtungsrechte zudem, weil sich das Vorliegen von Anfechtungsrechten auch auf die Beurteilung der Mistrade-Regeln zwischen den Parteien sowie auf sich daran anschließende Schadensersatzfragen auswirkt. Diese Probleme können nur unter Bezugnahme auf das Ergebnis der Anfechtbarkeit von Willenserklärungen eines Mistrade-Geschäfts gelöst werden. Im Übrigen ist zu bedenken, dass möglicherweise gar keine Mistrade-Regeln zwischen den Parteien vereinbart wurden oder diese unwirksam sind. In diesen Fällen stellt das Anfechtungsrecht die einzige Aufhebungsmöglichkeit dar.

Im Nachfolgenden wird gezeigt, dass die Anwendung der Anfechtungsrechte auf Mistrades im außerbörslichen Handel zu sachgerechten Ergebnissen führt.

---

200 Dazu *Fridrich/Seidel*, BKR 2008, 497, 501; dies wird teilweise in den Mistrade-Regeln durch entsprechende Umgehungsklauseln berücksichtigt, siehe beispielsweise LG Frankfurt am Main, Urt. v. 23.12.2008 - 2-19 O 147/08 = WM 2009, 455, 455: „[...], wenn Anhaltspunkte dafür vorliegen, dass diese Summe durch die Erteilung eines oder mehrerer entsprechender Aufträge von der aus der fehlerhaften Preisfeststellung begünstigten Partei ausgenutzt wurde".

201 OLG Düsseldorf, Urt. v. 27.1.2000 – 6 U 168/98 = RIW 2001, 226; vorangehend LG Düsseldorf, Urt. v. 30.10.1998 – 15 O 60/98 (unveröffentlicht).

202 Neben den Sachverhalten der zitierten außerbörslichen Mistrade-Urteile finden sich – unverbindliche – Anhaltspunkte dafür beispielsweise online in verschiedenen Anleger-Foren; zudem gibt es Berater, deren erklärtes Geschäftsfeld es ist, Kunden bei der Gewinnerzielung durch Mistrades zu unterstützen.

203 Der *Bundesgerichtshof* hat die Frage des bewussten Ausnutzens eines Mistrades zwar im Rahmen der unzulässigen Rechtsausübung angesprochen, ist aber nicht auf das Vorliegen eines Anfechtungsrechts aufgrund arglistiger Täuschung eingegangen, da sich die Beklagte nicht auf ein Anfechtungsrecht berufen hatte, BGH, Urt. v. 25.6.2002 – XI ZR 239/01 = WM 2002, 1687, 1689 (Mistrade-Urteil); zur arglistigen Täuschung in Mistrade-Fällen *Fleckner*, WuB I G. 2 – 1.09, S. 516; zum vorsätzlichen Handeln des Kunden *Fleckner/Vollmuth*, WM 2009, 1819, 1819; auch *Fridrich/Seidel*, BKR 2008, 497, 497, die im Ergebnis eine arglistige Täuschung des Kunden jedoch ablehnen; ausführlich dazu Dritter Teil. C. III. 2.

B. Konkurrenzverhältnis der Anfechtungsrechte und der Mistrade-Regeln

Die Mistrade-Regeln gewähren den Beteiligten bei Mängeln in der Willensbildung und -erklärung unter bestimmten Voraussetzungen ein Aufhebungsrecht,[204] so dass das Verhältnis der Mistrade-Regeln zu den gesetzlichen Anfechtungsrechten zu klären ist. Die Vereinbarung vertraglicher Spezialregelungen zeigt zwar, dass die Beteiligten eines Wertpapiergeschäfts für den Fall eines Mistrades nicht ausschließlich auf gesetzliche Rechte vertrauen, sondern sich ein Regelwerk schaffen wollen, welches spezifisch auf die Mistrade-Problematik zugeschnitten ist. Es bedeutet aber nicht, dass sie auf die gesetzlichen Aufhebungsrechte verzichten möchten. Dies ergibt sich schon aus den Mistrade-Regeln selbst. Diese enthalten üblicherweise eine Klausel, nach der sonstige Rechte nach allgemeinen zivil- und handelsrechtlichen Bestimmungen, insbesondere Anfechtungsrechte, unberührt bleiben.[205] Daraus folgt, dass die Anfechtungsrechte der Beteiligten durch die Mistrade-Regeln nicht verdrängt werden. Für ein Anfechtungsrecht wegen arglistiger Täuschung nach § 123 Abs. 1 Alt. 1 BGB gilt dies im Übrigen schon deshalb, weil die Mistrade-Regeln soweit ersichtlich keine entsprechende Regelung enthalten.[206]

Trotzdem wird teilweise vertreten, „dass die Mistrade-Regelung die allgemeinen Anfechtungsregeln verdrängt, soweit diese auf Mängeln in der Willensbildung und -betätigung gründen".[207] Als Argument für diese Ansicht wird angeführt, dass durch die Anwendung der Anfechtungsregeln manche Mistrade-Klauseln ins Leere liefen. Als Beispiel wird der Unterschied bei den Fristen zur Geltendmachung eines Mistrades angeführt. Die Mistrade-Regeln sehen meist vor, dass das Aufhebungsverlangen innerhalb von 120 Minuten nach Abschluss des aufzuhebenden Geschäfts gegenüber der anderen Partei zu erklären ist,[208] während § 121 Abs. 1 BGB ohne genaue Zeitangaben eine Anfechtung ohne schuldhaftes Zögern ab Kenntnis

---

204 Als Beispiele siehe die außerbörslichen Mistrade-Regeln im Anhang.

205 Beispielsweise in Nr. (8) der Mistrade-Regel zwischen Cortal Consors und der Deutschen Bank und Nr. 9 der maxblue Mistrade-Regel mit der Citigroup.

206 Aufgrund der unüberschaubaren Vielfalt der außerbörslichen Mistrade-Regeln ist es nicht möglich, jede einzelne zu überprüfen; ein gegenteiliges Beispiel ist aber jedenfalls nicht bekannt; ein Anfechtungsrecht wegen arglistiger Täuschung nach § 123 Abs. 1 Alt. 1 BGB wäre im Übrigen ohnehin nicht generell in Allgemeinen Geschäftsbedingungen (die Rechtsnatur der außerbörslichen Mistrade-Regeln muss jeweils für den Einzelfall überprüft werden, überwiegend wird aber von Allgemeinen Geschäftsbedingungen ausgegangen, siehe die Nachweise in Fn. 728) abdingbar, so auch *Lindfeld*, Mistrade-Regeln, S. 119; zum vertraglichen Ausschluss BGH, Urt. v. 17.1.2007 – VIII ZR 37/06 = NJW 2007, 1058, 1059; MüKoBGB/*Kramer*, § 123 Rdn. 28.

207 *Lindfeld*, Mistrade-Regeln, S. 119.

208 Beispielsweise Nr. (5) (a) der Mistrade-Regel zwischen Cortal Consors und der Deutschen Bank und Nr. 6. a.) der maxblue Mistrade-Regel mit der Citigroup.

des Anfechtungsberechtigten von dem Anfechtungsgrund verlangt.[209] Zudem schließen die Mistrade-Regeln eine Aufhebung des Geschäfts wegen einer fehlerhaften Eingabe des Volumens meist aus,[210] während in einem solchen Fall eine Anfechtung wegen Erklärungsirrtums nach § 119 Abs. 1 Alt. 2 BGB möglich wäre.

Diese Einwände sind bei der Erörterung der Anfechtungsrechte zu bedenken, können aber wegen des klaren Wortlautes nicht deren Ausschluss durch die Mistrade-Regeln rechtfertigen. Für das Verhältnis der gesetzlichen Anfechtungsrechte und der vertraglichen Mistrade-Regeln kommt es nach den allgemeinen Auslegungsgrundsätzen (§§ 133, 157 BGB) auf den Willen der Parteien an. Diese haben in den Mistrade-Regeln typischerweise ausdrücklich vorgesehen, dass die Anfechtungsrechte neben sonstigen Rechten nach allgemeinen zivil- und handelsrechtlichen Bestimmungen weiterhin bestehen sollen. Dass die Beteiligten von dem Bestehen von Anfechtungsrechten ausgehen, ergibt sich zudem daraus, dass die Erklärung der Anfechtung bereits einige Kunden im Vorfeld von Gerichtsverfahren zum Abschluss eines Vergleiches bewogen hat.[211] In einem Gerichtsverfahren hatte zudem eine Direktbank ausdrücklich die Anfechtung in einem Mistrade-Fall erklärt.[212] Daran wird deutlich, dass die Beteiligten die Mistrade-Regeln keinesfalls als alternatives Regelungsregime zu den Anfechtungsrechten verstehen,[213] sondern vielmehr als Ergänzung.[214]

C. Anfechtungsrechte des außerbörslichen Handelspartners

In der Hauptzahl der entschiedenen Mistrade-Fälle ging das Aufhebungsbegehren von dem außerbörslichen Handelspartner aus.[215] Hierfür kommen verschiedene Gründe in Betracht, vor allem manuelle Eingabe- oder Berechnungsfehler, technisches Versagen der Computersysteme bei der Datenübermittlung oder -berechnung sowie eine Täuschung durch die Bank als Kommissionärin bzw. den Kunden als Kommittenten. Im Nachfolgenden wird ausführlich untersucht, welche dieser Gründe den Handelspartner zur Anfechtung berechtigen.

---

209 Dazu später ausführlich Dritter Teil. C. IV.

210 Beispielsweise Nr. (2) S. 2 der Mistrade-Regel zwischen Cortal Consors und der Deutschen Bank und Nr. 2 c.) S. 2 der maxblue Mistrade-Regel mit der Citigroup.

211 *Fleckner*, WuB I G. 2 – 1.09, S. 516.

212 OLG Düsseldorf, Urt. v. 27.1.2000 – 6 U 168/98 = RIW 2001, 226, 227; vorangehend LG Düsseldorf, Urt. v. 15 O 60/98 (unveröffentlicht).

213 So aber *Lindfeld*, Mistrade-Regeln, S. 116.

214 Ähnlich *Fleckner/Vollmuth*, WM 2009, 1819, 1820.

215 Dies spiegelt die generelle Marktlage wieder. In 2006 gingen 99% aller Mistrade-Anträge von den Emittenten aus, siehe *Dieckmann*, Deutsche Bank Research vom 15.2.2007, S. 12.

I. Generelle Wertungen für die Beachtlichkeit von Irrtümern

Aus Gründen der Rechtssicherheit und des Vertrauensschutzes des Erklärungsempfängers hat der Gesetzgeber im Bürgerlichen Gesetzbuch ein restriktives System der Anfechtungsrechte geschaffen, nach welchem Mängel in der Willenserklärung zwar grundsätzlich zur Anfechtung berechtigen, Mängel in der Willensbildung hingegen nicht. Ein Mangel in der Willenserklärung liegt vor, wenn der Erklärungsvorgang selbst betroffen ist, wenn also der Erklärende eine objektiv verständliche Erklärung abgibt, deren Inhalt nicht mit seinem innerlich richtig gebildeten Willen übereinstimmt.[216] Ein Mangel in der Willensbildung liegt demgegenüber vor, wenn bereits das Zustandekommen des Willens im Stadium der Motivbildung vor der Erklärung gestört wird.[217] Neben Rechts- und Vertrauensschutzinteressen ist das Prinzip der Selbstverantwortung Grund dafür, dass die Motive des Erklärenden im Allgemeinen unberücksichtigt bleiben.[218]

Die Anfechtungsregeln des BGB sind vielfach kritisiert worden,[219] weil die Abgrenzung zwischen beachtlichen und unbeachtlichen Mängeln nicht immer leicht nachzuvollziehen ist und zudem teilweise zu nicht sachgerechten Ergebnissen führt. Diese Problematik wird für den Bereich des Wertpapierhandels durch die zunehmende Computerisierung noch verstärkt. Eine Abgrenzung zwischen Willenserklärung und Willensbildung ist in vielen Fällen schwierig und wirkt künstlich, insbesondere da eine technische Unterscheidung von Datenübermittlung und Datenberechnung oft nicht möglich ist. Diese Schwierigkeit zeigt sich bei Mistrade-Geschäften sehr ausgeprägt, da diese in den meisten Fällen online über elektronische Handelssysteme abgeschlossen werden.

---

216 Vgl. nur Soergel/*Hefermehl*, § 119 Rdn. 3; Larenz/*Wolf*, Bürgerliches Recht AT, S. 643 und 653; von der Rechtsprechung wurde die viel zitierte Beschreibung „*unbewußtes Auseinanderfallen von Wille und Erklärung*" geprägt, siehe RG, Urt. v. 15.10.1914 – VI 297/14 = RGZ 85, 322, 324; RG, Urt. v. 24.10.1931 – V 284/30 = RGZ 134, 25, 31 f.; BGH, Urt. v. 24.2.1983 – III ZR 104/82 = WM 1983, 447.

217 Siehe nur Soergel/*Hefermehl*, § 119 Rdn. 4; Larenz/*Wolf*, Bürgerliches Recht AT, S. 643.

218 Zudem wird für diese Differenzierung angeführt, dass der Erklärende im Stadium der Willensbildung noch die Möglichkeit hat, seine Fehler zu berichtigen, nach abgegebener Erklärung hingegen nicht mehr; allgemein zum Hintergrund der Anfechtungsregeln siehe Staudinger/*Singer*, Bearb. 2004, § 119 Rdn. 3 ff.; Larenz/*Wolf*, Bürgerliches Recht AT, S. 652 ff.; *Mankowski*, Beseitigungsrechte, S. 391 ff.

219 Wegen der Abgrenzung im Anschluss an *Zitelmann* (Irrtum und Rechtsgeschäft, 1878, S. 359 ff.) nach psychologischen Kriterien anstatt nach sachlichen Kriterien, Soergel/*Hefermehl*, § 119 Rdn. 2; *Titze*, in: Festschrift E. Heymann, Bd. 2, S. 72, 97 f.; speziell zur Regelung des § 119 Abs. 2 BGB siehe MüKoBGB/*Kramer*, § 119 Rdn. 10 m.w.N.

II. Mängel in der Willenserklärung

Die Anfechtbarkeit der Willenserklärung des außerbörslichen Handelspartners bei einem Mistrade-Geschäft wird mehrheitlich ohne ausführliche Begründung abgelehnt,[220] insbesondere im Hinblick auf Mängel in der Willenserklärung.[221] Im Nachfolgenden wird aufgezeigt, dass der Handelspartner auch in diesen Fällen meist – je nach dem konkreten Einzelfall – zur Anfechtung seiner Willenserklärung berechtigt ist.

1. Anfechtung trotz invitatio ad offerendum

Zunächst bedarf es einer Auseinandersetzung mit der Frage, wie ein Wertpapierkaufvertrag zwischen Bank und Handelspartner typischerweise zustande kommt.

a) Zustandekommen des Wertpapierkaufvertrags

Theoretisch sind zwei Varianten des Vertragsschlusses denkbar: Der außerbörsliche Handelspartner kann die Vertragsmodalitäten entweder direkt in einem Angebot äußern oder zunächst nur in einer *invitatio ad offerendum*. In der ersten Variante käme der Vertrag durch die Annahmeerklärung der Bank als Kommissionärin zustande. In der zweiten Variante würde die Bank das Angebot erklären und der Handelspartner dieses annehmen.

Die erste Variante kommt soweit ersichtlich bei außerbörslichen Wertpapiergeschäften nicht vor.[222] Wie bereits erläutert werden diese meist elektronisch geschlossen,[223] so dass die Kaufmodalitäten des Wertpapiers einer Vielzahl potentieller Kunden online zugänglich sind. Vor diesem Hintergrund wird deutlich, dass der Handelspartner kein unbegrenztes rechtsverbindliches Angebot über zahlenmäßig begrenzt verfügbare Wertpapiere abgeben möchte. Andernfalls könnte er sich bei Nichtlieferung der Wertpapiere schadensersatzpflichtig machen. Diese Beweggründe kommen besonders bei elektronisch geschlossenen Wertpapiergeschäften aufgrund der weiten und schnellen Verbreitung durch das Internet zum Tragen, gelten aber generell für Rechtsgeschäfte, bei denen nur eine begrenzte Anzahl von

---

220 Früher sehr restriktiv, die Anfechtungsrechte bis auf Fälle mit geringer praktischer Bedeutung ablehnend *Fleckner/Vollmuth*, WM 2004, 1263, 1268 (nunmehr allerdings die Anfechtung weitergehend erwägend *Fleckner*, WuB I G. 2 – 1.09, S. 515 f.; *Fleckner/Vollmuth*, WM 2009, 1819, 1819); generell ablehnend *Fridrich/Seidel*, BKR 2008, 497, 498 (mit Argumenten gegen die arglistige Täuschung); *Lindfeld*, Mistrade-Regeln, S. 111 (mit kurzer Begründung); *Koch*, ZBB 2005, 265, 266.

221 *Lindfeld*, Mistrade-Regeln, S. 111.

222 So auch *Fleckner/Vollmuth*, WM 2004, 1263, 1267; *Lindfeld*, Mistrade-Regeln, S. 111.

223 Siehe Zweiter Teil. B. II. 2.; allgemein zum Vertragsschluss bei Internet-Angeboten Soergel/*Wolf*, § 145 Rdn. 7; Staudinger/*Bork*, Neubearb. 2003, § 145 Rdn. 9.

Vertragsgegenständen verfügbar ist.[224] Selbst wenn Wertpapiergeschäfte in dieser Variante geschlossen würden, wäre die Rechtslage bei einem Mistrade unproblematisch. Der Irrtum des Handelspartners schlüge sich direkt in seiner Angebotserklärung nieder, die er dementsprechend bei Vorliegen der allgemeinen Voraussetzungen anfechten könnte.

Die zweite Variante, die in der Praxis den Regelfall bildet,[225] wirft dagegen komplizierte Fragen auf. Aus den dargelegten Gründen stellt der Handelspartner zunächst unverbindlich als *invitatio ad offerendum* die An- und Verkaufspreise für das betreffende Wertpapier. Die Daten werden elektronisch in das Computersystem der Direktbank übertragen und sind dort von dem Kunden einsehbar. Dieser trifft auf dieser Informationsgrundlage eine Entscheidung über die Tätigung des Wertpapiergeschäfts. Das Angebot gibt allerdings nicht er selbst, sondern die Direktbank als Kommissionärin im eigenen Namen ab. Die Direktbank bildet dabei keinen eigenen Willen, sondern übernimmt den des Kunden aus der Order und macht ihn sich zu Eigen.[226] Im elektronischen Handel geschieht dieser Vorgang automatisiert. Das Gleiche gilt für die Annahmeerklärung des Handelspartners, welche – zumindest bei Übereinstimmung der Angebotsbedingungen mit den Daten der *invitatio ad offerendum* – in einem automatisierten Verfahren abgegeben wird.[227]

Zusammengefasst gibt es also zwei Besonderheiten bei Wertpapierkaufverträgen im außerbörslichen Handel. Erstens äußert der Handelspartner die wesentlichen Vertragsbedingungen nur in einer *invitatio ad offerendum.* Zweitens nimmt er das darauf bezogene Angebot der Direktbank im elektronischen Handel automatisiert an, d.h. seine Annahmeerklärung wird ohne seine manuelle Mitwirkung von einem entsprechend programmierten System abgegeben.

b) Kein Ausschluss der Anfechtbarkeit

Vor diesem Hintergrund stellt sich die Frage, ob der außerbörsliche Handelspartner bei Abgabe seiner Annahmeerklärung überhaupt einem rechtserheblichen Irrtum erliegen kann.

Diese Frage wird zum Teil verneint, und sämtliche Mängel in der Willenserklärung werden als mögliche Irrtumsgründe ausgeschlossen, da sich der Handelspartner bei seiner Annahmeerklärung nur darüber irre, dass das Angebot aufgrund

224 Siehe dazu nur Staudinger/*Bork*, Neubearb. 2003, § 145 Rdn. 2 ff., sowie zu Angaben über elektronische Medien Rdn. 9 m.w.N.

225 *Fleckner/Vollmuth*, WM 2004, 1263, 1267; *Fridrich/Seidel*, BKR 2008, 497, 497; *Lindfeld*, Mistrade-Regeln, S. 110.

226 So auch *Fleckner/Vollmuth*, WM 2004, 1263, 1267; zur reinen Übermittlungsfunktion des Effektenkommissionärs *Dalwigk zu Lichtenfels*, Effektenkommissionsgeschäft, S. 17 und S. 24; *Fleckner*, in: Beiträge für Hopt, S. 3, 15; *Köndgen*, in: Festschrift Canaris, Bd. II, S. 183, 185.

227 *Fridrich/Seidel*, BKR 2008, 497, 497.

einer marktgerechten Preisindikation abgegeben worden sei.[228] Ein solcher Irrtum sei als reiner Motivirrtum unbeachtlich. Dies würde bedeuten, dass der Handelspartner nicht anfechten könnte, wenn er sich beispielsweise bei Stellung der unverbindlichen An- und Verkaufspreise der Wertpapiere in seinem System vertippt hätte.

Dieses Ergebnis ist nicht überzeugend. Durch einen Ausschluss der Anfechtbarkeit bei Mistrade-Geschäften würde der sowohl durch die Rechtsfigur der *invitatio ad offerendum* als auch durch das Anfechtungsrecht bezweckte Schutz des Erklärenden verfehlt.

Die Rechtsfigur der *invitatio ad offerendum* soll den Erklärenden vor Schäden bewahren, die ihm bei der verbindlichen Abgabe eines Angebots an einen nicht bestimmbaren Personenkreis entstehen könnten, beispielsweise durch Verpflichtungen zum Schadensersatz mangels Lieferbarkeit des Angebotsgegenstandes oder durch die Insolvenz der anderen Partei.[229] Durch die Unverbindlichkeit der *invitatio ad offerendum* soll der Erklärende die Möglichkeit haben, deren Inhalt bis zur Abgabe einer verbindlichen Willenserklärung zu korrigieren. Diese Möglichkeit hat der Handelspartner bei einem Mistrade aber in der Regel gerade nicht. Der Prozess des Zustandekommens des Kaufvertrages zwischen dem Handelspartner und der Direktbank läuft in automatisierten Vorgängen über Computerprogramme ab, so dass der Handelspartner regelmäßig seinen bereits in der *invitatio ad offerendum* enthaltenen Fehler nicht bemerken, sondern automatisch und ungeprüft das inhaltsgleiche Angebot der Direktbank annehmen wird. Würde dem Erklärenden eine Berufung auf seine Anfechtungsrechte wegen Mängeln in der Willensbildung verwehrt, nur weil er die Erklärung über den Preis in einer unverbindlichen *invitatio ad offerendum* abgegeben hat, würde der mit der *invitatio ad offerendum* bezweckte Schutz nicht verwirklicht.[230] Denn dann wäre der Erklärende an einen Vertrag gebunden, den er so nicht wollte, ohne dass er die durch die *invitatio ad offerendum* üblicherweise bestehende Korrekturmöglichkeit in Anspruch nehmen könnte.

Ähnliches gilt für das Anfechtungsrecht. Dieses schützt den Erklärenden vor den Folgen seiner fehlerhaften Willenserklärung, indem es ihm unter bestimmten Voraussetzungen die Wahl zwischen der Wirksamkeit und der Nichtigkeit seiner Willenserklärung gibt.[231] Die Besonderheit bei Mistrades im außerbörslichen Han-

---

228 *Lindfeld*, Mistrade-Regeln, S. 111; einen Irrtum des Emittenten über den „Bedeutungsgehalt seiner Willenserklärung" ebenfalls ablehnend *Fridrich/Seidel*, BKR 2008, 497, 498.

229 Staudinger/*Bork*, Neubearb. 2003, § 145 Rdn. 6; *Bork*, Bürgerliches Recht AT, S. 278; *Larenz/Wolf*, Bürgerliches Recht AT, S. 555.

230 Zum Online-Versandhandel ähnlich OLG Frankfurt am Main, Urt. v. 20.11.2002 – 9 U 94/02 = MMR 2003, 405, 407; *Spindler*, JZ 2005, 793, 795; in Bezug auf Mistrade-Konstellationen zustimmend *Fleckner*, WM 2011, 585, 592.

231 Als Ausdruck des Prinzips der Privatautonomie, dazu Staudinger/*Singer*, Bearb. 2004, § 119 Rdn. 2.

del besteht darin, dass die wesentlichen Vertragsbestandteile, nämlich Vertragsgegenstand und Preis, bereits in der *invitatio ad offerendum* enthalten sind und der Handelspartner letztlich nur das seiner eigenen *invitatio ad offerendum* inhaltlich entsprechende Angebot der Bank annimmt. Aufgrund der automatisierten Vorgänge im Online-Handel kann er seine Annahmeerklärung nicht einzeln überprüfen. Bei einem generellen Ausschluss der Anfechtung aufgrund von Mängeln in der Willenserklärung wäre der Handelspartner daher der Wahlmöglichkeit zwischen Wirksamkeit und Nichtigkeit seiner Erklärung beraubt. Im Übrigen ist auch im Blick zu behalten, dass die Bank bei einer Anfechtung nicht schutzlos wäre, sondern einen Anspruch auf Ersatz des Vertrauensschadens nach § 122 Abs. 1 BGB gegen den Handelspartner hätte.

Gegen die vorstehenden Ausführungen könnte vorgebracht werden, dass es die freie Entscheidung des Handelspartners sei, seine Organisationsvorgänge elektronisch und automatisiert auszugestalten, und dass er daher auch das daraus hervorgehende Fehlerrisiko zu tragen habe. Hinter diesem Gedanken steht die Wertung, dass Chance und Risiko zusammengehören.[232] Dieses Argument wurde bereits bei ähnlich gelagerten Fällen im Online-Versandhandel verwendet.[233] Zudem wurde auf die Grundsätze zur Unterzeichnung ungelesener Urkunden verwiesen.[234] Diese Einwände und Vergleiche sind bei genauer Betrachtung aber nicht passend. Die Anfechtungsregeln stellen gerade nicht auf ein Verschulden ab,[235] so dass solche Erwägungen keine Rolle spielen können. Selbst wenn dies anders wäre, könnte dem Handelspartner nicht vorgeworfen werden, er habe sich nicht um die Organisation der Handelsabläufe gekümmert. Anders als bei der Unterzeichnung ungelesener Urkunden lässt der Erklärende im Online-Handel den Inhalt seiner Erklärung keinesfalls offen. Er hat durch die Verwendung der Software des Bestellsystems vielmehr dafür gesorgt, dass es einen gesteuerten Prozess der Erstellung der Annahmeerklärung gibt.[236] Dass in technischen Prozessen ab und zu Fehler unterlaufen, ist nicht von vorneherein vermeidbar. Vorausgesetzt werden kann aber, dass die elektronisch ausgestalteten Handelsabläufe grundsätzlich funktionieren. Dies bedeutet insbesondere, dass die verwendete Software getestet wird und beanstandungsfrei läuft.[237] Jede computergenerierte Erklärung von einem Menschen über-

---

232 Siehe als Beispiel die Abwägungen des *Bundesverfassungsgerichts* zum Verhältnis von Privateigentum und Gemeinwohlbelangen BVerfG, Beschl. v. 16.2.2000 – 1 BvR 242/91, 1 BvR 315/99 = BVerfGE 102, 1, 17 ff.; dazu *Klement*, Verantwortung, S. 528.

233 LG Köln, Urt. v. 16.4.2003 – 9 S 289/02 = MMR 2003, 481, 482; *Kuhn*, EDV Rechtshandlungen, S. 180; *Lorenz*, Unerwünschter Vertrag, S. 279; *Wiebe*, Elektronische Willenserklärung, S. 375.

234 *Lorenz*, Unerwünschter Vertrag, S. 278; *Brehm*, in: Festschrift Niederländer, S. 233, 240.

235 Soergel/*Hefermehl*, § 119 Rdn. 2; *Keller*, K & R 2005, 167, 172; *Mankowski*, EWiR § 150 BGB 1/03, 853, 854.

236 Staudinger/*Singer*, Bearb. 2004, § 119 Rdn. 36; *Köhler*, AcP 182 (1982), 126, 134.

237 Dazu BGH, Urt. v. 26.1.2005 – VIII ZR 79/04 = BGH NJW 2005, 976, 977.

prüfen zu lassen, wäre in der aktuellen, weitreichend computergestützten Welt hingegen ebenso wenig möglich wie sinnvoll.[238]

Grundsätzlich muss es dem Handelspartner bei einem Mistrade daher möglich sein, sich trotz der *invitatio ad offerendum* auf Anfechtungsrechte zu berufen. Als nächstes ist zu klären, welche Willensäußerung – die *invitatio ad offerendum* oder die Annahmeerklärung – er anfechten kann.

c) Anfechtbarkeit der *invitatio ad offerendum*

Seine *invitatio ad offerendum* kann der außerbörsliche Handelspartner nicht anfechten. Die *invitatio ad offerendum* könnte zwar konzeptionell geeigneter Anknüpfungspunkt der Anfechtung sein. Der Handelspartner unterliegt einem Irrtum nämlich im Zeitpunkt ihrer Äußerung. Zudem sind wesentliche Vertragsbestandteile erstmals in der *invitatio ad offerendum* enthalten und werden von der Bank in ihrer Angebotserklärung nur übernommen. Ohne die Informationen aus der *invitatio ad offerendum* wäre es für den Kunden schwierig, seine Bank zur Abgabe eines realistischen Angebots zu bewegen, da ihm die Angabe des Kaufpreises fehlte. Allerdings ist die *invitatio ad offerendum* mangels Rechtsbindungswillens keine Willenserklärung. Angefochten werden können nach überwiegender Meinung nur Willenserklärungen,[239] so dass die *invitatio ad offerendum* als Anknüpfungspunkt der Anfechtung ausscheidet.

d) Anfechtbarkeit der Annahmeerklärung

Der außerbörsliche Handelspartner kann seine Annahmeerklärung wegen Mängeln in der Willenserklärung anfechten.[240]

Teilweise wird die Anfechtbarkeit der Annahmeerklärung des Handelspartners bei einem Mistrade abgelehnt.[241] Diese Auffassung ist zunächst nachvollziehbar, weil der auf Mängeln in der Willenserklärung beruhende Irrtum des Handelspartners bereits beim Stellen der An- und Verkaufspreise in sein System und damit *vor*

238 Dies würde die Transaktionskosten erhöhen und zu einer Verlangsamung des Prozesses führen, siehe dazu *Mankowski*, EWiR § 150 BGB 1/03, 853, 854.

239 Staudinger/*Roth*, Neubearbeitung 2003, § 142 Rdn. 15; *Bork*, Bürgerliches Recht AT, S. 321 f.; *Mankowski*, Beseitigungsrechte, S. 26; a.A. Palandt/*Ellenberger*, § 142 Rdn. 1; *Köhler*, BGB AT, § 7 Rdn. 15; *Leenen*, Jura 1991, 393, 395 ff., die nicht auf die einzelne Willenserklärung, sondern das Rechtsgeschäft insgesamt abstellen (im Gesetz werden sowohl die Begriffe „Willenserklärung" (§ 119 Abs. 1 BGB) als auch „Rechtsgeschäft" (§ 142 Abs. 1 BGB) verwendet); da zum Tatbestand des Rechtsgeschäfts zwingend eine Willenserklärung gehört (dazu nur *Bork*, Bürgerliches Recht AT, S. 220 sowie Larenz/*Wolf*, Bürgerliches Recht AT, S. 435), würde sich auch bei Befürwortung der anderen Meinung nichts daran ändern, dass eine *invitatio ad offerendum* nicht anfechtbar ist.

240 Das Vorliegen der Voraussetzungen der einzelnen Irrtumsgründe wird nachfolgend (Dritter Teil. C. II. 2., 3. und 4.) ausführlich erörtert.

241 *Lindfeld*, Mistrade-Regeln, S. 111.

Abgabe der Annahmeerklärung entsteht. Nach § 119 Abs. 1 BGB kommt es hingegen auf einen Irrtum „*bei* Abgabe einer Willenserklärung" an. *Bei* Abgabe der Annahmeerklärung irrt der Handelspartner sich nicht über seine Erklärung, sondern über die Angemessenheit der Preise der Wertpapiere in der Angebotserklärung der Bank. Dieser Irrtum beruht auf einem Mangel in der Willensbildung und berechtigt grundsätzlich nicht zur Anfechtung.

Bei weiterer Betrachtung vermag die Ablehnung der Anfechtbarkeit dennoch nicht zu überzeugen. Die Problematik der Anfechtbarkeit einer Annahmeerklärung, bei deren Abgabe der Erklärende sich nicht in einem Irrtum befand, sondern sich vielmehr vorgelagert bei der Erklärung seiner *invitatio ad offerendum* irrte, besteht bei einer Vielzahl von Fällen des Internethandels.[242] Die Besonderheit in diesen Fällen liegt – genauso wie in den Mistrade-Fällen – darin, dass Fehler aufgrund von Automatisierungsvorgängen entstehen, sowohl bei der Datenübertragung mittels der Software verschiedener Betreiber als auch bei der Versendung automatisierter Willenserklärungen.

Die Meinungen hinsichtlich der Anfechtbarkeit der Annahmeerklärungen von Online-Versandhändlern gingen bislang weit auseinander. Eine Anfechtbarkeit wurde – gleichlaufend mit der vorstehend zitierten Ansicht hinsichtlich der Mistrade-Fälle – verneint mit dem Argument, der Online-Versandhändler habe sich bei seiner Annahmeerklärung nur über die Richtigkeit der Preise auf seiner Internet-

242 Höchstrichterlich entschieden wurde der Fall eines großen Computerversandhändlers, siehe BGH, Urt. v. 26.1.2005 – VIII ZR 79/04 = BGH NJW 2005, 976; vorangehend LG Bielefeld, Urt. v. 24.2.2004 – 20 S 175/03; AG Herford, Urt. v. 21.8.2003 – 12 C 574/03 = CR 2003, 934 – 935 (zum Sachverhalt und der Entscheidung sogleich ausführlich Dritter Teil. C. II. 1. d); siehe zudem OLG Frankfurt am Main, Urt. v. 20.11.2002 – 9 U 94/02 = MMR 2003, 405 ff.; OLG Hamm, Urt. v. 12.1.2004 – 13 U 165/03 = NJW 2004, 2601 ff.; LG Köln, Urt. v. 16.4.2003 – 9 S 289/02 = MMR 2003, 481 ff.; AG Butzbach, Urt. v. 14.6.2002 – 51 C 25/02 (71) = NJW-RR 2003, 54 ff.; AG Westerburg, Urt. v. 14.3.2003 – 21 C 26/03 = CR 2003, 699 ff.; AG Lahr, Urt. v. 21.12.2004 – 5 C 245/04 = NJW 2005, 991 ff.; AG Fürth (Bayern), Urt. v. 3.7.2008 – 340 C 1198/08 = CR 2008, 808 f.; aus der Presse bekannt ist auch der Fall eines Online-Versandhändlers, der irrtümlich einen LCD-Fernseher für 199,99 EUR anstatt 1.999,99 EUR anbot, siehe dazu AG Fürth (Bayern), Urt. v. 11.8.2009 – 310 C 2349/08 (unveröffentlicht); AG Fürth (Bayern), Urt. v. 11.8.2009 – 360 C 2779/08 (unveröffentlicht); in jüngster Zeit machte das Versandhaus Otto Schlagzeilen, als es irrtümlich ein Notebook für 49,95 EUR anstatt 1.699 EUR anbot, dazu *Nicolai*, Die Welt v. 30.7.2009 – Otto verkaufte MacBook Air für 49,95 EUR; *Boie*, Süddeutsche Zeitung v. 31.7.2009 – Teurer Fehler; *N.N.*, Spiegel Online v. 15.8.2009 – Kunden wollen Versandhändler Otto verklagen; im Übrigen gibt es im Internet Websites, die gezielt die Preisfehler von Online-Versandhandelsunternehmen auflisten und die Leser auf einen „günstigen Deal" hinweisen, siehe http://meindeal.com (Beispiel: Hinweis auf einen Preisfehler von Amazon, auf deren Website im Januar 2010 ein Fernglas für 8,89 EUR anstatt für mindestens 499 EUR angeboten wurde) oder http://www.dealdoktor.de (Beispiel: Hinweis auf einen Preisfehler von Tchibo, auf dessen Website im Februar 2010 ein Tafelbesteck gratis anstatt für 29,90 EUR angeboten wurde).

seite geirrt und somit einem unbeachtlichen Motivirrtum unterlegen.[243] Der *Bundesgerichtshof* hat diese Kontroverse mit seinem Urteil vom 26. Januar 2005[244] für den Fall der unrichtigen Übermittlung des Preises aufgrund eines Fehlers der eigenen Software im Sinne der Vertreter der Gegenmeinung[245] entschieden und eine Anfechtbarkeit befürwortet.

In dem Urteil des *Bundesgerichtshofes* ging es um einen Online-Versandhändler, der über eine Website Computer veräußerte. Für ein bestimmtes Notebook legte ein Mitarbeiter einen Verkaufspreis von 2.650 EUR fest und gab diesen in das EDV-gesteuerte Warenwirtschaftssystem des Versandhändlers ein. Bei der Übertragung der Daten in die Produktdatenbank der Website mittels einer Software trat ein Fehler auf, so dass die Datenbank fälschlicherweise einen Verkaufspreis von 245 EUR enthielt. Zu diesem Betrag bestellte ein Kunde das Notebook. Die Bestellung wurde dem Kunden durch eine automatisch erstellte E-Mail des Versandhändlers unter Nennung des Kaufpreises von 245 EUR bestätigt und das Notebook sodann ausgeliefert. Nachdem der Versandhändler den Fehler bemerkt hatte, erklärte er die Anfechtung und forderte die Herausgabe des Notebooks.[246]

Der *Bundesgerichtshof* entschied in diesem Fall, dass der Online-Versandhändler einen Anspruch gegen den Kunden auf Rückübereignung des Notebooks nach § 812 Abs. 1 S. 1 Alt. 1 BGB habe, weil der Versandhändler seine Annahmeerklärung aufgrund eines Erklärungsirrtums nach § 119 Abs. 1 Alt. 2 BGB wirksam angefochten habe. Das Warenangebot auf der Website des Online-Versandhändlers sei eine *invitatio ad offerendum*. Das konkrete Vertragsangebot sei deshalb von dem Kunden ausgegangen und von dem Versandhändler mit der automatisch erstellten E-Mail angenommen worden.[247] Der Fehler bei der Datenübertragung betraf streng genommen nur die *invitatio ad offerendum*. Trotzdem entschied der *Bundesgerichtshof*, dass der Fehler in der Annahmeerklärung fortwirke und der Versandhändler

---

243 LG Köln, Urt. v. 16.4.2003 – 9 S 289/02 = MMR 2003, 481 f.; AG Herford, Urt. v. 21.8.2003 – 12 C 574/03 = CR 2003, 934 – 935 (das allerdings in der Berufungsinstanz durch das Urteil des LG Bielefeld, Urt. v. 24.2.2004 – 20 S 175/03 sowie im Anschluss daran durch das nachstehend zitierte BGH-Urteil aufgehoben wurde); *Holzbach/Süßenberger*, in: Moritz/Dreier, Rechtshandbuch E-Commerce, Rdn. C 106; *Mehrings*, in: Hoeren/Sieber, Handbuch Multimedia, Rdn. 13.1/111; so auch noch MüKoBGB/*Kramer*, 4. Aufl. 2001, § 119 Rdn. 85; *Brehm*, in: Festschrift Niederländer, S. 233, 241; *Köhler*, AcP 182 (1982), 126, 136.

244 BGH, Urt. v. 26.1.2005 – VIII ZR 79/04 = BGH NJW 2005, 976.

245 OLG Frankfurt am Main, Urt. v. 20.11.2002 – 9 U 94/02 = MMR 2003, 405; OLG Hamm, Urt. v. 12.1.2004 – 13 U 165/03 = NJW 2004, 2601; AG Westerburg, Urt. v. 14.3.2003 – 21 C 26/03 = MMR 2003, 609; AG Lahr, Urt. v. 21.12.2004 – 5 C 245/04 = NJW 2005, 991; Staudinger/*Singer*, Bearb. 2004, § 119 Rdn. 36; *Keller*, K & R 2005, 167, 170; unter Änderung seiner Auffassung nun auch MüKoBGB/*Kramer*, § 119 Rdn. 89.

246 BGH, Urt. v. 26.1.2005 – VIII ZR 79/04 = BGH NJW 2005, 976, 976.

247 In dem Urteil gab es zwei Bestätigungs-E-Mails, wobei schon die erste als Annahmeerklärung ausgelegt wurde, BGH, Urt. v. 26.1.2005 – VIII ZR 79/04 = BGH NJW 2005, 976, 976.

diese daher anfechten dürfe.[248] Der Online-Versandhändler hatte bei Vertragsschluss aufgrund der Automatisierung des Vorgangs keine Möglichkeit, den Fehler der Programmierung zu entdecken.[249] Bei seiner Annahmeerklärung war ihm nicht bewusst, dass er den Kaufvertrag zu einem unrichtigen Preis abschließt, da er immer noch davon ausging, zu dem von ihm festgelegten Preis zu kontrahieren.[250] Dass der von ihm festgelegte Preis bei der *invitatio ad offerendum* durch einen Softwarefehler des Bestellsystems unrichtig übermittelt wurde, konnte er nicht feststellen, da seine Annahme automatisiert erklärt wurde. Es kann wie dargelegt niemandem vorgeworfen werden, seine Handelsabläufe elektronisch und automatisiert ausgestaltet zu haben, sofern diese grundsätzlich funktionieren und eine beanstandungsfrei laufende Software verwendet wird.[251]

Entgegen der Ansicht des Landgerichts Köln[252] entspricht es auch nicht dem Willen des Online-Versandhändlers, alle auf den Daten der *invitatio ad offerendum* beruhenden Anträge anzunehmen. Diese Ansicht widerspricht der Schutzfunktion der *invitatio ad offerendum* und überbewertet die Funktion der Software. Diese hat keinen eigenen Willen, sondern übermittelt nur den Willen des Erklärenden, der sich seit der Eingabe der Vertragsmodalitäten nicht geändert hat.[253] Der Erklärende will nach wie vor zu dem von ihm festgelegten Preis abschließen, nicht hingegen zu dem fälschlich mittels der *invitatio ad offerendum* erklärten Preis.

Die Überlegungen zum Online-Versandhandel sind auf Mistrade-Geschäfte übertragbar. Beiden Konstellationen ist die Art und Weise des Zustandekommens des Kaufvertrages – nämlich die Äußerung der wesentlichen Vertragsbestandteile in einer *invitatio ad offerendum* und die automatisiert erstellte Annahmeerklärung – gemeinsam. Die gleichen Argumente, die den *Bundesgerichtshof* dazu bewogen haben, eine Fortwirkung des streng genommen nur die *invitatio ad offerendum* betreffenden Fehlers auf die Annahmeerklärung anzunehmen, gelten auch für Mistrade-Geschäfte. Der Handelspartner kann aufgrund der Automatisierung der Handelsabläufe genauso wenig wie der Online-Versandhändler einen Fehler bemerken, der ihm bei Äußerung der *invitatio ad offerendum* unterlaufen ist. Es ist daher

---

248 BGH, Urt. v. 26.1.2005 – VIII ZR 79/04 = BGH NJW 2005, 976, 977; vorangehend bereits LG Bielefeld, Urt. v. 24.2.2004 – 20 S 175/03; so auch OLG Frankfurt am Main, Urt. v. 20.11.2002 – 9 U 94/02 = MMR 2003, 405.

249 OLG Frankfurt am Main, Urt. v. 20.11.2002 – 9 U 94/02 = MMR 2003, 405; OLG Hamm, Urt. v. 12.1.2004 – 13 U 165/03 = NJW 2004, 2601.

250 BGH, Urt. v. 26.1.2005 – VIII ZR 79/04 = BGH NJW 2005, 976, 977.

251 Siehe Dritter Teil. C. II. 1. b).

252 LG Köln, Urt. v. 16.4.2003 – 9 S 289/02 = MMR 2003, 481, 482: „Das Ergebnis ist dasselbe, wie wenn die Beklagte eine Hilfsperson beauftragt hätte, etwa die ersten 100 Angebote zu den Bedingungen der Internetseite anzunehmen, ohne dass dieser Hilfsperson dabei irgendein Entscheidungsspielraum verbleiben sollte".

253 So auch BGH, Urt. v. 26.1.2005 – VIII ZR 79/04 = BGH NJW 2005, 976, 977; AG Lahr, Urt. v. 21.12.2004 – 5 C 245/04 = NJW 2005, 991; *Keller*, K & R 2005, 167, 171.

überzeugend, dass ein solcher Fehler ebenfalls automatisch in seiner Annahmeerklärung fortwirkt und er diese anfechten kann.

2. *Erklärungsirrtum*

Ein Erklärungsirrtum nach § 119 Abs. 1 Alt. 2 BGB setzt voraus, dass der Erklärende „eine Erklärung dieses Inhalts überhaupt nicht abgeben wollte", er also ein Erklärungszeichen verwendet, das er gar nicht gebrauchen will. Als zugrundeliegende Sachverhalte des Erklärungsirrtums bei Mistrades sind zwei Fallgruppen relevant: zum einen das übliche Vertippen bei der Dateneingabe und zum anderen die unrichtige Übermittlung richtig eingegebener Daten aufgrund eines Softwarefehlers.

a) Manuelle Eingabefehler

Bei der Dateneingabe in sein Computersystem kann dem außerbörslichen Handelspartner ein manueller Eingabefehler unterlaufen. Beispielsweise kann er sich bei der Eingabe des unverbindlichen An- und Verkaufspreises oder der Wertpapierkennnummer vertippen.[254] Genau so ist es möglich, dass er zwar eine an sich richtige Zahl einträgt, aber in ein anderes als das dafür vorgesehene Eingabefeld. Grundsätzlich kommt jeder Irrtum über das Erklärungszeichen als Anfechtungsgrund in Betracht, auch eine – in den außerbörslichen Mistrade-Regeln meist ausgeschlossene[255] – fehlerhafte Volumeneingabe. Nicht erfasst wird hingegen die Verwendung falscher Daten, also beispielsweise veralteter Daten, die der Handelspartner irrtümlicherweise, aber korrekt in sein System eingibt.[256]

Manuelle Eingabefehler stellen den typischen Fall eines Erklärungsirrtums dar und berechtigen den Handelspartner zur Anfechtung seiner Willenserklärung. Dieses Ergebnis ändert sich auch nicht deshalb, weil der Handelspartner die vertragsrelevanten Daten nicht persönlich an die Bank übermittelt, sondern zunächst in sein Computersystem eingibt, von wo aus sie in das Computersystem der Bank übernommen werden. Solange die technische Dazwischenschaltung mehrerer Computersysteme nur eine Übermittlung der Daten bewirkt, hat dies keine rechtliche Auswirkung auf die Frage der Anfechtbarkeit der Willenserklärung.

---

254 Dies passiert auch beim Online-Versandhandel, siehe beispielsweise AG Fürth (Bayern), Urt. v. 3.7.2008 – 340 C 1198/08 = CR 2008, 808 f.; AG Fürth (Bayern), Urt. v. 11.8.2009 – 310 C 2349/08 (unveröffentlicht); AG Fürth (Bayern), Urt. v. 11.8.2009 – 360 C 2779/08 (unveröffentlicht).

255 Beispielsweise in Nr. (2) S. 2 der Mistrade-Regel zwischen Cortal Consors und der Deutschen Bank.

256 Als Beispiel wird in der Literatur die Verwendung einer veralteten Preisliste genannt, Staudinger/*Singer*, Bearb. 2004, § 119 Rdn. 35; *Mehrings*, in: Hoeren/Sieber, Handbuch Multimedia, Rdn. 98.

b) Unrichtige Datenübermittlung aufgrund von Softwarefehlern

Da Mistrade-Geschäfte meist online in automatisierten Verfahren zustande kommen, können sich Fehler nicht nur bei der manuellen Eingabe von Daten ergeben, sondern auch während technischer Prozesse. Dies stellt kein Hindernis für die Annahme eines Erklärungsirrtums dar, da der Computer keinen eigenen Willen hat, sondern dazu eingesetzt wird, den Willen des ihn bedienenden Menschen unter Zuhilfenahme verschiedener, entsprechend programmierter Software zu übermitteln. Auch die Automatisierung bei der Abgabe von Willenserklärungen schließt die Irrtumsanfechtung dementsprechend nicht aus.[257]

Als Fehlerursache bei Mistrade-Geschäften ist insbesondere die unrichtige Datenübermittlung aufgrund eines Softwarefehlers relevant.[258] Dabei gibt der Handelspartner die Daten ursprünglich richtig in sein Computersystem ein, diese werden auf dem Weg zur Bank als Vertragspartnerin aber durch technische Prozesse verfälscht. Der Softwarefehler kann an unterschiedlichen Punkten der Übermittlungskette auftreten, schon im eigenen Computersystem des außerbörslichen Handelspartners, bei dem für den Internetzugang verwendeten Provider oder im Computersystem der Bank.

Der Handelspartner kann seine Annahmeerklärung wegen Erklärungsirrtums nach § 119 Abs. 1 Alt. 2 BGB anfechten, sofern die Daten aufgrund eines Softwarefehlers *innerhalb seines eigenen Computersystems* unrichtig übermittelt wurden. Dies ergibt sich schon aus dem Wortlaut des § 119 Abs. 1 Alt. 2 BGB, da der Erklärende bei einer unrichtigen Datenübermittlung innerhalb seines eigenen Computersystems eine Erklärung dieses Inhalts gar nicht abgeben wollte. Noch deutlicher zeigt sich dies zudem an der Regelung des § 120 BGB, woraus sich ergibt, dass die falsche Übermittlung ein Spezialfall des Erklärungsirrtums ist. Solange der Fehler im eigenen Computersystem entsteht, ist die Spezialregelung des § 120 BGB allerdings nicht anwendbar. Es ist vielmehr ein Erklärungsirrtum nach § 119 Abs. 1 Alt. 2 BGB gegeben, da die Willensäußerung noch nicht den Herrschaftsbereich des Erklärenden verlassen hat.[259]

---

257 So aber *Wiebe*, Elektronische Willenserklärung, S. 374, der deshalb alle Fehler im Bereich der automatisierten Willenserklärung als unbeachtlichen Motivirrtum einordnet; dem tendenziell folgend *Lindfeld*, Mistrade-Regeln, S. 40.

258 Eine Anfechtungsberechtigung in dem Fall der unrichtigen Datenübermittlung aufgrund eines Softwarefehlers im Online-Versandhandel bejahend BGH, Urt. v. 26.1.2005 – VIII ZR 79/04 = BGH NJW 2005, 976, 977; OLG Frankfurt am Main, Urt. v. 20.11.2002 – 9 U 94/02 = MMR 2003, 405; OLG Hamm, Urt. v. 12.1.2004 – 13 U 165/03 = NJW 2004, 2601; *Härting*, Internetrecht, Rdn. 362 ff.; *Keller*, K & R 2005, 167, 173; a.A. *Holzbach/Süßenberger*, in: Moritz/Dreier, Rechtshandbuch E-Commerce, Rdn. C 106; *Mehrings*, in: Hoeren/Sieber, Handbuch Multimedia, Rdn. 13.1/108; *Wiebe* Elektronische Willenserklärung, S. 376; *Köhler*, AcP 182 (1982), 126, 135; *Pawlowski*, JZ 1997, 741, 741.

259 Der *Bundesgerichtshof* ist in seinem Urteil zum Online-Versandhandel dementsprechend von einer Anfechtung aufgrund eines Erklärungsirrtums nach § 119 Abs. 1 Alt. 2 BGB

3. *Falsche Übermittlung*

Bei Fehlern, die außerhalb des Computersystems des Handelspartners entstehen, geht es nicht mehr um den Prozess der Willensäußerung im eigenen Herrschaftsbereich, sondern um die Übermittlung dieser Äußerung in einen fremden Herrschaftsbereich. Aus diesem Grund scheidet für solche Fehler eine Anfechtbarkeit wegen Erklärungsirrtums nach § 119 Abs. 1 Alt. 2 BGB aus, und es kommt nur der Anfechtungsgrund der falschen Übermittlung nach § 120 BGB in Betracht.

a) Fehler im Computersystem des Internetproviders

Übermittlungsfehler, die durch die *Software des für den Internetzugang verwendeten Providers* entstehen, berechtigen den Handelspartner zur Anfechtung seiner Willenserklärung nach § 120 BGB. Als Beispiel in der Rechtsprechung zum Online-Versandhandel findet sich etwa eine Verschiebung von Kommastellen aufgrund einer unerkannten Formeländerung in der Software des Internetproviders.[260] Der Internetprovider wird von dem Handelspartner bewusst zur Datenübermittlung gewählt und stellt damit eine „Einrichtung" im Sinne des § 120 BGB dar.[261] Zudem ist die Willensäußerung des Handelspartners in den Herrschaftsbereich des Internetproviders übergegangen. Der Handelspartner hat ab diesem Zeitpunkt keine Möglichkeit mehr, den Erklärungsvorgang zu beeinflussen.

b) Fehler im Computersystem der Bank als Kommissionärin

Sofern der Softwarefehler erst *im Computersystem der Bank als Kommissionärin* auftritt, liegt hingegen kein Fall des § 120 BGB vor. Die Willensäußerung des Handelspartners ist zwar aus dessen Herrschaftsbereich heraus gelangt, allerdings stellt das Computersystem der Bank keine „Einrichtung" im Sinne des § 120 BGB dar, sondern ist vielmehr – vergleichbar mit einem Empfangsboten[262] – bereits vollständig der Sphäre des Erklärungsempfängers zuzuordnen. Ab diesem Zeitpunkt trägt der Erklärungsempfänger die Verantwortung für die Verfälschung von Daten,[263] sei es mittels eines Empfangsboten oder mittels technischer Prozesse. Gibt die Bank

---

ausgegangen, BGH, Urt. v. 26.1.2005 – VIII ZR 79/04 = BGH NJW 2005, 976, 977; zur Abgrenzung auch *Kuhn*, EDV Rechtshandlungen, S. 173; *Heun*, CR 1994, 595, 596; *Keller*, K & R 2005, 167, 174; a.A. Erman/*Palm*, § 120 Rdn. 2, der den Bereich der automatisierten Willenserklärungen und des Internets pauschal § 120 BGB zuordnet.

260 OLG Frankfurt am Main, Urt. v. 20.11.2002 – 9 U 94/02 = MMR 2003, 405; OLG Hamm, Urt. v. 12.1.2004 – 13 U 165/03 = NJW 2004, 2601.

261 Zum Begriff der Einrichtung siehe MüKoBGB/*Kramer*, § 120 Rdn. 3; *Wendtlandt*, in: Bamberger/Roth, § 120 Rdn. 2.

262 Zum Ausschluss des Empfangsboten aus dem Anwendungsbereich des § 120 BGB siehe statt vieler nur Soergel/*Hefermehl*, § 120 Rdn. 9.

263 Dazu ausführlich MüKoBGB/*Kramer*, § 120 Rdn. 7; Soergel/*Hefermehl*, § 120 Rdn. 9; Staudinger/*Singer*, Bearb. 2004, § 120 Rdn. 6.

ein Angebot ab, welches den innerhalb ihres eigenen Computersystems verfälschten Preis beinhaltet,[264] wird typischerweise aus dem Computersystem des Handelspartners schon gar keine automatisierte Annahme erklärt. Der Handelspartner möchte nicht alle Anträge zum Kauf oder Verkauf eines bestimmten Wertpapiers annehmen, sondern nur solche, die dem von ihm bestimmten Preis entsprechen. Die Software des Handelspartners ist daher darauf ausgerichtet, nur Angebote zu dem festgelegten Preis anzunehmen. Wird der Wertpapierpreis durch einen technischen Fehler im Computersystem der Bank verändert, stimmt dieser nicht mehr mit dem richtigen Wertpapierpreis im Computersystem des Handelspartners überein. Ein Wertpapierkaufvertrag käme also nicht zustande, so dass es auch keiner Anfechtung bedürfte.

Falls aus dem Computersystem des Handelspartners aufgrund einer Softwarelücke trotzdem die Annahme erklärt würde, könnte der Handelspartner diese anfechten. Er irrt in diesem Fall nicht über die Angemessenheit des Preises, da er stets nur zu dem von ihm festgelegten Preis abschließen wollte. Vielmehr irrt er darüber, dass das Angebot den Bedingungen seiner *invitatio ad offerendum* entspricht, und damit über den Inhalt seiner Erklärung (§ 119 Abs. 1 Alt. 1 BGB).[265] Umgekehrt kann auch die Bank ihr Angebot wegen Erklärungsirrtums anfechten, [266] wovon sie allerdings nur bei einem Fehler zu Lasten des Kunden Gebrauch machen wird.

4. Inhaltsirrtum

Eine wichtige Rolle in den Mistrade-Fällen spielt der Kalkulationsirrtum als Sonderfall des Inhaltsirrtums. Unter einem Kalkulationsirrtum wird ein Fehler des Erklärenden bei der Preisberechnung des Vertragsgegenstandes verstanden, der entweder auf einem Rechenfehler oder auf unrichtigen Rechnungsfaktoren beruht.[267] Die Berechnung des Verkaufspreises von Wertpapieren, insbesondere den Mistrades meist zugrundeliegenden derivativen Finanzinstrumenten,[268] ist komplex, so dass es in diesem Bereich zu fehlerhaften Berechnungen kommen kann oder

---

264 Es geht in diesem Fall nicht darum, dass die Direktbank *selbst* einen Preis für das Wertpapier eingibt, was ihr im außerbörslichen elektronischen Handel aufgrund der technischen Ausgestaltung gar nicht möglich ist. Vielmehr wird der ursprünglich von dem Handelspartner elektronisch übermittelte Preis im Computersystem der Bank aufgrund eines technischen Fehlers verfälscht und ist auf diese Weise Gegenstand des Angebots.

265 Eine arglistige Täuschung im Sinne des § 123 Abs. 1 Alt. 1 BGB scheidet mangels Vorsatzes aus, dazu später ausführlich Dritter Teil. C. III. 2. d).

266 Zu den Anfechtungsrechten der Bank später ausführlich Dritter Teil. D.

267 Siehe nur den Überblick bei Larenz/*Wolf*, Bürgerliches Recht AT, S. 667; sofern der Irrtum auf unrichtigen Rechnungsfaktoren beruht, kann unter gewissen Voraussetzungen auch ein Eigenschaftsirrtum nach § 119 Abs. 2 BGB vorliegen, siehe dazu ausführlich Dritter Teil. C. III. 1. und zu den Konkurrenzen Dritter Teil. C. VI.

268 Siehe Zweiter Teil. B. III.

unrichtige Rechnungsfaktoren zugrunde gelegt werden.[269] Die Berechnung wird der Bank als Kommissionärin sowie ihrem Kunden als Kommittenten in der Regel nicht offen gelegt, so dass meist kein offener, sondern ein verdeckter Kalkulationsirrtum vorliegt.

Die Frage der Anfechtungsberechtigung des Handelspartners aufgrund eines verdeckten Kalkulationsirrtums ist schwierig zu beurteilen. Zum einen sind die rechtlichen Folgen eines Kalkulationsirrtums umstritten. Zum anderen bestehen bei Mistrade-Fällen weitere Besonderheiten: Der Wertpapierkaufvertrag, welcher dem Mistrade-Geschäft zugrundeliegt, kommt online unter Verwendung automatisierter, computergestützter Vorgänge zustande. Wenn der Computer dabei nicht nur zur reinen Datenübermittlung[270] eingesetzt wird, sondern auch zur Datenberechnung,[271] ist zweifelhaft, ob diese beiden Fälle tatsächlich voneinander abgegrenzt werden können und eine unterschiedliche rechtliche Behandlung überhaupt möglich ist. Weiterhin legt der außerbörsliche Handelspartner in der Regel seine Berechnung nicht offen, so dass diese nicht zur Geschäftsgrundlage werden kann und auch keinen externen, sondern nur einen internen Kalkulationsirrtum begründet. Trotzdem wird der Kunde den Kalkulationsirrtum des Handelspartners regelmäßig erkennen und ausnutzen, da er in vielen Fällen gerade aus der Abweichung von dem eigentlichen Marktwert und dem irrtümlich festgesetzten Verkaufspreis Gewinn ziehen möchte.[272] Selbst ohne die bewusste Ausnutzung des Irrtums ist es zumindest wahrscheinlich, dass der Irrtum des Handelspartners für den Kunden erkennbar war. Beide mistrade-spezifischen Besonderheiten wirken sich zentral auf die Anfechtungsberechtigung des Handelspartners wegen eines internen Kalkulationsirrtums aus.

Im Folgenden wird zunächst ein kurzer Überblick über die verschiedenen Ansichten zu den rechtlichen Folgen eines verdeckten Kalkulationsirrtums gegeben (a). Sodann wird überprüft, ob eine Anfechtung ausscheidet, weil die Willenserklärungen der Parteien so ausgelegt werden können, dass der Wertpapierkaufvertrag nicht zu dem erklärten, sondern zu dem gewollten Preis zustande gekommen ist (b). Es schließt sich die Frage an, ob Berechnungs- und Übermittlungsfehler im Online-Handel überhaupt sinnvoll voneinander abgegrenzt werden können (c). Den Schwerpunkt der folgenden Ausführungen bildet sodann die dogmatische Einordnung des

---

269 Ein Beispiel hierfür ist die dem Urteil des LG Frankfurt am Main zugrundeliegende Auseinandersetzung um ein Zertifikat (Rohstoff-Schuldverschreibung), das eine Option auf eine jährliche Ausschüttung sowie eine 100-prozentige Kapitalgarantie enthielt, wobei letztere aufgrund eines Systemfehlers nicht bei der Wertermittlung des gesamten Zertifikates berücksichtigt wurde, LG Frankfurt am Main, Urt. v. 23.12.2008 – 219 O 147/08 = WM 2009, 455, 455.

270 Dazu ausführlich Dritter Teil. C. II. 2. b).

271 Siehe beispielsweise den Sachverhalt der folgenden Mistrade-Entscheidung, LG Frankfurt am Main, Urt. v. 23.12.2008 – 2-19 O 147/08 = WM 2009, 455, 455.

272 Dazu bereits ausführlich Dritter Teil. A. II. mit den Nachweisen in Fn. 199 bis Fn. 203; siehe auch *Fleckner/Vollmuth*, WM 2009, 1819, 1819.

Lösungsrechts bei einem erkannten und ausgenutzten Kalkulationsirrtum sowie die spezifische Anwendung dieser Grundsätze auf die Mistrade-Problematik (d).

a) Überblick: Einordnung des verdeckten Kalkulationsirrtums

Ein verdeckter Kalkulationsirrtum ist, bis auf wenige Ausnahmen, als Motivirrtum unbeachtlich;[273] sogar der offene Kalkulationsirrtum wird nach Rechtsprechung und herrschender Lehre nicht über die Anfechtung, sondern über andere Rechtsinstitute korrigiert.[274] Insgesamt ist die dogmatische Einordnung des Kalkulationsirrtums in das System des Bürgerlichen Rechts jedoch seit langer Zeit umstritten und unterliegt einem stetigen Wandel. Bei einem erkannten Kalkulationsirrtum werden je nach Fallgestaltung ganz verschiedene Lösungsansätze vertreten: Auslegung der Willenserklärungen,[275] Anfechtung aufgrund eines „erweiterten" Inhaltsirrtums analog § 119 Abs. 1 Alt. 1 BGB[276] bzw. eines Eigenschaftsirrtums analog § 119 Abs. 2 BGB,[277] Anspruch auf Vertragsaufhebung oder -anpassung wegen vorver-

---

273 BGH, Urt. v. 7.7.1998 – X ZR 17/97 = BGHZ 139, 177 – 190; BGH, Urt. v. 28.2.2002 – I ZR 318/99 = NJW 2002, 2312 – 2313; Soergel/*Hefermehl*, § 119 Rdn. 29; Larenz/*Wolf*, Bürgerliches Recht AT, S. 669.

274 Nach der Rechtsprechung des *Bundesgerichtshofes* insbesondere über die *culpa in contrahendo*, die Störung der Geschäftsgrundlage oder die unzulässige Rechtsausübung: BGH, Urt. v. 19.11.1971 – V ZR 103/69 = WM 1972, 216 – 218; BGH, Urt. v. 20.3.1981 – V ZR 71/80 = NJW 1981, 1551 – 1553; BGH, Urt. v. 15.9.2000 – V ZR 420/98 = NJW 2001, 284 – 286; bei positiver Kenntnis des Erklärungsempfängers siehe BGH, Urt. v. 7.7.1998 – X ZR 17/97 = BGHZ 139, 177 – 190; BGH, Urt. v. 27.11.2007 – X ZR 111/04 = IHR 2008, 49 – 53; ebenso in der Lehre Larenz/*Wolf*, Bürgerliches Recht AT, S. 669 ff. m.w.N.

275 Mit dem Ergebnis des Vertragsschlusses über den Grundsatz der *falsa demonstratio non nocet* oder der Ablehnung eines Vertragsschlusses wegen Dissenses, insbesondere aufgrund von Mehrdeutigkeit; siehe dazu MüKoBGB/*Kramer*, § 119 Rdn. 92 (Dissens); Larenz/*Wolf*, Bürgerliches Recht AT, S. 667 f.; zu den Börsenkursfällen *Krückmann*, JW 1927, 2404, 2405; *Krückmann*, LZ 1928, 929.

276 Zum offenen Kalkulationsirrtum in ständiger Rechtsprechung RG, Urt. v. 16.10.1903 – II 88/03 = RGZ 55, 367, 369 f.; RG, Urt. v. 9.11.1906 – II 173/06 = RGZ 64, 266, 268; RG, Urt. v. 23.5.1917 – I 74/17 = RGZ 90, 268, 267 f. (Brockeneisenfall); RG, Urt. v. 16.10.1918 – I 110/18 = RGZ 94, 65, 67; RG, Urt. v. 12.11.1919 – I 114/19 = RGZ 97, 138, 140; RG, Urt. v. 4.12.1920 – I 216/20 = RGZ 101, 51, 52 (Börsenkursfälle); RG, Urt. v. 17.12.1920 – II 182/20 = RGZ 101, 107, 108 (Silberfall); RG, Urt. v. 30.11.1922 – VI 465/22 = RGZ 105, 406, 407 (Rubelfall); RG, Urt. v. 22.1.1927 – I 25/26 = RGZ 116, 15, 17 (Börsenkursfall); RG, Urt. v. 22.11.1935 – V 77/35 = RGZ 149, 235, 239 (Grundschuldfall); RG, Urt. v. 2.12.1939 – II 74/39 = RGZ 162, 198, 201; bei Erkennen des (internen) Kalkulationsirrtums Staudinger/*Singer*, Bearb. 2004, § 119 Rdn. 51 ff.; *Singer*, JZ 1999, 342, 345; *Wieser*, NJW 1972, 708, 709 f.; aus rechtsökonomischer Perspektive *Adams*, AcP 186 (1986), 453, 488.

277 MüKoBGB/*Kramer*, § 119 Rdn. 123; Staudinger/*Dilcher*, 12. Aufl., § 119 Rdn. 30; *Kindl*, WM 1999, 2198, 2207; wohl auch *Pawlowski*, JZ 1997, 741, 746; aus rechtsvergleichender und rechtsökonomischer Perspektive *Fleischer*, RabelsZ 65 (2001), 264, 289 ff.

traglicher Pflichtverletzung nach §§ 280 Abs. 1, 241 Abs. 2, 311 Abs. 2 BGB,[278] Störung der Geschäftsgrundlage nach § 313 BGB[279] sowie Einrede der unzulässigen Rechtsausübung nach § 242 BGB.[280]

In einer inhaltlichen Auseinandersetzung mit diesen Meinungen muss zunächst geklärt werden, ob die Anfechtung bei einem Mistrade-Geschäft wegen Vorrangs der Auslegung entbehrlich ist.

b) Keine Abänderung des Vertragsinhalts durch Auslegung

Aufgrund der Besonderheit bei Mistrade-Geschäften, dass der Kunde den Berechnungsfehler des Handelspartners regelmäßig erkannt hat oder zumindest hätte erkennen können, stellt sich die Frage, ob der „richtig" berechnete Kaufpreis der Wertpapiere nicht schon durch Auslegung zum Inhalt des Kaufvertrages werden kann. Aus den Regelungen der §§ 133, 157 BGB folgt, dass Kriterien für die Auslegung sowohl der wirkliche Wille des Erklärenden als auch das objektive Erklärungsverständnis nach dem Empfängerhorizont sind. Die Auslegung nach dem Empfängerhorizont, die grundsätzlich vorrangig ist,[281] erfolgt mangels Schutzwürdigkeit des Erklärungsempfängers nicht, wenn beide Vertragsparteien in ihrem Willen übereinstimmen. Vielmehr wird nach dem Grundsatz der *falsa demonstratio non nocet* das übereinstimmend Gewollte zum Inhalt des Vertrages, auch wenn die Parteien objektiv etwas anderes erklärt haben.[282] Insbesondere die Problematik des Kalkulationsirrtums kann in vielen Fällen über die Auslegung gelöst werden.[283]

---

278 So in ständiger Rechtsprechung der *Bundesgerichtshof*: BGH, Urt. v. 22.2.1973 – VII ZR 119/71 = BGHZ 60, 221 – 226; BGH, Urt. v. 4.10.1979 – VII ZR 11/79 = BGH NJW 1980, 180; BGH, Urt. v. 28.4.1983 – VII ZR 259/82 = NJW 1983, 1671 – 1672; BGH, Urt. v. 7.7.1998 – X ZR 17/97 = NJW 1998, 3192 – 3195.

279 Noch zum *Wegfall* der Geschäftsgrundlage vor der Schuldrechtsreform BGH, Urt. v. 19.11.1971 – V ZR 103/69 = WM 1972, 216 – 218; BGH, Urt. v. 20.3.1981 – V ZR 71/80 = NJW 1981, 1551 – 1553; BGH, Urt. v. 13.7.1995 = NJW-RR 1995, 1360.

280 BGH, Urt. v. 12.4.1960 – VIII ZR 137/59 = WM 1960, 645 – 647; BGH, Urt. v. 28.4.1983 – VII ZR 259/82 = NJW 1983, 1671 – 1672; BGH, Urt. v. 7.7.1998 – X ZR 17/97 = BGHZ 139, 177 – 190; BGH, Urt. v. 25. 6. 2002 – XI ZR 239/01 = WM 2002, 1687, 1689 (Mistrade-Urteil); Soergel/*Hefermehl*, § 119 Rdn. 29.

281 Siehe nur Palandt/*Ellenberger*, § 133 Rdn. 9; Larenz/*Wolf*, Bürgerliches Recht AT, S. 510; schon aus § 133 BGB folgt aber, dass „der wirkliche Wille zu erforschen und nicht an dem buchstäblichen Sinne des Ausdrucks zu haften ist".

282 RG, Urt. v. 29.10.1907 – III 151/07 = RGZ 66, 427, 429; RG, Urt. v. 8.6.1920 – II 549/19 = RGZ 99, 147, 148 (Haakjöringsköd); BGH, Urt. v. 23.2.1956 – II ZR 207/54 = BGHZ 20, 109, 110; BGH, Urt. v. 11.9.2000 – II ZR 34/99 = NJW 2001, 144, 145; MüKoBGB/*Kramer*, § 119 Rdn. 60 und § 133 Rdn. 14; Larenz/*Wolf*, Bürgerliches Recht AT, S. 518.

283 OLG Frankfurt am Main, Urt. v. 25.5.2000 – 16 U 182/99 = WM 2001, 565, 566; MüKoBGB/*Kramer*, § 119 Rdn. 61; Palandt/*Ellenberger*, § 119 Rdn. 20; Staudinger/*Singer*, Bearb. 2004, § 119 Rdn. 54; Larenz/*Wolf*, Bürgerliches Recht AT, S. 667 f.; *Singer*, JZ 1999, 342, 344; *Wieser*, NJW 1972, 708, 711.

Es ist nämlich nicht erforderlich, dass der Erklärungsempfänger sich den Willen des Erklärenden zu Eigen gemacht, sondern es reicht aus, dass er diesen erkannt hat.[284]

Eine Inhaltskorrektur des einem Mistrade zugrundeliegenden Wertpapierkaufvertrages zwischen dem außerbörslichen Handelspartner und der Bank gemäß den Auslegungsregeln kommt jedoch bei näherer Überlegung aus mehreren Gründen nicht in Betracht. Erstens bildet die Bank als Kommissionärin schon gar keinen eigenen Willen, sondern übernimmt den ihres Kunden aus der Order und macht ihn sich zu Eigen.[285] Eine Willensübereinstimmung zwischen Bank und Handelspartner als den Parteien des dem Mistrade zugrundeliegenden Wertpapierkaufvertrages scheidet daher schon mangels einer Willensbildung der Bank aus. Zweitens richtet sich der von dem Kunden übernommene Wille nicht darauf, den Wertpapierkaufvertrag zu dem marktgerechten Preis abzuschließen, sondern darauf, den nicht marktgerechten, für ihn günstigen Preis zu vereinbaren. Daran ändert auch die Kenntnis des Kunden von dem Berechnungsfehler des Handelspartners nichts. Der Kunde mag zwar den Berechnungsfehler erkannt haben, jedoch nicht den wirklichen Willen des Handelspartners, also den gewollten, „richtig" berechneten Preis.[286] Es bleibt daher in den Mistrade-Fällen bei Auslegung nach dem objektiven Empfängerhorizont dabei, dass die Parteien den Wertpapierkaufvertrag zu dem nicht marktgerechten Preis geschlossen haben.[287]

c) Abgrenzbarkeit zwischen Übermittlungs- und Berechnungsfehlern

Zu überlegen ist weiterhin, ob ein Berechnungsfehler aufgrund der Verwendung fehlerhafter Software einem Übermittlungsfehler gleichgestellt werden kann, so dass der Handelspartner bereits aus diesem Grund seine Annahmeerklärung anfechten könnte.

Die Abgrenzung zwischen Übermittlungsfehlern als beachtlichen Irrtümern in der Willenserklärung und Berechnungsfehlern als grundsätzlich unbeachtlichen Motivirrtümern ist in einigen Fällen sehr schwierig und wirkt konstruiert. Die unterschiedliche rechtliche Behandlung wird schon seit langer Zeit kritisiert.[288] Als

---

284 BGH, Urt. v. 26.10.1983 – IVa ZR 80/82 = NJW 1984, 721, 722; BGH, Urt. v. 20.11.1992 – V ZR 122/91 = NJW-RR 1993, 373, 374; Palandt/*Ellenberger*, § 133 Rdn. 8.

285 Siehe bereits Dritter Teil. C. II. 1. a) sowie die Nachweise in Fn. 226.

286 Siehe dazu auch *Koch*, ZBB 2005, 265, 272 Fn. 54.

287 Auch eine Unwirksamkeit des Vertrages wegen Dissenses kommt nicht in Betracht; zwar stimmt der wirkliche Wille der Vertragsparteien nicht überein, hingegen ihre tatsächlichen Erklärungen, die beide eindeutig und unmissverständlich auf den Abschluss des Wertpapierkaufvertrages zu dem nicht marktgerechten Preis gerichtet sind; siehe generell zur Annahme eines Dissenses bei widersprüchlichen Erklärungen im Rahmen eines Kalkulationsirrtums MüKoBGB/*Kramer*, § 119 Rdn. 63 und Rdn. 92; Staudinger/*Singer*, Bearb. 2004, § 119 Rdn. 42; *Wieser*, NJW 1972, 708, 709.

288 Siehe nur MüKoBGB/*Kramer*, § 119 Rdn. 87a m.w.N., der diese Unterscheidung als „rechtspolitisch fragwürdig" einstuft; Staudinger/*Singer*, Bearb. 2004, § 119 Rdn. 53.

Beispiel wird vielfach genannt, dass ein Fehler bei der Bedienung einer Schreibmaschine als Erklärungsirrtum nach § 119 Abs. 1 Alt. 2 BGB zur Anfechtung berechtige, ein Fehler bei der Bedienung einer Rechenmaschine hingegen einen nicht zur Anfechtung berechtigenden, unbeachtlichen Motivirrtum darstelle.[289] Im Ergebnis besteht jedoch Einigkeit, die vom Gesetzgeber in § 119 BGB verankerte Unterscheidung von Erklärungsirrtum und unbeachtlichem Motivirrtum anzuerkennen.[290] Die gesetzgeberische Unterscheidung lässt sich im Übrigen inhaltlich dadurch rechtfertigen, dass ein Fehler bei der Willensbildung im Gegensatz zu einem Fehler bei der Willenserklärung noch in einer Ergebniskontrolle erkannt und berichtigt werden könnte.[291]

Die Problematik der Abgrenzung zwischen beachtlichen Übermittlungsfehlern und unbeachtlichen Berechnungsfehlern wird durch die zunehmende Computerisierung des Handels jedoch noch weiter verschärft. Sofern davon ausgegangen wird, dass die Anfechtungsregeln auf menschliche Willensmängel zugeschnitten und nicht auf technisch verursachte Willensmängel anwendbar seien,[292] kann dem nicht gefolgt werden. Vielmehr steckt letztlich hinter jedem computergestützten Vorgang ein menschlicher Wille, sei es durch die Programmierung der entsprechenden Software, sei es durch die Eingabe von Daten.[293] Die Anfechtungsberechtigung ist daher richtigerweise höchstrichterlich bereits im Fall der unrichtigen Datenübermittlung aufgrund eines Softwarefehlers bejaht worden.[294] Der *Bundesgerichtshof* hat damit der bisherigen pauschalen Zuweisung von Systemfehlern in den Bereich der unbeachtlichen Motivirrtümer[295] eine Absage erteilt. Die Unterscheidung zwischen anfechtbaren Übermittlungsfehlern und unbeachtlichen Berechnungsfehlern

289 MüKoBGB/*Kramer*, § 119 Rdn. 87a; Staudinger/*Singer*, Bearb. 2004, § 119 Rdn. 53; *Brox*, Irrtumsanfechtung, S. 64; *Flume*, Bürgerliches Recht AT, Bd. II, S. 451; *Kindl*, WM 1999, 2198, 2205; *Pawlowski*, JZ 1997, 741, 741; *Singer*, JZ 1999, 342, 344; *Titze*, in: Festschrift E. Heymann, Bd. 2, S. 72, 88.

290 Mit teilweise unterschiedlichen Begründungen, aber im Ergebnis übereinstimmend MüKoBGB/*Kramer*, § 119 Rdn. 88; Staudinger/*Singer*, Bearb. 2004, § 119 Rdn. 53; *Flume*, Bürgerliches Recht AT, Bd. II, S. 451; *Lorenz*, Unerwünschter Vertrag, S. 271; *Fleischer*, RabelsZ 65 (2001), 264, 272; *Kindl*, WM 1999, 2198, 2205; *Pawlowski*, JZ 1997, 741, 742; *Singer*, JZ 1999, 342, 344.

291 Staudinger/*Singer*, Bearb. 2004, § 119 Rdn. 53; *Berger*, Anmerkung LM Nr. 36 zu § 119; ähnlich *Kindl*, WM 1999, 2198, 2205.

292 *Wiebe*, Elektronische Willenserklärung, S. 373; *Lindfeld*, Mistrade-Regeln, S. 111.

293 So auch *Keller*, K & R 2005, 167, 174.

294 Siehe ausführlich unter Dritter Teil. C. II. 2. b); BGH, Urt. v. 26.1.2005 – VIII ZR 79/04 = BGH NJW 2005, 976, 977; OLG Frankfurt am Main, Urt. v. 20.11.2002 – 9 U 94/02 = MMR 2003, 405; OLG Hamm, Urt. v. 12.1.2004 – 13 U 165/03 = NJW 2004, 2601.

295 Staudinger/*Dilcher*, 12. Aufl., § 119 Rdn. 72; *M. Hoffmann*, Willenserklärungen im Internet, S. 63; *Holzbach/Süßenberger*, in: Moritz/Dreier, Rechtshandbuch E-Commerce, Rdn. C 106; *Mehrings*, in: Hoeren/Sieber, Handbuch Multimedia, Rdn. 13.1/108; *Wiebe* Elektronische Willenserklärung, S. 376; *Heun*, CR 1994, 595, 596; *Köhler*, AcP 182 (1982), 126, 135; *Pawlowski*, JZ 1997, 741, 741.

bei Nutzung der Computersoftware zur Preisberechnung ist jedoch ausdrücklich bestehen geblieben.[296]

Es stellt sich allerdings die Frage, ob es überhaupt tatsächlich möglich ist, zuverlässig zwischen der Verwendung einer Computersoftware zur Datenübermittlung und zur Datenberechnung zu unterscheiden.[297] Der technische Vorgang von Preisberechnung und -übermittlung findet üblicherweise automatisiert in einem für den Verwender der Software nicht trennbaren Zusammenhang statt.[298] Zwar erfolgen Preisberechnung und -übermittlung innerhalb des Computersystems möglicherweise in verschiedenen Programmen. Eine Differenzierung anhand der Programme ist aber allenfalls für Softwareentwickler anhand einer Fehleranalyse des Quellcodes im Nachhinein möglich. In der Praxis ist eine solche Fehleranalyse nach dem Auftreten eines Mistrades allerdings nicht sehr wahrscheinlich, da dadurch sehr hohe Kosten verursacht und zudem die Softwareunternehmen der Preisgabe ihrer Programmcodes wohl nicht zustimmen würden.[299] Da vor diesem Hintergrund die Sachverhalte praktisch nicht voneinander abgegrenzt werden können, ist es sehr fragwürdig, ob sich längerfristig eine unterschiedliche rechtliche Behandlung aufrecht erhalten lassen wird. Der *Bundesgerichtshof* hat sich in der Entscheidung zum Online-Versandhandel im Jahr 2005 intensiv mit den Problemen computerisierter Vorgänge im Internet auseinandergesetzt und sich für eine Anwendung der Anfechtungsregeln auf die unrichtige Datenübermittlung aufgrund von Systemfehlern entschieden. Vor dem technischen Hintergrund computergestützter Vorgänge wäre es begrüßenswert, wenn sich diese Tendenz fortsetzte und die Anfechtung auch bei Berechnungsfehlern aufgrund der Verwendung fehlerhafter Software zugelassen würde. Für Mistrade-Geschäfte würde dies bedeuteten, dass ein Anfechtungsrecht des Handelspartners bei einem Berechnungsfehler bestünde, der durch ein Versagen der Software bedingt ist.

Nach gegenwärtiger Rechtsprechung ist dies jedoch nicht der Fall. Der Handelspartner kann seine Willenserklärung nur anfechten, wenn zu dem verdeckten Kal-

296 BGH, Urt. v. 26.1.2005 – VIII ZR 79/04 = BGH NJW 2005, 976, 977, in Bestätigung von BGH, Urt. v. 7.7.1998 – X ZR 17/97 = BGHZ 139, 177 – 190.

297 Die Abgrenzungsschwierigkeiten zeigen sich beispielsweise anhand des vom LG Frankfurt am Main entschiedenen Falls, in welchem aufgrund eines Systemfehlers bei der Wertberechnung eines Zertifikates nur die Option auf eine jährliche Ausschüttung berücksichtigt wurde, nicht aber die zusätzliche Kapitalgarantie, LG Frankfurt am Main, Urt. v. 23.12.2008 – 2-19 O 147/08 = WM 2009, 455, 455.

298 So allgemein auch *Spindler*, JZ 2005, 793, 794.

299 Der Computer speichert ohnehin alle von den Anwendern eingegebenen Informationen (Wörter, Buchstaben etc.) als binäre Zahlen („bits" bzw. „bytes") ab und verarbeitet diese mittels verschiedener Algorithmen. Daher ist im Grunde jede Datenübermittlung technisch gesehen auch eine Rechnung des Computers; siehe für einen einführenden Überblick in die Algorithmik *Harel/Feldman*, Algorithmik: Die Kunst des Rechnens, S. 4, S. 40 und S. 57 ff.

kulationsirrtum weitere Umstände wie das Erkennen und Ausnutzen des Irrtums hinzutreten.

d) Erkannter und ausgenutzter Kalkulationsirrtum

Für den Fall, dass der Kunde den Kalkulationsirrtum des Handelspartners erkannt und seine Bank daraufhin zur Abgabe eines Kaufangebots veranlasst hat, kann der Handelspartner nach der hier vertretenen Auffassung seine Annahmeerklärung wegen eines Inhaltsirrtums nach § 119 Abs. 1 Alt. 1 BGB anfechten.

aa) Meinungsstand

Es ist allgemein anerkannt, dass dem Erklärenden ein Lösungsrecht von dem Vertrag zustehen soll, wenn der Vertragspartner den Kalkulationsirrtum erkannt und ausgenutzt hat. Inhaltlich lässt sich dies vor allem mit der mangelnden Schutzwürdigkeit des Erklärungsempfängers begründen.[300] Die dogmatische Verortung sowie die Voraussetzungen eines solchen Lösungsrechts sind jedoch umstritten. Der *Bundesgerichtshof* hat sich in seinem Urteil vom 7.7.1998[301] gegen die Anwendung der Anfechtungsregeln auf den erkannten und ausgenutzten Kalkulationsirrtum ausgesprochen und statt dessen ein Lösungsrecht aus dem Einwand der unzulässigen Rechtsausübung[302] und aus einem Gegenanspruch aus vorvertraglicher Pflichtverletzung[303] abgeleitet.[304] Der *Bundesgerichtshof* betont aber, dass der Anwendung der Anfechtungsregeln keine „teleologisch-wertenden Gründe", sondern „in erster Linie systematische Gründe" – insbesondere die Problematik der Anwendung der Vorschrift des § 121 BGB – entgegenstünden.[305] Vertreter der rechtswissenschaftlichen Literatur befürworten dagegen eine analoge Anwendbarkeit der Anfechtungsregeln. Mit verschiedenen Begründungen wird auf eine Anfechtung analog § 119 Abs. 2 BGB abgestellt, jeweils teilweise gestützt auf eine Fortbildung zum

300 Siehe für einen Überblick Staudinger/*Singer*, Bearb. 2004, § 119 Rdn. 51 ff. m.w.N.

301 BGH, Urt. v. 7.7.1998 – X ZR 17/97 = BGHZ 139, 177 – 190.

302 Bereits vor 1998 in ständiger Rechtsprechung BGH, Urt. v. 12.4.1960 – VIII ZR 137/59 = WM 1960, 645 – 647; BGH, Urt. v. 28.4.1983 – VII ZR 259/82 = NJW 1983, 1671 – 1672.

303 Bereits vor 1998 in ständiger Rechtsprechung BGH, Urt. v. 22.2.1973 – VII ZR 119/71 = BGHZ 60, 221 – 226; BGH, Urt. v. 4.10.1979 – VII ZR 11/79 = BGH NJW 1980, 180; BGH, Urt. v. 28.4.1983 – VII ZR 259/82 = NJW 1983, 1671 – 1672.

304 Eine Lösung außerhalb der Anfechtungsregeln, teilweise mit Rückgriff auf die Störung der Geschäftsgrundlage, vertreten auch OLG Düsseldorf, Urt. v. 27.1.2000 – 6 U 168/98 = RIW 2001, 226, 227 (Entscheidung zu einem außerbörslichen Mistrade); Soergel/*Hefermehl*, § 119 Rdn. 29; *Flume*, Bürgerliches Recht AT, Bd. II, S. 493; *Hundertmark*, BB 1982, 16, 19; *Peters*, JR 1999, 157, 158.

305 BGH, Urt. v. 7.7.1998 – X ZR 17/97 = BGHZ 139, 177, 183; ebenfalls auf die Regelung des § 121 BGB als Argument gegen die Anwendung der Anfechtungsregeln auf Mistrade-Geschäfte abstellend *Lindfeld*, Mistrade-Regeln, S. 36.

Sachverhaltsirrtum,[306] auf die systematische Ähnlichkeit von Kalkulations- und Eigenschaftsirrtum[307] oder auf rechtsvergleichende und rechtsökonomische Gründe.[308] Andere Stimmen befürworten demgegenüber eine entsprechende Anwendung des § 119 Abs. 1 BGB.[309]

bb) Eigener Lösungsvorschlag

Da der Kunde in der Regel den Berechnungsfehler des außerbörslichen Handelspartners erkannt hat, stünde dem Handelspartner grundsätzlich nach allen Meinungen ein Lösungsrecht von dem Mistrade-Geschäft zu.[310]

Zu überlegen ist nachfolgend, ob es sachgerecht ist, dieses Lösungsrecht in den Anfechtungsregeln zu verorten. Der Gesetzgeber hat mit den Anfechtungsregeln ein Spannungsverhältnis geschaffen: Auf der einen Seite soll dem Erklärenden bei einem Willensmangel als Ausdruck seiner Selbstbestimmungsfreiheit ein Wahlrecht zur Vernichtung seiner Willenserklärung zustehen, auf der anderen Seite soll der Erklärungsempfänger und allgemein der rechtsgeschäftliche Verkehr vor einer willkürlichen Beseitigung von Willenserklärungen geschützt werden.[311] Aus diesem Grund berechtigen Motivirrtümer wie der interne Kalkulationsirrtum grundsätzlich nicht zur Anfechtung. Allerdings sind bei einem Mistrade-Geschäft weder die Bank als Vertragspartner noch der Kunde als wirtschaftlicher „Hintermann" schutzwürdig, wenn sie den Berechnungsfehler des Handelspartners erkannt haben.[312] Überlegungen zur Schutzwürdigkeit des Erklärungsempfängers sind bei Mistrade-Geschäften also kein Argument gegen die Anwendbarkeit der Anfechtungsregeln. Im Vergleich zu den üblichen Zwei-Personen-Verhältnissen im Vertragsrecht ist bei Mistrades zusätzlich zu berücksichtigen, dass Wertpapiergeschäfte meist kommissionsrechtlich ausgestaltet werden, so dass Drei-Personen-Verhältnisse vorliegen. Dies ist insbesondere relevant für die Frage, auf wessen Kenntnis es für ein Anfechtungsrecht ankommt.

---

306 MüKoBGB/*Kramer*, § 119 Rdn. 123.

307 *Kindl*, WM 1999, 2198, 2207; *Pawlowski*, JZ 1997, 741, 746.

308 *Fleischer*, RabelsZ 65 (2001), 264, 289 ff.

309 Staudinger/*Singer*, Bearb. 2004, § 119 Rdn. 51 ff.; *Adams*, AcP 186 (1986), 453, 488; *Heiermann*, BB 1984, 1836, 1840; *G. Müller*, ZHR 147 (1983), 501, 533; *Singer*, JZ 1999, 342, 345; *Wieser*, NJW 1972, 708, 709 f.

310 Der *Bundesgerichtshof* setzt für den Einwand des Rechtsmissbrauchs allerdings voraus, dass „die Vertragsdurchführung für den Erklärenden schlechthin unzumutbar ist", BGH, Urt. v. 7.7.1998 – X ZR 17/97 = BGHZ 139, 177, 185 (von einem Zwei-Personen-Verhältnis ausgehend); dazu unter Dritter Teil. C. II. 4. d) cc) (1) (c).

311 Ausführlich zu diesem Hintergrund MüKoBGB/*Kramer*, § 119 Rdn. 1 – 10 und Rdn. 104 ff.; Soergel/*Hefermehl*, § 119 Rdn. 1, 2; Staudinger/*Singer*, Bearb. 2004, § 119 Rdn. 1 ff., insbesondere Rdn. 5 in Bezug auf die beschränkte Relevanz von Motivirrtümern.

312 Allgemein zur Frage der Schutzwürdigkeit des Erklärungsempfängers beim erkannten Kalkulationsirrtum Staudinger/*Singer*, Bearb. 2004, § 119 Rdn. 53; *Henrich*, AcP 162 (1963), 88, 94; *Singer*, JZ 1999, 342, 347.

Im Folgenden wird zunächst untersucht, ob die Bank als Kommissionärin typischerweise Kenntnis von dem Berechnungsfehler des Handelspartners hat bzw. ob ihr die Kenntnis ihres Kunden analog § 166 Abs. 2 BGB zurechenbar ist. Sodann werden die Argumente diskutiert, die für und gegen eine entsprechende Anwendung der Anfechtungsregeln auf den erkannten Kalkulationsirrtum bei Mistrade-Geschäften sprechen.

(1) Analoge Anwendung des § 166 Abs. 2 BGB

Da die Bank den Wertpapierkaufvertrag mit dem außerbörslichen Handelspartner im eigenen Namen abschließt, kommt es grundsätzlich auf ihre Kenntnis an, um zu beurteilen, ob der Berechnungsfehler des Handelspartners erkannt und ausgenutzt wurde.[313] Die Bank als Kommissionärin wird allerdings selbst keine Kenntnis von dem Berechnungsfehler des Handelspartners haben, weil sie die Weisung ihres Kunden typischerweise inhaltlich nicht überprüft, sondern sie sich ungesehen zu Eigen macht.[314] Im Direkthandel laufen die Vorgänge auch im Verhältnis von Kunde und Bank typischerweise computergestützt ab, indem der Kunde bei der als Kommissionärin fungierenden Direktbank online seine Weisung eingibt, die je nach Verfügbarkeit automatisiert ausgeführt wird.[315]

Der Handelspartner kann seine Annahmeerklärung also nur wegen seines Berechnungsfehlers anfechten, wenn der Bank die Kenntnis ihres Kunden zuzurechnen ist. Da das Kommissionsrecht keine gesetzliche Vorschrift zur Wissenszurechnung enthält,[316] ist die Frage der Wissenszurechnung zwischen Kommittent und Kommissionär seit langem in Rechtsprechung und Lehre umstritten. Sofern die

313 Allgemein zum Kommissionsrecht Baumbach/*Hopt*, § 383 Rdn. 19; Ebenroth/Boujong/Joost/*Krüger*, § 383 Rdn. 42; Heymann/*Hermann*, § 383 Rdn. 13; MüKoHGB/*Häuser*, § 383 Rdn. 52; Schlegelberger/*Hefermehl*, § 383 Rdn. 31; *Schmidt-Rimpler*, in: Handbuch des gesamten Handelsrechts, S. 612 f.; auch für das Handeln im fremdem Namen bestimmt § 166 Abs. 1 BGB, dass es auf die Person des Vertreters und nicht des Vertretenen ankommt, soweit die rechtlichen Folgen einer Willenserklärung durch die Kenntnis oder das Kennenmüssen gewisser Umstände beeinflusst werden; auch in dieser Konstellation kommt es also auf die Person des Mittelmanns an, dazu *Fleckner*, in: Beiträge für Hopt, S. 3, 30.

314 Siehe bereits Dritter Teil. C. II. 1. a) sowie die Nachweise in Fn. 226.

315 *Fleckner*, in: Beiträge für Hopt, S. 3, 15; *Köndgen*, in: Festschrift Canaris, Bd. II, S. 183, 185 („nur noch technische Übermittlungsinstanz"); teilweise wird daher auch von der reinen „Botenfunktion" des Effektenkommissionärs gesprochen, so *Dalwigk zu Lichtenfels*, Effektenkommissionsgeschäft, S. 17 und S. 24; die ungesehene Übernahme und Ausführung der Weisung des Kommittenten trägt zur Funktionsfähigkeit des Wertpapierhandels bei, weil die Geschäfte dadurch schnell abgewickelt werden.

316 Allgemein zur Forderung einer gesetzlichen Neuregelung des § 166 BGB *Beuthien*, NJW 1999, 3585, 3587; *Waltermann*, AcP 192 (1992), 181, 226; in Bezug auf das Kommissionsrecht ebenfalls auf eine Abhilfe durch den Gesetzgeber verweisend *Fleckner*/*Vollmuth*, WM 2004, 1263, 1271.

Bank als Kommissionärin nach Weisung ihres Kunden handelt (§ 384 Abs. 1 Halbs. 2 Alt. 2 HGB), wird teilweise vertreten, ihr die Kenntnis des Kunden von dem Berechnungsfehler des Handelspartners analog[317] § 166 Abs. 2 BGB zuzurechnen.[318] Andere lehnen eine Analogie zu § 166 Abs. 2 BGB ab,[319] kommen teilweise aber über den Einwand der unzulässigen Rechtsausübung nach § 242 BGB zu einem ähnlichen Ergebnis.[320]

Es ist sachgerecht, die Kenntnis des Kunden analog § 166 Abs. 2 BGB zu berücksichtigen, wenn die Bank nach Weisung des Kunden gehandelt hat. Denn die von § 166 Abs. 2 BGB geregelten Fälle der Wissenszurechnung bei der Stellvertretung sind mit den Sachverhalten der Wissenszurechnung zwischen Bank und Kunde im Wesentlichen vergleichbar.[321] Regelungsziel des § 166 Abs. 2 BGB ist es, zu verhindern, dass der Vertretene von der Unkenntnis des Vertreters profitiert, obwohl er die Möglichkeit hat, mittels Weisung dessen Willensbildung und letztlich Willenserklärung zu beeinflussen.[322] Gerade im Bereich der Mistrade-Geschäfte besteht eine große Gefahr, dass der Kunde als Kommittent sich missbräuchlich durch mit Verweis auf die Unkenntnis der Bank entlastet,[323] obwohl es ihm gerade darauf ankommt, wirtschaftliche Vorteile aus einem von ihm als fehlerhaft erkannten Ge-

---

317 Eine direkte Anwendung kommt nicht in Betracht, da § 166 Abs. 2 BGB vom Handeln in fremdem Namen ausgeht.

318 Allgemein dem Kommissionär das Wissen des Kommittenten in den Konstellationen des § 166 Abs. 2 BGB zurechnend, RG, Urt. v. 22.2.1929 – II 357/28 = RGZ 124, 115, 120 (zu Willensmängeln); Heymann/*Hermann*, § 383 Rdn. 13; *Roth*, in: Koller/Roth/Morck, § 383 Rdn. 15; *Schmidt-Rimpler*, in: Handbuch des gesamten Handelsrechts, S. 612 f.; Staub/*Koller*, § 383 Rdn. 70; *Fleckner*, in: Beiträge für Hopt, S. 3, 31; *Hager*, Ungerechtfertigte Bereicherung, S. 161, 164; *ders.*, AcP 180 (1980), 239, 257; in Bezug auf die mittelbare Stellvertretung *Schwark*, JuS 1980, 777, 779; im Zusammenhang mit dem gutgläubigen Erwerb auch Staudinger/*Wiegand*, Neubearb. 2004, § 932 Rdn. 97, der die grundsätzliche analoge Anwendbarkeit des § 166 Abs. 2 BGB auf die mittelbare Stellvertretung aber ablehnt.

319 Allgemein die Wissenszurechnung von Kommittent und Kommissionär nach § 166 Abs. 2 BGB ablehnend Baumbach/*Hopt*, § 383 Rdn. 20; Düringer/Hachenburg/*Lehmann*, § 383 Anm. 6; Ebenroth/Boujong/Joost/*Krüger*, § 383 Rdn. 42; MüKoHGB/*Häuser*, § 383 Rdn. 52 (etwas vorsichtiger); *Schilken*, Wissenszurechnung im Zivilrecht, S. 154; Schlegelberger/*Hefermehl*, § 383 Rdn. 31; Soergel/*Leptien*, § 166 Rdn. 10; Staudinger/*Schilken*, Neubearb. 2009, § 166 Rdn. 4; in Bezug auf die Mistrade-Problematik ebenso noch *Fleckner*/*Vollmuth*, WM 2004, 1263, 1271 (nunmehr a.A., siehe Fn. 318).

320 Allgemein zum Kommissionsrecht Baumbach/*Hopt*, § 383 Rdn. 20; MüKoHGB/*Häuser*, § 383 Rdn. 52; Schlegelberger/*Hefermehl*, § 383 Rdn. 31.

321 Zur Methodik siehe *Larenz*/*Canaris*, Methodenlehre, S. 370 ff; *Canaris*, Feststellung von Lücken im Gesetz, S. 71 ff.; BGH, Urt. v. 13.7.1988 – IVa ZR 55/87 = BGHZ 105, 140, 143; BGH, Urt. v. 31.1.1990 – VIII ZR 280/88 = BGHZ 110, 183, 193.

322 MüKoBGB/*Schramm*, § 166 Rdn. 2; Soergel/*Leptien*, § 166 Rdn. 28; RGRK/*Steffen*, § 166 Rdn. 22.

323 Allgemein zu dem Aspekt des missbräuchlichen Ausnutzens der Unkenntnis des Kommissionärs durch den Kommittenten *Schmidt-Rimpler*, Handbuch Handelsrecht, S. 612.

schäft zu ziehen.[324] Dass die Bank als Kommissionärin die Rechtswirkungen und Vorteile des Geschäfts zunächst nur für sich selbst mit dem außerbörslichen Handelspartner begründet und erst im Anschluss auf den Kunden als Kommittenten überträgt, rechtfertigt keine – in den Mistrade-Fällen typischerweise missbräuchliche – Berufung des Kunden auf die Unkenntnis der Bank. Es überzeugt nicht, wenn eine „scharfe wirtschaftliche Zäsur"[325] zwischen der Vertretung und der Kommission gegen die analoge Anwendbarkeit des § 166 Abs. 2 BGB angeführt wird.[326] Dem Kunden als Kommittenten kommen ähnlich wie dem Vertretenen wirtschaftlich die Wirkungen des Geschäfts zugute, genauso wie die Bank als Kommissionärin zwar im Gegensatz zu dem Vertreter nicht in fremdem, sondern in eigenem Namen handelt, dafür aber ebenso die Weisungen des Kunden ausführt.[327] Die Differenzierung zwischen Handeln in eigenem Namen für fremde Rechnung und Handeln in fremdem Namen für fremde Rechung fällt sehr gering aus, wenn die Bank als Kommissionärin nach Weisung des Kunden als Kommittenten handelt und diese inhaltlich nicht überprüft. Diese Unterscheidung kann daher kein aussagekräftiges Argument gegen eine Anwendbarkeit des § 166 Abs. 2 BGB sein.[328] Letztlich tritt auch keine „Entrechtung"[329] der Bank als Kommissionärin ein, da diese zum einen nicht für die Ausführbarkeit der Order haftet, sondern nur ein Bemühen um die Ausführung schuldet,[330] und zum anderen ihre entsprechenden Auslagen entweder von dem Kunden als Kommittenten oder gegebenenfalls als Schadensersatz nach § 122 Abs. 1 BGB von dem außerbörslichen Handelspartner ersetzt bekommt. Die Kenntnis des Kunden von dem Berechnungsfehler des Handelspartners schränkt daher sowohl die Schutzwürdigkeit des Kunden als auch die der Bank erheblich ein.

(2) Teleologische Extension des § 119 Abs. 1 Alt. 1 BGB

Für eine entsprechende Anwendung der Anfechtungsregeln auf den erkannten Kalkulationsirrtum kommen verschiedene gesetzliche Anknüpfungspunkte

---

324 Bei Kenntnis und missbräuchlichem Verhalten des Kommittenten wird auch in der kommissionsrechtlichen Literatur vertreten, zumindest den Einwand der unzulässigen Rechtsausübung gegen den Kommissionär zuzulassen, siehe dazu Baumbach/*Hopt*, § 383 Rdn. 20; MüKoHGB/*Häuser*, § 383 Rdn. 52; Schlegelberger/*Hefermehl*, § 383 Rdn. 31.

325 Düringer/Hachenburg/*Lehmann*, § 383 Anm. 6.

326 Zur Übertragung der Wertungen des Stellvertretungsrechts auf das Handeln in eigenem Namen für fremde Rechnung *Fleckner*, in: Beiträge für Hopt, S. 3, insbesondere S. 11 ff.

327 Allgemein zum Kommissionsrecht Staub/*Koller*, § 383 Rdn. 70; *Hager*, Ungerechtfertigte Bereicherung, S. 161, 164; *Schwark*, JuS 1980, 777, 779.

328 So auch allgemein zur mittelbaren Stellvertretung *Fleckner*, in: Beiträge für Hopt, S. 3, 11 ff., 31.

329 Düringer/Hachenburg/*Lehmann*, § 383 Anm. 6.

330 Siehe Zweiter Teil. C. III. 2.

in Betracht, im Wesentlichen § 119 Abs. 1, Abs. 2 BGB[331] sowie § 123 Abs. 1 Alt. 1 BGB.[332]

Methodisch könnte die entsprechende Anwendung der Anfechtungsregeln auf eine Analogie oder eine teleologische Extension gestützt werden. Die Unterschiede sind zwar im Einzelnen umstritten, führen aber letztlich zu einem ähnlichen Ergebnis, nämlich der Anwendung einer Vorschrift über den Wortlaut hinaus auf einen inhaltlich passenden Sachverhalt.[333] Da es vorliegend weniger auf einen Ähnlichkeitsvergleich zwischen geregeltem und ungeregeltem Sachverhalt ankommt, sondern darauf, dass die Vorschrift ihrem Sinn nach auf den ungeregelten Sachverhalt anwendbar sein müsste, liegt methodisch eine teleologische Extension näher. Zu überprüfen ist demnach einerseits, ob eine Gesetzeslücke vorliegt und andererseits, ob die ausweitende Auslegung einer der vorstehend genannten gesetzlichen Regelungen der Problematik des erkannten Kalkulationsirrtums gerecht wird.

Eine Gesetzeslücke liegt vor, weil der Gesetzgeber die Problematik des erkannten Kalkulationsirrtums nicht geregelt hat. Generell ist mit den Anfechtungsvorschriften nicht klar und eindeutig festgelegt worden, unter welchen Umständen ein Irrtum beachtlich ist und zur Anfechtung berechtigt. Vielmehr wurde teilweise bewusst ein ausfüllungsbedürftiges Regelungsregime geschaffen.[334] Dies führt dazu, dass die Anfechtungsregeln in einigen Bereichen flexibel an besondere Umstände angepasst werden,[335] teilweise einschränkend wie im Gesellschaftsrecht oder Arbeitsrecht,[336] teilweise aber auch erweiternd wie bei der Anfechtung nichtiger Rechtsgeschäfte.[337] Der Grundgedanke ist, dem Erklärenden einerseits die Möglichkeit zu geben, sich von einem irrtumsbedingt zustande gekommenen Vertrag zu lösen, und den Erklärungsempfänger andererseits vor einer zu weitreichenden oder willkürlichen Vertragsbeseitigung zu schützen.

---

331 Siehe die Nachweise in Fn. 306 bis Fn. 309.

332 Zur Ähnlichkeit des erkannten Kalkulationsirrtums mit der arglistigen Täuschung *Kindl*, WM 1999, 2198, 2207.

333 Zur Methodik siehe *Larenz*, Methodenlehre, S. 202 ff., 216 ff.; *Canaris*, Feststellung von Lücken im Gesetz, S. 89 ff.; *F. Bydlinski*, Methodenlehre, S. 475 ff. hält eine Unterscheidung von Analogie und teleologischer Extension nicht für notwendig.

334 Siehe zur Beachtlichkeit des Irrtums Protokolle I, S. 108: „Es empfehle sich daher, eine Ausdrucksweise zu wählen, durch welche der im Wesentlichen psychologischen Frage, ob allgemein von Nichtübereinstimmung des Willens mit der Erklärung in Folge Irrthums, im Gegensatze zum Irrthum im Beweggrunde, gesprochen werden könne, oder ob es sich nicht vielmehr immer nur um einen Irrthum im Beweggrunde handele, nicht vorzugreifen und der Wissenschaft freie Hand zu lassen".

335 Siehe für einen Überblick MüKoBGB/*Kramer*, § 119 Rdn. 19 ff.

336 Durch die Lehre der fehlerhaften Gesellschaft, vgl. statt vieler nur *K. Schmidt*, Gesellschaftsrecht, S. 136 ff., 147 ff. m.w.N. sowie der Lehre vom fehlerhaften Arbeitsvertrag, vgl. statt vieler nur BAG, Urt. v. 5.12.1957 – 1 AZR 594/56 = BAGE 5, 159, 161 f.; *Junker*, Arbeitsrecht, § 3 Rdn. 188 ff. m.w.N.

337 Dazu Staudinger/*Roth*, Neubearb. 2003, § 142 Rdn. 27; *Bork*, Bürgerliches Recht AT, S. 358.

Da bei einem verdeckten Kalkulationsirrtum dem Erklärenden nur ein Fehler bei seiner inneren Willensbildung unterläuft, ist dieser als Motivirrtum grundsätzlich unbeachtlich. Der Erklärungsempfänger wird in diesem Fall als schutzwürdiger erachtet. Generell ist die Schutzwürdigkeit des Erklärungsempfängers das wesentliche Kriterium, nach dem im Gesetz die Anfechtbarkeit wegen eines Motivirrtums bestimmt wird. Sofern es mangels Schutzbedürftigkeit der Beteiligten weniger auf Rechtssicherheit ankommt, wird auch die Anfechtung wegen eines Motivirrtums gesetzlich zugelassen, wie sich beispielsweise an der Beachtlichkeit des Motivirrtums im Erbrecht zeigt.[338] Ähnlich ist die Lage beim erkannten Kalkulationsirrtum. Der Erklärungsempfänger ist nicht schutzwürdig; speziell in den Mistrade-Fällen verhält er sich durch die bewusste Ausnutzung des erkannten Irrtums sogar meist missbräuchlich. Daher ist es sachgerecht, wenn der außerbörsliche Handelspartner bei einem erkannten und ausgenutzten Kalkulationsirrtum seine Annahmeerklärung entsprechend den Anfechtungsregeln beseitigen kann.

Auch wenn nach § 119 Abs. 2 BGB auf den Eigenschaftsirrtum ohnehin die Regeln des § 119 Abs. 1 BGB anwendbar wären und daher die klare Anküpfung an eine der beiden Regelungen im Ergebnis weniger bedeutsam erscheint,[339] ist es trotzdem überzeugend, die Anfechtung des außerbörslichen Handelspartners wegen eines erkannten Kalkulationsirrtums mittels teleologischer Extension in § 119 Abs. 1 Alt. 1 BGB zu verorten.[340]

Es ist zwar zuzugestehen, dass der erkannte Berechnungsfehler auch Ähnlichkeiten zum Eigenschaftsirrtum nach § 119 Abs. 2 BGB und auch zur arglistigen Täuschung nach § 123 Abs. 1 Alt. 1 BGB aufweist.[341] Die Ähnlichkeit zum Eigenschaftsirrtum besteht vor allem darin, dass der erkannte, interne Kalkulationsirrtum wie dieser ein Motivirrtum ist.[342] Eine weitere Gemeinsamkeit besteht zudem in dem Element der Kenntnis, da es für einen zur Anfechtung berechtigenden

---

338 Dies ist beispielsweise in der weiten Formulierung „durch die irrige Annahme oder Erwartung des Eintritts oder Nichteintritts eines Umstands" in § 2078 Abs. 2 BGB ersichtlich.

339 *Pawlowski*, JZ 1997, 741, 746 nennt die Abgrenzung zwischen § 119 Abs. 1 BGB und § 119 Abs. 2 BGB daher auch nur eine Frage des „dogmatischen Geschmacks"; ebenfalls generell auf § 119 BGB verweisend *Berger*, Anmerkung LM Nr. 36 zu § 119 BGB.

340 Allgemein zum erkannten Kalkulationsirrtum im Zwei-Personen-Verhältnis Staudinger/*Singer*, Bearb. 2004, § 119 Rdn. 51 ff.; *Singer*, JZ 1999, 342, 345, der methodisch gleichermaßen auf eine teleologische Restriktion des Prinzips der Unbeachtlichkeit des Motivirrtums bzw. auf eine teleologische Extension zu § 119 Abs. 1 BGB abstellt; für eine Analogie *Adams*, AcP 186 (1986), 453, 488; *Heiermann*, BB 1984, 1836, 1840; wohl auch *G. Müller*, ZHR 147 (1983), 501, 533; *Wieser*, NJW 1972, 708, 709 f.

341 So auch *Kindl*, WM 1999, 2198, 2207; zur unterschiedlichen Entwicklung der Tatbestände der arglistigen Täuschung und der verschiedenen Irrtumstypen des § 119 BGB siehe *Henrich*, AcP 162 (1963), 88 ff.

342 Der Eigenschaftsirrtum wird nach herrschender Lehre als Motivirrtum eingestuft, siehe MüKoBGB/*Kramer*, § 119 Rdn. 105 ff.; Larenz/*Wolf*, Bürgerliches Recht AT, S. 600 m.w.N; a.A. *Schmidt-Rimpler*, in: Festschrift Lehmann, S. 213, 214.

Eigenschaftsirrtum nach den Kriterien der Rechtsprechung Voraussetzung ist, dass die betreffende Eigenschaft erkennbar dem Vertrag zugrunde gelegt wurde.[343] Gegen die Anwendung des § 119 Abs. 2 BGB spricht hingegen, dass dessen Tatbestand auf verkehrswesentliche Eigenschaften der Person oder Sache begrenzt ist und eine Einbeziehung des erkannten, internen Kalkulationsirrtums dem Wortlaut klar widerspricht.[344] Eine Ähnlichkeit zur arglistigen Täuschung ergibt sich aus dem treuwidrigen Verhalten des Kunden, der den Berechnungsfehler typischerweise erkannt, den außerbörslichen Handelspartner aber nicht darauf hingewiesen hat.[345]

Für die teleologische Extension des § 119 Abs. 1 Alt. 1 BGB spricht die größere inhaltliche Nähe sowie die strukturelle Ähnlichkeit des erkannten Kalkulationsirrtums mit dem Inhaltsirrtum. Ein Inhaltsirrtum liegt vor, wenn der Wille des Erklärenden und die rechtlich maßgebende Bedeutung des Erklärten auseinanderfallen.[346] Bei einem Kalkulationsirrtum ist der Wille des Erklärenden im Erklärungszeitpunkt zwar mangels Erkennens seines eigenen Irrtums auf den erklärten Preis gerichtet, in Wirklichkeit geht es ihm aber um den „richtig" berechneten Preis.[347] Diese Uneinheitlichkeit des Willens ist einem Mangel des Willens gleichzustellen. Zwar geht § 119 Abs. 1 Alt. 1 BGB von einem Auseinanderfallen von Willen und Erklärung aus, während bei einem Kalkulationsirrtum der Wille des Erklärenden in zwei Richtungen auseinanderfällt. Da Wille und Erklärung gleichrangige Voraussetzungen für die Wirksamkeit einer Willenserklärung sind, besteht trotzdem eine große Sachnähe zu § 119 Abs. 1 Alt. 1 BGB.

(3) Rechtsvergleichende und rechtsökonomische Kontrollüberlegungen

Für die Anfechtbarkeit des erkannten Kalkulationsirrtums nach § 119 Abs. 1 Alt. 1 BGB sprechen zudem rechtsvergleichende und rechtsökonomische Argumente.

Eine rechtsvergleichende Analyse zeigt, dass die Entwicklung im ausländischen Vertragsrecht dahin geht, dem Irrenden ein vertragliches Lösungsrecht bei erkann-

343 BGH, Urt. v. 22.9.1983 – VII ZR 43/83 = BGHZ 88, 240, 246; zu diesem Argument im Zusammenhang mit dem erkannten Kalkulationsirrtum zudem *Kindl*, WM 1999, 2198, 2207; *Pawlowski*, JZ 1997, 741, 746 m.w.N. in Fn. 79 ff.

344 So auch *Heiermann*, BB 1984, 1836, 1840; insofern ist auch der Verweis *Kramers* auf die historische Unbestimmtheit des § 119 Abs. 2 BGB nicht zielführend, MüKoBGB/*Kramer*, § 119 Rdn. 116.

345 Eine Aufklärungspflicht wird von der Rechtsprechung befürwortet in Fällen, in denen der erkannte Kalkulationsirrtum für den Erklärenden unzumutbare Folgen hätte, siehe zuletzt BGH, Urt. v. 7.7.1998 – X ZR 17/97 = BGHZ 139, 177, 184 (wobei in diesem Fall der Erklärende seinen Irrtum bereits erkannt hatte); ausführlich zur arglistigen Täuschung siehe Dritter Teil. C. III. 2.

346 BGH, Urt. v. 8.5.1980 – IVa ZR 48/80 = WM 1980, 875, 876; MüKoBGB/*Kramer*, § 119 Rdn. 57 m.w.N. auch zu abweichenden Definitionen; Staudinger/*Singer*, Bearb. 2004, § 119 Rdn. 38.

347 „Zwiespältiger Wille", siehe dazu *Wieser*, NJW 1972, 708, 710; dem zustimmend *Heiermann*, BB 1984, 1836, 1840 und *G. Müller*, ZHR 147 (1983), 501, 533.

ten oder offensichtlich erkennbaren Irrtümern einzuräumen.[348] In den USA bejaht die Rechtsprechung ein vertragliches Lösungsrecht, wenn der Erklärungsempfänger den Kalkulationsirrtum positiv erkannt hat[349] oder zumindest im Vergleich zu anderen vorliegenden Angeboten hätte erkennen können und müssen.[350] Diese Rechtsprechungsgrundsätze sind in § 153 (b) Restatement (Second) of Contracts (1981)[351] übernommen worden. Auch im englischen Vertragsrecht wird eine Lösung des Vertrages auf Grundlage der Rectification-Doktrin bei positiver Kenntnis,[352] grob fahrlässiger Unkenntnis[353] und nach einer richterlichen Meinung sogar bei Erkennen-Können des Irrtums[354] bejaht.

Eine rechtsökonomische Analyse des erkannten oder erkennbaren Kalkulationsirrtums ergibt, dass es dem Interesse beider Parteien entspräche, dem Irrenden ein Anfechtungsrecht zuzubilligen, da eine Aufrechterhaltung des Vertrages für die beteiligten Parteien insgesamt keine Nutzensteigerung mit sich brächte.[355] Vielmehr ist zu sehen, dass jeder Partei bei der Zusammenstellung ihrer Vertragsbedingungen ein Berechnungsfehler unterlaufen kann, der nur durch kostenintensive Maßnahmen im Vorfeld des Vertragsschlusses vermieden werden könnte. Wenn der Vertragspartner im Rahmen der ohnehin vorgenommenen Überprüfung der späteren Vertragsbedingungen ohne weiteres („grenzkostenfrei") in der Lage wäre zu erkennen, dass ein bestimmtes Angebot nicht innerhalb der üblichen Streuung der Preise liegt, sondern auf einem Irrtum des Vertragspartners beruhen muss, würden die gemeinsamen Vertragsschlusskosten beider Parteien dadurch minimiert, dass dem Irrenden ein Anfechtungsrecht zugebilligt würde.

Diese generellen rechtsökonomischen Überlegungen sind auf Mistrade-Geschäfte übertragbar. Für den Kunden dürfte der Irrtum des außerbörslichen Handelspartners zumindest bei größeren Abweichungen ohne Kostenaufwand erkenn-

---

348 *Fleischer*, RabelsZ 65 (2001), 264, 281 mit einem Überblick zu der Einräumung von vertraglichen Lösungsrechten bei erkannten oder erkennbaren Kalkulationsirrtümern in den USA, England, Österreich und der Schweiz.

349 *Tyra v. Cheney*, 129 Minn. 428, 430, 152 N.W. 835 (1917).

350 *Geremia v. Boyarsky*, 107 Conn. 387, 140 A. 749 (1928).

351 „Where a mistake of one party at the time a contract was made as to a basic assumption on which he made the contract has a material effect on the agreed exchange of performances that is adverse to him, the contract is voidable by him if he does not bear the risk of the mistake under the rule stated in § 154, and (a) the effect of the mistake is such that enforcement of the contract would be unconscionable, or (b) the other party had reason to know of the mistake or his fault caused the mistake".

352 *Hartog v. Colin & Shields* [1939] 3 All ER 566.

353 *Commission for the New Towns v. Cooper (GB) Ltd.*, [1995] 2 All ER 929, 947 („(ii) wilfully shutting one's eyes to the obvious; (iii) wilfully and recklessly failing to make such inquiries as an honest and reasonable man would make [...]").

354 *Commission for the New Towns v Cooper (GB) Ltd.*, [1995] 2 All ER 929, 957 unter Berufung auf *Taylor v. Johnson* 45 ALR 265, 271 (1983).

355 *Adams*, AcP 186 (1986), 453, 484 f.; dem zustimmend *Fleischer*, RabelsZ 65 (2001), 264, 278.

bar sein, so dass diesbezüglich die Transaktionskostenbilanz neutral bleibt. Für den Handelspartner würden die vorvertraglichen Fehlervermeidungsstrategien hingegen erhebliche Kosten bedeuten, die sich auch bei dem Kunden und seiner Bank sowohl unmittelbar bei der entsprechenden Kalkulation ihres eigenen Angebots auswirkten als auch mittelbar durch eine Ausweitung der An- und Verkaufsspanne („Spread") der von dem Handelspartner angebotenen Wertpapiere. Die Kostenbilanz würde dadurch für beide Parteien negativ, so dass die Zubilligung eines Anfechtungsrechts für den Handelspartner bei erkannten oder erkennbaren Kalkulationsfehlern kosteneffizient ist. Durch die Gewährung eines Anfechtungsrechts für den Handelspartner wäre auch die Anreizwirkung für den Kunden, offenkundige Preisabweichungen auszunutzen, reduziert.[356]

cc) Widerlegung von Einwänden

Einer Anwendung der Anfechtungsregeln, insbesondere § 119 Abs. 1 Alt. 1 BGB, auf den Fall des erkannten internen Kalkulationsirrtums bei einem Mistrade-Geschäft stehen weder die Einwände des *Bundesgerichtshofes* noch die des Schrifttums entgegen.

(1) Einwände des Bundesgerichtshofes

Die Argumente des *Bundesgerichtshofes* gegen die Anwendung der Anfechtungsregeln auf den erkannten Kalkulationsirrtum vermögen bei genauerer Betrachtung nicht zu überzeugen.

(a) Anfechtungsfrist

Der *Bundesgerichtshof* führt vor allem die Vorschrift des § 121 BGB an, wonach die Anfechtung unverzüglich nach Kenntnis des Anfechtungsberechtigten von dem Anfechtungsgrund zu erfolgen hat. Es käme danach für den Fristbeginn darauf an, „wann der Erklärende Kenntnis von der Kenntnis des Erklärungsempfängers erlangte".[357] Diese Häufung subjektiver Umstände würde die mit jeder Anfechtungsmöglichkeit ohnehin schon verbundene Rechtsunsicherheit in unerträglichem Maße verstärken.

Dagegen lässt sich einwenden, dass die Vorschrift des § 121 Abs. 1 BGB an sich schon das subjektive Merkmal der Kenntnis beinhaltet, also vom Gesetzgeber so gestaltet wurde. Zudem liegt einem erkannten Kalkulationsirrtum eine zumindest fahrlässige fremdverantwortliche Störung der Selbstbestimmung zugrunde, die in der vorsätzlichen Variante der arglistigen Täuschung nach § 124 BGB sogar eine Jahresfrist für die Geltendmachung des Anfechtungsgrundes nach Entdeckung der

356 Siehe zu dem grundsätzlichen Gedanken der Anreizwirkung im Zusammenhang mit dem erkannten oder erkennbaren Kalkulationsirrtum *Fleischer*, RabelsZ 65 (2001), 264, 279.

357 BGH, Urt. v. 7.7.1998 – X ZR 17/97 = BGHZ 139, 177, 183.

Täuschung durch den Getäuschten nach sich zieht. Aus dem Gesetz ergibt sich daher ohnehin eine Anknüpfung an subjektive Umstände sowie in gewissem Maße die Billigung von Rechtsunsicherheit, wenn der Erklärungsempfänger nicht schutzwürdig ist.[358] Beim erkannten Kalkulationsirrtum – sowie typischerweise in Mistrade-Fällen – ist der Erklärungsempfänger nicht schutzwürdig, da er den Fehler von Anfang an erkannt hatte. Es tritt daher nicht, wie vom *Bundesgerichtshof* vertreten, eine Rechtsunsicherheit in unerträglichem Maße ein, weil auf die „Kenntnis der Kenntnis" des Erklärungsempfängers abzustellen sei. Vielmehr ist diese auf das Anknüpfen an subjektive Umstände gründende Rechtsunsicherheit von dem System der Anfechtungsvorschriften gerade gebilligt.

Zugunsten der Rechtssicherheit im Wertpapierhandel sind jedoch hohe Anforderungen an den außerbörslichen Handelspartner zu stellen. Insbesondere trifft ihn bei bereits bestehenden, konkreten Zweifeln eine Obliegenheit, sich um die Kenntnis der den Anfechtungsgrund begründenden Umstände zu bemühen.[359] Es ist zudem richtig, dass die Ausschlussfrist des § 121 Abs. 1 BGB ab Kenntnis des Handelspartners knapp bemessen sein muss. Die in der Praxis des außerbörslichen Handels etablierte Geltendmachung des Mistrades innerhalb von 120 Minuten nach Geschäftsabschluss[360] ist ein maßgeblicher Anhaltspunkt.

Die Anwendung des § 121 Abs. 1 BGB mit den vorgeschlagenen Einschränkungen sorgt im Übrigen sicherlich für mehr Rechtssicherheit als die Berufung auf den Einwand der unzulässigen Rechtsausübung.[361]

(b) Betroffenheit dinglicher Rechtsgeschäfte

Der weitere Einwand des *Bundesgerichtshofes*, die Anfechtung beträfe als allgemeines Gestaltungsrecht auch dingliche Rechtsgeschäfte und könne damit die Interes-

---

358 Zur Konzeption des § 121 Abs. 1 BGB als Schutzvorschrift für den Erklärungsempfänger siehe MüKoBGB/*Kramer*, § 121 Rdn. 2; Staudinger/*Singer*, Bearb. 2004, § 121 Rdn. 1; Staudinger/*Dilcher*, 12. Aufl., § 121 Rdn. 3; *Wendtland*, in: Bamberger/Roth, § 121 Rdn. 1.

359 Dazu ausführlich Dritter Teil. C. IV. 1.

360 Dazu ausführlich Dritter Teil. C. IV. 2.

361 Interessanterweise gehen auch die UNIDROIT Prinzipien der internationalen Handelsverträge (abrufbar unter http://www.unidroit.org, unter dem Punkt „UNIDROIT Instruments" → „Principles" → „UNIDROIT Principles of International Commercial Contracts 2004" → „Official language versions") – in denen es ebenso wie im Wertpapierhandel erheblich auf Rechtssicherheit ankommt – gemäß Art. 3.15 Abs. 1 davon aus, dass „die Anfechtungserklärung innerhalb einer nach den Umständen angemessenen Frist abzugeben ist, nachdem die anfechtende Partei von den maßgeblichen Tatsachen Kenntnis erhielt oder davon nicht in Unkenntnis sein konnte [...]"; zum Vergleich in der englischen Textversion: „Notice of avoidance shall be given within a reasonable time, having regard to the circumstances, after the avoiding party knew or could not have been unaware of the relevant facts [...]"; siehe zu diesem Argument weiter *Kindl*, WM 1999, 2198, 2203; allgemein für den Handelsverkehr auch *Mues*, Irrtumsanfechtung im Handelsverkehr, S. 256.

sen Dritter berühren,[362] spricht ebenfalls nicht zwingend gegen die Anwendung der Anfechtungsregeln, da der Kalkulationsirrtum in der Regel sowieso nur das schuldrechtliche Geschäft berührt.[363]

(c) Kriterium der Unzumutbarkeit

Die Beschränkung des vom *Bundesgerichtshof* befürworteten Einwands der unzulässigen Rechtsausübung auf eine „schlechthin unzumutbare" Vertragsdurchführung für den Erklärenden[364] ist nicht überzeugend.[365] Dabei stellt der *Bundesgerichtshof* auf die Zumutbarkeitsformel der Störung der objektiven Geschäftsgrundlage ab.[366] Geschäftsgrundlage sind nach ständiger Rechtsprechung „die bei Vertragsschluß bestehenden gemeinsamen Vorstellungen beider Parteien oder die dem Geschäftsgegner erkennbaren und von ihm nicht beanstandeten Vorstellungen der einen Vertragspartei vom Vorhandensein oder dem zukünftigen Eintritt gewisser Umstände, sofern der Geschäftswille der Parteien auf dieser Vorstellung aufbaut".[367]

Diese Grundsätze sind jedoch für Extremfälle entwickelt worden, in denen aufgrund nachträglich eingetretener Veränderungen nicht mehr an dem zuvor geschlossenen Vertrag ohne Modifikationen festgehalten werden kann. Dabei wird der Grundsatz *pacta sunt servanda* außer Kraft gesetzt – nicht weil die Beteiligten Willensmängeln erlegen sind, sondern weil sich bestimmte Umstände nach Vertragsschluss verändert bzw. gerade nicht wie erwartet verändert haben. Daraus ergibt sich die hohe Hürde der „schlechthin unzumutbaren" Vertragsdurchführung.

Die Lage beim erkannten internen Kalkulationsirrtum ist damit nicht vergleichbar.[368] Hierbei geht es vielmehr darum, bei Willensmängeln der Beteiligten eine Lösung vom Vertrag zu ermöglichen, obwohl sich die Umstände nach Vertragsschluss nicht verändert haben. Durch die Begrenzung des Umfangs der Anfechtungsrechte wird das Vertrauen des Rechts- und Geschäftsverkehrs in die grundsätzliche Beständigkeit vertraglicher Vereinbarungen geschützt. Dieser Schutzgedanke greift aber wie dargelegt in den Mistrade-Fällen nicht, da der Erklärungs-

---

362 BGH, Urt. v. 7.7.1998 – X ZR 17/97 = BGHZ 139, 177, 183.

363 *Kindl*, WM 1999, 2198, 2203; *Singer*, JZ 1999, 342, 347; in Bezug auf die fahrlässige Informationspflichtverletzung siehe *Grigoleit*, Vorvertragliche Informationshaftung, S. 140 ff.

364 BGH, Urt. v. 7.7.1998 – X ZR 17/97 = BGHZ 139, 177, 185; so auch *Lorenz*, Unerwünschter Vertrag, S. 283; *Hundertmark*, BB 1982, 16, 19.

365 So auch Staudinger/*Singer*, Bearb. 2004, § 119 Rdn. 64; *Fleischer*, RabelsZ 65 (2001), 264, 287; *Kindl*, WM 1999, 2198, 2206; *Singer*, JZ 1999, 342, 347.

366 BGH, Urt. v. 10.10.1984 – VIII ZR 152/83 = NJW 1985, 313, 314; BGH, Urt. v. 14.10.1992 – VIII ZR 91/91 = BGHZ 120, 10, 10; BGH, Urt. v. 25.2.1993 – VII ZR 24/92 = BGHZ 121, 379, 393; Larenz/*Wolf*, Bürgerliches Recht AT, S. 708.

367 Siehe nur BGH, Urt. v. 14.10.1992 – VIII ZR 91/91 = BGHZ 120, 10, 23 m.w.N.; in neuerer Zeit bestätigt durch BGH, Urt. v. 8.2.2006 – VIII ZR 304/04 = WM 2006, 828, 829.

368 Dazu ausführlich Staudinger/*Singer*, Bearb. 2004, § 119 Rdn. 64; *Fleischer*, RabelsZ 65 (2001), 264, 287; *Singer*, JZ 1999, 342, 348.

empfänger bei Erkennen und Ausnutzen des Irrtums nicht schutzwürdig ist. Ein besonderes Ausmaß des unredlichen Verhaltens oder ein besonders schweres Betroffensein des Vertragspartners zu verlangen, überzeugt daher nicht.[369] Vielmehr reicht jeder Irrtum mit einem Mindestmaß an Erheblichkeit aus, aufgrund dessen ausgeschlossen werden kann, dass die Irrtumsgeltendmachung nur ein Vorwand zur Vertragslösung ist.[370]

(2) Einwände der Literatur

Auch die Kritikpunkte der Literatur an der Anfechtbarkeit des erkannten internen Kalkulationsirrtums überzeugen nicht.

Die teilweise gegen eine Anfechtbarkeit des erkannten internen Kalkulationsirrtums angeführte Begründung, das Schadensrecht sei aufgrund der größeren Flexibilität vorrangig vor den Anfechtungsregeln,[371] ist als rein rechtspolitisches Argument nicht überzeugend.[372]

Sofern gegen eine Anfechtbarkeit wegen eines erkannten internen Kalkulationsirrtums geltend gemacht würde, die Selbstbestimmungsfreiheit des Erklärenden sei nur bei vorsätzlicher Irrtumserregung in § 123 Abs. 1 Alt. 1 BGB geschützt,[373] ist dem nicht zuzustimmen. Zum einen spricht systematisch hiergegen, dass die Haftung für schuldhaft bzw. zurechenbar herbeigeführte Vertrauensdispositionen eines anderen im Bürgerlichen Gesetzbuch nicht eindeutig und vollständig geregelt worden ist.[374] Zum anderen spricht teleologisch dagegen, dass andernfalls der dem Irrtum unterliegende Erklärende für ein Fehlverhalten des anderen einzustehen hätte.

---

369 So früher auch der *Bundesgerichtshof* in Bezug auf die unzulässige Rechtsausübung, BGH, Urt. v. 12.4.1960 – VIII ZR 137/58 = WM 1960, 645, 647 („ohne daß ein grobes Mißverhältnis der beiderseitigen Leistungen vorzuliegen braucht").

370 *Singer*, JZ 1999, 342, 348; dieses Mindestmaß an Erheblichkeit ergibt sich aber bereits aus der Regelung des § 119 Abs. 1 BGB selbst („wenn anzunehmen ist, dass er sie bei Kenntnis der Sachlage und bei verständiger Würdigung des Falles nicht abgegeben haben würde"), dazu MüKoBGB/*Kramer*, § 119 Rdn. 138 ff.; Soergel/*Hefermehl*, § 119 Rdn. 67 und Rdn. 76.

371 *Lorenz*, Unerwünschter Vertrag, S. 336; ausführlich zur Konkurrenz der vorvertraglichen Haftung und der arglistigen Täuschung *Lorenz*, ZIP 1998, 1053, 1056 ff.; ausführlich zur fahrlässigen Täuschung und der Anwendbarkeit des § 123 Abs. 1 Alt. 1 BGB *Mankowski*, Beseitigungsrechte, S. 342 ff.; *Fleischer*, AcP 200 (2000), 91, 93 f.

372 Ebenso Staudinger/*Singer*, Bearb. 2004, § 119 Rdn. 58; *Singer*, JZ 1999, 342, 348.

373 Ähnlich in Bezug auf die Vertragsauflösung wegen vorvertraglicher Pflichtverletzung *Canaris*, ZGR 1982, 395, 417; *Gottwald*, JuS 1982, 877, 881; *Willemsen*, AcP 182 (1982), 515, 539; kritisch hinsichtlich der Gleichstellung der fahrlässigen und der arglistigen Täuschung und der Gewährung eines Anfechtungsrechts auch *Henrich*, AcP 162 (1963), 88, 103 f.

374 In Bezug auf die vorvertragliche Pflichtverletzung *Grigoleit*, Vorvertragliche Informationshaftung, S. 50 ff.; *Wiedemann*, JZ 1998, 1176, 1176; in Bezug auf den erkannten Kalkulationsirrtum Staudinger/*Singer*, Bearb. 2004, § 119 Rdn. 58; *Singer*, JZ 1999, 342, 346.

Dieser Aspekt trifft in den Mistrade-Fällen umso mehr zu, da bei ihnen ein wichtiger Unterschied zu dem „Grundfall" des in der Rechtsprechung und Rechtswissenschaft erörterten erkannten Kalkulationsirrtums besteht. Der Kunde hat bei einem Mistrade-Geschäft in der Regel nicht nur den Berechnungsfehler des Handelspartners erkannt, sondern auch selbst das zu dem Mistrade-Geschäft führende Angebot initiiert. Im Vergleich zu dem Grundfall des erkannten Kalkulationsirrtums, bei dem der Erklärungsempfänger ein offenkundig fehlerhaftes Angebot „nur" angenommen hat, ist die aktive Abgabe des die fehlerhaften Daten beinhaltenden Angebots durch die Bank des Kunden missbilligenswerter, weil es das Zustandekommen des Mistrade-Geschäfts überhaupt erst veranlasst. Dies ist ein noch stärkeres, speziell auf Mistrades bezogenes Argument gegen die ohnehin schon sehr eingeschränkte Schutzwürdigkeit der Bank als rechtliche Vertragspartnerin und des Kunden als wirtschaftlicher Hintermann des Mistrade-Geschäfts. In den typischen Mistrade-Fällen lässt sich außerdem daran zweifeln, ob es wirklich nur um eine rein fahrlässige Irrtumserregung geht oder bereits der Bereich der vorsätzlichen Irrtumserregung erreicht ist.[375]

e) Erkennbarer Kalkulationsirrtum

Der außerbörsliche Handelspartner kann seine Annahmeerklärung aufgrund der im vorstehenden Abschnitt dargelegten Grundsätze nach § 119 Abs. 1 Alt. 1 BGB auch dann anfechten,[376] wenn der Kunde bzw. die Bank zwar keine positive Kenntnis von dem Berechnungsfehler hatten,[377] dieser aber so offensichtlich war, dass sie ihn hätte erkennen müssen, wenn sie sich nicht bewusst der Kenntnisnahme verschlossen hätten.

Um den Grundsatz der Unbeachtlichkeit des Motivirrtums nicht zu verwässern und dem Kunden bzw. der Bank als Erklärungsempfänger unberechtigterweise Nachforschungspflichten hinsichtlich der internen Vorgänge des Handelspartners aufzuerlegen, sind an die Anfechtbarkeit wegen offensichtlich erkennbarer Kalkulationsirrtümer jedoch hohe Anforderungen zu stellen. Zum einen muss die Schwelle, ab der ein Fehler als offensichtlich eingestuft werden kann, sehr hoch liegen,[378] und zum anderen darf dem Erklärungsempfänger das Nichterkennen des Fehlers nur bei grober Fahrlässigkeit vorgeworfen werden.

---

375 Dazu Dritter Teil. A. II.

376 Allgemein für den erkennbaren Kalkulationsirrtum Staudinger/*Singer*, Bearb. 2004, § 119 Rdn. 66; *Fleischer*, RabelsZ 65 (2001), 264, 286; *Kindl*, WM 1999, 2198, 2206; *Singer*, JZ 1999, 342, 348; a.A. *Wieser*, NJW 1972, 708, 710, der die Anfechtbarkeit bei einem offensichtlich erkennbaren Kalkulationsirrtum ausschließt.

377 Diesbezüglich für den Fall eines außerbörslichen Mistrades sehr restriktiv OLG Düsseldorf, Urt. v. 27.1.2000 – 6 U 168/98 = RIW 2001, 226, 228.

378 Staudinger/*Singer*, Bearb. 2004, § 119 Rdn. 66; *Fleischer*, RabelsZ 65 (2001), 264, 286; *Singer*, JZ 1999, 342, 348; demgegenüber einen geringeren Maßstab anlegend *Adams*, AcP 186 (1986), 453, 487; *Kindl*, WM 1999, 2198, 2206; *Pawlowski*, JZ 1997, 741, 746.

Typischerweise dürfte dieser hohe Maßstab bei den Mistrade-Fällen jedoch erfüllt sein. Wie dargelegt hat der Kunde in vielen Fällen den nicht marktgerechten Preis des Wertpapiers sogar positiv erkannt und bewusst ausgenutzt. Dies zeigt sich anhand bestimmter Indizien, wie beispielsweise einem im Vergleich zu vorherigen Transaktionen plötzlich stark erhöhten Geschäftsvolumen.[379] Manche Indizien lassen hingegen nur Zweifel des Kunden an der Marktgerechtigkeit des Preises erkennen, ohne dass er den Irrtum sicher erkannt hat.[380] Selbst ohne weitere Auffälligkeiten im Verhalten des Kunden kann ein erkennbarer Kalkulationsirrtum bei einer besonders großen Abweichung zum marktgerechten Preis vorliegen.

Nicht ausreichend wäre es hingegen, wenn der Kunde bzw. die Bank den Irrtum lediglich hätten erkennen können, sich also nur einfach fahrlässig verhalten haben.[381] Dies gilt für Fälle, in denen keine weiteren Indizien für missbräuchliches Verhalten vorliegen, etwa weil die Abweichung des erklärten und des richtig berechneten Preises nicht so offensichtlich war, dass sie jedem hätte auffallen müssen.

III. Mängel in der Willensbildung

Mängel in der Willensbildung liegen vor, wenn bereits das Zustandekommen des Willens im Stadium der Motivbildung gestört wird.[382] Diese berechtigen außerhalb der gesetzlich normierten Ausnahmen grundsätzlich nicht zur Anfechtung. Solche Ausnahmen sind der Eigenschaftsirrtum nach § 119 Abs. 2 BGB und die arglistige Täuschung nach § 123 Abs. 1 Alt. 1 BGB. Beide sind von großer Bedeutung für Mistrade-Geschäfte.

---

379 BGH, Urt. v. 25.6.2002 – XI ZR 239/01 = WM 2002, 1687 (Mistrade-Urteil); vorangehend OLG München, Urt. v. 26.4.2001 – 19 U 5248/00 = ZBB 2002, 223 (red. Leitsatz) und LG München I, Urt. v. 14.9.2000 – 6 O 5426/00; zu weiteren Indizien siehe ausführlich Dritter Teil. A. II. mit den Nachweisen in Fn. 199 bis Fn. 203.

380 Beispielsweise, wenn der Anleger wegen einer Auffälligkeit des Preises beim Handelspartner telefonisch nachfragt, ohne dass er zwingend einen Berechnungsfehler positiv erkannt hat, siehe OLG Düsseldorf, Urt. v. 27.1.2000 – 6 U 168/98 = RIW 2001, 226; vorangehend LG Düsseldorf, Urt. v. 30.10.1998 – 15 O 60/98 (unveröffentlicht); siehe zudem Dritter Teil. A. II.

381 Allgemein für den erkennbaren Kalkulationsirrtum BGH, Urt. v. 4.10.1979 – VII ZR 11/79 = NJW 1980, 180, 180; BGH, Urt. v. 13.7.1995 – VII ZR 142/94 = WM 1995, 2000 – 2001; BGH, Urt. v. 7.7.1998 – X ZR 17/97 = BGHZ 139, 177, 181; Staudinger/*Singer*, Bearb. 2004, § 119 Rdn. 66; für eine rechtsökonomische Analyse zum Begriff der Erkennbarkeit siehe *Fleischer*, RabelsZ 65 (2001), 264, 279.

382 Siehe nur Larenz/*Wolf*, Bürgerliches Recht AT, S. 643; Soergel/*Hefermehl*, § 119 Rdn. 4.

1. Eigenschaftsirrtum

Eine Anfechtung des außerbörslichen Handelspartners wegen eines Eigenschaftsirrtums nach § 119 Abs. 2 BGB kommt unter bestimmten Umständen in Betracht. Theoretisch denkbar sind zwei Fälle, zum einen ein Irrtum des Handelspartners über den Wert der Wertpapiere und zum anderen ein Irrtum über Tatsachen, die deren Wert beeinflussen.

a) Wert der außerbörslich gehandelten Wertpapiere

Ein Irrtum über den Wert von außerbörslich gehandelten Wertpapieren berechtigt grundsätzlich nicht zur Anfechtung.[383] Der Wert einer Sache als solcher ist meist keine Eigenschaft der Sache,[384] da An- und Verkaufspreise in einem System der freien Marktwirtschaft durch Angebot und Nachfrage bestimmt werden und der Wert dadurch keine feste Größe ist, sondern von den Gegebenheiten des Marktes sowie der Schätzung des Einzelnen abhängt.[385] Jeder, der in diesem Prozess der Preisschätzung ein Angebot abgibt, drückt seinen subjektiv bemessenen Wert der Sache aus. Das Risiko der richtigen Preisschätzung tragen daher Käufer und Verkäufer eines außerbörslich gehandelten Wertpapiers jeweils für ihren Teil und können dieses nicht mittels Anfechtung auf den anderen Teil abwälzen.[386]

b) Tatsachen, die den Wert des Wertpapiers beeinflussen

Zu überlegen ist, ob sich dieses Ergebnis bei einem Irrtum des Handelspartners über Tatsachen, die den Wert der außerbörslich gehandelten Wertpapiere beeinflussen, ändert.

---

383 Eine Ausnahme stellen allerdings im Freiverkehr der Börsen gehandelte Wertpapiere dar. Der Freiverkehr gehört zwar systematisch zum außerbörslichen Handel (Zweiter Teil. B. II. 1. a)), die Preisbildung unterliegt aber den Anforderungen des § 24 Abs. 2 BörsG, siehe sogleich Dritter Teil. C. III. 1. b) bb) (2).

384 RG, Urt. v. 9.11.1906 – II 173/06 = RGZ 64, 266, 269; RG, Urt. v. 4.12.1920 – I 216/20 = RGZ 101, 51, 52; RG, Urt. v. 22.1.1927 – I 25/26 = RGZ 116, 15, 18 (die letzten beiden Entscheidungen jeweils zum Kurs eines Wertpapiers); BGH, Urt. v. 21.2.1952 – IV ZR 103/51 = LM Nr. 2 zu § 779 BGB; BGH, Urt. v. 18.12.1954 – II ZR 296/53 = BGHZ 16, 54, 57; BGH, Urt. v. 8.6.1988 – VIII ZR 135/87 = NJW 1988, 2597, 2598; LG Berlin, Beschl. v. 6.12.1990 – 83 T 323/90 = NJW 1991, 1238 – 1241; MüKoBGB/*Kramer*, § 119 Rdn. 132 (allgemein); Staudinger/*Singer*, Bearb. 2004, § 119 Rdn. 97; *Flume*, Bürgerliches Recht AT, Bd. II, S. 480; Larenz/*Wolf*, Bürgerliches Recht AT, S. 662; a.A. *Enneccerus/Nipperdey*, Bürgerliches Recht AT, S. 1048 a.E; ebenfalls a.A., aber nur in Bezug auf den amtlich ermittelten Börsenkurs als objektiven Wert MüKoBGB/*Kramer*, § 119 Rdn. 132; Soergel/*Hefermehl*, § 119 Rdn. 51.

385 MüKoBGB/*Kramer*, § 119 Rdn. 132; Soergel/*Hefermehl*, § 119 Rdn. 51.

386 Allgemein zum Wertpapierhandel *Canaris*, Bankvertragsrecht, Rdn. 1848; *Lenenbach*, Kapitalmarktrecht, Rdn. 4.94; Staudinger/*Singer*, Bearb. 2004, § 119 Rdn. 93; in Bezug auf Anlageempfehlungen *Roth*, in: Assmann/Schütze, Kapitalanlagerecht, § 11 Rdn. 97.

aa) Wertberechnung derivativer Finanzinstrumente

Mistrade-Geschäften können viele kapitalmarktgehandelte Finanzinstrumente zugrundeliegen. Meistens handelt es sich dabei um derivative Finanzinstrumente, im außerbörslichen Handel insbesondere um Optionsscheine und Zertifikate.[387] Die Wertermittlung derivativer Finanzinstrumente hängt von einer Vielzahl von Berechnungsgrößen ab und kann mittels verschiedener Methoden erfolgen.[388] Grundlegend für die Bewertung von Aktienoptionen ist neben der Binomial-Methode[389] insbesondere die von Fischer Black, Myron Scholes und Robert Carhart Merton entwickelte und in der Praxis immer noch gängige Black-Scholes-Methode.[390] Da die Black-Scholes-Methode von bestimmten Annahmen ausgeht (z.B. einem festgelegten Ausübungszeitpunkt und einem stabilen, risikofreien Zinssatz) und auch Komponenten vernachlässigt (z.B. Dividendenzahlungen), passt sie nicht immer für die realen Bedingungen an den Finanzmärkten. Daher sind in der Folgezeit weitere Bewertungsmethoden entwickelt worden, welche die Standardmodelle wie Black-Scholes oder die Binomial-Methode ergänzt sowie teilweise abgewandelt haben, sich im Wesentlichen aber immer noch daran orientieren. Mit Hilfe dieser neueren Modelle können auch weitere derivative Finanzinstrumente mit anderen Basiswerten als Aktien bewertet werden.[391]

Im Folgenden wird nicht zwischen den Bewertungsmodellen unterschieden, sondern von den üblichen Berechnungswerten der Black-Scholes-Methode ausgegangen.[392] Dabei kommt es auf einer ersten Stufe der Wertberechnung auf fünf Faktoren an: Den Basiswert, den Basispreis, den risikofreien Zinssatz, die erwartete Vo-

---

387 Siehe dazu ausführlich Zweiter Teil. B. III.

388 Für einen Überblick siehe generell *Korn/Korn*, Optionsbewertung und Portfolio-Optimierung, S. 90 ff.; *Rudolph/Schäfer*, Derivative Finanzmarktinstrumente, S. 239 ff. und S. 321 ff.; *Brealy/Myers/Allen*, Principles of Corporate Finance, S. 561 ff. gehen hauptsächlich auf die Binomial-Methode und die Black-Scholes-Methode ein; zur Bewertung exotischer Optionen mittels der Monte-Carlo-Methode siehe beispielsweise aus letzter Zeit *Ewald/Yang/Xiao*, Implied Volatility from Asian Options Via Monte Carlo Methods, in: International Journal of Theoretical and Applied Finance, Vol. 12, No. 2, 2009, S. 153 – 178.

389 Dazu *Brealy/Myers/Allen*, Principles of Corporate Finance, S. 596 ff.

390 *Black/Scholes*, The Pricing of Options and Corporate Liabilities, in: Journal of Political Economy, Vol. 81, No. 3, 1973, S. 637 – 654; *Merton*, Theory of Rational Option Pricing, in: The Bell Journal of Economics and Management Science, Vol. 4, No. 1, 1973, S. 141 – 183.

391 Siehe für einen Überblick *Rudolph/Schäfer*, Derivative Finanzmarktinstrumente, S. 239 ff. und S. 321 ff., der beispielsweise auf die Garman/Kohlhagen-Formel als Weiterentwicklung der Binomial-Methode eingeht sowie auf die Formel von Black aus dem Jahr 1976, die auf der Black-Scholes-Methode aufbaut.

392 Die meisten Handelsgegenstände der gerichtlich entschiedenen, außerbörslichen Mistrade-Fälle sind Optionsscheine auf Aktien, Währungen und Indices (siehe die Nachweise in Fn. 90), auf welche die Black-Scholes-Methode anwendbar ist, siehe dazu *Rudolph/Schäfer*, Derivative Finanzmarktinstrumente, S. 322 f.; das OLG Düsseldorf stellt

latilität des zugrundeliegenden Basiswertes sowie die Restlaufzeit des Derivats. Diese Berechnungswerte hängen auf einer zweiten Stufe wiederum von anderen Faktoren ab. Beispielsweise bestimmt sich der Kurs einer Aktie als Basiswert, der dem derivativen Finanzinstrument zugrundeliegt, unter anderem nach verschiedenen unternehmensbezogenen Daten (wie z.B. Gewinn, Umsatz, Wachstumserwartungen) oder der risikofreie Zinssatz nach der allgemeinen Wirtschaftslage.

Der außerbörsliche Handelspartner kann bei der Bewertung des derivativen Finanzinstrumentes sowohl in Bezug auf die Berechnungswerte der ersten Stufe als auch in Bezug auf die Berechnungswerte der zweiten Stufe einem Irrtum erliegen. Es stellt sich die Frage, ob diese Faktoren verkehrswesentliche Eigenschaften im Sinne des § 119 Abs. 2 BGB sind.

bb) Berechnungswerte erster Stufe

Nach ständiger Rechtsprechung kommen als Eigenschaften einer Sache nicht nur ihre natürliche Beschaffenheit, sondern auch die vorhandenen tatsächlichen und rechtlichen Verhältnisse in Betracht, die infolge ihrer Beschaffenheit und Dauer auf die Brauchbarkeit und den Wert von Einfluss sind.[393]

(1) Allgemein

Die vorstehend genannten, zur Wertberechnung derivativer Finanzinstrumente verwendeten Faktoren der ersten Stufe beeinflussen innerhalb eines festgelegten Rechnungsprozesses deren Wert. Sie haben auch nicht nur mittelbar Einfluss auf die Bewertung, sondern beziehen sich unmittelbar[394] auf das Derivat als außerbörslich gehandeltes Wertpapier. Die Berechnungswerte erster Stufe sind also Eigenschaften des derivativen Finanzinstruments im Sinne des § 119 Abs. 2 BGB.

Verkehrswesentlich sind Eigenschaften, auf die im Rechtsverkehr bei Geschäften dieser Art unter den konkreten Umständen typischerweise entscheidender Wert gelegt wird (konkret-objektiver Maßstab).[395] Teilweise wird darüber hinaus einschränkend verlangt, dass die Eigenschaft in der Erklärung zum Ausdruck gekom-

---

in seiner Mistrade-Entscheidung ausdrücklich auf Black-Scholes ab, OLG Düsseldorf, Urt. v. 27.1.2000 – 6 U 168/98 = RIW 2001, 226, 227.

393 RG, Urt. v. 9.11.1906 – II 173/06 = RGZ 64, 266, 269; BGH, Urt. v. 18.12.1954 – II ZR 296/53 = BGHZ 16, 54, 57; BGH, Urt. v. 14.12.1960 – V ZR 40/60 = BGHZ 34, 32, 41; BGH, Urt. v. 18.11.1977 – V ZR 172/76 = BGHZ 70, 47, 48; BGH, Urt. v. 22.9.1983 – VII ZR 43/83 = BGHZ 88, 240, 245.

394 Zum Unmittelbarkeitskriterium als Voraussetzung des Begriffs der Eigenschaft im Rahmen des § 119 Abs. 2 BGB siehe RG, Urt. v. 22.11.1935 – V 77/35 = RGZ 149, 235, 238; BGH, Urt. v. 18.12.1954 – II ZR 296/53 = BGHZ 16, 54, 57; BGH, Urt. v. 18.11.1977 – V ZR 172/76 = BGHZ 70, 47, 48; Staudinger/*Singer*, Bearb. 2004, § 119 Rdn. 85.

395 Staudinger/*Singer*, Bearb. 2004, § 119 Rdn. 81; *Bork*, Bürgerliches Recht AT, S. 320; Larenz/*Wolf*, Bürgerliches Recht AT, S. 662 ff.

men ist[396] oder von dem Erklärenden erkennbar dem Vertrag zugrunde gelegt wurde.[397] Für diese Ansichten finden sich in § 119 Abs. 2 BGB aber keine Anhaltspunkte. Zudem wird der notwendigen Beschränkung des Tatbestands bereits durch die Anwendung des vorstehend beschriebenen konkret-objektiven Maßstabs Genüge getan.[398] Im Übrigen kann sich die Verkehrswesentlichkeit selbst nach den einschränkenden Ansichten konkludent daraus ergeben, dass bestimmte Eigenschaften üblicherweise von entscheidender Bedeutung für den Vertragsschluss sind.[399] Bei einem Kaufvertrag über derivative Finanzinstrumente ist es geschäftstypisch, dass bestimmte Faktoren wie der Zinssatz oder die erwartete Volatilität des Basiswerts dazu verwendet werden, den Wert zu berechnen. Die genaue Zusammenstellung der Berechnungswerte erster Stufe (Basiswert, Basispreis, risikofreier Zinssatz, Volatilität des Basiswertes und Restlaufzeit) macht den Wert des derivativen Finanzinstruments sogar gerade erst aus. Sie sind daher verkehrswesentliche Eigenschaften eines derivativen Finanzinstruments. Dies gilt auch für das Bezugsverhältnis derivativer Finanzinstrumente, das teilweise ebenfalls als Faktor bei der Wertberechnung hinzugezogen wird.[400] Irrt sich der Handelspartner über einen dieser Werte, ist er grundsätzlich zur Anfechtung nach § 119 Abs. 2 BGB berechtigt.[401]

---

396 So Staudinger/*Coing*, 11. Aufl., § 119 Rdn. 16 f.; *Flume*, Bürgerliches Recht AT, Bd. II, S. 476 ff.; *Medicus*, Allgemeiner Teil BGB, Rdn. 770.

397 RG, Urt. v. 9.11.1906 – II 173/06 = RGZ 64, 266, 269; BGH, Urt. v. 22.9.1983 – VII ZR 43/83 = BGHZ 88, 240, 264; Soergel/*Hefermehl*; § 119 Rdn. 38; Larenz/*Wolf*, Bürgerliches Recht AT, S. 663.

398 So auch Staudinger/*Singer*, Bearb. 2004, § 119 Rdn. 81; *Bork*, Bürgerliches Recht AT, S. 320 f.

399 Soergel/*Hefermehl*, § 119 Rdn. 34; Staudinger/*Singer*, Bearb. 2004, § 119 Rdn. 80 mit Beispielen und w.N.; Larenz/*Wolf*, Bürgerliches Recht AT, S. 663.

400 Aus dem Bezugsverhältnis ergibt sich, wie viele Einheiten des Basiswertes der Inhaber mit dem Derivat verkaufen oder kaufen kann. Der *Bundesgerichtshof* stuft eine Verwechselung der Bezugsverhältnisse von Gold-Optionsscheinen und Silber-Optionsscheinen als unbeachtlichen Motivirrtum ein, der nicht zur Anfechtung berechtigt, geht im weiteren aber von einer unzulässigen Rechtsausübung aus, BGH, Urt. v. 30.6.2009 – XI ZR 364/08 = WM 2009, 1500, 1502.

401 Tendenziell wohl a.A. OLG Düsseldorf, Urt. v. 27.1.2000 – 6 U 168/98 = RIW 2001, 226, 227. Das OLG zieht zwar in Erwägung, dass die Berechnungsgrundlage nach Black-Scholes ein wertbestimmender Faktor der Optionsscheine ist, lehnt einen Eigenschaftsirrtum im Ergebnis allerdings ab, weil der Telefonverkäufer des Handelspartners sich keine Gedanken über den „inneren Wert" der Optionsscheine gemacht und daher auch nicht darüber geirrt habe. Diese Überlegungen sind allerdings auf die zumeist online geschlossenen Wertpapierkaufverträge nicht übertragbar und lassen sich auch für den Telefonhandel nur zum Teil nachvollziehen. Es mag in diesem Fall zwar so gewesen sein, dass der Verkäufer sich nicht geirrt hat. Dass er sich jedoch keine Gedanken über die Berechnungswerte gemacht hat, ist nicht überzeugend, weil er diese einzeln – z.B. Basiswert und Laufzeit – aufzählte, wie sich aus dem Urteil der vorangehenden Instanz ergibt (LG Düsseldorf, Urt. v. 30.10.1998 – 15 O 60/98 (unveröffentlicht) Rdn. 26) und dadurch

(2) Kurs des Basiswertes

Besonders relevant und kompliziert zu beurteilen dürfte ein Irrtum über den Kurs des zugrundeliegenden Basiswertes sein. Gegen eine Anfechtungsberechtigung wegen eines Eigenschaftsirrtums mag auf den ersten Blick sprechen, dass der Basiswert meist ebenfalls ein Finanzinstrument darstellt[402] und dessen Wert wie dargelegt zumindest im außerbörslichen Handel keine Eigenschaft im Sinne des § 119 Abs. 2 BGB ist.

Zu überlegen ist, ob es einen Unterschied darstellt, dass die oft als Basiswerte fungierenden Finanzinstrumente[403] nicht nur außerbörslich, sondern auch börslich gehandelt werden. Dem gegen die Anerkennung des Wertes einer Sache als verkehrswesentliche Eigenschaft angeführten Argument, der Marktwert einer Sache sei letztlich nur „das Ergebnis der Schätzung aller für die Wertbildung der Sache maßgebenden Eigenschaften“,[404] könnte in diesem Fall entgegengehalten werden, dass die Preisbildung bei börslich gehandelten Finanzinstrumenten nicht völlig frei erfolgt, sondern im Gegenteil durch die Börsenaufsichtsbehörde und die Handelsüberwachungsstelle überwacht und reglementiert ist.[405] In § 24 Abs. 2 BörsG werden bestimmte Regeln und Standards im Hinblick auf die Bildung von Börsenpreisen vorgegeben.[406] Insbesondere müssen Börsenpreise ordnungsgemäß zustande gekommen sein und der wirklichen Marktlage des Börsenhandels entsprechen. Dies spricht dafür, den Kurs börslich gehandelter Basiswerte als verkehrswesentliche Eigenschaft im Sinne des § 119 Abs. 2 BGB anzuerkennen.[407]

Dem kann nicht entgegengehalten werden, dass durch die staatliche Überwachung der Bildung von Börsenpreisen nur eine formelle Preis- oder Kurswahrheit erreicht wird,[408] die sich aus den an der Börse eingegangenen Aufträgen ergibt.[409] Es

---

sehr wohl, für den Anleger erkennbar, von bestimmten Faktoren des inneren Wertes der Optionsscheine ausging.

402 Neben Finanzinstrumenten kommen auch andere Werte als Underlying in Betracht, siehe für einen Überblick Zweiter Teil. B. III. 1.

403 Siehe Fn. 402.

404 RG, Urt. v. 9.11.1906 – II 173/06 = RGZ 64, 266, 269.

405 Die Ermittlung von Börsenpreisen ist im Gegensatz zu der in § 29 BörsG a.F. enthaltenen amtlichen Feststellung nun kein Akt des öffentlichen Rechts mehr, wird aber nach wie vor auf die Einhaltung bestimmter Kriterien hin staatlich überwacht, dazu *Ekkenga*, Effektengeschäft, Rdn. 9; *Groß*, Kapitalmarktrecht, § 24 BörsG, Rdn. 2; Kapitalmarkt RK/*Beck*, § 25 BörsG, Rdn. 43; zum Kriterium der börsenspezifischen Preisqualität als Abgrenzungsmerkmal zum außerbörslichen Handel siehe *Kümpel/Hammen*, Börsenrecht, S. 28 ff.

406 Dazu *Groß*, Kapitalmarktrecht, § 24 BörsG, Rdn. 1a; KapitalmarktRK/*Beck*, § 24 BörsG, Rdn. 1 ff.; *Kümpel/Hammen*, Börsenrecht, S. 28 ff.

407 So auch MüKoBGB/*Kramer*, § 119 Rdn. 132; Soergel/*Hefermehl*, § 119 Rdn. 51.

408 KapitalmarktRK/*Beck*, § 24 BörsG, Rdn. 1 ff.; Claussen/*Ekkenga*, Bank- und Börsenrecht, § 6 Rdn. 244; *Lenenbach*, Kapitalmarktrecht, Rdn. 3.91 ff.

409 Zum Meistausführungsgebot siehe *Groß*, Kapitalmarktrecht, § 24 BörsG, Rdn. 7; KapitalmarktRK/*Beck*, § 24 BörsG, Rdn. 10.

ist zwar richtig, dass nicht überwacht wird, ob der so ermittelte Börsenpreis materiell richtig ist,[410] ob er also beispielsweise den Wert des emittierenden Unternehmens richtig widerspiegelt.[411] Börsenkurse können auch ohne eine Veränderung der realen Unternehmensdaten steigen oder fallen und beruhen letztlich auf der vorherrschenden Einschätzung der Marktteilnehmer. Der wesentliche Unterschied ist aber, dass der Börsenkurs eines Finanzinstrumentes sich nicht nach der Einschätzung einzelner Anbieter und Interessenten bestimmt, sondern vielmehr durch ein börsenrechtlich festgelegtes Verfahren aus einer Vielzahl von Kauf- und Verkaufangeboten der Marktteilnehmer objektiv ermittelt wird. Das Element der Schätzung ist damit zwar nicht vollständig eliminiert, aber doch gegenüber dem Verfahren der Preisbildung im außerbörslichen Handel – und auch anderen individuell abgewickelten Kauftransaktionen – sehr eingeschränkt. Daher berechtigt der Irrtum über den Kurs eines börsengehandelten Basiswertes den Handelspartner zur Anfechtung nach § 119 Abs. 2 BGB.

Gleiches gilt auch für einen Irrtum über den Kurs eines im Freiverkehr (eigentlich außerbörslich) gehandelten Basiswertes. Preise, die während der Börsenzeit im Freiverkehr an einer Wertpapierbörse festgestellt wurden, gelten nach § 24 Abs. 1 S. 1 BörsG als Börsenpreise, so dass die Vorgaben des § 24 Abs. 2 BörsG zur Preisermittlung anwendbar sind. Im Übrigen gelten die vorstehenden Argumente nicht nur für börslich gehandelte Finanzinstrumente als Basiswerte, sondern sind auch auf andere objektiv ermittelten Werte wie beispielsweise Indices übertragbar.[412]

cc) Berechnungswerte zweiter Stufe

Etwas anderes gilt für die Berechnungswerte der zweiten Stufe, welche Einfluss auf die Berechnungswerte der ersten Stufe haben und sich damit ebenfalls auf die Wertermittlung derivativer Finanzinstrumente auswirken. Dies können beispielsweise interne Unternehmensdaten wie die Ertragslage sein, die den Kurs einer Aktie beeinflussen oder externe, auf das Geschäftsmodell des Unternehmens einwirkende Ereignisse. Diese Faktoren stellen bereits deshalb keine Eigenschaft im Sinne des § 119 Abs. 2 BGB dar, weil ihnen der Unmittelbarkeitszusammenhang zu dem emittierten Wertpapier fehlt.[413]

---

410 KapitalmarktRK/*Beck*, § 24 BörsG, Rdn. 3; ähnlich auch Claussen/*Ekkenga*, Bank- und Börsenrecht, § 6 Rdn. 244.

411 Dies wäre aufgrund der Vielfältigkeit potentiell kursbeeinflussender Tatsachen auch nicht leistbar.

412 Siehe Zweiter Teil. B. III. 1.

413 Einen Eigenschaftsirrtum im Hinblick auf Wertpapiere bei einem Irrtum über die reinen Unternehmensdaten ebenfalls mangels Unmittelbarkeitszusammenhangs ablehnend *Canaris*, Bankvertragsrecht, Rdn. 1854; *Roth*, in: Assmann/Schütze, Kapitalanlagerecht, § 10 Rdn. 113; generell kritisch im Hinblick auf die Differenzierung nach anlage- und unternehmensbezogenen Einflussfaktoren hingegen *Ekkenga*, Effektengeschäft,

2. *Arglistige Täuschung*

Von besonderer Relevanz im Rahmen von außerbörslichen Mistrade-Geschäften, bislang hingegen kaum in der Literatur[414] und Rechtsprechung[415] aufgegriffen worden, ist das Anfechtungsrecht des Handelspartners wegen arglistiger Täuschung nach § 123 Abs. 1 Alt. 1 BGB. Die praktische Relevanz zeigt sich bereits daran, dass sich Kunden öfter zu einem Vergleich entschließen, nachdem der Handelspartner die Anfechtung – unter anderem gestützt auf den Anfechtungsgrund der arglistigen Täuschung – erklärt.[416]

Besonders interessant für den außerbörslichen Handelspartner ist der Anfechtungsgrund der arglistigen Täuschung aus zwei Gründen: Zum einen kommt es im Gegensatz zu den vorstehend erörterten Konstellationen nicht auf einen Irrtum seinerseits an, sondern auf ein bestimmtes Verhalten des Kunden. Zum anderen enthalten die außerbörslichen Mistrade-Regeln üblicherweise keine der arglistigen Täuschung entsprechende Klausel,[417] so dass ihm eine Lösung vom Vertrag in diesen Fällen nur unter Rückgriff auf das gesetzlich normierte Anfechtungsrecht nach § 123 Abs. 1 Alt. 1 BGB möglich ist.

Bei der Überlegung, ob dem Handelspartner ein Anfechtungsrecht wegen arglistiger Täuschung zusteht, ergeben sich mehrere Probleme. Es ist zunächst zu überprüfen, ob das Verhalten des Kunden bei einem Mistrade überhaupt eine Täuschung darstellt (a). Sodann ist zu klären, auf welche Person es bei der Täuschung ankommt, ob also das täuschende Verhalten des Kunden zu berücksichtigen ist, obwohl der Kaufvertrag nicht mit dem Kunden, sondern der Bank als Kommissionärin abgeschlossen wird (b). Die Täuschung des Kunden muss ferner kausal für die Abgabe der Annahmeerklärung des Handelspartners gewesen sein (c). Zentrale Bedeutung für die Praxis hat schließlich, ob es gelingt, dem Kunden Arglist nachzuweisen (d).

Rdn. 187 ff.; allgemein zum Kriterium der Unmittelbarkeit Staudinger/*Singer*, Bearb. 2004, § 119 Rdn. 85 m.w.N.

414 Siehe aber den Ansatz im Rahmen der AGB-Kontrolle bei *Fridrich/Seidel*, BKR 2008, 497, 501, die ein Anfechtungsrecht des außerbörslichen Handelspartners wohl ablehnen würden; positiver hingegen *Fleckner*, WuB I G. 2 – 1.09, S. 516.

415 Der *Bundesgerichtshof* hat die Frage des bewussten Ausnutzens eines Mistrades zwar im Rahmen der unzulässigen Rechtsausübung angesprochen, ist aber nicht auf das Vorliegen eines Anfechtungsrechts wegen arglistiger Täuschung eingegangen, BGH, Urt. v. 25.6.2002 – XI ZR 239/01 = WM 2002, 1687, 1689 (Mistrade-Urteil); der Grund für diese Vernachlässigung mag sein, dass sich die Beklagte nicht auf ein Anfechtungsrecht berufen hatte. Dies ist wie dargelegt (Dritter Teil. A. I.) jedoch auch nicht notwendig; es reicht vielmehr der Wille einer Vertragspartei aus, ihre Erklärung nicht gelten zu lassen. Dieser Wille wird auch bei der Stornierung eines Wertpapiergeschäfts unter Berufung auf die Mistrade-Regeln hinreichend deutlich.

416 Dazu *Fleckner*, WuB I G. 2 – 1.09, S. 516.

417 Siehe Dritter Teil. B. sowie Fn. 206.

a) Täuschung

Es ist bereits dargelegt worden, dass das Verhalten des Kunden bei einem Mistrade oft missbräuchlich ist, da er typischerweise den Fehler des Handelspartners bei der Preisstellung erkennt und bewusst ausnutzt.[418] Dieser Sachverhalt weist schon bei erster Betrachtung eine Nähe zur arglistigen Täuschung auf. Es stellt sich im Folgenden aber die Frage, ob das konkrete Verhalten des Kunden – also zu veranlassen, dass der als fehlerhaft erkannte Preis in die Angebotserklärung des Kommissionärs übernommen wird – eine Täuschung im Sinne des § 123 Abs. 1 Alt. 1 BGB darstellt. Darunter wird die vorsätzliche Erregung, Bestärkung oder Aufrechterhaltung eines Irrtums verstanden, entweder durch das Vorspiegeln falscher oder durch das Verschweigen wahrer Tatsachen, um den Willensentschluss des Getäuschten zu beeinflussen.[419]

aa) Täuschung trotz computerisierten Verfahrens

Teilweise wird eine Täuschung in Mistrade-Fällen schon deshalb abgelehnt, weil mangels manueller Prüfung im automatisierten Annahmeverfahren des Handelspartners niemand getäuscht werde.[420]

Diese Argumentation ist nicht überzeugend. Zwar ist es richtig, dass Mistrade-Geschäfte unter Ausnutzung der automatisierten Vorgänge im Computersystem des Handelspartners zustande kommen und dabei nicht unmittelbar ein Mensch getäuscht wird, da eine manuelle Überprüfung der Vertragsabschlüsse regelmäßig erst ab einem individuell festgelegten, hohen Ordervolumen stattfindet.[421] Allerdings darf bei automatisierten Vorgängen in Computersystemen nicht übersehen werden, dass diese letztlich den Willen des dahinter stehenden Menschen mittels entsprechend programmierter Software zum Ausdruck bringen. Im außerbörslichen Wertpapierhandel werden Angebote der Bank zu dem von dem Handelspartner als *invitatio ad offerendum* in sein Computersystem gestellten Preis von diesem automatisch unter der Annahme angenommen, dass es sich um den „richtigen" Preis der Wertpapiere handelt. Wenn jemand bewusst diesen automatisierten Vorgang ausnutzt, um eine von der anderen Partei nicht gewollte Willenserklärung

---

418 Siehe dazu ausführlich Dritter Teil. A. II. mit den Nachweisen in Fn. 199 bis Fn. 203; ebenso *Fridrich/Seidel*, BKR 2008, 497, 501 („missbräuchliches Verhalten"); ähnlich auch *Fleckner/Vollmuth*, WM 2009, 1819, 1819.

419 BGH, Urt. v. 13.5.1957 – II ZR 56/56 = NJW 1957, 988, 989; MüKoBGB/*Kramer*, § 123 Rdn. 8; Soergel/*Hefermehl*, § 123 Rdn. 2; Staudinger/*Singer/von Finckenstein*, Bearb. 2004, § 123 Rdn. 6; Larenz/*Wolf*, Bürgerliches Recht AT, S. 684.

420 *Fridrich/Seidel*, BKR 2008, 497, 501 („Jedoch wird im automatisierten Sekundenhandel auf der Gegenseite niemand getäuscht, da grundsätzlich keine manuelle Prüfung stattfindet").

421 Zumindest bei der – meist stattfindenden – elektronischen Abwicklung, siehe ausführlich zu den Handelsplätzen Zweiter Teil. B. II.

herbeizuführen, greift er in deren rechtsgeschäftliche Entscheidungsfreiheit ein und verletzt damit das Schutzgut von § 123 Abs. 1 Alt. 1 BGB.[422]

Gestützt wird dieses Ergebnis auch dadurch, dass der Gesetzgeber im Strafrecht die Manipulation von automatisierten Computervorgängen der Täuschung eines Menschen durch die Schaffung entsprechender Spezialtatbestände ausdrücklich gleichgestellt hat.[423] Vor diesem Hintergrund sollte der Anfechtungsgrund der arglistigen Täuschung nach § 123 Abs. 1 Alt. 1 BGB zumindest analog auch auf die Manipulation automatisierter Computervorgänge angewendet werden.[424]

bb) Form der Täuschung

Zu überlegen ist des Weiteren, worin die Täuschungshandlung des Kunden liegt. Eine Täuschung kann sowohl durch positives Tun als auch durch Unterlassen erfolgen.[425]

(1) Täuschung durch positives Tun

Eine Täuschung durch positives Tun liegt bei Erregung eines Irrtums durch das Vorspiegeln falscher, irreführender oder unvollständiger Angaben vor.[426] In Betracht kommen nicht nur bestimmte Äußerungen, sondern auch konkludentes Verhalten.[427]

Ansatzpunkt ist zunächst eine aktive Handlung des Kunden: Er veranlasst die Übernahme des als fehlerhaft erkannten Preises[428] in die Angebotserklärung,[429] wel-

---

422 Die Vorschrift des § 123 Abs. 1 Alt. 1 BGB schützt die rechtsgeschäftliche Selbstbestimmung vor gravierenden Störungen im Bereich der Willensbildung, Motive I, S. 204; zuletzt insbesondere BGH, Urt. v. 6.8.2008 – XII ZR 67/06 = BGHZ 178, 16, 18; MüKoBGB/*Kramer*, § 123 Rdn. 1; Soergel/*Hefermehl*, § 123 Rdn. 1; Staudinger/*Singer/von Finckenstein*, Bearb. 2004, § 123 Rdn. 1.

423 Beispielsweise § 263a StGB (Computerbetrug), § 265a StGB (Erschleichen von Leistungen), §§ 268 – 270 StGB (Fälschung technischer Aufzeichnungen, Fälschung beweiserheblicher Daten und Täuschung im Rechtsverkehr bei Datenverarbeitung), § 303a StGB (Datenveränderung) und § 303b StGB (Computersabotage).

424 So auch *Wiebe*, Elektronische Willenserklärung, S. 388; a.A. *Kuhn*, EDV Rechtshandlungen, S. 170 f.; einer Schaffung von Spezialtatbeständen bedarf es im Zivilrecht im Gegensatz zu dem analogiefeindlichen Strafrecht (Art. 103 Abs. 2 GG: „Eine Tat kann nur bestraft werden, wenn die Strafbarkeit gesetzlich bestimmt war, bevor die Tat begangen wurde“) nicht.

425 MüKoBGB/*Kramer*, § 123 Rdn. 14; Soergel/*Hefermehl*, § 123 Rdn. 5 ff.; Staudinger/*Singer/von Finckenstein*, Bearb. 2004, § 123 Rdn. 9 ff.

426 So ähnlich MüKoBGB/*Kramer*, § 123 Rdn. 15; Staudinger/*Singer/von Finckenstein*, Bearb. 2004, § 123 Rdn. 9; Larenz/*Wolf*, Bürgerliches Recht AT, S. 684.

427 MüKoBGB/*Kramer*, § 123 Rdn. 14; Soergel/*Hefermehl*, § 123 Rdn. 5; Staudinger/*Singer/von Finckenstein*, Bearb. 2004, § 123 Rdn. 9.

428 Die Gründe hierfür sind wie bereits dargestellt vielfältig und können ihrerseits ein Anfechtungsrecht begründen; zur Konkurrenz der Anfechtungsrechte siehe Dritter Teil. C. VI.

429 Sofern ein Kunde ein Wertpapier zu einem für ihn günstigen, nicht marktgerechten Preis gekauft hat, ohne den Fehler des außerbörslichen Handelspartners zu erkennen,

che die Direktbank gegenüber dem Handelspartner abgibt. Dadurch erweckt er bei dem Handelspartner fälschlicherweise den Eindruck, ein Wertpapiergeschäft zu einem marktgerechten Preis abschließen zu wollen. Das Computersystem des Handelspartners ist so eingerichtet, dass Angebote, die mit dem gespeicherten Preis übereinstimmen und keine hohen Ordervolumina überschreiten, ohne weitere Kontrolle automatisch angenommen werden. Der Kunde spiegelt dem Handelspartner dadurch einen irreführenden Sachverhalt vor.

Trotzdem bestehen Zweifel daran, das Verhalten des Kunden als Täuschung durch positives Tun einzuordnen, weil dieser den Irrtum des Handelspartners gar nicht ursprünglich erregt hat. Der nicht marktgerechte Preis wird nicht zum ersten Mal in der Angebotserklärung der Direktbank geäußert, sondern zeitlich vorgelagert in der *invitatio ad offerendum* des Handelspartners. Letzterer unterlag daher schon einem Irrtum in Bezug auf den Wertpapierpreis, bevor ihm die Angebotserklärung zuging. Der Kunde initiiert zwar den Vertragsabschluss und gibt durch sein Verhalten fälschlicherweise vor, ein Wertpapiergeschäft zu einem marktgerechten Preis abschließen zu wollen. Letztlich erregt er aber keinen neuen Irrtum des Handelspartners, sondern erhält lediglich dessen bereits bestehenden Irrtum aufrecht.

(2) Täuschung durch Unterlassen

Das Verhalten des Kunden kann aber unter bestimmten Voraussetzungen eine Täuschung des außerbörslichen Handelspartners durch Unterlassen darstellen.

Eine Täuschung durch Unterlassen kommt in Betracht, wenn jemand den Irrtum eines anderen wissentlich und stillschweigend duldet und ihn nicht darauf aufmerksam macht, obwohl er zur Aufklärung verpflichtet gewesen wäre.[430] Wie dargelegt hat der Kunde typischerweise erkannt, dass der Wertpapierkurs nicht marktgerecht ist. Er hat darüber hinaus das automatisierte Annahmeverfahren des Handelspartners genutzt, um einen Vertragsschluss zu dem nicht marktgerechten Preis herbeizuführen, ohne den Handelspartner auf seinen Fehler hinzuweisen.

Die zentrale Frage ist demnach, ob der Kunde verpflichtet gewesen wäre, den Handelspartner auf seinen Fehler hinzuweisen. Dazu hätte ihn eine Rechtspflicht zur Aufklärung treffen müssen.

(a) Keine allgemeine Aufklärungspflicht

Aufgrund marktwirtschaftlicher Prinzipien besteht zwar keine allgemeine Pflicht, den Vertragspartner auf Umstände hinzuweisen, die Einfluss auf seine Willensbil-

---

scheidet eine Anfechtung wegen arglistiger Täuschung aus; dazu Dritter Teil. C. III. 2. d).

430 MüKoBGB/*Kramer*, § 123 Rdn. 16; ähnlich Soergel/*Hefermehl*, § 123 Rdn. 6; Staudinger/*Singer*/*von Finckenstein*, Bearb. 2004, § 123 Rdn. 10; Larenz/*Wolf*, Bürgerliches Recht AT, S. 684.

dung haben können.[431] Insbesondere gibt es keine Pflicht, generell über die Angemessenheit des Preises oder der Marktentwicklung aufzuklären.[432] Gerade bei Wertpapiergeschäften spielen spekulative Elemente eine große Rolle, so dass der jeweiligen Vertragspartei ihre bessere Einschätzung der Marktlage zu Gute kommen soll.

Eine Aufklärungspflicht kann sich aber dennoch aus den Umständen des Einzelfalls ergeben. Dazu ist weder eine gesetzliche[433] noch eine ausdrückliche vertragliche Bestimmung Voraussetzung.[434] Die höchstrichterliche Rechtsprechung geht von einer Pflicht zur Aufklärung vielmehr aus, wenn diese nach Treu und Glauben und den im Verkehr üblichen Gewohnheiten geboten ist und der Vertragspartner dementsprechend mit einer Aufklärung über die Sachlage redlicherweise rechnen darf.[435] Zur Konkretisierung dieses weit gefassten Rechtsprechungsgrundsatzes werden verschiedene Kriterien hinzugezogen, beispielsweise das Verhältnis der Parteien zueinander (Vertrauensverhältnis, Interessenwahrung), ein erkennbares Ungleichgewicht zwischen den Parteien, etwa im Hinblick auf Informationen („Informationsasymmetrie"),[436] oder allgemein Vertrauensschutzerwägungen.[437] Letztlich kommt es auf das Gesamtverhalten des Täuschenden und eine Abwägung sämtlicher Kriterien des Einzelfalls an.[438]

Im Verhalten des Kunden bei einem Mistrade lassen sich typischerweise zwei Besonderheiten finden, die für eine Aufklärungspflicht sprechen: Erstens hat der Kunde den Fehler des Handelspartners bei der Preiskalkulation üblicherweise erkannt und zweitens hat er sich um den Vertragsschluss zu einem nicht marktgerechten Preis bemüht, indem er sich für den Handelspartner irreführend verhalten hat.

---

431 BGH, Urt. v. 13.7.1983 – VIII ZR 142/82 = NJW 1983, 2493, 2494; BGH, Urt. v. 13.7.1988 – VIII ZR 224/87 = NJW 1989, 763, 763; MüKoBGB/*Kramer*, § 123 Rdn. 18; Staudinger/*Singer/von Finckenstein*, Bearb. 2004, § 123 Rdn. 10.

432 RG, Urt. v. 7.7.1925 – II 494/24 = RGZ 111, 233, 234; MüKoBGB/*Kramer*, § 123 Rdn. 18; Soergel/*Hefermehl*, § 123 Rdn. 14; Staudinger/*Singer/von Finckenstein*, Bearb. 2004, § 123 Rdn. 14.

433 Der Gesetzgeber hat angesichts des weiten Spektrums von einer gesetzlichen Normierung bewusst abgesehen, siehe Motive I, S. 208; dazu Staudinger/*Singer/von Finckenstein*, Bearb. 2004, § 123 Rdn. 10.

434 *Fridrich/Seidel*, BKR 2008, 497, 502 stellen demgegenüber nur auf die Pflichten aus dem Vertrag über die Nutzung der Handelsplattform ab.

435 RG, Urt. v. 15.11.1911 – I 512/10 = RGZ 77, 309, 314; RG, Urt. v. 7.7.1925 – II 494/24 = RGZ 111, 233, 235; BGH, Urt. v. 2.3.1979 – V ZR 157/77 = NJW 1979, 2243, 2244; BGH, Urt. v. 13.7.1988 – VIII ZR 224/87 = NJW 1989, 763, 764; BGH, Urt. v. 12.7.2001 – IX ZR 360/00 = NJW 2001, 3331, 3332.

436 MüKoBGB/*Kramer*, § 123 Rdn. 17; Soergel/*Hefermehl*, § 123 Rdn. 7; Staudinger/*Singer/von Finckenstein*, Bearb. 2004, § 123 Rdn. 11; monographisch *Fleischer*, Informationsasymmetrie im Vertragsrecht, 2001.

437 BGH, Urt. v. 5.4.1971 – VII ZR 163/69 = BGHZ 56, 81, 84 f.; Staudinger/*Singer/von Finckenstein*, Bearb. 2004, § 123 Rdn. 11.

438 Soergel/*Hefermehl*, § 123 Rdn. 6 f.; *Medicus*, Allgemeiner Teil BGB, Rdn. 796.

(b) Aufklärungspflicht wegen Fehlererkennung

Den Kunden trifft bei einem Mistrade bereits deshalb eine Aufklärungspflicht, weil er den Fehler des Handelspartners bei der Preisbildung oder Preisstellung in der Regel erkannt hat.[439]

Dieses Ergebnis stimmt mit der Rechtsprechung zum erkannten Kalkulationsirrtum überein. Der *Bundesgerichtshof* löst die Fälle des erkannten Kalkulationsirrtums zwar nicht über die Anfechtung, sondern über den Einwand der unzulässigen Rechtsausübung bzw. einen Gegenanspruch aus vorvertraglicher Pflichtverletzung.[440] Die Rechtsprechungsgrundsätze sind aber grundsätzlich anwendbar, weil es an dieser Stelle allgemein um das Bestehen einer Aufklärungspflicht bei Erkennen eines Kalkulationsirrtums geht. Eine solche bejaht der *Bundesgerichtshof* unter den folgenden Voraussetzungen:[441] Erstens muss die Vertragspartei den Kalkulationsirrtum der anderen Partei positiv erkannt haben; es reicht nicht aus, dass sie diesen hätte erkennen können.[442] Zweitens darf der Irrende seinen Fehler nicht selbst erkannt haben.[443] Zur weiteren Begründung führt der *Bundesgerichtshof* aus, dass die Vertragsparteien sich gegenseitig redliches Verhalten schuldeten, woraus sich die Pflicht ergebe, den Partner auf einen erkannten Kalkulationsfehler hinzuweisen.[444] Dadurch wird nicht in den Wettbewerbsvorteil einer Partei eingegriffen. Es bleibt vielmehr dabei, dass jede Partei das Risiko der richtigen Preisbestimmung selbst trägt und daher nicht für das wirtschaftliche Interesse des anderen Teils auf Erzielung eines angemessenen Preises Sorge zu tragen hat. Eine Aufklärungspflicht

---

439 Siehe ausführlich Dritter Teil. A. II. mit den Nachweisen in Fn. 199 bis Fn. 203; sofern ein Kunde den Fehler des außerbörslichen Handelspartners nicht erkannt hat, scheidet eine Anfechtung wegen arglistiger Täuschung aus, dazu Dritter Teil. C. III. 2. d).

440 BGH, Urt. v. 12.4.1960 – VIII ZR 137/59 = WM 1960, 645 – 647; BGH, Urt. v. 28.4.1983 – VII ZR 259/82 = NJW 1983, 1671 – 1672 (unzulässige Rechtsausübung) sowie BGH, Urt. v. 22.2.1973 – VII ZR 119/71 = BGHZ 60, 221 – 226; BGH, Urt. v. 4.10.1979 – VII ZR 11/79 = BGH NJW 1980, 180; BGH, Urt. v. 28.4.1983 – VII ZR 259/82 = NJW 1983, 1671 – 1672 (vorvertragliche Pflichtverletzung), in neuerer Zeit grundlegend BGH, Urt. v. 7.7.1998 – X ZR 17/97 = BGHZ 139, 177 – 190.

441 Für die Annahme einer unzulässigen Rechtsausübung setzt der *Bundesgerichtshof* des Weiteren voraus, dass „die Vertragsdurchführung für den Erklärenden schlechthin unzumutbar ist", siehe BGH, Urt. v. 7.7.1998 – X ZR 17/97 = BGHZ 139, 177, 185; diese Annahme überzeugt nicht und wird daher nicht vorausgesetzt, siehe ausführlich Dritter Teil. C. II. 4. d) cc) (1) (c), das Kriterium der Unzumutbarkeit ebenfalls ablehnend Staudinger/*Singer*, Bearb. 2004, § 119 Rdn. 64; *Fleischer*, RabelsZ 65 (2001), 264, 287; *Kindl*, WM 1999, 2198, 2206; *Singer*, JZ 1999, 342, 347.

442 BGH, Urt. v. 4.10.1979 – VII ZR 11/79 = NJW 1980, 180, 180; BGH, Urt. v. 7.7.1998 – X ZR 17/97 = BGHZ 139, 177, 184.

443 Aus diesem Grund hat der *Bundesgerichtshof* in folgendem Fall eine Aufklärungspflicht abgelehnt, siehe BGH, Urt. v. 7.7.1998 – X ZR 17/97 = BGHZ 139, 177, 184.

444 BGH, Urt. v. 4.10.1979 – VII ZR 11/79 = NJW 1980, 180, 180; BGH, Urt. v. 19.12.1985 – VII ZR 188/84 = NJW-RR 1986, 569, 570; BGH, Urt. v. 7.7.1998 – X ZR 17/97 = BGHZ 139, 177, 184; dazu auch *Kindl*, WM 1999, 2198, 2207.

besteht daher ausschließlich in Fällen, in denen eine Vertragspartei den Kalkulationsirrtum der anderen positiv erkannt hat.

Zu überlegen ist, ob die Voraussetzungen auf Mistrade-Fälle übertragbar sind. Ein Unterschied zu den Sachverhalten der Entscheidungen des *Bundesgerichtshofs* besteht darin, dass Kunde und Handelspartner nicht Vertragspartner werden, sondern das Wertpapiergeschäft über eine Mittelsperson entweder als Kommissions- oder Festpreisgeschäft abgewickelt wird.[445] Dies spricht aber nicht gegen eine Übertragbarkeit der Wertungen, da das Geschäft zumindest wirtschaftlich jeweils Kunde und Handelspartner betrifft.[446] Zu berücksichtigen ist des Weiteren, dass der Fehler des Handelspartners nicht immer auf einem Kalkulationsirrtum beruht, sondern möglicherweise auch andere Ursachen, wie beispielsweise technische Übermittlungsstörungen, hat.[447] Eine Aufklärungspflicht entsprechend den Rechtsprechungsgrundsätzen bestünde trotzdem in vielen Mistrade-Fällen, da zwar nicht immer die Fehlerursache, aber zumindest der Preisbildungsfehler an sich erkannt wurde. Auch diese Annahme entspricht der Rechtsprechung. Der *Bundesgerichtshof* erwähnt in einer Entscheidung neben dem Erkennen eines Kalkulationsfehlers nämlich auch das Erkennen „eines etwaigen Mißverhältnisses zwischen Preis und Leistung".[448]

Die Voraussetzungen der Rechtsprechung des *Bundesgerichtshofs* für die Annahme einer Aufklärungspflicht sind bei einem Mistrade daher meistens erfüllt. Der Kunde hat den Fehler des Handelspartners und die fehlende Marktgerechtigkeit des Wertpapierkurses in der Regel positiv erkannt, während dem Handelspartner sein Fehler typischerweise bei Vertragsschluss nicht bewusst war.

(c) Aufklärungspflicht wegen irreführenden Verhaltens

Eine Aufklärungspflicht ergibt sich darüber hinaus noch aus dem Gesichtspunkt des irreführenden Verhaltens.

Dieser Aspekt begründet nach den dargestellten Kriterien von Rechtsprechung und Literatur[449] eine Aufklärungspflicht. Zusammengefasst kommt es auf das Gesamtverhalten des Täuschenden an und darauf, ob der Vertragspartner mit einer Aufklärung über die Sachlage redlicherweise rechnen darf.[450] Bei der Betrachtung des Gesamtverhaltens des Täuschenden geht es vor allem darum, einen nach den Umständen nahe liegenden Irrtum des Erklärenden zu berichtigen.[451] Wer durch

445 Siehe dazu ausführlich Zweiter Teil. C. I.
446 Zur Person des Täuschenden siehe ausführlich Dritter Teil. C. III. 2. b).
447 Siehe ausführlich Dritter Teil. C. II. b) und 3.
448 BGH, Urt. v. 4.10.1979 – VII ZR 11/79 = NJW 1980, 180, 180.
449 Zu den verschiedenen Kriterien siehe Dritter Teil. C. III. 2. a) bb) (2).
450 Siehe die Nachweise in Fn. 435 und Fn. 438.
451 *Medicus*, Allgemeiner Teil BGB, Rdn. 796.

sein Gesamtverhalten einen falschen Eindruck erweckt, sodass der andere keinen Anlass zu einer diesbezüglichen Frage sieht, muss diesen korrigieren.[452]

Der Kunde hat den Fehler des Handelspartners in der Regel nicht nur erkannt, sondern auch bewusst aufrechterhalten.[453] Sein Verhalten ist für den Handelspartner irreführend: Der Kunde initiiert den Vertragsschluss, indem er ein Angebot zu einem Preis veranlasst, das dem nicht marktgerechten Preis der *invitatio ad offerendum* des Handelspartners entspricht. Der Handelspartner hat daher keinen Grund, an der Marktgerechtigkeit des Preises zu zweifeln und seinen eigenen Irrtum zu bemerken. Er geht vielmehr davon aus, ein Angebot zu einem marktgerechten Preis erhalten zu haben und nimmt dieses ungeprüft an. Im Online-Handel – und damit in der überwiegenden Zahl der Mistrade-Fälle – findet dieser Vorgang sogar automatisiert ohne manuelle Kontrolle statt.

Auch aufgrund dieser Erwägungen hätte der Kunde deshalb den Handelspartner vor Vertragsschluss auf den von ihm erkannten nicht marktgerechten Preis hinweisen müssen.

(d) Keine Aufklärungspflicht bei fehlender Vertragswesentlichkeit der Umstände

Zu bedenken ist weiterhin, dass eine Aufklärungspflicht nur hinsichtlich solcher Umstände bestehen kann, „die den Vertragszweck [des anderen] vereiteln können und daher für seinen Entschluss von wesentlicher Bedeutung sind [...]".[454] Die Marktgerechtigkeit des Wertpapierpreises ist grundsätzlich von ausschlaggebender Bedeutung für den außerbörslichen Handelspartner.

Etwas anderes gilt, wenn der nicht marktgerechte Preis des Wertpapiergeschäfts nur unerheblich von dem marktgerechten Preis bzw. Referenzpreis abweicht. Für solche Fälle sehen die Mistrade-Regeln regelmäßig einen Ausschluss der Aufhebbarkeit vor. Eine erhebliche Abweichung wird üblicherweise erst ab einem Schwellenwert von 10% angenommen, wobei dieser Wert variiert und insbesondere bei höheren Ordervolumina auf die Hälfte reduziert sein kann.[455] Dieser Maßstab soll auch für die Aufklärungspflicht des Kunden gelten. Dafür spricht, dass die betroffenen Handelspartner diese Beschränkung selbst in den Mistrade-Regeln als verbindlich anerkannt haben. Zudem ist dies auch inhaltlich sinnvoll, da dem Kunden vor dem Hintergrund allgemeiner Kursschwankungen nicht zugemutet werden

---

452 BGH, Urt. v. 12.7.2001 – IX ZR 360/00 = NJW 2001, 3331, 3332; *Medicus*, Allgemeiner Teil BGB, Rdn. 797.

453 Zur Abgrenzung gegenüber der Täuschung durch positives Tun siehe Dritter Teil. C. III. 2. a) bb) (1).

454 BGH, Urt. v. 24.11.1995 – V ZR 40/94 = NJW 1996, 451, 451; ähnlich schon BGH, Urt. v. 28.4.1971 – VIII 258/69 = NJW 1971, 1795, 1799; MüKoBGB/*Kramer*, § 123 Rdn. 18 und Fn. 77 m.w.N.

455 Siehe beispielsweise Nr. (3) und Nr. 5 (b) der Mistrade-Regel zwischen Cortal Consors und der Deutschen Bank; ähnlich auch Nr. 3 a) und Nr. 4 der maxblue Mistrade-Regel mit der Citigroup.

kann, jede noch so kleine Preisunstimmigkeit zunächst mit dem Handelspartner abzustimmen. Sofern also die Abweichung des Wertpapierpreises vom marktgerechten Wertpapierpreis unter dem vorgenannten Schwellenwert liegt, trifft den Kunden keine Aufklärungspflicht, selbst wenn er die Abweichung erkannt hat. Für diesen Fall würde dementsprechend auch eine Täuschung ausscheiden.

(e) Erfüllung der Aufklärungspflicht

Seiner Hinweispflicht kann der Kunde schließlich unter Umständen genügen, wenn er den außerbörslichen Handelspartner kontaktiert und sich der „Richtigkeit" des Preises versichert.[456] Damit lässt er zwar erkennen, dass er einen möglichen Irrtum des Handelspartners bei der Stellung des Wertpapierpreises bemerkt hat, gibt ihm aber auch gleichzeitig die Möglichkeit, diesen Irrtum noch bei Vertragsschluss zu korrigieren. Hat er jedoch den Handelspartner weder direkt auf den nicht marktgerechten Preis des Wertpapiers hingewiesen noch ihn indirekt durch entsprechende Nachfragen darauf aufmerksam gemacht, liegt eine Täuschung im Sinne des § 123 Abs. 1 Alt. 1 BGB vor.

b) Person des Täuschenden

Aus der Regelung des § 143 Abs. 2 Halbs. 1 BGB ergibt sich, dass Anfechtungsgegner des außerbörslichen Handelspartners die orderausführende Bank des Kunden als Kommissionärin ist, da diese zusammen mit dem Handelspartner Vertragspartei des Wertpapierkaufvertrages wird.[457] Allerdings täuscht die Bank den Handelspartner nicht selbst, da sie die Weisung ihres Kunden inhaltlich nicht überprüft, sondern sie sich ungesehen zu Eigen macht.[458] Das täuschende Verhalten geht vielmehr typischerweise von dem Kunden aus,[459] der im Gegensatz zur Bank nicht Partei des Wertpapierkaufvertrages wird. Damit ergibt sich die Frage, ob der Handelspartner seine Annahmeerklärung anfechten kann, obwohl Anfechtungsgegner und Täuschender verschiedene Personen sind.

---

456 So geschehen in einem außerbörslichen Mistrade-Fall, siehe OLG Düsseldorf, Urt. v. 27.1.2000 – 6 U 168/98 = RIW 2001, 226; vorangehend LG Düsseldorf, Urt. v. 30.10.1998 – 15 O 60/98 (unveröffentlicht); der Kläger hatte nach einem telefonischen Vertragsschluss wegen der „auffallend unterschiedlichen Preisgestaltung der verschiedenen Optionen" nachgefragt und von sich aus beispielsweise erklärt „Nicht, daß da irgendetwas falsch ist, dann kläre ich das mal lieber ab" (LG Düsseldorf, Urt. v. 30.10.1998 – 15 O 60/98 (unveröffentlicht) Rz. 24).

457 Wie dargelegt haben die Beteiligten bei einem Mistrade den Erwerb bzw. die Veräußerung der Wertpapiere meist als Kommissionsgeschäfte ausgestaltet, so dass die Bank als Kommissionärin tätig wird, dazu ausführlich Zweiter Teil. C.; die nachfolgenden Überlegungen gelten aber auch für Festpreisgeschäfte.

458 Siehe bereits Dritter Teil. C. II. 1. a) sowie die Nachweise in Fn. 226.

459 Siehe zu den Beispielen unter Dritter Teil. A. II.

Für genau den Fall, dass ein Dritter die Täuschung verübt hat, bestimmt § 123 Abs. 2 S. 1 BGB, dass eine Erklärung, die einem anderen gegenüber abzugeben war, nur dann anfechtbar ist, wenn dieser die Täuschung kannte oder kennen musste. Es kommt also wesentlich auf die Frage an, ob der Kunde „Dritter" im Sinne des § 123 Abs. 2 S. 1 BGB ist. Wenn dies der Fall wäre, könnte der Handelspartner nicht anfechten, da die Bank mangels inhaltlicher Überprüfung der Weisung des Kunden dessen Täuschung typischerweise weder kannte noch kennen musste.

Hinsichtlich der Abgrenzung des Begriffs des „Dritten" haben sich noch keine einheitlichen Kriterien herausgebildet. Die Ansicht des *Reichsgerichts*, wonach als Dritter fast jeder angesehen wurde, der nicht Empfänger der Willenserklärung war, wie beispielsweise der Stellvertreter oder ihnen gleichgestellte Verhandlungsbeauftragte,[460] wird von der heutigen Rechtsprechung und Rechtswissenschaft als zu eng empfunden.[461] Die heute vertretenen Abgrenzungskriterien sind dementsprechend flexibler. Der *Bundesgerichtshof* stellte in verschiedenen Entscheidungen bislang auf eine Vertrauensstellung[462] des Täuschenden für den Erklärungsempfänger (vorliegend die Bank) ab und leitet eine Zurechnung aus Billigkeitsgesichtspunkten unter Berücksichtigung der Interessenlage[463] ab, wobei er als Maßstab insbesondere die Zurechnung nach § 278 BGB[464] heranzieht. Letztlich verzichtet er aber ausdrücklich auf eine allgemeingültige Formulierung und stellt in einer Gesamtwürdigung darauf ab, „ob die Beziehungen des Täuschenden zum Erklärungsempfänger so eng seien, dass der Erklärungsempfänger die Täuschung wie seine eigene zu vertreten habe und den Getäuschten deshalb nicht am Vertrag festhalten dürfe".[465] In der rechtswissenschaftlichen Literatur wird zudem auf die unmittel-

---

460 RG, Urt. v. 8.7.1905 – V 609/04 = RGZ 61, 207, 212; RG, Urt. v. 27.10.1909 – V 591/08 = RGZ 72, 133, 135 ff.; dazu auch *Müller-Freienfels*, Die Vertretung beim Rechtsgeschäft, S. 406.

461 Ausdrücklich beispielsweise MüKoBGB/*Kramer*, § 123 Rdn. 23; *Schubert*, AcP 168 (1968), 470, 477.

462 BGH, Urt. v. 8.2.1956 – IV ZR 282/55 = BGHZ 20, 36, 41; BGH, Urt. v. 17.11.1960 – VII ZR 115/59 = BGHZ 33, 302, 310; BGH, Urt. v. 6.7.1978 – III ZR 63/76 = NJW 1978, 2144, 2145; BGH, Urt. v. 8.12.1989 – V ZR 259/87 = NJW 1990, 1661, 1662; BGH, Urt. v. 14.11.2000 – XI ZR 336/99 = NJW 2001, 358, 359.

463 BGH, Urt. v. 20.6.1962 – V ZR 209/60 = NJW 1962, 1907, 1908; BGH, Urt. v. 6.7.1978 – III ZR 63/76 = NJW 1978, 2144, 2145; BGH, Urt. v. 8.12.1989 – V ZR 259/87 = NJW 1990, 1661, 1662; BGH, Urt. v. 14.11.2000 – XI ZR 336/99 = NJW 2001, 358, 359.

464 BGH, Urt. v. 26.9.1962 – VIII ZR 113/62 = NJW 1962, 2195, 2196; BGH, Urt. v. 20.2.1967 – III ZR 40/66 = BGHZ 47, 224, 229; BGH, Urt. v. 14.11.2000 – XI ZR 336/99 = NJW 2001, 358, 359; in Weiterentwicklung dazu über die Grundsätze der vorvertraglichen Pflichtverletzung *Schubert*, AcP 168 (1968), 470, 477 f.

465 BGH, Urt. v. 26.9.1962 – VIII ZR 113/62 = NJW 1962, 2195, 2196; BGH, Urt. v. 20.2.1967 – III ZR 40/66 = BGHZ 47, 224, 229; kritisch hinsichtlich des Verzichts auf eine eindeutige Begriffsbestimmung und den Rückgriff auf eine Gesamtwürdigung *Schubert*, AcP 168 (1968), 470, 476 f.

bare wirtschaftliche Betroffenheit des Täuschenden von dem Geschäft abgestellt.[466] Ausgeführt wird auch, dass jemand nicht als unbeteiligter Dritter im Sinne des § 123 Abs. 2 S. 1 BGB angesehen werden könne, wenn er auf Seiten des Erklärungsempfängers stehe und maßgeblich am Zustandekommen des Geschäfts mitwirke.[467]

Unter Berücksichtigung dieser Kriterien ist der Kunde kein Dritter im Sinne des § 123 Abs. 2 S. 1 BGB.[468] Zwar hilft die Zurechnungsvorschrift des § 278 BGB vorliegend nicht weiter, da die Bank sich zur Erfüllung ihrer Verbindlichkeiten im Ausführungsgeschäft nicht des Kunden bedient.[469] Allerdings ist das von der Bank mit dem außerbörslichen Handelspartner abgeschlossene Wertpapiergeschäft sachlich gesehen das Geschäft des Kunden.[470] Dieser ist dadurch unmittelbar wirtschaftlich betroffen und wirkt am Zustandekommen des Wertpapiergeschäfts schon durch seine Weisung an die Bank maßgeblich mit.[471] Vor diesem Hintergrund ist es gerechtfertigt, die Entschließungsfreiheit des außerbörslichen Handelspartners im Verhältnis zu dem Interesse der Bank sowie ihres Kunden an dem Bestand des Vertrages besonders zu schützen.[472] Die Bank muss sich daher die Täuschung des Kunden zurechnen lassen.

c) Kausalität

Durch die Täuschung wird der Irrtum des außerbörslichen Handelspartners aufrechterhalten und er dadurch zur Abgabe seiner Annahmeerklärung bestimmt.

---

466 Staudinger/*Coing*, 11. Aufl., § 123 Rdn. 37.

467 Soergel/*Hefermehl*, § 123 Rdn. 32; Staudinger/*Singer/von Finckenstein*, Bearb. 2004, § 123 Rdn. 47; *Flume*, Bürgerliches Recht AT, Bd. II, S. 544; ähnlich auch – positiv als Definition des Dritten formuliert – MüKoBGB/*Kramer*, § 123 Rdn. 24; ausführlich zum Begriff der Mitwirkung *Schubert*, AcP 168 (1968), 470, 484, der bloße, nicht nur maßgebliche Mitwirkung genügen lässt.

468 So für den Kommittenten auch Baumbach/*Hopt*, § 383 Rdn. 19; Ebenroth/Boujong/Joost/*Krüger*, § 383 Rdn. 43; MüKoHGB/*Häuser*, § 383 Rdn. 55; *Roth*, in: Koller/Roth/Morck, § 383 Rdn. 14; Schlegelberger/*Hefermehl*, § 383 Rdn. 32; Staub/*Koller*, § 383 Rdn. 70; Soergel/*Hefermehl*, § 123 Rdn. 34; Staudinger/*Singer/von Finckenstein*, Bearb. 2004, § 123 Rdn. 48; *Flume*, Bürgerliches Recht AT, Bd. II, S. 544; *Capelle*, in: Festschrift Raape, S. 325, 337; *Fleckner*, WuB I G. 2 – 1.09, S. 516; *Hager*, AcP 180 (1980), 239, 241; a.A. *Müller-Erzbach*, Mittelbare Stellvertretung, S. 16.

469 Baumbach/*Hopt*, § 383 Rdn. 21; *Lenz*, in: Röhricht/Westphalen, § 383 Rdn. 30; *Roth*, in: Koller/Roth/Morck, § 383 Rdn. 16; *Schmidt-Rimpler*, in: Handbuch des gesamten Handelsrechts, S. 907; Staub/*Koller*, § 383 Rdn. 72; *Hager*, AcP 180 (1980), 239, 247; anders im Zusammenhang mit der Drittschadensliquidation Staub/*Koller*, § 383 Rdn. 73: „Der Kommittent ist dann Erfüllungsgehilfe des Kommissionärs".

470 So auch die Argumentation von *Roth*, in: Koller/Roth/Morck, § 383 Rdn. 14 („ihn treffen die Vor- und Nachteile des Ausführungsgeschäfts"); Schlegelberger/*Hefermehl*, § 383 Rdn. 32; Staub/*Koller*, § 383 Rdn. 70 („im wirtschaftlichen Sinne Vertragspartei"); Soergel/*Hefermehl*, § 123 Rdn. 34; Staudinger/*Singer/von Finckenstein*, Bearb. 2004, § 123 Rdn. 48; *Fleckner*, in: Beiträge für Hopt, S. 3, 13 ff.

471 So auch MüKoHGB/*Häuser*, § 383 Rdn. 55.

472 Baumbach/*Hopt*, § 383 Rdn. 19; Ebenroth/Boujong/Joost/*Krüger*, § 383 Rdn. 44.

Dagegen kann nicht vorgebracht werden, dass eine Kausalität zwischen Täuschung und Irrtum des außerbörslichen Handelspartners und dadurch der Abgabe der Annahmeerklärung nicht besteht, weil die eingehenden Angebote in dem Computersystem des Handelspartners automatisiert angenommen werden. Dies ist nicht richtig. Angebote der Bank werden mittels des Computersystems des Handelspartners nur dann automatisiert angenommen, wenn der Angebotspreis mit dem irrtümlicherweise von dem Handelspartner als *invitatio ad offerendum* in sein Computersystem eingegebenen Preis übereinstimmt und dieser daher davon ausgeht, dass es sich um den marktgerechten Preis der Wertpapiere handelt. Es würden aber keinesfalls automatisch alle Angebote unabhängig von ihrer Höhe angenommen, insbesondere nicht, wenn sie von dem in dem Computersystem des Handelspartners befindlichen Preis abwichen.

Ebenfalls unschädlich ist es, dass sich der Handelspartner schon vor der Angebotsabgabe in einem Irrtum über den Wertpapierpreis befunden hatte. Es ist nicht Voraussetzung, dass die Täuschung die einzige Ursache für die Abgabe der Willenserklärung des Getäuschten ist. Vielmehr genügt, dass der Getäuschte durch den von dem anderen aufrechterhaltenen Irrtum in seinem Entschluss irgendwie beeinflusst worden ist.[473] Dies ist bei einer Täuschung durch Unterlassen jedenfalls der Fall, wenn die Aufklärung den Getäuschten von der Abgabe seiner Willenserklärung abgehalten hätte.[474] Die Täuschung beeinflusst den Handelspartner in seinem Entschluss zur Abgabe der Annahmeerklärung, da er diese bei Aufklärung durch den Kunden über die mangelnde Marktgerechtigkeit des Wertpapierpreises nicht abgäbe.

Eine ursächliche Beeinflussung des Erklärenden durch Täuschung wird abgelehnt, wenn der Erklärende diese erkannt hat[475] oder sich ihr trotz Offenkundigkeit bewusst verschlossen hat.[476] Der außerbörsliche Handelspartner erkennt aber in aller Regel die Täuschung des Kunden nicht. Auch dass der Handelspartner dem Kunden im Grunde erst die Gelegenheit zur Täuschung gegeben hat,[477] indem er

---

473 RG, Urt. v. 15.11.1911 – I 512/10 = RGZ 77, 309, 314; BGH, Urt. v. 22.2.2005 – X ZR 123/03 = WM 2005, 1287, 1288; MüKoBGB/*Kramer*, § 123 Rdn. 12; Staudinger/*Singer/von Finckenstein*, Bearb. 2004, § 123 Rdn. 26; Larenz/*Wolf*, Bürgerliches Recht AT, S. 685.

474 RG, Urt. v. 29.10.1931 – VI 231/31 = RGZ 134, 43, 51; BGH, Urt. v. 22.1.1964 – VIII ZR 103/62 = NJW 1964, 811, 811; Staudinger/*Singer/von Finckenstein*, Bearb. 2004, § 123 Rdn. 26; Larenz/*Wolf*, Bürgerliches Recht AT, S. 685.

475 BGH, Urt. v. 28.4.1971 – VIII 258/69 = NJW 1971, 1795, 1798; MüKoBGB/*Kramer*, § 123 Rdn. 12; Soergel/*Hefermehl*, § 123 Rdn. 20.

476 Soergel/*Hefermehl*, § 123 Rdn. 20; Staudinger/*Singer/von Finckenstein*, Bearb. 2004, § 123 Rdn. 26; Larenz/*Wolf*, Bürgerliches Recht AT, S. 686; als Beispiel genannt wird häufig die Täuschung über eine für den Arbeitgeber offensichtlich erkennbare Schwerbehinderung, BAG, Urt. v. 18.10.2000 – 2 AZR 380/99 = NJW 2001, 1885, 1886.

477 Zur Erleichterung der Täuschung durch den Getäuschten siehe BGH, Urt. v. 20.6.1962 – V ZR 209/60 = NJW 1962, 1907, 1908; MüKoBGB/*Kramer*, § 123 Rdn. 12; Soergel/*Hefermehl*, § 123 Rdn. 20.

selbst den Preis des Wertpapiers falsch in sein eigenes Computersystem eingestellt hat, reicht nicht zu einer Verneinung der Kausalität aus. Dem Getäuschten kann nicht zur Last gelegt werden, dass er die wahre Sachlage aus Fahrlässigkeit nicht erkannt hat,[478] weil es auf ein Verschulden des Getäuschten nicht ankommt.[479] Dementsprechend darf eine Anfechtbarkeit wegen arglistiger Täuschung nicht schon deshalb ausgeschlossen werden, weil der Handelspartner dem Kunden die Täuschung durch seinen eigenen Fehler erleichtert hat.

d) Arglist

Der Kunde wird den außerbörslichen Handelspartner regelmäßig arglistig getäuscht haben.[480] Allerdings ist es meist schwierig, dem Kunden Arglist nachzuweisen.[481] Seiner Darlegungs- und Beweislast kann der außerbörsliche Handelspartner in einigen Fällen aber anhand von Indizien im Verhalten des Kunden nachkommen.[482]

Arglist setzt lediglich Vorsatz voraus, d.h. der Täuschende muss die Unrichtigkeit der vorgespiegelten Tatsachen gekannt haben und er muss den Willen und das Bewusstsein gehabt haben, den Erklärenden darüber in Unkenntnis zu versetzen oder zu halten und ihn damit zu einer Willenserklärung zu motivieren, die er sonst nicht oder mit anderem Inhalt abgegeben hätte.[483] Diesbezüglich ist bedingter Vorsatz ausreichend.[484] Nicht vorausgesetzt ist hingegen eine moralisch verwerfliche, unlautere Absicht des Täuschenden[485] und im Gegensatz zu § 263 StGB auch keine

478 BGH, Urt. v. 28.4.1971 – VIII 258/69 = NJW 1971, 1795, 1798; BGH, Urt. v. 28.9.1988 – VIII ZR 160/87 = NJW 1989, 287, 288; BGH, Urt. v. 22.2.2005 – X ZR 123/03 = WM 2005, 1287, 1288 f.; MüKoBGB/*Kramer*, § 123 Rdn. 12; Soergel/*Hefermehl*, § 123 Rdn. 20.

479 BGH, Urt. v. 28.9.1988 – VIII ZR 160/87 = NJW 1989, 287, 288; BGH, Urt. v. 23.4.1997 – VIII ZR 212/96 = NJW 1997, 1845, 1847; MüKoBGB/*Kramer*, § 123 Rdn. 12; Soergel/*Hefermehl*, § 123 Rdn. 20.

480 So auch *Fleckner/Vollmuth*, WM 2009, 1819, 1819; tendenziell auch *Fridrich/Seidel*, BKR 2008, 497, 501 („missbräuchliches Verhalten").

481 Dazu auch *Fleckner*, WuB I G. 2 – 1.09, S. 516.

482 Siehe bereits ausführlich Dritter Teil. A. II. mit den Nachweisen in Fn. 199 bis Fn. 203 sowie die nachfolgenden Ausführungen.

483 RG, Urt. v. 27.3.1906 – II 374/05 = RGZ 62, 149, 151; RG, Urt. v. 29.10.1931 – VI 231/31 = RGZ 134, 43, 53; BGH, Urt. v. 13.5.1957 – II ZR 56/56 = NJW 1957, 988, 989; BGH, Urt. v. 22.1.1990 – II ZR 25/89 = WM 1990, 505, 506; BGH, Urt. v. 19.5.1999 – XII ZR 210/97 = NJW 1999, 2804, 2806; MüKoBGB/*Kramer*, § 123 Rdn. 8; Soergel/*Hefermehl*, § 123 Rdn. 25.

484 BGH, Urt. v. 17.10.1952 – V ZR 139/51 = BGHZ 7, 301, 302; MüKoBGB/*Kramer*, § 123 Rdn. 8; Soergel/*Hefermehl*, § 123 Rdn. 29; Staudinger/*Singer/von Finckenstein*, Bearb. 2004, § 123 Rdn. 28.

485 BGH, Urt. v. 8.12.1989 – V ZR 246/87 = BGHZ 109, 327, 333; MüKoBGB/*Kramer*, § 123 Rdn. 9; Soergel/*Hefermehl*, § 123 Rdn. 25; Staudinger/*Singer/von Finckenstein*, Bearb. 2004, § 123 Rdn. 27.

Bereicherungsabsicht,[486] weil der Schutzzweck des § 123 BGB ausschließlich die rechtsgeschäftliche Entscheidungsfreiheit des anderen ist.[487] Bei einer Täuschung durch Verschweigen handelt arglistig, wer einen offenbarungspflichtigen Fehler „mindestens für möglich hält, gleichzeitig weiß und damit rechnet und billigend in Kauf nimmt, daß der Vertragspartner den Fehler nicht kennt und bei Offenbarung den Vertrag nicht oder nicht mit dem vereinbarten Inhalt geschlossen hätte".[488]

Der Kunde geht bei einem Mistrade-Geschäft typischerweise davon aus, dass der von dem außerbörslichen Handelspartner in sein Computersystem eingestellte Preis für das entsprechende Wertpapier nicht marktgerecht ist. Dies kann der außerbörsliche Handelspartner zumindest in manchen Fällen an der Verhaltensweise des Kunden nachweisen. Wie bereits dargelegt lassen sich verschiedene Indizien finden, die auf die Arglist des Kunden hinweisen: Dazu gehören beispielsweise ein plötzlich stark erhöhtes Ordervolumen, die Eingabe mehrerer Orders geringeren Volumens für das gleiche Wertpapier sowie – je nach den Umständen – telefonische Nachfragen des Kunden.[489] Diese Umstände weisen auch auf den Willen und das Bewusstsein des Kunden hin, den außerbörslichen Handelspartner über seinen Fehler in Unkenntnis zu halten und ihn zum Abschluss eines Wertpapiervertrages zu motivieren, den dieser andernfalls nicht zu diesem Preis geschlossen hätte.

Für den Fall, dass der Kunde ein Wertpapier aufgrund des günstigen Ankaufspreises in redlicher Absicht gekauft hat, ohne dass ihm ein Irrtum des Handelspartners bewusst war und ohne dass er diesen aufrecht erhalten wollte, scheidet eine Anfechtung wegen arglistiger Täuschung mangels Arglist aus. Ebenso wird der außerbörsliche Handelspartner an seiner Darlegungs- und Beweislast scheitern, wenn sich bei einem Mistrade keine Indizien finden lassen, die auf die Arglist des Kunden hinweisen. In diesen Fällen ist weiter zu überprüfen, ob der Kunde den Fehler möglicherweise fahrlässig nicht erkannt und einen Irrtum des Handelspartners auf-

---

486 RG, Urt. v. 30.4.1925 – IV 562/24 = RGZ 111, 5, 7; RG, Urt. v. 29.10.1931 – VI 231/31 = RGZ 134, 43, 52; BGH, Urt. v. 21.6.1974 – V ZR 15/73 = NJW 1974, 1505, 1506; BGH, Urt. v. 15.12.1976 – VIII ZR 97/75 = WM 1977, 343, 344; BGH, Urt. v. 5.12.1985 – VII ZR 5/85 = NJW 1986, 980, 981; BGH, Urt. v. 23.3.1990 – V ZR 16/89 = NJW-RR 1990, 970, 972; MüKoBGB/*Kramer*, § 123 Rdn. 9; Soergel/*Hefermehl*, § 123 Rdn. 28.

487 Motive I, S. 204; zuletzt BGH, Urt. v. 6.8.2008 – XII ZR 67/06 = BGHZ 178, 16, 18; Staudinger/*Singer/von Finckenstein*, Bearb. 2004, § 123 Rdn. 1.

488 BGH, Urt. v. 7.7.1989 – V ZR 21/88 = WM 1989, 1735, 1736; diesem Maßstab folgend BGH, Urt. v. 19.3.1992 – III ZR 16/90 = BGHZ 117, 363, 368; BGH, Urt. v. 14.10.1993 – III ZR 156/92 = BGHZ 123, 363, 364; BGH, Urt. v. 7.3.2003 – V ZR 437/01 = NJW-RR 2003, 989, 990; MüKoBGB/*Kramer*, § 123 Rdn. 8; Staudinger/*Singer/von Finckenstein*, Bearb. 2004, § 123 Rdn. 28.

489 Dazu bereits ausführlich Dritter Teil. A. II. mit den Nachweisen in Fn. 199 bis Fn. 203; siehe auch *Fleckner/Vollmuth*, WM 2009, 1819, 1819; telefonisches Nachfragen des Kunden wird allerdings umgekehrt – je nach der genauen Formulierung – in vielen Fällen als Erfüllung seiner Aufklärungspflicht gewertet werden können, so dass schon gar keine Täuschung vorläge, siehe dazu Dritter Teil. C. III. 2. a) bb) (2) (e).

rechterhalten hat. Bei einer solchen fahrlässigen Täuschung wäre an eine Haftung wegen vorvertraglicher Pflichtverletzung zu denken.[490]

IV. Weitere Anfechtungsvoraussetzungen

Zur Ausübung seines Anfechtungsrechts muss der außerbörsliche Handelspartner eine Reihe von Voraussetzungen beachten. Keine Schwierigkeiten bereitet die Erklärung der Anfechtung, mit welcher der Handelspartner nur deutlich machen muss, dass er seine Annahmeerklärung nicht gelten lassen möchte,[491] und die er gegenüber der Bank als Anfechtungsgegnerin (§ 143 Abs. 1 BGB) erklären muss.

1. Beginn der Anfechtungsfrist

Etwas schwieriger, wie bereits im Zusammenhang mit dem erkannten und ausgenutzten Kalkulationsirrtum angesprochen,[492] gestaltet sich die Einhaltung der Anfechtungsfrist. Der Fristbeginn knüpft an die subjektive Kenntnis des Anfechtungsberechtigten von dem Anfechtungsgrund (§ 121 Abs. 1 S. 1 BGB) oder der arglistigen Täuschung (§ 124 Abs. 2 S. 1 BGB) an. Problematisch erscheint daran auf den ersten Blick, dass es im Bereich des Wertpapierhandels aufgrund der Schnelligkeit der Vorgänge und der ständigen Marktentwicklung auf ein hohes Maß an Rechtssicherheit ankommt. Dies spricht aber – insbesondere im Rahmen von Mistrade-Geschäften – nicht grundsätzlich gegen eine Anwendung der allgemeinen Regelungen über die Anfechtungsfrist.[493]

Auch in anderen Rechtsgebieten, in denen es besonders auf Rechtssicherheit ankommt, gibt es entsprechende Regelungen, die ebenfalls an das subjektive Element der Kenntnisnahme anknüpfen.[494] Ein erhöhtes Schutzbedürfnis ist zudem

---

490 Zur Haftung wegen vorvertraglicher Pflichtverletzung bei fahrlässiger Täuschung BGH, Urt. v. 16.1.1985 – VIII ZR 317/83 = NJW 1985, 1769, 1771; BGH, Urt. v. 24.5.1993 – II ZR 136/92 = NJW 1993, 2107, 2108; Staudinger/*Singer*/*von Finckenstein*, Bearb. 2004, § 123 Rdn. 28; Larenz/*Wolf*, Bürgerliches Recht AT, S. 689; teilweise wird auch bei einer fahrlässigen Täuschung eine analoge Anwendbarkeit des § 123 Abs. 1 Alt. 1 BGB befürwortet, *Mankowski*, Beseitigungsrechte, S. 342 ff.; ausführlich zur Konkurrenz zwischen vorvertraglicher Pflichtverletzung und arglistiger Täuschung bei fahrlässiger Irreführung *Fleischer*, AcP 200 (2000), 91, 93 f.

491 Der Gebrauch des Wortes „Anfechtung" ist nicht vorausgesetzt, siehe ausführlich Dritter Teil. A. I. mit den Nachweisen in Fn. 191 bis Fn. 193.

492 Siehe Dritter Teil. C. II. 4. d) cc) (1) (a).

493 So allgemein für den Börsenhandel *Canaris*, Bankvertragsrecht, Rdn. 1845 ff.; a.A. *Lindfeld*, Mistrade-Regeln, S. 36.

494 So beispielsweise Art. 3.15 Abs. 1 der UNIDROIT Prinzipien der internationalen Handelsverträge (zur englischen Textfassung siehe den Nachweis in Fn. 361); siehe dazu *Kindl*, WM 1999, 2198, 2203; dafür, die Anfechtungsregeln für den Handelsverkehr un-

nicht schon deswegen gegeben, weil sich an das anfechtbare Wertpapiergeschäft typischerweise weitere Geschäfte anschließen.[495] Der Kunde selbst ist bei Mistrade-Geschäften meist ohnehin nicht schutzwürdig, weil er typischerweise den Fehler des außerbörslichen Handelspartners erkannt und trotzdem ein Angebot auf Abschluss des Wertpapiergeschäfts initiiert hat. Schutzwürdig wären allerdings meistens seine Vertragspartner. Im Bereich des Wertpapierhandels sind solche Dritterwerber jedoch regelmäßig über die Möglichkeit des gutgläubigen Erwerbs der Wertpapiere geschützt.[496] Dessen genauer Vollzug wird rechtlich zwar unterschiedlich begründet und ist im Einzelfall von der jeweiligen Verwahrung der Wertpapiere abhängig. Ein gutgläubiger Erwerb ist aber jedenfalls nach überzeugender Ansicht nicht nur bei den heute kaum noch vorkommenden einzeln verbrieften und verwahrten Wertpapieren möglich, sondern auch bei sammelverwahrten Wertpapieren[497] im Effektengiroverkehr durch entsprechende Depotbuchungen.[498]

Auch wenn das erhöhte Rechtssicherheitsbedürfnis im Wertpapierhandel demnach nicht der grundsätzlichen Anwendbarkeit der Fristenregelungen des Anfechtungsrechts entgegensteht, sind an den außerbörslichen Handelspartner hinsichtlich der zeitlichen Grenzen der Ausübung seines Anfechtungsrechts trotzdem hohe Anforderungen zu stellen. Er darf sein Anfechtungsrecht nicht dazu ausnutzen, auf Kosten des Kunden zu spekulieren. Dies deckt sich mit dem Entstehungshintergrund der Anfechtungsfrist: Die Vermeidung von Spekulationsrisiken ist ausdrücklich ein Grund des Gesetzgebers gewesen, das Anfechtungsrecht zeitlich zu begren-

---

modifiziert anzuwenden, plädiert auch *Mues,* Irrtumsanfechtung im Handelsverkehr, S. 256.

495 Dazu *Canaris*, Bankvertragsrecht, Rdn. 1845.

496 Die Anfechtung berührt nur den Wertpapierkaufvertrag als schuldrechtliches Geschäft und wirkt sich im Regelfall nicht auf die Übertragung des Eigentums an den Wertpapieren aus, da der außerbörsliche Handelspartner sich Gedanken zu den wirtschaftlichen Bedingungen des Geschäfts nur bei Abschluss des Wertpapierkaufvertrags machen wird. Es gilt der allgemeine Grundsatz, dass die Wirksamkeit von schuldrechtlichem und dinglichem Geschäft getrennt voneinander beurteilt werden, siehe dazu *Bork*, Bürgerliches Recht AT, S. 190 ff. m.w.N.; Larenz/*Wolf*, Bürgerliches Recht AT, S. 421. Ausnahmen ergeben sich möglicherweise, wenn beide Geschäfte unter demselben Mangel leiden (Fehleridentität), insbesondere bei der arglistigen Täuschung, dazu *Bork*, Bürgerliches Recht AT, S. 193 ff. m.w.N. auch zu anderen Auffassungen.

497 Dazu gehört auch die in der Praxis gängige Globalurkunde, für die nach § 9a Abs. 2 DepotG die Vorschriften über die Sammelverwahrung gelten; dazu *Than*, in: Festschrift Heinsius, S. 809, 821.

498 Den gutgläubigen Erwerb von Wertpapieren im Effektengiroverkehr bejahend, allerdings teilweise mit unterschiedlichen dogmatischen Begründungen *Canaris*, Bankvertragsrecht, Rdn. 2026; *Ekkenga*, Effektengeschäft, Rdn. 35; *Heinsius*/*Horn*/*Than*, DepotG § 6 Rdn. 91; *Lenenbach*, Kapitalmarktrecht, Rdn. 6.187 ff.; *Than*, in: Festschrift Schimansky, S. 821, 832 f.; *Zöllner*, in: Festschrift L. Raiser, S. 249, 261 ff.; den gutgläubigen Erwerb von Wertpapieren im Effektengiroverkehr hingegen verneinend *Einsele*, Wertpapierrecht als Schuldrecht, S. 40 ff., insbes. S. 90 f.; *dies.*, Depotgeschäft, Rdn. 111 ff.

zen.[499] Ein solches Spekulationsrisiko besteht zwar grundsätzlich bei jeder Anfechtungslage, besonders aber bei Wertpapiergeschäften.

Vor diesem Hintergrund ist der Beginn der Anfechtungsfrist vor allem bei Wertpapiergeschäften einschränkend auszulegen. In den §§ 121 Abs. 1 S. 1, 124 Abs. 2 S. 1 BGB wird grundsätzlich auf die Kenntnis des Anfechtungsberechtigten von dem Anfechtungsgrund bzw. das Entdecken der Täuschung abgestellt. Nicht ausreichend ist daher schon dem Wortlaut nach die bloße fahrlässige Unkenntnis von dem Anfechtungsgrund.[500] Allerdings muss der Anfechtungsberechtigte auch nicht vollständig von dem Vorliegen eines Anfechtungsgrundes überzeugt sein, damit die Frist zu laufen beginnt.[501] Dafür reicht bereits aus, dass er das Bestehen eines solchen Anfechtungsgrundes für ernsthaft möglich hält,[502] und erst recht, dass er vor sich aus den Umständen aufdrängenden Schlussfolgerungen geradezu die Augen verschlossen hat.[503]

Eine wichtige Frage in Mistrade-Fällen ist insbesondere, ob den außerbörslichen Handelspartner bei bestehenden Zweifeln eine Nachforschungspflicht trifft. Eine solche wird in der allgemeinen Anfechtungsliteratur kontrovers diskutiert, überwiegend jedoch abgelehnt.[504] Zur Funktionsfähigkeit der Wertpapiermärkte ist eine möglichst enge Auslegung des Fristbeginns allerdings erforderlich, da es den Beteiligten andernfalls möglich wäre, auf Kosten der Gegenseite zu spekulieren. Dadurch würde längerfristig das Vertrauen der Anleger auf die Beständigkeit von Wertpapiergeschäften erschüttert. Aus diesem Grund trifft den außerbörslichen Handelspartner daher keine Rechtspflicht, aber eine Obliegenheit, sich um die weitere Aufklärung des Sachverhalts zu bemühen, sofern er das Vorliegen eines Anfechtungsgrundes ernsthaft für möglich hält. Versäumt er dies und erklärt nicht die Anfechtung, ist er so zu behandeln, als ob er positive Kenntnis von dem Anfechtungsgrund hätte mit der Folge, dass die Anfechtungsfrist zu laufen beginnt und eine spätere Anfechtung möglicherweise ausgeschlossen ist. Zum Schutz der Wert-

---

499 Protokolle I, S. 113 („Man würde dem Irrenden, namentlich bei Gegenständen, welche Preisschwankungen unterliegen, ermöglichen, auf Kosten des Gegners zu spekulieren [...]").

500 MüKoBGB/*Kramer*, § 121 Rdn. 5; Palandt/*Ellenberger*, § 121 Rdn. 2; Soergel/*Hefermehl*, § 121 Rdn. 3; Staudinger/*Singer*, Bearb. 2004, § 121 Rdn. 4; *Wendtland*, in: Bamberger/Roth, § 121 Rdn. 2; Larenz/*Wolf*, Bürgerliches Recht AT, S. 675.

501 Erman/*Palm*, § 121 Rdn. 2; Soergel/*Hefermehl*, § 121 Rdn. 3; Staudinger/*Singer*, Bearb. 2004, § 121 Rdn. 5; Staudinger/*Dilcher*, 12. Aufl., § 121 Rdn. 6; *Wendtland*, in: Bamberger/Roth, § 121 Rdn. 2; Larenz/*Wolf*, Bürgerliches Recht AT, S. 675.

502 Palandt/*Ellenberger*, § 121 Rdn. 2; Larenz/*Wolf*, Bürgerliches Recht AT, S. 675; a.A. MüKoBGB/*Kramer*, § 121 Rdn. 5; Staudinger/*Singer*, Bearb. 2004, § 121 Rdn. 5.

503 MüKoBGB/*Kramer*, § 121 Rdn. 5; Staudinger/*Singer*, Bearb. 2004, § 121 Rdn. 5.

504 Soergel/*Hefermehl*, § 121 Rdn. 3; Staudinger/*Singer*, Bearb. 2004, § 121 Rdn. 5, Staudinger/*Dilcher*, 12. Aufl., § 121 Rdn. 6; *Wendtland*, in: Bamberger/Roth, § 121 Rdn. 2; a.A. Erman/*Palm*, § 121 Rdn. 2; RGRK/*Krüger-Nieland*, § 121 Rdn. 10.

papiermärkte vor Spekulationsrisiken gilt dies auch für den Anfechtungsgrund der arglistigen Täuschung.[505]

2. *Länge der Anfechtungsfrist*

Hinsichtlich der Fristlänge bestimmt § 121 Abs. 1 S. 1 BGB für die Anfechtbarkeit wegen Erklärungs-, Inhalts- und Eigenschaftsirrtums sowie wegen falscher Übermittlung, dass die Anfechtung ohne schuldhaftes Zögern (unverzüglich) erfolgen muss, nachdem der Anfechtungsberechtigte von dem Anfechtungsgrund Kenntnis erlangt hat.

Zu überlegen ist, welche Zeitspanne bei Mistrades unverzüglich ist. Dazu ist es hilfreich, einen Blick auf die in der Praxis üblichen Fristenregelungen für Mistrade-Fälle zu werfen. Diese knüpfen im Unterschied zu der gesetzlichen Frist zwar nicht an den Umstand der Kenntniserlangung an, sondern an den Handelsschluss oder den Geschäftsabschluss. Trotzdem können sie Anhaltspunkte für die angemessene Länge der Anfechtungsfrist liefern.[506]

Beispielsweise wurde eine Frist von „5 Minuten nach dem letztmöglichen Handelszeitpunkt für die jeweiligen Wertpapiere des gleichen Bankarbeitstages" vereinbart.[507] Vertreten wurden auch Fristen von ein[508] bis zwei[509] Stunden nach Handelsschluss. Je nach zeitlichem Auftreten des Mistrades, insbesondere am Morgen, kann durch das Abstellen auf den Handelsschluss jedoch möglicherweise eine unangemessen lange Frist erreicht werden.[510] Losgelöst von dem Anknüpfungspunkt – der wie festgestellt bei dem Anfechtungsrecht ohnehin ein anderer ist – lässt sich aber eine Zeitspanne von bis zu zwei Stunden festhalten.

Breiter gefächerte Beispiele liefert ein Vergleich mit Fristen, die an den Geschäftsabschluss anknüpfen. Vereinbart bzw. vorgeschlagen wurden Fristen von

---

505 Eine Nachforschungspflicht verneinend, allerdings nicht spezifisch für den Wertpapierhandel BGH, Urt. v. 26.4.1973 – III ZR 116/71 = WM 1973, 750, 751; MüKoBGB/*Kramer*, § 124 Rdn. 2; RGRK/*Krüger-Nieland*, § 124 Rdn. 4; Soergel/*Hefermehl*, § 124 Rdn. 2; Staudinger/*Singer/von Finckenstein*, Bearb. 2004, § 124 Rdn. 4; *Wendtland*, in: Bamberger/Roth, § 124 Rdn. 2; etwas einschränkend für Unternehmen und Großorganisationen auch Erman/*Palm*, § 124 Rdn. 2.

506 Siehe bereits kurz Dritter Teil. C. II. 4. d) cc) (1) (a).

507 Sachverhalt der Entscheidung des OLG Schleswig, Beschl. v. 9.1.2004 – 5 U 130/03 = WM 2004, 1280, 1281; vorangehend LG Itzehoe, Urt. v. 10.10.2003 – 7 O 40/03 (unveröffentlicht); kritisch *Fleckner*, WuB I G 2. – 1.04, S. 663.

508 *Fridrich/Seidel*, BKR 2008, 497, 499.

509 *Fleckner/Vollmuth*, WM 2004, 1263, 1275.

510 So auch *Fleckner*, WuB I G 2. – 1.04, S. 663.

fünf Handelstagen,[511] 24 Stunden,[512] sechs Stunden[513] oder 120 Minuten[514] nach Geschäftsabschluss. Die erstgenannten Zeitspannen erscheinen aufgrund der Schnelligkeit des Wertpapierhandels zu lang. Jedenfalls mit dem Unverzüglichkeitsmaßstab des § 121 Abs. 1 S. 1 BGB unvereinbar ist eine Frist von fünf Handelstagen.[515] In der Praxis hat sich überwiegend die Frist von 120 Minuten nach Geschäftsabschluss zur Geltendmachung eines Mistrades etabliert.[516] Diese Zeitspanne scheint angemessen und dient daher – trotz der unterschiedlichen Anküpfungspunkte in Bezug auf den Fristbeginn – hinsichtlich der Fristlänge als Anhaltspunkt für den Unverzüglichkeitsmaßstab.

Eine wesentlich längere Zeitspanne, etwa zur Beratung mit einem Rechtskundigen,[517] wird im Regelfall schwer zu begründen sein, da Mistrade-Geschäfte für den außerbörslichen Handelspartner alltäglich sind und er daher schon vorher Gelegenheit hat, sich Rechtsrat einzuholen und seine grundsätzlichen Entscheidungslinien zu überlegen. Für den Fall, dass ein Mistrade-Fall neue, unvorhersehbare Aspekte beinhaltet und so kompliziert ist, dass er noch nicht im Rahmen der sonst üblichen Vorgehensweise berücksichtigt wurde, ist dem außerbörslichen Handelspartner allerdings die Hinzuziehung juristischer Berater oder auch sonstige Abstimmung mit Sachkundigen zuzugestehen, wobei auch in diesem Fall Eile geboten ist.[518]

Die Jahresfrist des § 124 Abs. 1 BGB ist ebenfalls dahingehend einzuschränken, dass der außerbörsliche Handelspartner nach Kenntniserlangung von der Täu-

---

511 So die dem Mistrade-Urteil des BGH zugrundeliegende Frist, BGH, Urt. v. 25.6.2002 – XI ZR 239/01 = WM 2002, 1687, 1689.

512 So die einem Urteil des LG Nürnberg zugrundeliegende Frist, LG Nürnberg, Urt. v. 13.2.2003 – 10 S 8297/02 (unveröffentlicht); vorangehend AG Nürnberg, Urt. v. 29.8.2002 – 20 C 3178/02 (unveröffentlicht).

513 Jedenfalls sechs Stunden nach Geschäftsabschluss als ausreichend einstufend *Fleckner/Vollmuth*, WM 2004, 1263, 1275.

514 LG Frankfurt am Main, Urt. v. 23.12.2008 – 2-19 O 147/08 = WM 2009, 455, 455 (Sachverhalt); so auch vereinbart in Nr. (5) (a) der Mistrade-Regel zwischen Cortal Consors und der Deutschen Bank; generell beschreibend für die Praxis des außerbörslichen Handels *Fleckner/Vollmuth*, WM 2004, 1263, 1275; *ders.*, WuB I G. 2 – 1.09, S. 515.

515 Ablehnend auch *Einsele*, WuB I G 2. – 5.02, S. 1165; *Fleckner/Vollmuth*, WM 2004, 1263, 1275 und *Fridrich/Seidel*, BKR 2008, 497, 499; diese Frage offen lassend, aber zumindest tendentiell kritisch betrachtend BGH, Urt. v. 25.6.2002 – XI ZR 239/01 = WM 2002, 1687, 1689 („insbesondere die lange Stornierungsfrist von fünf Handelstagen").

516 Siehe die Nachweise in Fn. 514.

517 Grundsätzlich bejaht von RG, Urt. v. 9.12.1937 – IV 205/37 = RGZ 156, 334, 336; OLG Oldenburg, Urt. v. 30.10.2003 – 8 U 136/03 = NJW 2004, 168, 169; MüKoBGB/*Kramer*, § 121 Rdn. 6; Staudinger/*Dilcher*, 12. Aufl., § 121 Rdn. 4; *Wendtland*, in: Bamberger/Roth, § 121 Rdn. 8.

518 Allgemein zum Eilgebot beim Einholen von Rechtsrat BAG, Urt. v. 21.2.1991 – 2 AZR 449/90 = NJW 1991, 2723, 2726.

schung unverzüglich zur Ausübung seines Anfechtungsrechts angehalten ist.[519] Dies dient der Vermeidung von Spekulationsrisiken. Sofern der Handelspartner diese Frist überschreitet, ist sein an die arglistige Täuschung anknüpfendes Anfechtungsrecht verwirkt.[520]

V. Zwischenergebnis

Dem außerbörslichen Handelspartner stehen je nach den konkreten Umständen des Mistrade-Geschäfts verschiedene Anfechtungsrechte zu. Auf Mängel in der Willenserklärung kann sich der Handelspartner berufen, obwohl sich sein Irrtum zunächst nur in einer *invitatio ad offerendum* niederschlägt, weil dieser Irrtum in der automatisiert erstellten Annahmeerklärung fortwirkt, ohne dass er – nach der typischen Handelspraxis – die Möglichkeit zur Korrektur hat. Als Anfechtungsgrund kommt bei manuellen Eingabefehlern sowie unrichtiger Datenübermittlung aufgrund von Softwarefehlern ein Erklärungsirrtum nach § 119 Abs. 1 Alt. 2 BGB bzw. § 120 BGB in Betracht. Besonders relevant für den Handelspartner dürfte sein Anfechtungsrecht wegen Inhaltsirrtums nach § 119 Abs. 1 Alt. 1 BGB sein, wenn er einem Irrtum bei der Preisberechnung des Wertpapiers unterliegt und der Kunde diesen erkennt und die Bank daraufhin zur Abgabe eines Kaufangebots veranlasst. Ein weiterer Anfechtungsgrund wird zudem häufig ein Eigenschaftsirrtum nach § 119 Abs. 2 BGB sein, wenn der Handelspartner sich über Tatsachen irrt, die den Wert des jeweiligen Wertpapiers unmittelbar beeinflussen. Da Mistrades oft derivative Finanzinstrumente zum Gegenstand haben, kann sich der Handelspartner leicht über einen der Wertberechnungsfaktoren – wie beispielsweise den Kurs des zugrundeliegenden Basiswertes – irren. Diese Wertberechnungsfaktoren stellen verkehrswesentliche Eigenschaften im Sinne des § 119 Abs. 2 BGB dar. Bei arglistiger Täuschung durch den Kunden steht dem Handelspartner zudem ein Anfechtungsrecht nach § 123 Abs. 1 Alt. 1 BGB zu, wobei der Handelspartner die Arglist nachweisen muss.

Der außerbörsliche Handelspartner ist gut beraten, sich neben den vertraglichen Lösungsrechten aus den Mistrade-Regeln auch ausdrücklich auf seine Anfechtungsrechte zu berufen. Dies gilt umso mehr, als die Mistrade-Regeln eine der arglistigen Täuschung entsprechende Regelung üblicherweise nicht enthalten.

---

519 So auch in Bezug auf die Anfechtung im Rahmen des Kommissionsvertrages *Canaris*, Bankvertragsrecht, Rdn. 1846; *Ekkenga*, Effektengeschäft, Rdn. 197; *Roth*, in: Assmann/Schütze, Kapitalanlagerecht, § 10 Rdn. 115; a.A. *Lenenbach*, Kapitalmarktrecht, Rdn. 4.94.

520 Allgemein zum Ausschluss des Anfechtungsrechts wegen arglistiger Täuschung vor Fristablauf aufgrund von Verwirkung BGH, Urt. v. 28.4.1971 – VIII 258/69 = NJW 1971, 1795, 1800; MüKoBGB/*Kramer*, § 124 Rdn. 9; Soergel/*Hefermehl*, § 124 Rdn. 5; Staudinger/*Singer/von Finckenstein*, Bearb. 2004, § 124 Rdn. 9.

VI. Konkurrenzen

Da es dem außerbörslichen Handelspartner in einigen Fällen möglich sein wird, sich auf mehrere Anfechtungsgründe zu berufen, ist deren Konkurrenzverhältnis zueinander zu klären. Insbesondere Inhaltsirrtümer in der Form erkannter und ausgenutzter Kalkulationsirrtümer, Eigenschaftsirrtümer und arglistige Täuschungen werden bei vielen Mistrade-Geschäften gleichzeitig vorliegen.

Die Tatbestände des erkannten Kalkulationsirrtums nach § 119 Abs. 1 Alt. 1 BGB und des Eigenschaftsirrtums nach § 119 Abs. 2 BGB sind insbesondere dann gleichzeitig erfüllt, wenn sich der Handelspartner über einen Berechnungsfaktor irrt und der Kunde dies erkannt hat. Die Folgen daraus sind unproblematisch, da die Voraussetzungen zur Geltendmachung beider Anfechtungsrechte gleich sind. Es steht dem Handelspartner daher frei, auf welchen Anfechtungsgrund er sich stützt. Manchmal wird auch nur einer der beiden Anfechtungsgründe vorliegen: Unterläuft dem Handelspartner ein Irrtum im Rechnungsprozess, kommt als Anfechtungsgrund nur ein Kalkulationsirrtum in Betracht, sofern der Kunde den Fehler erkannt hat. Irrt der Handelspartner über einen Berechnungsfaktor und hat der Kunde diesen Fehler nicht erkannt, ist eine Anfechtung nur aufgrund eines Eigenschaftsirrtums möglich.[521]

Auch Erklärungs-, Inhalts- und Eigenschaftsirrtümer sowie arglistige Täuschungen werden in vielen Mistrade-Fällen parallel vorliegen. Bei gleichzeitigem Erfüllen der Tatbestände aus § 119 BGB und § 123 Abs. 1 BGB hat der außerbörsliche Handelspartner die freie Wahl, auf welchen Grund er sich beruft.[522] Er kann auch beide Anfechtungsgründe verbunden geltend machen. Sofern er die Anfechtung nur auf die arglistige Täuschung stützt, kann diese trotzdem einen Anfechtungsgrund nach § 119 BGB enthalten, was durch Auslegung zu ermitteln ist.[523] Auch für den umge-

---

521 Das Problem der Verdrängung des Eigenschaftsirrtums durch das Gewährleistungsrecht stellt sich mangels dessen Anwendbarkeit nicht. Sofern der Handelspartner – wie überwiegend in den Mistrade-Fällen – als Verkäufer auftritt, greifen die zugunsten des Käufers bestehenden Gewährleistungsvorschriften nicht ein. Ist der Handelspartner Käufer, irrt er sich zwar möglicherweise zu seinen Ungunsten über wertbildende Faktoren, dieser Irrtum kann jedoch in dieser Konstellation nicht zu einem Sachmangel des betreffenden Wertpapiers führen. Im Übrigen ist die pauschale Annahme einer Verdrängung durch das Gewährleistungsrecht aufgrund der Angleichung der Verjährungsfristen ohnehin zweifelhaft, siehe dazu Larenz/*Wolf*, Bürgerliches Recht AT, S. 696 m.w.N. auch zur Gegenmeinung; differenziert zum Konkurrenzverhältnis zwischen Anfechtungs- und Gewährleistungsrechten MüKoBGB/*Westermann*, § 437 Rdn. 53 f.

522 Allgemein zur Wahl zwischen den Anfechtungsgründen nach § 119 BGB und § 123 Abs. 1 BGB: BGH, Urt. v. 14.12.1960 – V ZR 40/60 = BGHZ 34, 32, 38 ff.; BGH, Urt. v. 9.10.1980 – VII ZR 332/79 = BGHZ 78, 216, 221; MüKoBGB/*Kramer*, § 123 Rdn. 31; Staudinger/*Singer*/*von Finckenstein*, Bearb. 2004, § 123 Rdn. 93.

523 RG, Urt. v. 7.3.1904 – VI 511/03 = RGZ 57, 358, 362; BGH, Urt. v. 14.12.1960 – V ZR 40/60 = BGHZ 34, 32, 38 ff.; BGH, Urt. v. 26.10.1978 – VII ZR 202/76 = NJW 1979,

kehrten Fall, dass der Handelspartner seine Anfechtung zunächst auf andere Anfechtungsgründe gestützt hatte, kann er sich noch nachträglich auf die arglistige Täuschung berufen.[524] Bei entsprechender Beweislage dürfte die Berufung auf den Anfechtungsgrund der arglistigen Täuschung für den Handelspartner grundsätzlich vorrangig sein, weil er in diesem Fall im Gegensatz zu einer Berufung auf die Anfechtungsgründe nach § 119 BGB keinem Schadensersatzanspruch nach § 122 Abs. 1 BGB ausgesetzt ist. Die längere Frist aus § 124 Abs. 1 BGB findet hingegen nach Maßgabe der Grundsätze der Verwirkung keine Anwendung und stellt daher keinen Vorteil für den Handelspartner dar. Ein solcher kann sich allerdings – je nach Einzelfall – daraus ergeben, dass die Fristen an einen unterschiedlichen Beginn anknüpfen: § 121 Abs. 1 BGB an das Erkennen des Anfechtungsgrundes, also in den meisten Fällen der Fehlkalkulation, und § 124 Abs. 2 BGB an das Erkennen der Täuschung.

VII. Ersatz des Vertrauensschadens

Bei einer Anfechtung aufgrund der §§ 119, 120 BGB ist der außerbörsliche Handelspartner verpflichtet, der Bank gemäß § 122 Abs. 1 BGB den Schaden zu ersetzen, den sie dadurch erlitten hat, dass sie auf die Gültigkeit seiner Willenserklärung vertraut hat. Da die Bank das Ausführungsgeschäft für Rechnung ihres Kunden abschließt, hat sie selbst allenfalls geringe Schadenspositionen.[525] Den eigentlichen wirtschaftlichen Schaden erleidet hingegen der Kunde.[526] Damit stellt sich die Frage, ob die Bank auch den Vertrauensschaden ihres Kunden gegen den außerbörslichen Handelspartner geltend machen kann.

Der *Bundesgerichtshof* ist in seiner Mistrade-Entscheidung im Jahr 2002 davon ausgegangen, dass die Bank gegen ihre Interessenwahrungspflicht aus § 384 Abs. 1 Halbs. 2 Alt. 1 HGB verstößt, wenn sie mit dem Handelspartner eine Mistrade-Regel vereinbart, ohne eine Schadensersatzpflicht entsprechend § 122 BGB vorzusehen.[527] Da grundsätzlich keine Schadensposten von Dritten, sondern nur die des Ersatzberechtigten – also hier der Bank als Anspruchsinhaberin – geltend gemacht

---

160, 161; MüKoBGB/*Kramer*, § 123 Rdn. 31; Staudinger/*Singer/von Finckenstein*, Bearb. 2004, § 123 Rdn. 93.

524 Allgemein zu dieser Konstellation MüKoBGB/*Kramer*, § 123 Rdn. 31; Staudinger/*Singer/von Finckenstein*, Bearb. 2004, § 123 Rdn. 93; Larenz/*Wolf*, Bürgerliches Recht AT, S. 696.

525 *Fleckner/Vollmuth*, WM 2004, 1263, 1269; *Lindfeld*, Mistrade-Regeln, S. 160 und S. 162.

526 Anders wäre dies beim Festpreisgeschäft, bei dem die Bank den wesentlichen Vertrauensschaden erleidet und gegen den Handelspartner geltend machen kann; Fragen der Drittschadensliquidation stellen sich nicht.

527 BGH, Urt. v. 25.6.2002 – XI ZR 239/01 = WM 2002, 1687, 1688 (Mistrade-Urteil).

werden können, ist die Entscheidung so zu verstehen, dass der Vertrauensschaden des Kunden im Wege der Drittschadensliquidation ersetzt werden soll.[528]

1. Voraussetzungen der Drittschadensliquidation

Die mittelbare Stellvertretung, wie sie in den Mistrade-Fällen üblicherweise vorliegt, ist ein typischer Fall der Drittschadensliquidation,[529] und wird überwiegend sogar als Gewohnheitsrecht anerkannt.[530] Aus diesem Grund liegt es nahe, dass die Bank den Vertrauensschaden ihres Kunden im Wege der Drittschadensliquidation geltend machen kann. Es ist allerdings trotzdem im konkreten Einzelfall zu überprüfen, ob die Voraussetzungen dafür vorliegen.

Ausgangspunkt der Lehre von der Drittschadensliquidation sind Schäden, die nicht wie sonst üblich in der Person des Anspruchsberechtigten entstehen, sondern in der Person eines Dritten, dem ein eigener Anspruch – meist mangels direkter Vertragsbeziehung zum Anspruchsgegner – fehlt. Diese zufällige Schadensverlagerung[531] – dass also der Dritte einen Schaden anstelle des Anspruchsberechtigten erleidet – darf nicht zu einer Entlastung des eigentlichen Anspruchsgegners führen.[532] Daher kann der Anspruchsberechtigte in solchen Fällen den Schaden des

---

528 So wohl auch LG Nürnberg-Fürth, Urt. v. 25.1.2007 – 10 O 8762/05 = WM 2007, 2374, 2376; LG Itzehoe, Urt. v. 10.10.2003 – 7 O 40/03 (unveröffentlicht); ausdrücklich die Ersatzfähigkeit von Vertrauensschäden des Kunden im Wege der Drittschadensliquidation bejahend *Fleckner/Vollmuth*, WM 2004, 1263, 1268 ff.; *dies.*, WM 2009, 1819, 1820; *Fleckner*, in: Beiträge für Hopt, S. 3, 22 ff.; MüKoBGB/*Kramer*, § 122 Rdn. 7 Fn. 30; ablehnend hingegen *Lindfeld*, Mistrade-Regeln, S. 160 ff. (die allerdings auch das Mistrade-Urteil des BGH im Sinne der Ersatzfähigkeit von Vertrauensschäden des Kunden im Wege der Drittschadensliquidation interpretiert).

529 BGH, Urt. v. 10.7.1963 – VIII ZR 204/61 = BGHZ 40, 91, 100; BGH, Urt. v. 21.5.1996 – XI ZR 199/95 = BGHZ 133, 36, 41; MüKoBGB/*Oetker*, § 249 Rdn. 284; Soergel/*Mertens*, Vor § 249 Rdn. 252; Staudinger/*Schiemann*, Bearb. 2005, Vorbem. zu §§ 249 ff. Rdn. 69; *Hagen*, Die Drittschadensliquidation im Wandel der Rechtsdogmatik, S. 252 ff.; *Lange*, in: Lange/Schiemann, Schadensersatz, S. 466 ff.; kritisch hingegen *Peters*, AcP 180 (1980), 329, 350 ff.

530 Staudinger/*Schiemann*, Bearb. 2005, Vorbem. zu §§ 249 ff. Rdn. 69; *v. Caemmerer*, ZHR 127 (1965), 241, 255; *Fleckner*, in: Beiträge für Hopt, S. 3, 31; *Hagen*, Die Drittschadensliquidation im Wandel der Rechtsdogmatik, S. 142 und S. 253; *Lange*, in: Lange/Schiemann, Schadensersatz, S. 467.

531 Dazu BGH, Urt. v. 21.5.1996 – XI ZR 199/95 = BGHZ 133, 36, 42; MüKoBGB/*Oetker*, § 249 Rdn. 277; Staudinger/*Schiemann*, Bearb. 2005, Vorbem. zu §§ 249 ff. Rdn. 62; *Hagen*, Die Drittschadensliquidation im Wandel der Rechtsdogmatik, S. 60 ff.; *Tägert*, Die Geltendmachung des Drittschadens, S. 35 ff.; *Fleckner*, in: Beiträge für Hopt, S. 3, 24; *Neuner*, JZ 1999, 126, 130; kritisch hinsichtlich des Begriffs „zufällig" *Medicus*, in: Prütting/Wegen/Weinreich, § 250 Rdn. 92; generell das Kriterium der Schadensverlagerung ablehnend *Hadding*, in: Festschrift Werner, S. 165, 180 ff.

532 BGH, Urt. v. 10.7.1963 – VIII ZR 204/61 = BGHZ 40, 91, 100 ff.; MüKoBGB/*Oetker*, § 249 Rdn. 277; Soergel/*Mertens*, Vor § 249 Rdn. 250; *Hagen*, Die Drittschadensliquida-

Dritten geltend machen. Bei der mittelbaren Stellvertretung hat die Rechtsprechung diese Grundsätze für Ansprüche aus vertraglicher Pflichtverletzung[533] sowie unerlaubter Handlung[534] anerkannt.[535] Die Anwendung der Drittschadensliquidation im Bereich der Vertrauenshaftung des § 122 BGB ist bislang hingegen wenig untersucht worden.[536]

Die Voraussetzungen zur Anwendung der Grundsätze über die Drittschadensliquidation sind im Einzelnen umstritten.[537] Als Maßstab wird regelmässig auf drei Kriterien abgestellt, wonach zur Anwendung in den Mistrade-Fällen überprüft werden müsste, ob (a) der Kunde einen Schaden erlitten hat, den er mangels Anspruch nicht gegen den außerbörslichen Handelspartner durchsetzen kann, (b) die Bank als Anspruchsinhaberin einen eigenen Schaden hat und ein solcher eigener Schaden gegebenenfalls die Ersatzfähigkeit von Schäden ihres Kunden ausschliesst sowie (c) der Schaden sich zufällig von der Bank auf den Kunden verlagert hat.

a) Kein Anspruch des Kunden

Durch die Anfechtung des außerbörslichen Handelspartners im Ausführungsgeschäft hat der Kunde üblicherweise einen Vertrauensschaden erlitten. Beispielsweise ist es bei der Einkaufskommission denkbar, dass er die vermeintlich erworbenen Wertpapiere bereits weiterveräußert hat und sich mangels Lieferung schadensersatzpflichtig macht.[538] Für diesen Schaden hat der Kunde keinen Ersatzanspruch gegen den außerbörslichen Handelspartner, da er zu diesem in keiner direkten Rechtsbeziehung steht. Anzudenken wäre, ob ein Schaden des Kunden entfällt,

---

tion im Wandel der Rechtsdogmatik, S. 60 ff.; *v. Caemmerer*, ZHR 127 (1965), 241, 256; *Peters*, AcP 180 (1980), 329, 355 ff.

533 Nichtleistung: RG, Urt. v. 23.3.1904 – I 498/03 = RGZ 58, 39, 41; RG, Urt. v. 17.4.1926 – I 283/25 = RGZ 113, 250, 254; Spätleistung: RG, Urt. v. 13.11.1897 – I 237/97 = RGZ 40, 172, 174 f.; Schlechtleistung: ROHG, Urt. v. 8.5.1877 – 12/77 = ROHGE 22, 248, 253; RG, Urt. v. 26.6.1929 – I 17/29 = RGZ 125, 76, 77; BGH, Urt. v. 26.9.1957 – II ZR 267/56 = BGHZ 25, 250, 258.

534 RG, Urt. v. 21.9.1915 – II 95/15 = RGZ 87, 147, 150.

535 Für einen ausführlichen Rechtsprechungsüberblick m.w.N. siehe *Fleckner*, in: Beiträge für Hopt, S. 3, 22.

536 Wohl von einer Pflicht zum Ersatz des Drittvertrauensschadens ausgehend, allerdings ohne Begründung BGH, Urt. v. 25.6.2002 – XI ZR 239/01 = WM 2002, 1687, 1689 (Mistrade-Urteil); LG Nürnberg-Fürth, Urt. v. 25.1.2007 – 10 O 8762/05 = WM 2007, 2374, 2376; LG Itzehoe, Urt. v. 10.10.2003 – 7 O 40/03 (unveröffentlicht); ausdrücklich bejahend MüKoBGB/*Kramer*, § 122 Rdn. 7 Fn. 30; *Bork*, Bürgerliches Recht AT, S. 361 ff.; *Fleckner/Vollmuth*, WM 2004, 1263, 1268 ff.; *dies.*, WM 2009, 1819, 1820; *Fleckner*, in: Beiträge für Hopt, S. 3, 22 ff.; ohne Begründung zudem Erman/*Palm*, § 122 Rdn. 2; Palandt/*Ellenberger*, § 122 Rdn. 2; die Ersatzfähigkeit von Vertrauensschäden im Wege der Drittschadensliquidation ablehnend *Lindfeld*, Mistrade-Regeln, S. 160 ff.

537 Für einen Überblick siehe *Lange*, in: Lange/Schiemann, Schadensersatz, S. 462 ff. m.w.N.

538 Dazu *Fleckner/Vollmuth*, WM 2004, 1263, 1269.

wenn er diesen bereits gegen seine Bank geltend machen könnte. Teilweise wird vertreten, dass der Kunde einen unmittelbaren Anspruch gegen die Bank auf Vertrauensschaden nach §§ 384 Abs. 3 HGB, 122 Abs. 1 BGB hat.[539] Wie nachfolgend gezeigt wird, besteht ein solcher Anspruch jedoch nicht im außerbörslichen Direkthandel, sondern allenfalls in den praktisch kaum noch relevanten Fällen des Telefonhandels.[540] Im Übrigen ist es auch zweifelhaft, dass ein Schadensersatzanspruch des Kunden gegen die Bank die Grundsätze der Drittschadensliquidation ausschließt. Zum einen ist unsicher, ob die Schadensposten beider Ansprüche übereinstimmen und der Kunde daher seinen vollen Vertrauensschaden ersetzt bekäme. Zum anderen soll der eigentliche Anspruchsgegner – also hier der außerbörsliche Handelspartner – wie dargelegt nicht durch die Schadensverlagerung entlastet werden.[541] Dies würde aber geschehen, wenn die Drittschadensliquidation bei einem Schadensersatzanspruch des Kunden gegen die Bank ausgeschlossen wäre.

b) Kein Schaden der Bank

Typischerweise hat der Anspruchsinhaber in Fällen der mittelbaren Stellvertretung keinen eigenen Schaden. Daraus kann aber nicht geschlossen werden, dass ein eigener Schaden des mittelbaren Stellvertreters als Anspruchsinhaber die Geltendmachung von Posten des Geschäftsherrn als anspruchslos Geschädigtem ausschlösse.[542] Die Frage ist in Rechtsprechung und Literatur noch nicht ausführlich diskutiert worden. Das *Reichsgericht* sowie die überwiegenden Vertreter in der Literatur sind in Konstellationen der mittelbaren Stellvertretung jedenfalls davon ausgegangen, dass beide Schadensposten kumulativ geltend gemacht werden können.[543]

---

539 *Lindfeld*, Mistrade-Regeln, S. 162.

540 Ausführlich Dritter Teil. D. III.; die Erfüllungshaftung nach § 384 Abs. 3 HGB im außerbörslichen Direkthandel ebenfalls ablehnend *Fleckner/Vollmuth*, WM 2009, 1819, 1820.

541 Siehe die Nachweise in Fn. 532.

542 So aber *Lindfeld*, Mistrade-Regeln, S. 162 in Bezug auf Mistrade-Fälle.

543 RG, Urt. v. 23.3.1904 – I 498/03 = RGZ 58, 39, 42; RG, Urt. v. 29.1.1906 – I 363/05 = RGZ 62, 331, 334 f.; RG, Urt. v. 16.5.1917 – V 30/17 = RGZ 90, 240, 246; RG, Urt. v. 11.5.1918 – I 324/17 = RGZ 93, 39, 40; RG, Urt. v. 6.12.1924 – I 99/24 = RGZ 109, 288, 292 f.; Soergel/*Mertens*, Vor § 249 Rdn. 259; *Hagen*, Die Drittschadensliquidation im Wandel der Rechtsdogmatik, S. 253; im Ergebnis auch *Peters*, AcP 180 (1980), 329, 358 (allerdings unter Kritik an der Anwendung der Drittschadensliquidation auf die mittelbare Stellvertretung); wohl auch *von Caemmerer*, ZHR 127 (1965), 241, 256 f.; ebenfalls *Fleckner*, in: Beiträge für Hopt, S. 3, 25, der überzeugend den Umfang des Schadensersatzanspruchs gegen den Dritten auf den Betrag begrenzen will, den der Mittelsmann von dem Geschäftsherrn verlangen könnte; a.A. *Berg*, MDR 1969, 613, 616 Fn. 51; *Lindfeld*, Mistrade-Regeln, S. 162; der *Bundesgerichtshof* hat zu dieser Frage noch nicht ausdrücklich Stellung genommen.

Ohnehin hat die Bank als Anspruchsinhaberin in Mistrade-Fällen typischerweise keinen eigenen nennenswerten Schaden erlitten. Zwar kommen eigene Schadenspositionen in Betracht, wie beispielsweise der Verlust ihres regelmäßig erst mit der Ausführung der Kommission verdienten Provisionsanpruches (§ 396 Abs. 1 HGB) oder Aufwendungen, die sie im Vertrauen auf den Bestand des Ausführungsgeschäfts getätigt hat.[544] Diese stellen jedoch keine echte Schadenskumulation dar,[545] sondern sind nur Nebenwirkungen des typischen Schadens.[546] Daher sind diese als im Drittschaden enthalten anzusehen und letztlich intern zwischen der Bank und ihrem Kunden auszugleichen.[547]

c) Zufällige Schadensverlagerung

Der Vertrauensschaden hat sich zufällig von der Bank als direkter Vertragspartnerin des außerbörslichen Handelspartners auf den Kunden verlagert. Die Rechtsprechung und Lehre erlauben in Fällen, in denen der Schaden aus Sicht des Schädigers nur aufgrund besonderer Gegebenheiten nicht beim Gläubiger, sondern bei einem Dritten eingetreten ist,[548] die Liquidation dieses Drittschadens. Der Schädiger darf nämlich nicht von dem zufälligen Auseinanderfallen von Anspruchsberechtigung und Schaden profitieren, indem er von seiner Ersatzpflicht frei wird. In den Mistrade-Fällen liegt eine solche zufällige Schadensverlagerung vor: Hätte die Bank für eigene Rechnung und nicht für die des Kunden gehandelt,[549] wäre der Vertrauensschaden in Folge der Anfechtung unmittelbar bei der Bank eingetreten.[550]

Teilweise wird vertreten, eine Schadensverlagerung läge nicht vor, weil es bei Ansprüchen auf Vertrauensschaden an der Kausalität fehle.[551] Verwiesen wird in diesem Zusammenhang auf eine Entscheidung des *Bundesgerichtshofs*, in welcher dieser eine Schadensverlagerung abgelehnt hatte.[552] In dem zugrundeliegenden Fall hatte der Geschädigte aufgrund einer an seinen mittelbaren Stellvertreter erteilten

---

544 *Lindfeld*, Mistrade-Regeln, S. 162; *Fleckner/Vollmuth*, WM 2004, 1263, 1269; allgemein *Lange*, in: Lange/Schiemann, Schadensersatz, S. 468.

545 So aber *Lindfeld*, Mistrade-Regeln, S. 162.

546 *Lange*, in: Lange/Schiemann, Schadensersatz, S. 468; wohl auch *Fleckner/Vollmuth*, WM 2004, 1263, 1269.

547 *Lange*, in: Lange/Schiemann, Schadensersatz, S. 468 Fn. 64; *Fleckner/Vollmuth*, WM 2004, 1263, 1269; a.A. *Lindfeld*, Mistrade-Regeln, S. 162.

548 Zum Kriterium der zufälligen Schadensverlagerung siehe die Nachweise in Fn. 531.

549 Ebenfalls diesen Maßstab zugrunde legend *Lindfeld*, Mistrade-Regeln, S. 163; anders *Fleckner/Vollmuth*, WM 2004, 1263, 1269, die darauf abstellen, ob der Kunde einen Schadensersatzanspruch nach § 122 Abs. 1 BGB gehabt hätte, wenn er selbst mit dem außerbörslichen Handelspartner abgeschlossen hätte.

550 Nicht nachvollziehbar ist daher die Ablehnung einer Schadensverlagerung mit der Argumentation, Schäden träten typischerweise beim Anleger auf, so aber *Lindfeld*, Mistrade-Regeln, S. 163.

551 *Lindfeld*, Mistrade-Regeln, S. 163 f.

552 Dazu BGH, Urt. v. 21.5.1996 – XI ZR 199/95 = BGHZ 133, 36, 41.

fehlerhaften Bankauskunft ein Darlehen an einen Dritten ausbezahlt. Dieses konnte in Folge einer Insolvenz nicht vollständig zurückgezahlt werden. Der *Bundesgerichtshof* entschied, dass es sich bei dieser Fallgestaltung nicht um eine typische Schadensverlagerung handelt, weil der Geschädigte, nachdem ihm die Auskunft von seinem mittelbaren Stellvertreter übermittelt worden war, selbständig Vermögensdispositionen getroffen hatte. Die Bankauskunft führte also nicht unmittelbar zu einem Schaden.

Die Mistrade-Fälle sind nicht vergleichbar mit dieser Konstellation. Der Kunde hat nicht erst dadurch einen Schaden erlitten, dass er im Vertrauen auf die Ausführungsanzeige Vermögensdispositionen vorgenommen hat. Vielmehr gibt es verschiedene Schadensposten, die unmittelbar durch die anfechtungsbedingte Aufhebung des Mistrade-Geschäfts eingetreten sind. In Betracht kommen beispielsweise vergebliche Aufwendungen des Kunden für die Ordererteilung oder durch den Mistrade hervorgerufene Schwierigkeiten, Verbindlichkeiten gegenüber Dritten zu erfüllen. Solche können etwa bei der Verkaufskommission eintreten, wenn das Konto des Kunden aufgrund der Aufhebung des Wertpapiergeschäfts nicht mehr genügend Deckung aufweist.[553] Die anfechtungsbedingte Aufhebung des Mistrade-Geschäfts ist damit unmittelbar kausal für bestimmte Vertrauensschadensposten des Kunden.[554]

Es ist festzuhalten, dass die Bank den Vertrauensschaden ihres Kunden nach § 122 Abs. 1 BGB gegen den Handelspartner im Wege der Drittschadensliquidation geltend machen kann. Dieses Ergebnis wird auch gestützt durch einen Vergleich mit der Stellvertretung.[555] Dabei müsste der Dritte ebenfalls den Vertrauensschaden des Vertretenen ersetzen, weil die angefochtene Erklärung ihm gegenüber abzugeben war.[556] Die Bank ist ihrem Kunden sodann gemäß § 384 Abs. 2 Halbs. 2 HGB zur Abtretung des Anspruchs verpflichtet.[557]

553 Ausführlich zu verschiedenen Schadensposten *Fleckner/Vollmuth*, WM 2004, 1263, 1269.

554 Zum Umfang des Schadensersatzanspruchs sowie den verschiedenen Vertrauensschadensposten des Kunden sogleich Dritter Teil. C. VII. 2.

555 Ein Vergleich mit der Stellvertretung liegt nahe, da sich die Bank im außerbörslichen Direkthandel ohne eigene Willensbildung die Erklärung ihres Kunden zu Eigen macht, siehe dazu sogleich Dritter Teil. E. II. 2. b) sowie *Schmidt-Rimpler*, in: Handbuch des gesamten Handelsrechts, S. 614 ff. und *Fleckner*, in: Beiträge für Hopt, S. 3, 15 ff.

556 Dazu *Fleckner*, in: Beiträge für Hopt, S. 3, 23.

557 Überzeugend zur Anwendung des § 384 Abs. 2 Halbs. 2 HGB *Lindfeld*, Mistrade-Regeln, S. 159 f.; teilweise auch auf einen Abtretungsanspruch kraft vertraglicher Nebenpflicht oder entsprechend §§ 255, 285 BGB abstellend *Fleckner/Vollmuth*, WM 2004, 1263, 1269; so auch allgemein zum Kommissionsrecht Baumbach/*Hopt*, § 383 Rdn. 21.

2. Umfang des Schadensersatzanspruchs

Der außerbörsliche Handelspartner hat den Vertrauensschaden zu ersetzen, also den Schaden, den der Kunde dadurch erlitten hat, dass er auf die Gültigkeit der Erklärung des Handelspartners vertraut hat. Typische Schadensposten sind wie dargestellt nutzlos gewordene Aufwendungen des Kunden für die Ordererteilung, Ersatzpflichten gegenüber Dritten aufgrund der Aufhebung des Mistrades oder Verluste aus der Neuinvestition der Mistrade-Gewinne.[558] Zu ersetzen ist auch entgangener Gewinn (§ 252 BGB),[559] nicht jedoch der Gewinn, den der Kunde aus dem Mistrade-Geschäft selbst gezogen hätte.[560] Der Schadensersatzanspruch ist der Höhe nach auf das Erfüllungsinteresse begrenzt.

Der ersatzfähige Drittschaden wird richtigerweise nach der Person des Kunden als Geschädigtem bestimmt und ist seiner Höhe nach nicht auf den fiktiven Schaden der Bank als schadenslose Anspruchsinhaberin begrenzt.[561] Die Lehre von der Drittschadensliquidation wurde überhaupt erst entwickelt, damit der anspruchslos Geschädigte Ersatz verlangen kann, so dass es richtig erscheint, sich an seinem wirklichen Schaden zu orientieren.[562] Zudem erstreckt sich die schadensrechtliche Haftung bis zur Grenze der Adäquanz auch auf nicht vorhergesehene Entwicklungen. Eine Art Bestandsgarantie, die den Ersatzanspruch auf absehbare Schadensposten bei Eingang der Verpflichtung begrenzt, gibt es nicht.[563] Beispielsweise be-

---

558 Dazu BGH, Urt. v. 25.6.2002 – XI ZR 239/01 = WM 2002, 1687, 1689 (Mistrade-Urteil).

559 *Fleckner*/*Vollmuth*, WM 2004, 1263, 1269; allgemein Soergel/*Hefermehl*, § 122 Rdn. 4; Staudinger/*Singer*, Bearb. 2004, § 122 Rdn. 12.

560 BGH, Urt. v. 25.6.2002 – XI ZR 239/01 = WM 2002, 1687, 1689 (Mistrade-Urteil); *Fleckner*/*Vollmuth*, WM 2004, 1263, 1269.

561 RG, Urt. v. 15.1.1927 – I 171/26 = RGZ 115, 419, 425; BGH, Urt. v. 23.11.1954 – I ZR 78/53 = BGHZ 15, 224, 228; Baumbach/*Hopt*, § 383 Rdn. 21; MüKoHGB/*Häuser*, § 383 Rdn. 58; MüKoBGB/*Oetker*, § 249 Rdn. 286; *Schmidt-Rimpler*, in: Handbuch des gesamten Handelsrechts, S. 905; Staub/*Koller*, § 383 Rdn. 73; Staudinger/*Schiemann*, Bearb. 2005, Vorbem. zu §§ 249 ff. Rdn. 70; *Hagen*, Die Drittschadensliquidation im Wandel der Rechtsdogmatik, S. 253 ff.; *Lange*, in: Lange/Schiemann, Schadensersatz, S. 468 f.; *Tägert*, Die Geltendmachung des Drittschadens, S. 36; *Fleckner*, in: Beiträge für Hopt, S. 3, 26 f.; *Fleckner*/*Vollmuth*, WM 2004, 1263, 1269; *Hager*, AcP 180 (1980), 239, 243 Fn. 19; allgemein Soergel/*Mertens*, Vor § 249 Rdn. 259; a.A. *Langenbucher*/*Adolff*, in: Festschrift Canaris, S. 679, 694 f.; *Neuner*, JZ 1999, 126, 131 f.; *Peters*, AcP 180 (1980), 329, 350 ff.; *Seetzen*, AcP 169 (1969), 352, 361 f.

562 Staudinger/*Schiemann*, Bearb. 2005, Vorbem. zu §§ 249 ff. Rdn. 70; *Lange*, in: Lange/Schiemann, Schadensersatz, S. 468.

563 BGH, Urt. v. 28.6.1978 – VIII ZR 139/77 = BGHZ 72, 147, 150 f.; Staudinger/*Schiemann*, Bearb. 2005, Vorbem. zu §§ 249 ff. Rdn. 70; *Lange*, in: Lange/Schiemann, Schadensersatz, S. 468.

stimmen Rechtsprechung[564] und Lehre[565] nach Abtretung einer Forderung den Schaden überwiegend nach der Person des Zessionars. In Verbindung mit der Regelung des § 392 Abs. 2 HGB spricht dies dafür, auf die Person des Kunden als Kommittenten abzustellen.[566] Dieses Ergebnis wird zudem durch einen Vergleich mit dem Stellvertretungsrecht gestützt.[567]

3. *Ausschluss der Schadensersatzpflicht*

Da der Kunde in vielen Mistrade-Fällen den nicht marktgerechten Preis des Wertpapiers erkannt und durch die Ordererteilung bewusst ausgenutzt hat,[568] stellt sich die Frage, ob die Schadensersatzpflicht aus diesem Grund ausgeschlossen ist. Nach § 122 Abs. 2 BGB tritt die Schadensersatzpflicht nicht ein, „wenn der Beschädigte den Grund der Nichtigkeit oder der Anfechtbarkeit kannte oder infolge von Fahrlässigkeit nicht kannte (kennen musste)“. Grundsätzlich kommt als Anknüpfungspunkt sowohl die Kenntnis der Bank als auch die des Kunden in Betracht.

a) Kenntnis der Bank

Nach dem Wortlaut ist fraglich, ob § 122 Abs. 2 BGB bei Mistrade-Geschäften auf die Bank anwendbar ist, weil darin auf den „Beschädigten“ abgestellt wird, wie dargelegt aber nicht die Bank, sondern ihr Kunde Beschädigter ist.[569] Auch wenn in

---

564 BGH, Urt. v. 28.6.1978 – VIII ZR 139/77 = BGHZ 72, 147, 150 f.; BGH, Urt. v. 25.9.1991 – VIII ZR 264/90 = WM 1991, 2036, 2036; BGH, Urt. v. 9.2.1995 – III ZR 175/93 = BGHZ 128, 371, 376; BGH, Urt. v. 9.2.2006 – I ZR 70/03 = NJW 2006, 1662, 1662; teilweise anders bei der Sicherungsabtretung RG, Urt. v. 10.4.1923 – III 342/22 = RGZ 107, 132, 135; RG, Urt. v. 22.1.1929 – II 315/28 = RGZ 123, 378, 381; RG, Urt. v. 30.4.1937 – VII 276/36 = RGZ 155, 50, 52; BGH, Urt. v. 9.2.1995 – III ZR 175/93 = BGHZ 128, 371, 376; ebenso in Fällen, in denen der Schaden des Zessionars höher ist, als er in der Person des Zedenten entstanden wäre RG, Urt. v. 12.12.1923 – I 98/23 = RGZ 107, 187, 188 f.; beide Konstellation offen gelassen von BGH, Urt. v. 25.9.1991 – VIII ZR 264/90 = WM 1991, 2036, 2036.

565 Soergel/*Mertens*, Vor § 249 Rdn. 20; Staudinger/*Schiemann*, Bearb. 2005, Vorbem. zu §§ 249 ff. Rdn. 52 und Rdn. 70; *Lange*, in: Lange/Schiemann, Schadensersatz, S. 468 f.; *Larenz*, Schuldrecht I, S. 426 ff.; *Gernhuber*, in: Festschrift L. Raiser, S. 57, 86; *U. Hoffmann*, WM 1994, 1464, 1465; *Schwenzer*, AcP 182 (1982), 214, 234 f.; kritisch *Junker*, AcP 195 (1995), 1 ff.; *Neuner*, JZ 1999, 126, 131; *Peters*, JZ 1977, 119, 120 ff.; *ders.*, AcP 180 (1980), 329, 353 Fn. 94, 357 f.; *Seetzen*, AcP 169 (1969), 352, 357.

566 Staudinger/*Schiemann*, Bearb. 2005, Vorbem. zu §§ 249 ff. Rdn. 52 und Rdn. 70; *Lange*, in: Lange/Schiemann, Schadensersatz, S. 468 f.; *Tägert*, Die Geltendmachung des Drittschadens, S. 36; ebenso noch *Fleckner/Vollmuth*, WM 2004, 1263, 1270; nunmehr kritisch *Fleckner*, in: Beiträge für Hopt, S. 3, 27.

567 *Fleckner*, in: Beiträge für Hopt, S. 3, 27.

568 Siehe Dritter Teil. A. II.

569 Dritter Teil. C. VII. 1. b).

Konstellationen der Drittschadensliquidation trotzdem einiges für die Anwendbarkeit spricht,[570] werden jedenfalls die Voraussetzungen des § 122 Abs. 2 BGB in der Person der Bank nur in Ausnahmefällen vorliegen, da diese keinen eigenen Willen bildet, sondern den ihres Kunden aus der Order übernimmt und ihn sich zu Eigen macht.[571]

b) Kenntnis des Kunden

Zu überlegen ist, ob die Schadensersatzpflicht wegen der meist positiven Kenntnis des Kunden von dem Fehler des außerbörslichen Handelspartners ausgeschlossen ist. Dem Wortlaut nach ist dieser Fall von § 122 Abs. 2 BGB erfasst, da der Kunde „Beschädigter" ist. Zwar wird die Vorschrift üblicherweise nicht im Zusammenhang mit der Drittschadensliquidation gesehen und daher teilweise – wohl in Anlehnung an § 122 Abs. 1 BGB – falsch wiedergegeben, indem auf den „Anfechtungsgegner" abgestellt wird.[572]

Dies ist allerdings schon dem Wortlaut nach falsch und überzeugt auch inhaltlich nicht. Die Rechtsprechung und Lehre[573] haben sich bislang kaum mit der Frage der Anwendbarkeit des § 122 Abs. 2 BGB in Fällen der Drittschadensliquidation beschäftigt, hingegen mit der praktisch ähnlichen Problematik des Mitverschuldens nach § 254 BGB. Ganz überwiegend wird ein Mitverschulden des Dritten berücksichtigt, da dieser aus der Anwendung der Lehre von der Drittschadensliquidation nicht nur Vorteile erlangen solle, sondern auch die damit verbundenen Nachteile tragen müsse.[574] Dieser Gedanke ist auch auf die Regelung des § 122 Abs. 2 BGB übertragbar: Wenn durch die Drittschadensliquidation die Ersatzpflicht des Schädigers dadurch ausgedehnt wird, dass man seinem Vertragspartner die Geltendmachung des auf den Dritten verlagerten Schadens gestattet, so muss auch die Kenntnis dieses Dritten von der Anfechtbarkeit berücksichtigt werden.[575] Im Übrigen wäre der Bank jedenfalls die Kenntnis ihres Kunden analog § 166 Abs. 2 HGB zu-

570 Ausführlich *Fleckner/Vollmuth*, WM 2004, 1263, 1270.

571 Dritter Teil. C. II. 1. a); siehe zudem die Nachweise in Fn. 226; Gleiches gilt für die Frage des Mitverschuldens nach § 254 BGB.

572 MüKoBGB/*Kramer*, § 122 Rdn. 9; kritisch *Fleckner/Vollmuth*, WM 2004, 1263, 1271.

573 Siehe aber *Fleckner/Vollmuth*, WM 2004, 1263, 1271 (bejahend).

574 BGH, Urt. v. 29.1.1969 – I ZR 18/67 = NJW 1969, 789, 790 f.; BGH, Urt. v. 25.11.1971 – VII ZR 37/70 = WM 1972, 214, 214; BGH, Urt. v. 3.10.1989 – XI ZR 168/88 = BGHZ 108, 386, 392; OLG Hamm, Urt. v. 11.3.1976 – 18 U 245/75 = NJW 1976, 2077, 2078; Soergel/*Mertens*, Vor § 249 Rdn. 259; Staudinger/*Schiemann*, Bearb. 2005, Vorbem. zu §§ 249 ff. Rdn. 67; *Lange/Schiemann*, Schadensersatz, S. 481 f.; *Hadding*, in: Festschrift Werner, S. 165, 186; ebenso in Anlehnung an das Stellvertretungsrecht *Fleckner*, in: Beiträge für Hopt, S. 3, 28 f.; kritisch *Langenbucher/Adolff*, in: Festschrift Canaris, S. 679, 694.

575 Ähnlich BGH, Urt. v. 25.11.1971 – VII ZR 37/70 = WM 1972, 214, 214 zum Mitverschulden bei der Drittschadensliquidation.

zurechnen.[576] Sofern der Kunde also Kenntnis von der Anfechtbarkeit hatte, entfällt die Schadensersatzpflicht des außerbörslichen Handelspartners nach § 122 Abs. 2 BGB.[577]

4. *Zwischenergebnis*

Nach § 122 Abs. 1 BGB in Verbindung mit den Grundsätzen der Drittschadensliquidation ist der außerbörsliche Handelspartner bei einer Anfechtung aufgrund der §§ 119, 120 BGB verpflichtet, der Bank den Schaden zu ersetzen, der ihrem Kunden im Vertrauen auf die Wirksamkeit des Mistrade-Geschäfts entstanden ist. Die Bank hat diesen Anspruch an ihren Kunden abzutreten. Die Schadensersatzpflicht entfällt allerdings nach § 122 Abs. 2 BGB, wenn der Kunde die Anfechtbarkeit kannte oder kennen musste. Dies ist bei Mistrade-Geschäften der Regelfall, allerdings trifft den außerbörslichen Handelspartner dabei die Darlegungs- und Beweislast.[578]

D. Anfechtungsrechte der Bank als Kommissionärin

In der Praxis geht das Aufhebungsbegehren bei einem Mistrade meist von dem außerbörslichen Handelspartner aus.[579] Die Gerichtsurteile zu Mistrade-Geschäften im außerbörslichen Wertpapierhandel[580] haben demgemäß ganz überwiegend diese Fallgestaltung zum Gegenstand.[581]

Denkbar ist aber auch eine Mistrade-Konstellation zu Ungunsten des Kunden. Eine solche liegt vor, wenn bei einem Wertpapiererwerb des Kunden auf der Website des Handelspartners ein Kurs angezeigt wird, der höher als der marktgerechte

---

576 Siehe ausführlich Dritter Teil. C. II. 4. d) bb) (1); zum Meinungsstand siehe die Nachweise in Fn. 318 und Fn. 319.

577 Die Schadensersatzpflicht kann ebenfalls wegen Mitverschuldens des Kunden nach § 254 BGB ausgeschlossen sein, siehe dazu die Nachweise in Fn. 574; allerdings ist ein Rückgriff auf § 254 BGB im Anwendungsbereich der spezielleren Regelung des § 122 Abs. 2 BGB ausgeschlossen, RG, Urt. v. 19.2.1904 – II 254/03 = RGZ 57, 87, 89 f.; Soergel/*Hefermehl*, § 122 Rdn. 6; Staudinger/*Singer*, Bearb. 2004, § 122 Rdn. 18; *Fleckner/Vollmuth*, WM 2004, 1263, 1272.

578 Zu den Indizien, die auf die Kenntnis des Kunden schließen lassen, siehe Dritter Teil. A. II.

579 Siehe ausführlich Dritter Teil. C.

580 Diese beziehen sich bis auf die Ausnahme des OLG Düsseldorf, Urt. v. 27.1.2000 – 6 U 168/98 = RIW 2001, 226, 227 f. auf die in den Mistrade-Regeln vereinbarten Aufhebungsrechte und nicht auf die gesetzlichen Anfechtungsrechte.

581 Eine Ausnahme stellt ein Urteil des LG Nürnberg-Fürth dar, bei dem das Aufhebungsbegehren von dem Kunden ausging, LG Nürnberg-Fürth, Urt. v. 14.2.2001 – 10 O 8312/00 = WM 2001, 988 – 990; zu dieser Konstellation sogleich Dritter Teil. E.

Kurs ist.[582] Ursache dieses nicht marktgerechten Kurses können nur Fehler des Handelspartners sein, da im außerbörslichen Handel der Wertpapierkurs vom Handelspartner gestellt und im Gegensatz zum börslichen Wertpapierkurs nicht durch Angebot und Nachfrage der Kunden bestimmt wird.

Im Folgenden wird zunächst geprüft, ob die Bank ihre Willenserklärung im Ausführungsgeschäft bei einem für ihren Kunden ungünstigen Mistrade anfechten kann (I.). Der Vollständigkeit halber wird zudem erörtert, ob die Bank nach erfolgter Anfechtung eines Mistrade-Geschäfts durch den außerbörslichen Handelspartner (also im praktisch relevanten Ausgangsfall)[583] ihre Willenserklärung aus dem Kommissionsvertrag (II.) oder ihre Ausführungsanzeige gegenüber dem Kunden (III.) anfechten kann. Ein Interesse der Bank daran besteht möglicherweise, um nachteiligen Folgen einer mistrade-bedingten Aufhebung des Ausführungsgeschäfts, welche nicht dem Interesse ihres Kunden entspricht, zu entgehen.

I. Anfechtung im Außenverhältnis

Mistrades entstehen im Ausführungsgeschäft zwischen der Bank und dem außerbörslichen Handelspartner. Es liegt daher nahe zu untersuchen, ob die Bank im Fall eines für ihren Kunden ungünstigen Mistrades ihre Angebotserklärung zum Abschluss des Wertpapierkaufvertrages mit dem Handelspartner anfechten kann.

1. Eigene Fehler

Die Bank selbst wird nur selten einem relevanten Irrtum erliegen, da sie wie dargelegt[584] keinen eigenen Willen bildet, sondern sich die Willenserklärung ihres Kunden durch die Orderausführung zu Eigen macht und diese dabei inhaltlich nicht überprüft. Im praktisch vorherrschenden Online-Handel gibt der Kunde sogar selbst wesentliche Daten des Wertpapiergeschäfts – beispielsweise den Geschäftsgegenstand oder den Ausführungsort der Order und darüber in der Regel den Handelspartner – in die Online-Maske der Direktbank ein.[585] Diese Daten werden ohne manuelle Mitwirkung der Direktbank in das Computersystem des außerbörslichen Handelspartners übertragen.

Vor diesem Hintergrund wird bereits deutlich, dass sich die Bank auf die meisten Anfechtungsgründe nicht berufen kann, weil deren Voraussetzungen nicht erfüllt

---

582 Bzw. im umgekehrten Fall, wenn bei einer Wertpapierveräußerung des Kunden auf der Website des Handelspartners ein Kurs angezeigt wird, der niedriger als der marktgerechte Kurs ist.

583 Ausführlich Dritter Teil. C.

584 Siehe Dritter Teil. C. II. 1. a).

585 Siehe bereits Zweiter Teil. C. III. 2. b).

sind. Ein Erklärungsirrtum oder Kalkulationsirrtum der Bank wegen manueller Fehler scheidet im Direkthandel aus, weil die Bank selbst keine Daten eingibt. Sie bildet auch keinen eigenen Willen über das Wertpapiergeschäft, so dass ein Irrtum über verkehrswesentliche Eigenschaften des betreffenden Wertpapiers nicht in Betracht kommt, ebenso wenig wie eine arglistige Täuschung durch den Handelspartner. Theoretisch denkbar sind zwei Fehlerkonstellationen:

Mängel in der Willenserklärung könnten bei einer fehlerhaften Datenübermittlung oder -berechnung aufgrund von Softwarefehlern entstehen oder bei der Ausführung einer der Bank telefonisch erteilten Order. Allerdings haben diese Fehler im außerbörslichen anders als im börslichen Handel keine Auswirkung auf den Wertpapierkurs. Ein Mistrade-Geschäft könnte auf diese Weise nur zustande kommen, wenn die Bank durch einen solchen Fehler zufällig ein Angebot zu dem von dem Handelspartner fehlerhaft gestellten, nicht marktgerechten Kurs abgäbe. Diese Fälle dürften statistisch zu vernachlässigen sein.

Als Mangel in der Willensbildung kommt ein Irrtum der Bank darüber in Betracht, ob überhaupt eine wirksame Order ihres Kunden vorlag. In Mistrade-Fällen zu Ungunsten des Kunden kann dieser seine Order unter bestimmten Voraussetzungen nachträglich anfechten, mit der Folge, dass diese als von Anfang an nichtig anzusehen ist (§ 142 Abs. 1 BGB).[586] Zu überlegen ist, ob der Irrtum über das Vorliegen einer wirksamen Order unter einen der gesetzlich normierten Anfechtungsgründe fällt. Die Bank wird nach der Beauftragung zum Erwerb oder zur Veräußerung von Wertpapieren durch ihren Kunden davon ausgehen, als Kommissionärin auf Grundlage einer wirksamen Order für diesen tätig zu werden. Das Bestehen einer wirksamen Order ist für die Bank also Motiv für den Abschluss des Ausführungsgeschäfts. Ein reiner Motivirrtum ist allerdings unbeachtlich und würde die Bank nicht zur Anfechtung berechtigen. Anders wäre dies, wenn die Vorstellung der Bank über das Vorliegen einer Order konkludent Bestandteil ihrer Willenserklärung gegenüber dem Handelspartner geworden wäre. Dann käme möglicherweise ein Inhaltsirrtum nach § 119 Abs. 1 Alt. 1 BGB in Betracht. Eine solche Deutung der Willenserklärung unterliegt allerdings weiteren Anforderungen. Sie darf nicht dazu führen, die gesetzliche Unterscheidung zwischen beachtlichen und unbeachtlichen Irrtümern auszuhöhlen. Daher muss sie auf konkreten Anhaltspunkten beruhen, also aus dem Verhalten der Bank erschließbar sein.[587] Dies ist in der vorliegenden Konstellation nicht der Fall.[588] Die Bank handelt typischerweise im eigenen Namen. Daraus ist nicht ersichtlich, ob sie ein Wertpapiergeschäft für eigene Rechnung oder für fremde Rechnung abschließen möchte. Das Bestehen einer wirksamen Order als Motiv für die Bank zum Tätigwerden kommt in ihrer Willens-

586 Dazu ausführlich Dritter Teil. E. I.

587 Zu den Voraussetzungen einer konkludenten Willenserklärung allgemein Brox/*Walker*, BGB AT, S. 46; Larenz/*Wolf*, Bürgerliches Recht AT, S. 439 f.

588 Anders ist dies bei der Ausführungsanzeige, bei der die Bank konkludent den Abschluss eines Ausführungsgeschäfts miterklärt, siehe dazu Dritter Teil. D. III. 2.

erklärung nicht zum Ausdruck. Es bleibt daher dabei, dass der Irrtum der Bank über das Vorliegen einer Order einen unbeachtlichen Motivirrtum darstellt, der nicht zur Anfechtung berechtigt.[589]

2. *Fehler des Kunden*

Im Gegensatz zur Bank wird dem Kunden bei einem Mistrade-Geschäft zu seinen Ungunsten häufiger ein Irrtum unterlaufen. Der Kunde ist wirtschaftlicher Hintermann und letztlich Hauptbetroffener des Wertpapiergeschäfts. Auch wenn er rechtlich nicht Vertragspartner ist, gehen von ihm alle maßgeblichen Entscheidungen aus: Er initiiert den Abschluss des Wertpapiergeschäfts durch die Beauftragung seiner Bank und gibt in den meisten Fällen zudem mit seiner Weisung die Geschäftsbedingungen vor. Im Direkthandel trägt er die Daten sogar selbst in die Online-Maske der Bank ein.

Dem Kunden können damit sowohl bei der Willenserklärung als auch bei der Willensbildung Fehler unterlaufen, welche zum Teil die Voraussetzungen der gesetzlich normierten Anfechtungsgründe erfüllen. An dieser Stelle ist zunächst nur zu klären, ob die Bank berechtigt sein kann, Fehler ihres Kunden geltend zu machen.

3. *Anfechtungsberechtigung*

Zu prüfen ist die Anfechtungsberechtigung der Bank sowohl für ihre eigenen Fehler als auch für die Fehler ihres Kunden.

a) Wegen eigener Fehler

Da die Bank Vertragspartnerin des außerbörslichen Handelspartners ist, spricht nichts dagegen, dass sie wegen eigener Fehler anfechten kann, sofern diese einen der gesetzlich normierten Anfechtungsgründe erfüllen.

Teilweise wird in der Literatur zum Kommissionsrecht und der mittelbaren Stellvertretung zwar der Eindruck erweckt, der Kommissionär könne seine Willenserklärung nur dann anfechten, wenn nicht nur er, sondern auch der Kommittent sich diesbezüglich in einem Irrtum befunden hatte.[590] Bezug genommen wird in diesem

---

589 Ähnlich Ebenroth/Boujong/Joost/*Krüger*, § 383 Rdn. 42, der einen Irrtum des Kommissionärs über die „Rechtsbeständigkeit des Kommissionsvertrages" lediglich als Motivirrtum ansieht, welcher weder nach § 119 Abs. 1 BGB noch nach § 119 Abs. 2 BGB zur Anfechtung des Ausführungsgeschäftsberechtige; allgemein zur Unbeachtlichkeit des Motivirrtums sowie zu Abgrenzungsfragen Larenz/*Wolf*, Bürgerliches Recht AT, S. 652 ff.

590 *Hager*, AcP 180 (1980), 239, 242 (in Bezug auf die mittelbare Stellvertretung); *Oertmann*, JW 1929, 1457, 1458.

Zusammenhang auf die sogenannte Ming-Vasen-Entscheidung des *Reichsgerichts*.[591] Darin ging es um den kommissionsrechtlichen Verkauf zweier chinesischer Vasen, deren marktgerechter Wert ihren Verkaufspreis um ein Vielfaches überstieg, da sie nicht wie fälschlicherweise angenommen aus der Qing-, sondern der Ming-Dynastie stammten. Das *Reichsgericht* entschied, dass der Kommittent sich für den Fall, dass der Kommissionär das Ausführungsgeschäft wegen eines Eigenschaftsirrtums nach § 119 Abs. 2 BGB angefochten und seinen bereicherungsrechtlichen Rückforderungsanspruch an den Kommittenten abgetreten hatte, nur dann auf einen Irrtum des Kommissionärs hätte berufen können, wenn er sich auch selbst in einem entsprechenden Irrtum befunden hätte.[592] Das *Reichsgericht* bezog sich also auf die Geltendmachung des abgetretenen Rückforderungsanspruches des Kommissionärs durch den Kommittenten. Mit der Entscheidung wurde hingegen nicht zum Ausdruck gebracht, dass dem Kommissionär nur dann ein Anfechtungsrecht zustehen solle, wenn er und der Kommittent beide dem gleichen Irrtum erlägen.[593]

Im Ergebnis ist die Bank, die als Kommissionärin und Vertragspartnerin des außerbörslichen Handelspartners schliesslich selbst alle Rechte und Pflichten aus dem Ausführungsgeschäft erlangt, bei einem Mistrade also zur Anfechtung wegen eigener Fehler berechtigt. Es wird ihr allerdings nur äußerst selten ein Fehler unterlaufen, der einen Anfechtungsgrund erfüllt.

b) Wegen Fehler des Kunden

Wegen Fehler ihrer Kunden ist die Bank als Kommissionärin nicht zur Anfechtung im Ausführungsgeschäft berechtigt. In der Rechtsprechung und kommissionsrechtlichen Literatur wird einheitlich vertreten, dass der Kommissionär sich bei einer Anfechtung im Ausführungsgeschäft nicht auf die Willensmängel des Kommittenten, sondern ausschließlich auf seine eigenen Willensmängel berufen kann.[594]

Dieses Ergebnis ist überzeugend und folgt schon aus der Anwendung der bürgerlichrechtlichen Vorschriften. Die Anfechtungsregeln stellen ausschließlich auf einen Willensmangel des Erklärenden ab.[595] Bei einem Wertpapierkaufvertrag ist Erklärender nicht der Kunde, sondern die Bank als einer der beiden Vertragspart-

591 RG, Urt. v. 22.2.1929 – II 357/28 = RGZ 124, 115 ff.

592 RG, Urt. v. 22.2.1929 – II 357/28 = RGZ 124, 115, 120.

593 So auch ausdrücklich MüKoHGB/*Häuser*, § 383 Rdn. 54; Schlegelberger/*Hefermehl*, § 383 Rdn. 31.

594 RG, Urt. v. 31.1.1891 – I 254/90 = RGZ 27, 118, 125 und 127; Baumbach/*Hopt*, § 383 Rdn. 19; Ebenroth/Boujong/Joost/*Krüger*, § 383 Rdn. 42; Heymann/*Hermann*, § 383 Rdn. 13; *Lenz*, in: Röhricht/Westphalen, § 383 Rdn. 29; MüKoHGB/*Häuser*, § 383 Rdn. 54; *Roth*, in: Koller/Roth/Morck, § 383 Rdn. 14; Schlegelberger/*Hefermehl*, § 383 Rdn. 31; Staub/*Koller*, § 383 Rdn. 69; *Hager*, AcP 180 (1980), 239, 240 (in Bezug auf die mittelbare Stellvertretung).

595 Ausdrücklich beispielsweise § 119 Abs. 1 BGB „Wer bei der Abgabe einer Willenserklärung über deren Inhalt im Irrtum war [...], kann die Erklärung anfechten [...]“.

ner. Daher kann es für das Anfechtungsrecht der Bank grundsätzlich nicht auf Willensmängel des Kunden ankommen. Eine Ausnahme bestünde nur, wenn die Bank sich aufgrund einer gesetzlichen Bestimmung auf Fehler des Kunden berufen könnte. Das Kommissionsrecht enthält keine Vorschrift zur Geltendmachung von fremden Willensmängeln. Es käme also allenfalls eine analoge Anwendung des § 166 Abs. 1 oder Abs. 2 BGB in Betracht.[596] Bei genauer Betrachtung führte eine Anwendung des § 166 Abs. 1 oder Abs. 2 BGB – unabhängig von der Frage der Zulässigkeit einer Analogiebildung – jedoch nicht dazu, dass die Bank sich auf Willensmängel des Kunden berufen könnte.

Eine Anwendung des § 166 Abs. 1 BGB hilft nicht weiter, weil darin für das Stellvertretungsrecht ausdrücklich bestimmt ist, dass „nicht die Person des Vertretenen, sondern die des Vertreters" in Betracht kommt, „soweit die rechtlichen Folgen einer Willenserklärung durch Willensmängel [...] beeinflusst werden". Übertragen auf das Kommissionsrecht bliebe es also bei dem vorstehend festgestellten Ergebnis, dass nur Willensmängel der Bank und nicht des Kunden relevant sind.

Die Vorschrift des § 166 Abs. 2 BGB ist schon dem Wortlaut nach nicht einschlägig, da darin nur die Wissenszurechnung geregelt ist. In bestimmten Fällen wird § 166 Abs. 2 BGB zwar analog auch auf Willensmängel angewandt.[597] Der Hintergrund dabei ist, dass es für die Anfechtung auf die Bewusstseinslage der Person ankommen soll, auf deren „Interessenbewertung und Entschließung" das Vertretergeschäft beruht.[598] Dadurch können teilweise auch Willensmängel des Vollmachtgebers Auswirkungen auf das Vertretergeschäft haben.[599] Allerdings steht das Anfechtungsrecht bei der Stellvertretung immer dem Vollmachtgeber und nicht dem Vertreter zu.[600] Aus der Regelung des § 166 Abs. 2 BGB ließe sich daher zwar möglicherweise für das Kommissionsrecht die Wertung entnehmen, dass Willens-

596 Ausführlich zur Wissenszurechnung im Kommissionsrecht analog § 166 Abs. 2 BGB siehe Dritter Teil. C. II. 4. d) bb) (1).

597 Insbesondere auf die arglistige Täuschung nach § 123 Abs. 1 Alt. 1 BGB, dazu BGH, Urt. v. 24.10.1968 – II ZR 214/66 = BGHZ 51, 141, 144 ff.; MüKoBGB/*Schramm*, § 166 Rdn. 59; Soergel/*Leptien*, § 166 Rdn. 33; *Köhler*, BGB AT, § 11 Rdn. 51; Larenz/*Wolf*, Bürgerliches Recht AT, S. 857; *Medicus*, Allgemeiner Teil BGB, Rdn. 902; *Müller-Freienfels*, Die Vertretung beim Rechtsgeschäft, S. 402 ff.; a.A. Staudinger/*Schilken*, Neubearb. 2009, § 166 Rdn. 17; *Bork*, Bürgerliches Recht AT, S. 647 ff.

598 BGH, Urt. v. 24.10.1968 – II ZR 214/66 = BGHZ 51, 141, 144 ff.; ähnlich MüKoBGB/*Schramm*, § 166 Rdn. 59 und Larenz/*Wolf*, Bürgerliches Recht AT, S. 857.

599 Bei der Anfechtung des Vertretergeschäfts wegen arglistiger Täuschung nach § 123 Abs. 1 Alt. 1 BGB (siehe die Nachweise in Fn. 597) sowie auch bei anderen Willensmängeln, siehe dazu Erman/*Palm*, § 166 Rdn. 18; MüKoBGB/*Schramm*, § 166 Rdn. 59; *Medicus*, Allgemeiner Teil BGB, Rdn. 902; einschränkend auch Soergel/*Leptien*, § 166 Rdn. 33; a.A. Staudinger/*Schilken*, Neubearb. 2009, § 166 Rdn. 17; *Bork*, Bürgerliches Recht AT, S. 647 ff.

600 Dies folgt bereits daraus, dass die Wirkungen des abgeschlossenen Rechtsgeschäfts nicht den Vertreter, sondern ausschließlich den Vertretenen treffen, § 164 Abs. 1 S. 1 BGB; dazu auch *Bork*, Bürgerliches Recht AT, S. 647 ff.; Larenz/*Wolf*, Bürgerliches Recht AT, S. 866.

mängel des Kunden Relevanz für das Ausführungsgeschäft haben können.[601] Allerdings würde sich nur der Kunde und nicht die Bank darauf berufen können.

Selbst bei analoger Anwendung des § 166 Abs. 1 oder Abs. 2 BGB stünde der Bank bei einem Mistrade-Geschäft daher kein Anfechtungsrecht wegen Fehler ihrer Kunden zu.

II. Anfechtung im Innenverhältnis

Ein Interesse an der Beseitigung des Kommissionsvertrages könnte die Bank haben, um zu vermeiden, dass nach der Aufhebung eines Mistrades im Ausführungsgeschäft Unsicherheiten hinsichtlich ihrer weiteren Pflichten bestehen. Vertreten wird teilweise, dass die Bank trotz Aufhebung des Mistrade-Geschäfts weiterhin aus dem Kommissionsvertrag verpflichtet sei, sich um die Ausführung der Order zu bemühen.[602] Aufgrund der durch den Mistrade eingetretenen zeitlichen Verzögerung könne die Bank jedoch nicht mehr sicher sein, ob die Ausführung noch dem Willen des Kunden entspreche.[603]

Diese Auffassung ist – besonders bei der Ausführung im Direkthandel – fernliegend.[604] Der Kunde geht im Direkthandel bei Erteilung einer unlimitierten Order davon aus, dass diese sofort zu dem angezeigten Kurs ausgeführt wird. Alternativ wird er oft zur Absicherung ein Preislimit für seine Order setzen. In beiden Fällen möchte der Kunde zu einem bestimmten, in der Regel sogar exakt bezifferten Kurs abschließen. Dies ist jedoch bei einem Mistrade nicht mehr möglich, sobald der außerbörsliche Handelspartner seinen Fehler erkannt, das Mistrade-Geschäft aufgehoben und den Kurs in seiner *invitatio ad offerendum* entsprechend korrigiert hat. Auch in dem unwahrscheinlichen Fall, dass sich der marktgerechte Kurs aufgrund anderer Faktoren plötzlich so entwickeln sollte, dass er dem ursprünglichen, nicht marktgerechten Kurs des Mistrade-Geschäfts entspricht, wird die Direktbank schon aufgrund des Zeitablaufs und der Kursschwankungen verpflichtet sein, vor einer weiteren Ausführung zunächst Rücksprache mit dem Kunden zu halten.[605] Eine solche Nachfragepflicht der Bank gilt nach der Aufhebung eines Mistrade-Geschäfts auch für außerhalb des Direkthandels erteilte Kundenorders. Dies folgt aus der besonderen Vertrauensbeziehung zwischen Bank und Kunde[606] und dem

601 Dazu ausführlich Dritter Teil. E. II.

602 So *Lindfeld*, Mistrade-Regeln, S. 118, 190, 200; kritisch hingegen *Fleckner/Vollmuth*, WM 2009, 1819, 1820.

603 *Lindfeld*, Mistrade-Regeln, S. 190.

604 So auch *Fleckner/Vollmuth*, WM 2009, 1819, 1820.

605 *Fleckner/Vollmuth*, WM 2009, 1819, 1820.

606 Die Bank ist wie dargelegt nach §§ 384 Abs. 1 Halbs. 2 Alt. 1 HGB, 2 Abs. 3 Nr. 1, 31 Abs. 1 Nr. 1, 33a WpHG zur Interessenwahrung gegenüber dem Kunden verpflichtet, siehe bereits Zweiter Teil. C. III. 2. b); ausführlich dazu Baumbach/*Hopt*, § 384 Rdn. 1 ff.;

Umstand, dass sich die Kunden bei der Auftragserteilung meist von den aktuellen Kursen leiten lassen.[607]

Ergibt sich aus den Nachforschungen der Bank, dass der Kunde weiterhin die Ausführung seiner Order wünscht, stellt auch dies keine Unsicherheit für die Bank dar. Aufgrund des Kommissionsvertrages ist die Bank ohnehin nicht zur Ausführung der Order verpflichtet, sondern schuldet nur das Bemühen[608] um die Herbeiführung eines dem Kommissionsauftrag inhaltlich entsprechenden Ausführungsgeschäfts.[609] Wenn die Bank also bei dem Versuch, eine Order des Kunden auszuführen, feststellt, dass es am Markt keine entsprechende Abschlussgelegenheit gibt, ist dies für sie kein Verstoß gegen ihre Pflichten aus dem Kommissionsvertrag.[610]

Im Übrigen würde die Bank bei einem Mistrade-Geschäft auch gar keinem Irrtum erliegen, der sie zur Anfechtung im Innenverhältnis berechtigte. Das Mistrade-Geschäft ereignet sich erst bei der Orderausführung. Die Bank kann sich darüber also nicht schon bei Abschluss des Kommissionsvertrages geirrt haben. Ein Irrtum darüber, ob die Kundenorder überhaupt ausführbar ist, stellt nur einen unbeachtlichen Motivirrtum dar.[611] Auch einer möglichen Haftung[612] gegenüber dem Kunden im Anschluss an eine mistrade-bedingte Aufhebung des Wertpapiergeschäfts kann die Bank nicht durch ein Anfechtungsrecht entgehen.[613]

Ebenroth/Boujong/Joost/*Krüger*, § 384 Rdn. 9 ff.; *Ekkenga*, Effektengeschäft, Rdn. 442 ff.; Heymann/*Hermann*, § 384 Rdn. 8 ff.; MüKoHGB/*Häuser*, § 384 Rdn. 17 ff.; *Roth*, in: Koller/Roth/Morck, § 384 Rdn. 5 ff.; *Roth*, in: Assmann/Schütze, Kapitalanlagerecht, § 11 Rdn. 1 ff.; Schlegelberger/*Hefermehl*, § 384 Rdn. 10 ff.; Staub/*Koller*, § 384 Rdn. 3 ff.; *Göhmann*, Verhaltenspflichten, S. 131 ff.

607 *Kümpel*, in: Kümpel/Hammen/Ekkenga, Kapitalmarktrecht, Rdn. 220, S. 45; *Göhmann*, Verhaltenspflichten, S. 258.

608 Die Grundlage des Kommissionsvertrages ist richtigerweise ein Geschäftsbesorgungsvertrag mit Dienstleistungscharakter, siehe Zweiter Teil. C. II. 2. sowie die Nachweise in Fn. 148.

609 BGH, Beschl. v. 28.5.2002 – XI ZR 336/01 = WM 2002, 1502, 1503; *Ekkenga*, Effektengeschäft, Rdn. 435; MüKoHGB/*Häuser*, § 383 Rdn. 29; *Göhmann*, Verhaltenspflichten, S. 30; differenzierend Staub/*Koller*, § 383 Rdn. 60; bei der Ausführung der Order als Festpreisgeschäft wäre die Bank hingegen zur Erfüllung verpflichtet.

610 Bei einem Festpreisgeschäft wäre der Kunde durch das allgemeine Leistungsstörungsrecht geschützt, siehe auch *Lindfeld*, Mistrade-Regeln, S. 167 Fn. 538 und S. 184.

611 Gleiches gilt bei einem Festpreisgeschäft, wenn sich die Bank darüber irrt, ob sie ein entsprechendes Deckungsgeschäft abschließen kann, dazu auch *Lindfeld*, Mistrade-Regeln, S. 184.

612 Beispielsweise wegen Verstoßes gegen ihre Interessenwahrungspflicht aus § 384 Abs. 1 Halbs. 2 Alt. 1 HGB, wenn sie bei Vereinbarung von Mistrade-Klauseln in den AGB mit dem außerbörslichen Handelspartner keinen dem § 122 BGB entsprechenden Schadensersatzanspruch vereinbart, siehe dazu bereits die Nachweise in Fn. 178.

613 Teilweise versuchen die Banken allerdings, ihre Haftung mit Rezeptionsklauseln in den AGB zu begrenzen, dazu Zweiter Teil. C. III. 1.; zu deren AGB-rechtlichen Zulässigkeit siehe *Lindfeld*, Mistrade-Regeln, S. 191 ff.

III. Anfechtung der Ausführungsanzeige

Die Bank hat in Mistrade-Fällen kein Interesse an der Aufhebung des Kommissionsvertrages, da sie daraus wie dargelegt in aller Regel nicht zur Ausführung der Order verpflichtet ist.

Zu überlegen ist aber, ob sich nach Aufhebung des Mistrades im Ausführungsgeschäft anderweitig eine Erfüllungshaftung der Bank gegenüber dem Kunden ergeben könnte. Nach der Regelung des § 384 Abs. 3 HGB haftet der Kommissionär dem Kommittenten für die Erfüllung des Ausführungsgeschäfts, wenn er ihm nicht zugleich mit der Anzeige von der Ausführung der Kommission den Dritten namhaft macht, mit dem er das Ausführungsgeschäft abgeschlossen hat. Wäre diese Vorschrift auf Mistrade-Fälle anwendbar, würde dies bedeuten, dass die Bank, sobald sie dem Kunden die Ausführung ohne Namhaftmachung des außerbörslichen Handelspartners angezeigt hat, die Order zu dem nicht marktgerechten Preis des Mistrade-Geschäfts erfüllen oder entsprechend Schadensersatz leisten müsste. Die Haftung des Kommissionärs ergibt sich bei Erfüllung der entsprechenden Voraussetzungen eigenständig aus § 384 Abs. 3 HGB und ist nicht von der Wirksamkeit des Ausführungsgeschäfts abhängig.[614] Vor diesem Hintergrund könnte die Bank möglicherweise an einer Anfechtung ihrer Ausführungsanzeige interessiert sein.

1. Erfüllungshaftung mangels Namhaftmachung des Dritten

Zu prüfen ist zunächst, ob die Vorschrift des § 384 Abs. 3 HGB auf die typischen Mistrade-Fälle überhaupt anwendbar ist.[615] Auf den ersten Blick scheint dies unproblematisch der Fall zu sein, da der Wortlaut des § 384 Abs. 3 HGB auf die Mistrade-Fälle passt. Auch die Voraussetzungen der Vorschrift werden meistens erfüllt sein.

a) Anzeige der Ausführung

Vorausgesetzt für die Erfüllungshaftung nach § 384 Abs. 3 HGB ist zunächst, dass die Bank dem Kunden die Ausführung des Geschäfts angezeigt hat. Dazu ist die Bank ohnehin verpflichtet. Gemäß § 384 Abs. 2 Halbs. 1 HGB hat der Kommissio-

---

614 Baumbach/*Hopt*, § 384 Rdn. 12; Ebenroth/Boujong/Joost/*Krüger*, § 384 Rdn. 34; MüKoHGB/*Häuser*, § 384 Rdn. 92; *Roth*, in: Koller/Roth/Morck, § 384 Rdn. 22; Schlegelberger/*Hefermehl*, § 384 Rdn. 57; Staub/*Koller*, § 384 Rdn. 72.

615 So ausführlich *Lindfeld*, Mistrade-Regeln, S. 167 ff.; kritisch *Fleckner/Vollmuth*, WM 2009, 1819, 1820; ausdrücklich ablehnend *Fleckner*, WM 2011, 585, 594 mit dem Argument, es bestünde schon gar kein „Geschäft", wenn das Mistrade-Geschäft rückwirkend storniert wurde.

när dem Kommittenten „von der Ausführung der Kommission unverzüglich Anzeige zu machen".

Diese Pflicht könnte aber entfallen, wenn die Bank vor Abgabe der Ausführungsanzeige von dem außerbörslichen Handelspartner über das Vorliegen eines Mistrades und dementsprechend der Aufhebung des Ausführungsgeschäfts in Kenntnis gesetzt worden wäre.[616] Im außerbörslichen Wertpapierhandel ist es üblich, den Mistrade innerhalb von 120 Minuten nach Geschäftsabschluss geltend zu machen.[617] Dies ist auch maßgeblicher Anhaltspunkt für die Anfechtungsfrist nach § 121 Abs. 1 S. 1 BGB und § 124 Abs. 2 S. 1 BGB.[618] Die Bank sollte also im Regelfall innerhalb von 120 Minuten von dem Mistrade erfahren. Umgekehrt wird ihr bei der Anzeige der Ausführung des Wertpapiergeschäfts gegenüber dem Kunden aber eine längere Frist zugebilligt. Die Vorschrift des § 384 Abs. 2 Halbs. 1 HGB verpflichtet den Kommissionär zwar zur unverzüglichen Anzeige und erinnert damit an das Unverzüglichkeitserfordernis des § 121 Abs. 1 S. 1 BGB. Allerdings wird die Frist zumindest für das Privatkundengeschäft aufgrund der Vorschrift des § 8 Abs. 2 S. 1 WpDVerOV weiter auszulegen sein, wonach die Anzeige erst spätestens am ersten Geschäftstag nach der Ausführung des Auftrages erfolgen muss.[619] Es sollte daher der Regelfall sein, dass die Bank von der Aufhebung des Ausführungsgeschäfts wegen eines Mistrades erfährt, bevor sie verpflichtet ist, dem Kunden die Ausführung des Geschäfts anzuzeigen. In der Praxis ist es allerdings unwahrscheinlich, dass die Bank dadurch einer Haftung nach § 384 Abs. 3 HGB entgehen kann. Im praktisch relevanten Direkthandel wird die Ausführungsanzeige dem Kunden nach Ausführung des Wertpapierauftrages automatisiert durch das Computersystem der Bank zugesendet, so dass die Bank in der Regel manuell keinen Einfluss mehr darauf nehmen kann. Üblicherweise wird die Bank dem Kunden bei einem Mistrade also die Ausführung des Geschäfts angezeigt haben.

b) Keine Namhaftmachung des Dritten

Eine Haftung der Bank setzt zudem voraus, dass sie dem Kunden nicht zugleich mit der Ausführungsanzeige ihren Handelspartner benannt hat. In zeitlicher Hinsicht kommt es dabei auf den Zugang der Ausführungsanzeige beim Kommittenten an.[620] Diese Bedingung ist bei Mistrade-Geschäften erfüllt, da die Bank im Wertpa-

---

616 So auch *Lindfeld*, Mistrade-Regeln, S. 175.

617 Siehe beispielsweise LG Frankfurt am Main, Urt. v. 23.12.2008 – 2-19 O 147/08 = WM 2009, 455, 455; so auch vereinbart in Nr. (5) (a) der Mistrade-Regeln zwischen Cortal Consors und der Deutschen Bank; ebenso *Fleckner/Vollmuth*, WM 2004, 1263, 1275; *Fleckner*, WuB I G. 2 – 1.09, S. 515.

618 Dazu ausführlich Dritter Teil. C. IV. 2.

619 Mit Ausführung des Auftrages ist in diesem Fall der Abschluss des Ausführungsgeschäfts gemeint, siehe *Ekkenga*, Effektengeschäft, Rdn. 494.

620 Baumbach/*Hopt*, § 384 Rdn. 12 f.; *Lenz*, in: Röhricht/Westphalen, § 384 Rdn. 18; MüKoHGB/*Häuser*, § 384 Rdn. 106; *Schmidt-Rimpler*, in: Handbuch des gesamten Han-

pierhandel ihrem Kunden gewöhnlich den außerbörslichen Handelspartner nicht namhaft macht.[621]

Zu bedenken ist allerdings, dass der Kunde im Direkthandel über die Online-Maske der Bank selbst auswählt, mit welchem außerbörslichen Handelspartner die Bank das Ausführungsgeschäft abschließen soll.[622] Für den Bereich des Direkthandels erscheint eine Namhaftmachung des Handelspartners in der Ausführungsanzeige daher überflüssig, da dieser dem Kunden ohnehin bekannt ist. Nach dem Wortlaut des § 384 Abs. 3 HGB kommt es allerdings nur darauf an, dass die Bank den Handelspartner nicht zugleich mit der Ausführungsanzeige benannt hat. Den Kommissionär entlastende Umstände wie fehlendes Verschulden oder berechtigte Gründe werden für das Entstehen seiner Erfüllungshaftung nicht berücksichtigt.[623] Vielmehr tritt diese allein aufgrund der unvollständigen Ausführungsanzeige ein. Die Erfüllungshaftung wäre im Übrigen auch weder nach Nr. 9 S. 1 SBW[624] noch konkludent durch die Mistrade-Regeln – würde man diese als Handelsbrauch im Sinne des § 346 HGB einordnen[625] – ausgeschlossen.[626]

---

delsrechts, S. 957 ff.; *Lindfeld*, Mistrade-Regeln, S. 175; demgegenüber auf die Absendung der Ausführungsanzeige abstellend *Roth*, in: Koller/Roth/Morck, § 384 Rdn. 22; Staub/*Koller*, § 384 Rdn. 72.

621 Spezifisch für Mistrade-Geschäfte *Lindfeld*, Mistrade-Regeln, S. 167, 174; allgemein zum Wertpapierhandel MüKoHGB/*Häuser*, § 384 Rdn. 95; *Hammen*, ZBB 2000, 293, 296.

622 Siehe bereits Zweiter Teil. C. III. 2. b) sowie die Nachweise in Fn. 170.

623 Ebenroth/Boujong/Joost/*Krüger*, § 384 Rdn. 35; MüKoHGB/*Häuser*, § 384 Rdn. 98; Staub/*Koller*, § 384 Rdn. 69 und Rdn. 73.

624 Danach haftet die Bank für die ordnungsgemäße Erfüllung des Ausführungsgeschäfts durch ihren Vertragspartner. Umstritten ist, ob Nr. 9 S. 1 SBW als vertragliche Übernahme der Delkrederehaftung nach § 394 Abs. 1 HGB einzustufen ist – und damit dem § 384 Abs. 3 HGB vorginge, allerdings in Mistrade-Fällen mangels wirksamen Ausführungsgeschäft nicht eingriffe – oder als deklaratorische Bestätigung der Erfüllungshaftung nach § 384 Abs. 3 HGB; für die erste Ansicht BGH, Urt. v. 25.6.2002 – XI ZR 239/01 = WM 2002, 1687, 1688 (Mistrade-Urteil); MüKoHGB/*Häuser*, § 384 Rdn. 95; *Roth*, in: Assmann/Schütze, Kapitalanlagerecht, § 10 Rdn. 53; für die überzeugendere zweite Ansicht *Ekkenga*, Effektengeschäft, Rdn. 103; ausführlich *Lindfeld*, Mistrade-Regeln, S. 176 f.; *Hammen*, ZBB 2000, 293, 299.

625 Angedacht, aber im Ergebnis offen gelassen bei *Lindfeld*, Mistrade-Regeln, S. 177; unklar insoweit die Entscheidung des OLG Frankfurt am Main, Urt. v. 4.3.2009 – 16 U 174/08 = WM 2009, 1032, 1034, wonach wohl sogar ohne ausdrückliche Mistrade-Regel eine Stornierungsbefugnis kraft Handelsbrauchs bestehen soll; zu Recht ablehnend *Fleckner*, WuB I G 2. – 2.09, S. 593.

626 Dazu ausführlich *Lindfeld*, Mistrade-Regeln, S. 176 ff.; allgemein zu der Möglichkeit, die Erfüllungshaftung nach § 384 Abs. 3 HGB durch Vereinbarung oder Handelsbrauch auszuschließen, siehe Baumbach/*Hopt*, § 384 Rdn. 14; Ebenroth/Boujong/Joost/*Krüger*, § 384 Rdn. 38; MüKoHGB/*Häuser*, § 384 Rdn. 105; einen solchen Ausschluss tendenziell zumindest für das standardisierte Massengeschäft bejahend *Fleckner*, WM 2011, 585, 595.

c) Teleologische Reduktion

Vor dem Hintergrund, dass der Kunde den Handelspartner der Direktbank selbst auswählt, ist allerdings zu überlegen, ob es überhaupt geboten ist, die Regelung des § 384 Abs. 3 HGB auf den außerbörslichen Direkthandel anzuwenden. Wie bereits vorstehend festgehalten, erscheint es nicht sinnvoll, der Bank die Pflicht zur Namhaftmachung aufzuerlegen, wenn dem Kunden der Handelspartner von Anfang an bekannt ist. Zu denken ist daher an eine einschränkende Auslegung des § 384 Abs. 3 HGB mittels teleologischer Reduktion. Dafür kommt es maßgeblich auf den Sinn und Zweck des Gesetzes an. Zu überprüfen ist, ob es eine abstrakt umschreibbare Fallgruppe gibt, die von den Grundwerten oder Zwecken des Gesetzes entgegen des Wortlautes gar nicht getroffen wird und sich von den übrigen Fallgruppen so sehr unterscheidet, dass die Gleichbehandlung sachlich ungerechtfertigt und willkürlich wäre.[627]

Die Ratio der Erfüllungshaftung des Kommissionärs nach § 384 Abs. 3 HGB liegt darin, den Kommittenten vor Nachteilen zu schützen, die sich daraus ergeben können, dass er den Vertragspartner der Bank im Ausführungsgeschäft nicht kennt.[628] Dies bedeutet insbesondere, dass der Kommissionär nicht auf Kosten des Kommittenten spekulieren können soll. Wenn dem Kommittenten nämlich nur die Ausführung des Geschäfts angezeigt wird, besteht die Gefahr, dass ihm nachträglich ein Ausführungsgeschäft mit einem weniger leistungsfähigen Handelspartner untergeschoben wird.[629]

Für die Fallgruppe des außerbörslichen Direkthandels trägt die Ratio des § 384 Abs. 3 HGB nicht.[630] Der Kunde wählt über die Online-Maske der Bank selbst aus, mit welchem Handelspartner die Bank das Ausführungsgeschäft abschließen soll. Da dem Kunden also der Handelspartner mit der Eingabe seiner Order bekannt ist, besteht keine Gefahr, dass die Bank ihm später einen weniger leistungsfähigen Handelspartner unterschiebt. Der Kunde hat zudem die Möglichkeit, sich bei Unklarheiten über die Konditionen des Ausführungsgeschäfts direkt an den

---

627 Zur Methodik der teleologischen Reduktion siehe ausführlich *F. Bydlinski*, Methodenlehre, S. 480 f.; *Canaris*, Feststellung von Lücken im Gesetz, S. 88 ff.; *Larenz*, Methodenlehre, S. 210 ff.; *Pawlowski*, Methodenlehre, S. 220 ff.

628 MüKoHGB/*Häuser*, § 384 Rdn. 98; Staub/*Koller*, § 384 Rdn. 69.

629 Ebenroth/Boujong/Joost/*Krüger*, § 384 Rdn. 34; Heymann/*Hermann*, § 384 Rdn. 14; MüKoHGB/*Häuser*, § 384 Rdn. 41; *Roth*, in: Koller/Roth/Morck, § 384 Rdn. 21; Schlegelberger/*Hefermehl*, § 384 Rdn. 57; Staub/*Koller*, § 384 Rdn. 69; *Canaris*, Handelsrecht, § 30 Rdn. 24.

630 So auch *Fleckner*/*Vollmuth*, WM 2009, 1819, 1820; *ders.*, WM 2011, 585, 595; zu vorsichtigen Einschränkungen der Erfüllungshaftung in der kommissionsrechtlichen Kommentarliteratur Baumbach/*Hopt*, § 384 Rdn. 12 („wenn der Dritte nicht ohnehin dem Kommittenten bekannt"); *Lenz*, in: Röhricht/Westphalen, § 384 Rdn. 19 („Nur wenn aus den Gesamtumständen ersichtlich ist, wer Vertragspartner ist, kann (selten) sogar eine Ausführungsanzeige ohne jegliche Namensnennung genügen").

Handelspartner zu wenden und eventuelle Irrtümer aufzuklären.[631] Der Bereich des außerbörslichen Direkthandels ist somit aus dem Geltungsbereich des § 384 Abs. 3 HGB mittels teleologischer Reduktion auszuschließen.

Im außerbörslichen Telefonhandel ist die Regelung des § 384 Abs. 3 HGB jedoch anwendbar. Die Bank erfüllt bei einem Mistrade wie vorstehend erläutert meistens auch die Voraussetzungen für eine Erfüllungshaftung nach § 384 Abs. 3 HGB. Sie wird daher an einer Beseitigung der Ausführungsanzeige interessiert sein.

2. *Anfechtbarkeit der Ausführungsanzeige*

Solange die Ausführungsanzeige noch eine einfache Tatsachenmitteilung darstellt und keine Rechtswirkungen entfaltet, kann die Bank sie jederzeit berichtigen, ohne dass es einer Anfechtung bedarf.[632] Sobald die Ausführungsanzeige jedoch Rechtswirkungen, insbesondere die der Erfüllungshaftung der Bank aus § 384 Abs. 3 HGB nach sich zieht, kann sie nur noch unter den Voraussetzungen der gesetzlichen Anfechtungsregeln beseitigt werden.[633] Die Kontroverse um die Rechtsnatur der Ausführungsanzeige ist ohne Belang für die Frage der Anwendbarkeit der Anfechtungsregeln. Da die Ausführungsanzeige nicht unmittelbar auf eine bestimmte Rechtsfolge gerichtet ist, wird sie zwar überwiegend nicht als Willenserklärung eingestuft,[634] sondern als rechtsgeschäftsähnliche Handlung[635] oder als einfache Tatsachenmitteilung.[636] Die §§ 119 ff. BGB sind jedoch auch auf geschäftsähnliche Handlungen und Mitteilungen anwendbar, soweit dadurch Voraussetzungen herbeigeführt werden, „von denen das Gesetz die Begründung von Ansprüchen oder

---

631 Zu diesem Argument allgemein Staub/*Koller*, § 384 Rdn. 71, der sogar dafür plädiert, die Selbsthaftung des Kommissionärs (teilweise) auf den Fall zu beschränken, dass er zwar einen Handelspartner benannt, aber gar kein Geschäft mit diesem abgeschlossen hat; a.A. MüKoHGB/*Häuser*, § 384 Rdn. 105; Schlegelberger/*Hefermehl*, § 384 Rdn. 61; *Schmidt-Rimpler*, in: Handbuch des gesamten Handelsrechts, S. 958.

632 Baumbach/*Hopt*, § 384 Rdn. 7; Ebenroth/Boujong/Joost/*Krüger*, § 384 Rdn. 18; Heymann/*Hermann*, § 384 Rdn. 16; MüKoHGB/*Häuser*, § 384 Rdn. 43; Schlegelberger/*Hefermehl*, § 384 Rdn. 26; Staub/*Koller*, § 384 Rdn. 33.

633 RG, Urt. v. 16.10.1918 – I 110/18 = RGZ 94, 65, 67; Heymann/*Hermann*, § 384 Rdn. 16; MüKoHGB/*Häuser*, § 384 Rdn. 43; *Roth*, in: Koller/Roth/Morck, § 384 Rdn. 13; Schlegelberger/*Hefermehl*, § 384 Rdn. 26 und Rdn. 65; Staub/*Koller*, § 384 Rdn. 33 und Rdn. 76; *Schmidt-Rimpler*, in: Handbuch des gesamten Handelsrechts, S. 970; *Lindfeld*, Mistrade-Regeln, S. 181; a.A. Ebenroth/Boujong/Joost/*Krüger*, § 384 Rdn. 18.

634 Ebenroth/Boujong/Joost/*Krüger*, § 384 Rdn. 17; MüKoHGB/*Häuser*, § 384 Rdn. 43 und Rdn. 98; Staub/*Koller*, § 384 Rdn. 33; a.A. Schlegelberger/*Hefermehl*, § 384 Rdn. 26, der von einer Willenserklärung ausgeht, aber an anderer Stelle auch von einer geschäftsähnlichen Handlung spricht.

635 Heymann/*Hermann*, § 384 Rdn. 15; MüKoHGB/*Häuser*, § 384 Rdn. 43; Schlegelberger/*Hefermehl*, § 384 Rdn. 26 (Widerspruch, siehe Fn. 634).

636 Baumbach/*Hopt*, § 384 Rdn. 7; Ebenroth/Boujong/Joost/*Krüger*, § 384 Rdn. 17; *Roth*, in: Koller/Roth/Morck, § 384 Rdn. 13; Staub/*Koller*, § 384 Rdn. 33.

Rechtspositionen abhängig macht".[637] Entscheidend ist nur, dass es sich nicht um einen bloßen Realakt handelt, der ausschließlich einen tatsächlichen Erfolg bezweckt.[638] Dies ist bei der Ausführungsanzeige der Fall, da diese – auch wenn sie nicht unmittelbar auf eine bestimmte Rechtsfolge *gerichtet* ist – bei Erfüllung der Voraussetzungen eine *gesetzlich vorgesehene* Rechtsfolge auslöst, insbesondere die Erfüllungshaftung des Kommissionärs aus § 384 Abs. 3 HGB. Vor diesem Hintergrund sind die Vorschriften über Willenserklärungen entsprechend auf die Ausführungsanzeige anzuwenden.[639]

3. Rechtserheblicher Irrtum

Um zur Anfechtung der Ausführungsanzeige berechtigt zu sein, müsste die Bank bei deren Abgabe einem rechtserheblichen Irrtum erlegen sein. Bei einem Mistrade-Geschäft hat sich die Bank regelmäßig darüber geirrt, dass ein wirksames Ausführungsgeschäft zustande gekommen ist. Zu überlegen ist, ob dieser Irrtum unter einen der gesetzlich normierten Anfechtungsgründe fällt oder ob er nur einen unbeachtlichen, nicht zur Anfechtung berechtigenden Motivirrtum darstellt. In der Rechtsprechung und Literatur wird der Irrtum des Kommissionärs über das Bestehen eines wirksamen Ausführungs- oder Deckungsgeschäfts überwiegend als rechtserheblicher und zur Anfechtung berechtigender Irrtum angesehen,[640] allerdings mit unterschiedlichen Begründungen.

Teilweise wird vertreten, der Irrtum des Kommissionärs über das Bestehen eines wirksamen Ausführungs- oder Deckungsgeschäfts berechtige zur Anfechtung als Eigenschaftsirrtum nach § 119 Abs. 2 BGB.[641] Begründet wird diese Ansicht damit, dass das Bestehen eines wirksamen Ausführungsgeschäfts maßgebliches Motiv für den Kommissionär zur Abgabe der Ausführungsanzeige sei.[642] Das ist zwar richtig, allerdings entspricht dieser Irrtum nicht den Anforderungen des § 119 Abs. 2 BGB,

---

637 Staudinger/*Singer*, Bearb. 2004, § 119 Rdn. 103; ähnlich Soergel/*Hefermehl*, § 119 Rdn. 7.

638 MüKoBGB/*Kramer*, Vorb. §§ 116 ff. Rdn. 33; Staudinger/*Singer*, Bearb. 2004, § 119 Rdn. 103.

639 Übereinstimmend MüKoHGB/*Häuser*, § 384 Rdn. 43; Schlegelberger/*Hefermehl*, § 384 Rdn. 26; Staub/*Koller*, § 384 Rdn. 33; zur entsprechenden Anwendung der Regelungen über Willensvorschriften auf geschäftsähnliche Handlungen BGH, Urt. v. 17.4.1967 – II ZR 228/64 = BGHZ 47, 352, 352; BGH, Urt. v. 6.12.1988 – XI ZR 81/88 = BGHZ 106, 163, 164; zur entsprechenden Anwendung auf deklaratorische Erklärungen *Canaris*, Vertrauenshaftung, S. 453 ff.

640 Inhaltsirrtum: RG, Urt. v. 16.10.1918 – I 110/18 = RGZ 94, 65, 67 f.; MüKoHGB/*Häuser*, § 384 Rdn. 46; Schlegelberger/*Hefermehl*, § 384 Rdn. 65; *Lindfeld*, Mistrade-Regeln, S. 182 f.; offen: Heymann/*Hermann*, § 384 Rdn. 16; Eigenschaftsirrtum: Staub/*Koller*, § 384 Rdn. 77.

641 Staub/*Koller*, § 384 Rdn. 77.

642 Staub/*Koller*, § 384 Rdn. 77.

da hierfür nicht jeder Motivirrtum ausreicht, sondern konkret ein Irrtum über verkehrswesentliche Eigenschaften vorausgesetzt ist.[643]

Überzeugend ist es hingegen, von einem Inhaltsirrtum gemäß § 119 Abs. 1 Alt. 1 BGB auszugehen.[644] Die Bank gibt die Ausführungsanzeige nur dann ab, wenn sie davon ausgeht, die Order des Kunden erfolgreich ausgeführt zu haben. Die Anzeige der Ausführung des Wertpapierauftrages an den Kunden ohne Nennung des Dritten beinhaltet daher konkludent die Erklärung, dass ein wirksames Ausführungsgeschäft abgeschlossen wurde.[645] Dies ergibt sich auch aus der Regelung des § 405 Abs. 1 HGB, wonach die Ausführungsanzeige des Kommissionärs ohne ausdrücklichen Hinweis auf den Wunsch zum Selbsteintritt als Erklärung gilt, dass die Ausführung durch Abschluss des Geschäfts mit einem Dritten für Rechnung des Kommittenten erfolgt sei.[646] Dadurch wird der Abschluss des Ausführungsgeschäfts zum Inhalt der Ausführungsanzeige der Bank,[647] worüber sie sich im Irrtum befindet.

Allerdings irrt sich die Bank bei einem Mistrade-Geschäft nicht im Zeitpunkt der *Abgabe* der Erklärung. Sie geht vielmehr zunächst bis zur Ausübung des Aufhebungsrechts des außerbörslichen Handelspartners richtigerweise von dem Bestehen eines wirksamen Ausführungsgeschäfts aus. Der Wertpapierkaufvertrag entfällt erst später durch Beseitigung der Annahmeerklärung des Handelspartners entweder durch Anfechtung oder durch Ausübung eines Aufhebungsrechts aus der Mistrade-Vereinbarung. Diese Beseitigung wirkt jedoch *ex tunc*,[648] so dass der Wertpapierkaufvertrag rechtlich so zu bewerten ist, als habe er nie existiert. Die Bank kann daher ihre Ausführungsanzeige wegen eines Inhaltsirrtums nach § 119

643 Dazu ausführlich Dritter Teil. C. III. 1.; ablehnend auch *Lindfeld*, Mistrade-Regeln, S. 182.

644 So auch *Lindfeld*, Mistrade-Regeln, S. 182 f.; allgemein in der Rechtsprechung und kommissionsrechtlichen Literatur zur Anfechtbarkeit der Ausführungsanzeige wegen eines Inhaltsirrtums nach § 119 Abs. 1 Alt. 1 BGB RG, Urt. v. 16.10.1918 – I 110/18 = RGZ 94, 65, 67 f.; MüKoHGB/*Häuser*, § 384 Rdn. 45; Schlegelberger/*Hefermehl*, § 384 Rdn. 65.

645 RG, Urt. v. 16.10.1918 – I 110/18 = RGZ 94, 65, 67 f.; MüKoHGB/*Häuser*, § 385 Rdn. 44; Schlegelberger/*Hefermehl*, § 384 Rdn. 65; anders bei einem Irrtum der Bank über das Vorliegen einer Kundenorder bei Abschluss des Ausführungsgeschäfts, dazu Dritter Teil. D. I. 1.

646 Dazu *Lindfeld*, Mistrade-Regeln, S. 182, die richtig ausführt, dass es der Klarstellung des § 405 Abs. 1 HGB nur bei einer Ausführungsanzeige *ohne* Namhaftmachung des Dritten bedarf.

647 RG, Urt. v. 16.10.1918 – I 110/18 = RGZ 94, 65, 67 f.; MüKoHGB/*Häuser*, § 384 Rdn. 45; Schlegelberger/*Hefermehl*, § 384 Rdn. 65; diesem Argument zustimmend auch Staub/*Koller*, § 384 Rdn. 77 (der allerdings im Ergebnis auf § 119 Abs. 2 BGB abstellt).

648 Für die Anfechtung ergibt sich dies aus § 142 Abs. 1 BGB („ist es als von Anfang an nichtig anzusehen"); die entsprechenden Klauseln in den Mistrade-Regeln sehen üblicherweise ebenfalls eine Aufhebung *ex tunc* vor, siehe Nr. 7 der Mistrade-Regel zwischen Cortal Consors und der Deutschen Bank sowie Nr. 1 der maxblue Mistrade-Regel mit der Citigroup; so auch *Lindfeld*, Mistrade-Regeln, S. 116 f.

Abs. 1 Alt. 1 BGB anfechten. Sie ist dabei analog § 121 Abs. 1 BGB gehalten, unverzüglich nach Kenntniserlangung von dem Mistrade und damit der unrichtig gewordenen Ausführungsanzeige anzufechten.

IV. Zwischenergebnis und Rechtsfolgen

Für Anfechtungsrechte der Bank gibt es grundsätzlich drei Ansatzpunkte: (1) ihre Angebotserklärung aus dem Ausführungsgeschäft, (2) ihre Annahmeerklärung aus dem Kommissionsvertrag und (3) ihre Anzeige der Ausführung des Wertpapierauftrages.

(1) Eine Anfechtung ihrer Angebotserklärung im Rahmen des Ausführungsgeschäfts wird wenig erfolgversprechend sein. Ein Irrtum darüber, ob eine wirksame Kundenorder vorliegt, ist unbeachtlich und berechtigt die Bank nicht zur Anfechtung. Eigenen Fehlern wird die Bank im Übrigen nicht erliegen, da sie keinen eigenen Willen bildet, sondern den ihres Kunden übernimmt. Als Anfechtungsgrund käme also allenfalls eine fehlerhafte Datenübermittlung oder -berechnung aufgrund von Softwarefehlern in Betracht, die jedoch im außerbörslichen Handel praktisch kaum zu einem Mistrade führen wird. Zu einer Anfechtung wegen der Fehler des Kunden bei der Orderabgabe ist die Bank nicht berechtigt.

(2) An einer Anfechtung ihrer Annahmeerklärung aus dem Kommissionsvertrag hat die Bank kein Interesse, da sie nach Aufhebung des Mistrade-Geschäfts nicht verpflichtet ist, sich weiterhin um die Orderausführung zu bemühen. Im Übrigen würde die Bank bei einem Mistrade-Geschäft auch gar keinem Irrtum erliegen, der sie zur Anfechtung im Innenverhältnis berechtigte.

(3) Eine Erfüllungshaftung der Bank gegenüber dem Kunden aus § 384 Abs. 3 HGB wegen mangelnder Namhaftmachung ihres Handelspartners kann sich im außerbörslichen Direkthandel aufgrund der teleologischen Reduktion der Vorschrift nicht ergeben, sondern nur im Telefonhandel. In jedem Fall kann die Bank ihre Ausführungsanzeige jedoch wegen eines Inhaltsirrtums analog § 119 Abs. 1 Alt. 1 BGB anfechten und dadurch der Erfüllungshaftung aus § 384 Abs. 3 HGB entgehen. Allerdings muss sie dem Kunden das negative Interesse analog § 122 Abs. 1 BGB ersetzen.[649] Wenn der Kunde den Grund der Anfechtbarkeit kannte oder kennen musste, ist der Schadensersatzanspruch analog § 122 Abs. 2 BGB ausgeschlossen. Dies ist in den Mistrade-Geschäften wie bereits dargelegt typischerweise der Fall, da es dem Kunden oft gerade darauf ankommt, den Fehler des außerbörslichen Handelspartners auszunutzen.[650]

---

649 *Lindfeld*, Mistrade-Regeln, S. 183; MüKoHGB/*Häuser*, § 384 Rdn. 46; Schlegelberger/*Hefermehl*, § 384 Rdn. 65; Staub/*Koller*, § 384 Rdn. 77; *Schmidt-Rimpler*, in: Handbuch des gesamten Handelsrechts, S. 970.

650 Siehe Dritter Teil. A. II.

E. Anfechtungsrechte des Kunden als Kommittent

In den meisten Mistrade-Fällen ist der außerbörsliche Handelspartner an der Aufhebung seiner Willenserklärung interessiert. Dies spiegelt sich schon in der Anzahl der Gerichtsentscheidungen zu dieser Frage wider. Wie vorstehend erörtert hat er – abhängig von dem jeweiligen Fehler im Einzelfall – gute Aussichten, diese Aufhebung mittels Anfechtung zu bewirken.

Umgekehrt kann allerdings auch der Kunde einer Reihe von Irrtümern erliegen. In der Rechtsprechung wurde soweit ersichtlich bisher nur in einer Entscheidung über ein Aufhebungsbegehren von Seiten des Kunden entschieden.[651] Dabei ging es um die irrtümliche Auswahl von Wertpapieren anhand der Suchfunktion der Eingabe-Maske einer Direktbank.[652] Theoretisch denkbar sind weitere Fehler, insbesondere bei der Wertberechnung. Durch eine solche irrtumsbehaftete Order veranlasst der Kunde seine Bank, ein Wertpapiergeschäft zu einem für ihn ungünstigen, nicht marktgerechten Preis abzuschließen. Wie dargelegt hat die Bank, obwohl sie Vertragspartnerin des außerbörslichen Handelspartner ist, nur selten eine Anfechtungsmöglichkeit. Sie ist insbesondere nicht dazu berechtigt, wegen der Fehler ihres Kunden anzufechten.[653]

Daher stellt sich die Frage, welche Möglichkeiten der Kunde selbst hat, sich von dem für ihn ungünstigen Mistrade-Geschäft zu lösen. In direktem Vertragsverhältnis steht er nur mit der Bank, so dass erster Anknüpfungspunkt der Anfechtung seine Willenserklärung aus dem Kommissionsvertrag ist (I.). Da es wirtschaftlich darum geht, den Mistrade im Ausführungsgeschäft zu beseitigen, ist sodann zu überlegen, ob der Kunde ausnahmsweise ein direktes Anfechtungsrecht gegenüber dem Handelspartner hat (II.).

I. Anfechtung im Innenverhältnis

In der Literatur wird einheitlich vertreten, dass der Kunde seine Willenserklärung aus dem Kommissionsvertrag[654] anfechten kann, sofern ein entsprechender Anfech-

651 LG Nürnberg-Fürth, Urt. v. 14.2.2001 – 10 O 8312/00 = WM 2001, 988; dazu auch *Köndgen*, NJW 2004, 1288, 1291.

652 LG Nürnberg-Fürth, Urt. v. 14.2.2001 – 10 O 8312/00 = WM 2001, 988, 988; mangels Berufung des Kunden auf ein Beseitigungsrecht hat das Gericht ausdrücklich kein Anfechtungsrecht, sondern nur einen Schadensersatzanspruch des Kunden gegen die Bank geprüft; diesbezüglich auf das Anfechtungsrecht des Kunden verweisend *Balzer*, in: RWS-Forum Bankrecht 2002, S. 365, 383.

653 Siehe Dritter Teil. D. I. 3. b).

654 Kein geeigneter Anknüpfungspunkt ist hingegen die Weisung des Kunden (zum Begriff der Weisung siehe Baumbach/*Hopt*, § 384 Rdn. 1 und § 385 Rdn. 1; Ebenroth/Boujong/Joost/*Krüger*, § 384 Rdn. 13; Heymann/*Hermann*, § 383 Rdn. 2; MüKoHGB/*Häuser*,

tungsgrund vorliegt.[655] Da der Kunde direkter Vertragspartner der Bank ist, entspricht dieses Ergebnis den allgemeinen Anfechtungsregeln.[656] Mit einer solchen Anfechtung beseitigt der Kunde zwar nicht den Mistrade im Ausführungsgeschäft zwischen Bank und Handelspartner. Allerdings entzieht er der Bank die rechtliche Grundlage, die primären wirtschaftlichen Folgen des Wertpapiergeschäfts an ihn weiterzugeben. Nach der Aufhebung des Kommissionsvertrages hätte die Bank insbesondere keinen Anspruch mehr auf Erstattung des an den Handelspartner gezahlten Kaufpreises[657] (bei der Einkaufskommission) bzw. keine Berechtigung mehr, über die Wertpapiere als Kommmissionsgut zu verfügen[658] (bei der Verkaufsprovision). In aller Regel würde auch ihr Provisionsanspruch entfallen.[659] Der Kunde kann durch die Anfechtung seiner Willenserklärung zum Abschluss des Kommissionsvertrages also mittelbar erreichen, dass ihn die primären wirtschaftlichen Nachteile des Mistrades nicht treffen.[660]

Zu überprüfen ist daher nachstehend, ob der Kunde sich bei einem für ihn ungünstigen Mistrade auf Anfechtungsgründe berufen kann.

1. Mängel in der Willenserklärung

Dem Kunden können bei Ordererteilung eine Reihe von Fehlern unterlaufen, welche die Voraussetzungen eines Erklärungs- oder Inhaltsirrtums nach Maßgabe der §§ 119

§ 384 Rdn. 29; *Roth*, in: Koller/Roth/Morck, § 385 Rdn. 2; Schlegelberger/*Hefermehl*, § 384 Rdn. 18 f.); diese hat im außerbörslichen Handel erstens keinen Einfluss auf die Preisbildung und kann daher nicht zu einem Mistrade führen und ist zweitens aufgrund ihrer Rechtsnatur (dazu Baumbach/*Hopt*, § 384 Rdn. 1; *Roth*, in: Koller/Roth/Morck, § 385 Rdn. 2; Staub/*Koller*, § 384 Rdn. 23; *Knütel*, ZHR 137 (1937), 285, 288) als ein die Pflichten des Kommissionsvertrages ausfüllendes, nicht hingegen modifizierendes Gestaltungsrecht nach der Orderausführung nicht anfechtbar (allgemein zu den Hintergründen der ausgeschlossenen Anfechtbarkeit von Gestaltungsrechten Palandt/*Ellenberger*, Überbl. v. § 104 Rdn. 17; Larenz/*Wolf*, Bürgerliches Recht AT, S. 266 ff.; *Bötticher*, in: Festschrift Dölle, Bd. I, S. 41, 45; *Schürnbrand*, AcP 204 (2004), 177, 179).

655 *Canaris*, Bankvertragsrecht, Rdn. 1848 ff.; *Ekkenga*, Effektengeschäft, Rdn. 185 ff.; *Lenenbach*, Kapitalmarktrecht, Rdn. 4.91 ff.; MüKoHGB/*Häuser*, § 383 Rdn. 26; *Roth*, in: Assmann/Schütze, Kapitalanlagerecht, § 10 Rdn. 111 ff.; *Schmidt-Rimpler*, in: Handbuch des gesamten Handelsrechts, S. 613 ff.; Staub/*Koller*, § 383 Rdn. 69.

656 Im Recht der unmittelbaren Stellvertretung würde die vorliegende Konstellation der Anfechtung einer ausgeübten Innenvollmacht entsprechen; diese Problematik ist äußerst umstritten, siehe dazu Dritter Teil. E. II. 2.

657 Aus §§ 396 Abs. 2 HGB, 675 Abs. 1, 670 BGB.

658 Die Bank wird in der Regel von ihrem Kunden im Kommissionsvertrag dazu ermächtigt, über das Kommissionsgut im eigenen Namen zu verfügen, §§ 929 ff., 185 Abs. 1 BGB; dazu MüKoHGB/*Häuser*, § 383 Rdn. 65.

659 Grundlage des Provisionsanspruches ist der Kommissionsvertrag bzw. unter Umständen ein Handelsbrauch; zu weiteren Anspruchdetails siehe § 396 Abs. 1 HGB.

660 Allerdings trifft ihn nach § 122 Abs. 1 BGB die Pflicht, den Vertrauensschaden der Bank zu ersetzen, dazu Dritter Teil. E. II. 3.

Abs. 1, 120 BGB erfüllen. Es kommen die gleichen Fehler in Betracht, die im vorstehenden Abschnitt aus Sicht des außerbörslichen Handelspartners erörtert wurden.[661] Dies sind zum einen manuelle Eingabefehler,[662] die bei der Dateneingabe in die Online-Maske der Direktbank als Kommissionärin leicht entstehen können. Als Beispiele kommen das Vertippen hinsichtlich des Auftragvolumens,[663] Wertpapierkennnummern sowie Zeitangaben in Betracht, aber auch eine Verwechselung der Eingabefelder, beispielsweise für die Stückzahl und den Kauf- bzw. Verkaufskurs. Zudem ist es möglich, dass der Kunde die gewünschten Wertpapiere nicht präzise bezeichnet und über die Suchfunktion des Online-Formulars der Direktbank letztlich aus Versehen ein anderes Wertpapier oder einen anderen Emittenten eingibt als eigentlich gewollt.[664] Zum anderen können auch Fehler aufgrund einer unrichtigen Datenübermittlung oder -berechnung aufgrund von Softwaremängeln entstehen.

Wegen dieser Fehler kann dem Kunden zwar grundsätzlich ein Anfechtungsrecht zustehen. Allerdings haben sie im außerbörslichen anders als im börslichen Handel keine Auswirkung auf den Wertpapierkurs, da dieser vom Handelspartner gestellt wird. Daher können sie nicht die Ursache eines Mistrades im Ausführungsgeschäft sein. Ein mistrade-spezifisches Anfechtungsrecht käme nur in dem sehr unwahrscheinlichen Fall in Betracht, dass dem Kunden ein Fehler in seiner Willenserklärung unterläuft, der sich zufällig mit dem Fehler des Handelspartners bei der Preisstellung deckt. In den meisten Fällen wird ein Fehler in der Willenserklärung des Kunden also nicht dazu führen, dass er sich mittels Anfechtung von dem Kommissionsvertrag und damit den nachteiligen Folgen des Mistrades lösen kann.

2. *Mängel in der Willensbildung*

Fehler in der Willensbildung können den Kunden grundsätzlich zur Anfechtung wegen eines Mistrades berechtigen. Von großer Relevanz ist die Anfechtung wegen eines Eigenschaftsirrtums. Die arglistige Täuschung scheidet als Anfechtungsgrund hingegen aus.

---

661 Dritter Teil. C.

662 Generell stellt sich in solchen Fällen regelmäßig die Frage, ob die Bank die Order des Kunden hinterfragen und ihn gegebenenfalls auf Fehler hinweisen muss, dazu *Ekkenga*, Effektengeschäft, Rdn. 186; ausführlich *Göhmann*, Verhaltenspflichten, S. 114 ff.; kritisch *Fleckner*, WuB I G 2. – 1.08, S. 269 f. mit Verweis auf LG Nürnberg-Fürth, Urt. v. 25.1.2007 – 10 O 8762/05.

663 Dabei kann beispielsweise ein höheres Auftragsvolumen zustande kommen als von dem Kunden eigentlich gewollt, dazu OLG Nürnberg, Urt. v. 9.10.2002 – 12 U 1346/02 = NJW-RR 2003, 628, 629; LG Nürnberg-Fürth, Urt. v. 14.2.2001 – 10 O 8312/00 = WM 2001, 988, 988; LG Nürnberg-Fürth, Urt. v. 21.11.2002 – 10 O 5115/02 = WM 2003, 1016, 1016; *Göhmann*, Verhaltenspflichten, S. 115.

664 Dieser Fall lag dem Urteil des LG Nürnberg-Fürth, Urt. v. 14.2.2001 – 10 O 8312/00 = WM 2001, 988, 988 zugrunde; siehe zudem das Beispiel „Dax-Optionen“ und „Dax-Optionsscheine“ bei *Ekkenga*, Effektengeschäft, Rdn. 186.

a) Eigenschaftsirrtum

Eine Anfechtung wegen Eigenschaftsirrtums nach § 119 Abs. 2 BGB kommt in Betracht, wenn dem Kunden bei der Wertermittlung des Wertpapiers ein Fehler unterlaufen ist. Da der Wertpapierkurs im außerbörslichen Handel vom Handelspartner gestellt wird, wird der Kunde diesen vor Ordererteilung abrufen und – mehr oder weniger ausführlich – auf seine Marktgerechtigkeit hin überprüfen. Bei der dazu notwendigen Wertermittlung kann ihm ein Fehler unterlaufen, der ihn dazu veranlasst, irrtümlicherweise eine Order zu erteilen, die zu einem für ihn nachteiligen Mistrade führt.[665]

In solchen Fällen hat der Kunde regelmäßig gute Aussichten, seine Willenserklärung aus dem Kommissionsvertrag anzufechten. Wie bereits dargelegt, berechtigt zwar ein Irrtum über den Wert außerbörslich gehandelter Wertpapiere nicht zur Anfechtung.[666] Da den Mistrade-Geschäften jedoch meist derivative Finanzinstrumente – insbesondere Optionsscheine und Zertifikate – zugrundeliegen, hängt deren Wertberechnung unmittelbar von einer Vielzahl weiterer Berechnungsgrößen ab (Basiswert, Basispreis, risikofreier Zinssatz, Volatilität des Basiswertes und Restlaufzeit).[667] Diese stellen verkehrswesentliche Eigenschaften dar,[668] so dass ein Irrtum über eine dieser Berechnungsgrößen den Kunden zur Anfechtung berechtigt. Dies gilt jedoch nicht für Faktoren, die sich nur mittelbar auf die Wertermittlung auswirken, wie beispielsweise den Kurs einer Aktie beeinflussende interne Unternehmensdaten oder externe, auf das Geschäftsmodell des Unternehmens einwirkende Ereignisse.[669]

Festhalten lässt sich demnach, dass der Kunde seine Willenserklärung aus dem Kommissionsvertrag wegen Eigenschaftsirrtums nach § 119 Abs. 2 BGB anfechten kann, wenn er sich bei der Wertermittlung des betreffenden Wertpapiers über eine der unmittelbaren Berechnungsgrößen geirrt hat.

b) Arglistige Täuschung

Auf den Anfechtungsgrund der arglistigen Täuschung nach § 123 Abs. 1 Alt. 1 BGB kann der Kunde sich bei einem Mistrade zu seinen Ungunsten in aller Regel nicht berufen.

---

665 Vor dem Hintergrund der zum Teil eingetretenen und zum Teil drohenden Bankeninsolvenzen während der Finanzkrise ab dem Jahr 2007 kommt auch ein Irrtum über die Identität des Emittenten als verkehrswesentliche Eigenschaft in Betracht. Vermutlich aufgrund der recht kurzen Handelszeiten derivativer Finanzinstrumente hat dieser Fall in der Praxis soweit ersichtlich noch keine Bedeutung erlangt.

666 Dritter Teil. C. III. 1. a).

667 Dritter Teil. C. III. 1. b) aa).

668 Dritter Teil. C. III. 1. b) bb).

669 Dritter Teil. C. III. 1. b) cc).

Das Tatbestandsmerkmal der Täuschung wird zwar möglicherweise erfüllt sein. Unter einer Täuschung im Sinne des § 123 Abs. 1 Alt. 1 BGB wird die vorsätzliche Erregung, Bestärkung oder Aufrechterhaltung eines Irrtums verstanden, sei es durch das Vorspiegeln falscher, sei es durch das Verschweigen wahrer Tatsachen, um den Willensentschluss des Getäuschten zu beeinflussen.[670] Vorliegend kommt eine aktive Handlung des außerbörslichen Handelspartners als Täuschung in Betracht, nämlich die Festsetzung des nicht marktgerechten, für den Kunden ungünstigen Wertpapierkurses.

Allerdings ist der außerbörsliche Handelspartner nicht Vertragspartner des Kunden. Dieser schließt den Kommissionsvertrag vielmehr mit seiner Bank ab. Die Bank täuscht den Kunden bei einem für ihn ungünstigen Mistrade nicht, da sie selbst keinen nicht marktgerechten Kurs festsetzt, sondern diesen nur an den Kunden weiterleitet. Im Direkthandel stellt sie dem Kunden den Wertpapierkurs über ihre Online-Maske zum Abruf bereit. Das Verhalten der Bank spielt für die Frage der arglistigen Täuschung bei einem Mistrade daher nur eine untergeordnete Rolle.[671] Dadurch stellt sich die Frage, ob der Kunde seine Willenserklärung gegenüber der Bank anfechten kann, obwohl er nicht von der Bank, sondern allenfalls von dem außerbörslichen Handelspartner getäuscht wurde.

Für den Fall, dass ein Dritter die Täuschung verübt, ist nach § 123 Abs. 2 S. 1 BGB eine Erklärung, die einem anderen gegenüber abzugeben war, nur dann anfechtbar, wenn dieser die Täuschung kannte oder kennen musste. Zu überlegen ist also, ob der außerbörsliche Handelspartner Dritter im Sinne des § 123 Abs. 2 S. 1 BGB ist und folglich die Anfechtung des Kunden – bei Gutgläubigkeit der Bank[672] – ausgeschlossen ist. Wie dargelegt gibt es dafür keine einheitlichen Beurteilungskriterien.[673] Der *Bundesgerichtshof* stellt aber in einer Gesamtwürdigung darauf ab, „ob die Beziehungen des Täuschenden zum Erklärungsempfänger so eng seien, daß der Erklärungsempfänger die Täuschung wie seine eigene zu vertre-

---

670 Siehe ausführlich Dritter Teil. C. III. 2. a) sowie die Nachweise in Fn. 419.

671 Generell kann der Kunde seine Willenserklärung aus dem Kommissionsvertrag gegenüber der Bank wegen arglistiger Täuschung gemäß § 123 Abs. 1 Alt. 1 BGB möglicherweise anfechten, wenn diese ihm vor Orderabgabe falsche oder irreführende Informationen zukommen ließ oder ihm trotz Aufklärungspflicht kursrelevante Tatsachen verschwieg; diesbezüglich bestehen aber hohe Anforderungen, siehe dazu *Canaris*, Bankvertragsrecht, Rdn. 1857 ff.; *Ekkenga*, Effektengeschäft, Rdn. 194 ff.; *Roth*, in: Assmann/Schütze, Kapitalanlagerecht, § 10 Rdn. 114; *Lenenbach*, Kapitalmarktrecht, Rdn. 4.91; dies sind jedoch keine Fragen, die sich spezifisch bei einem Mistrade-Geschäft zu Ungunsten des Kunden stellen.

672 Die Bank überprüft die Wertpapierkurse, die sie von dem außerbörslichen Handelspartner übermittelt bekommt, nicht auf ihre inhaltliche Richtigkeit und ist dazu auch nicht verpflichtet; sie ist daher in aller Regel gutgläubig, siehe auch Schlegelberger/*Hefermehl*, § 383 Rdn. 32.

673 Ausführlich Dritter Teil. C. III. 2. b).

ten habe und den Getäuschten deshalb nicht am Vertrag festhalten dürfe".[674] Der außerbörsliche Handelspartner steht im Regelfall in keiner engen Beziehung zu der Bank als Kommissionärin und ist auch nicht unmittelbar am Zustandekommen des Kommissionsvertrages beteiligt.[675] Daher muss die Bank sich das Verhalten des außerbörslichen Handelspartners nicht zurechnen lassen.[676] Dieser ist vielmehr Dritter im Sinne des § 123 Abs. 2 BGB, mit der Folge, dass der Kunde seine Willenserklärung aus dem Kommissionsvertrag nicht wegen arglistiger Täuschung anfechten kann.[677] Anders dürfte dies nur in Fällen zu beurteilen sein, in denen die Bank als Kommissionärin und der außerbörsliche Handelspartner konzernrechtlich verbunden sind.

Im Übrigen würde der Anfechtungsgrund der arglistigen Täuschung für die meisten Fälle allerdings schon ohnehin deshalb ausscheiden, weil der außerbörsliche Handelspartner nicht arglistig gehandelt hat.

3. Rechtsfolgen

Zusammengefasst kann der Kunde seine Willenserklärung aus dem Kommissionsvertrag wegen Eigenschaftsirrtums nach § 119 Abs. 2 BGB anfechten, wenn er sich bei der Wertermittlung des betreffenden Wertpapiers über eine der unmittelbaren Berechnungsgrößen geirrt hat. Gemäß § 121 Abs. 1 BGB muss er die Anfechtung unverzüglich nach Kenntniserlangung der anfechtungsbegründenden Umstände erklären.

Sofern die Bank den Kommissionsauftrag – wie bei Mistrades üblich – bereits ausgeführt hat, stellt sich die Frage nach den weiteren rechtlichen Folgen. Da der Kommissionsvertrag aufgrund der Anfechtung *ex tunc* nichtig wird, ist der Kunde nicht mehr verpflichtet, den Kaufpreis an die Bank zu zahlen (§§ 396 Abs. 2 HGB, 675 Abs. 1, 670 BGB).[678] Allerdings steht der Bank gegen den Kunden ein Anspruch auf Ersatz ihres Vertrauensschadens nach § 122 Abs. 1 BGB zu.[679] Dies würde ohne

---

674 Siehe die Nachweise in Fn. 465.

675 Dazu Staub/*Koller*, § 385 Rdn. 70.

676 Die Bank kann dem außerbörslichen Handelspartner in solchen Fällen jedoch den Einwand unzulässiger Rechtsausübung nach § 242 BGB entgegenhalten; dazu ist sie gegenüber ihrem Kunden gemäß ihrer Interessenwahrungspflicht aus § 384 Abs. 1 Halbs. 1 Alt. 1 HGB auch verpflichtet, MüKoHGB/*Häuser*, § 383 Rdn. 56; Schlegelberger/*Hefermehl*, § 383 Rdn. 32; Staub/*Koller*, § 385 Rdn. 70.

677 ROHG, Urt. v. 8.5.1877 – 12/77 = ROHGE 22, 248, 249; Düringer/Hachenburg/*Lehmann*, § 383 Anm. 6; MüKoHGB/*Häuser*, § 383 Rdn. 56; Schlegelberger/*Hefermehl*, § 383 Rdn. 32; Staub/*Koller*, § 385 Rdn. 70; *Müller-Erzbach*, Mittelbare Stellvertretung, S. 17; a.A. *Capelle*, in: Festschrift Raape, S. 325, 337; *Hager*, AcP 180 (1980), 239, 242; *Schmidt-Rimpler*, in: Handbuch des gesamten Handelsrechts, S. 618.

678 Siehe bereits Dritter Teil. E. I.

679 Teilweise wird auch auf die Grundsätze über die Geschäftsführung ohne Auftrag verwiesen, Ebenroth/Boujong/Joost/*Krüger*, § 383 Rdn. 42; Staub/*Koller*, § 385 Rdn. 69;

weitere Korrektur[680] praktisch dazu führen, dass der Kunde letztlich doch die wirtschaftlichen Nachteile des Mistrades tragen muss.[681] Denn die Bank als Ersatzberechtigte wäre grundsätzlich so zu stellen, als ob sie nicht auf die Gültigkeit der Kundenorder vertraut hätte. In diesem Fall hätte die Bank das Mistrade-Geschäft mit dem Handelspartner nicht abgeschlossen. Die Nachteile, welche die Bank durch das ursprünglich für ihren Kunden abgeschlossene, ungünstige Mistrade-Geschäft treffen, stellten also den Vertrauensschaden dar, den sie nach § 122 Abs. 1 BGB von ihrem Kunden erstattet verlangen könnte.[682] Die Schadensersatzpflicht wäre auch nicht nach § 122 Abs. 2 BGB ausgeschlossen, weil die Bank den Grund der Anfechtbarkeit in der Regel nicht kannte und auch nicht kennen musste.[683]

II. Anfechtung im Außenverhältnis

Der Kunde kann bei einem Mistrade zu seinen Ungunsten zwar die Wertpapierorder anfechten. Aufgrund des grundsätzlich bestehenden Vertrauensschadensanspruchs der Bank hätte er allerdings trotzdem die wirtschaftlichen Nachteile des Mistrades zu tragen.[684] Da auch seiner Bank typischerweise keine Anfechtungsrechte gegenüber dem Handelspartner im Ausführungsgeschäft zustehen,[685] ließe sich die-

---

diese kommen jedoch neben einem Schadensersatzanspruch nach § 122 BGB zur Anwendung und schließen diesen nicht aus, dazu Staub/*Koller*, § 385 Rdn. 69; im Ergebnis stellt der Abschluss des Mistrade-Geschäfts eine unberechtigte Geschäftsführung ohne Auftrag dar und führt über § 684 BGB zu einer bereicherungsrechtlichen Rückabwicklung.

680 Siehe zu dieser Frage sogleich Dritter Teil. E. II. 2. b).

681 So generell für die mittelbare Stellvertretung *Müller-Erzbach*, Mittelbare Stellvertretung, S. 18; *Schmidt-Rimpler*, in: Handbuch des gesamten Handelsrechts, S. 613 f.; zur Anwendung des § 122 BGB auch Staub/*Koller*, § 385 Rdn. 69.

682 *Müller-Erzbach*, Mittelbare Stellvertretung, S. 18; *Schmidt-Rimpler*, in: Handbuch des gesamten Handelsrechts, S. 613 f. („[...] hat der Ersatzmann sich in eigenem Namen verpflichtet, ist ihm also Befreiung von der Schuld bzw. Erstattung des dem Dritten Geleisteten zu gewähren, so daß praktisch der mittelbar Vertretene doch die Überführung des Ausführungsgeschäfts auf sich dulden muß.“).

683 So auch *Balzer*, in: RWS-Forum Bankrecht 2002, S. 365, 383; wenn die Bank mit dem Handelspartner wirksam Mistrade-Regeln vereinbart hat, nach denen sie ihrerseits die Aufhebung des Mistrades verlangen kann (soweit ersichtlich gewähren die Mistrade-Regeln das Aufhebungsrecht beiden Vertragsparteien, siehe beispielsweise Nr. 1 S. 2 der Mistrade-Regel zwischen Cortal Consors und der Deutschen Bank; ähnlich auch Nr. 1 der maxblue Mistrade-Regel mit der Citigroup), wäre ihr allerdings möglicherweise kein Schaden entstanden; gemäß der Interessenwahrungspflicht aus § 384 Abs. 1 Halbs. 2 Alt. 1 HGB gegenüber ihrem Kunden wäre sie auch zur Geltendmachung dieses Aufhebungsrechts verpflichtet gewesen.

684 Siehe aber im Ergebnis Dritter Teil. E. II. 2.

685 Eigene Fehler der Bank kommen kaum in Betracht und zur Anfechtung wegen Fehler ihrer Kunden ist sie nicht berechtigt, siehe ausführlich Dritter Teil. D. I. 3. b).

ses Ergebnis auch nicht durch eine Abtretung der Rechte der Bank ändern.[686] Es kommt also darauf an, ob der Kunde im Außenverhältnis zum Handelspartner anfechten kann.

1. Kein eigenständiges Anfechtungsrecht

Da der Kunde als Kommittent nicht Vertragspartner des außerbörslichen Handelspartners ist, wird ganz überwiegend angenommen, dass seine Willensmängel keine Auswirkung auf das Ausführungsgeschäft haben.[687] Dieses Ergebnis entspricht den Anfechtungsregeln, da nach § 143 Abs. 1 BGB die Anfechtung gegenüber dem Anfechtungsgegner erklärt werden muss. Dies ist bei einem Vertrag nach § 143 Abs. 2 Halbs. 1 BGB der andere Teil. Ein direktes Anfechtungsrecht des Kunden gegenüber dem außerbörslichen Handelspartner scheidet also aus.[688]

---

686 Im Übrigen könnte die Bank ihr Anfechtungsrecht als vertragsbezogenes Gestaltungsrecht auch gar nicht isoliert nach §§ 398, 413 BGB abtreten, da dieses an ihre Person gebunden ist; allgemein die (isolierte) Übertragbarkeit von Anfechtungsrechten ablehnend Palandt/*Grüneberg*, § 413 Rdn. 5; Soergel/*Zeiss*, § 413 Rdn. 4; Staudinger/*Roth*, § 142 Rdn. 11; Larenz/*Wolf*, Bürgerliches Recht AT, S. 272 und S. 801; zudem in Bezug auf das Rücktrittsrecht BGH, Urt. v. 1.6.1973 – V ZR 134/72 = NJW 1973, 1793, 1794; BGH, Urt. v. 21.6.1985 – V ZR 134/84 = NJW 1985, 2640, 2642; a.A. Staudinger/*Busche*, § 413 Rdn. 14; *P. Bydlinski*, Die Übertragung von Gestaltungsrechten, S. 45 ff.; *Schürnbrand*, AcP 204 (2004), 177, 203 ff.; tendenziell auch MüKoBGB/*Mayer-Maly*/*Busche*, § 142 Rdn. 7; in Betracht käme also allenfalls eine Abtretung zusammen mit den anderen Forderungen aus dem Wertpapierkaufvertrag, Soergel/*Zeiss*, § 413 Rdn. 4; Staudinger/*Busche*, § 413 Rdn. 14; in Bezug auf das Rücktrittsrecht BGH, Urt. v. 1.6.1973 – V ZR 134/72 = NJW 1973, 1793, 1794; BGH, Urt. v. 21.6.1985 – V ZR 134/84 = NJW 1985, 2640, 2642; zur Umdeutung einer fehlgeschlagenen Abtretung eines unselbstständigen Gestaltungsrechts in eine Ermächtigung zur Ausübung des Gestaltungsrechts siehe zudem BGH, Urt. v. 23.2.1977 – VIII ZR 124/75 = BGHZ 68, 118, 125 (in Bezug auf die Wandlung) und BGH, Urt. v. 10.12.1997 – XII ZR 119/96 = NJW 1998, 896, 897 (in Bezug auf das Kündigungsrecht); allerdings erscheint es problematisch, den Umweg über die Ausübungsermächtigung zuzulassen, wenn der Abtretung eines Gestaltungsrechts sachliche Gründe entgegenstehen, so in Bezug auf die Wandlung auch Soergel/*U. Huber*, 12. Aufl., § 462 Rdn. 83.

687 Baumbach/*Hopt*, § 383 Rdn. 19; Düringer/Hachenburg/*Lehmann*, § 383 Anm. 6; Ebenroth/Boujong/Joost/*Krüger*, § 383 Rdn. 42; *Lenz*, in: Röhricht/Westphalen, § 384 Rdn. 29; MüKoHGB/*Häuser*, § 383 Rdn. 53; *Roth*, in: Koller/Roth/Morck, § 383 Rdn. 14; Schlegelberger/*Hefermehl*, § 383 Rdn. 31; Staub/*Koller*, § 385 Rdn. 69; *Hager*, AcP 180 (1980), 239, 240; a.A. *Müller-Erzbach*, Mittelbare Stellvertretung, S. 19 f.; tendenziell auch *Schmidt-Rimpler*, in: Handbuch des gesamten Handelsrechts, S. 613 ff.

688 Allerdings sprechen in dieser Konstellation viele Gründe dafür, dass die Anfechtung der Kundenorder sich in ihrer Wirkung auch auf das Ausführungsgeschäft erstreckt, sofern sich der Willensmangel des Kunden auf beide Rechtsverhältnisse bezieht. Dies hätte zur Folge, dass der Kunde die Anfechtung sowohl gegenüber der Bank als auch dem außer-

2. *Anfechtungserklärung gegenüber dem Handelspartner*

Da die Fehler in der Willensbildung des Kunden sich sowohl unmittelbar auf den Kommissionsvertrag als auch mittelbar auf das Ausführungsgeschäft auswirken, ist zu überlegen, ob der Kunde die Anfechtung ausnahmsweise nicht nur gegenüber der Bank als seiner Vertragspartnerin, sondern auch gegenüber dem außerbörslichen Handelspartner erklären kann. Dem Kunden geht es wirtschaftlich betrachtet darum, die nachteiligen Folgen des Mistrades abzuwenden. Dies kann er aufgrund des grundsätzlich bestehenden Vertrauensschadensanspruchs seiner Bank nicht durch die Anfechtung seiner Order erreichen, sondern nur, wenn deren Wirkung sich auch auf das Ausführungsgeschäft erstreckt.

Es ist daher zu untersuchen, ob es für die vorliegende Konstellation Argumente gibt, die formale Trennung von Kommissionsvertrag und Ausführungsgeschäft zu durchbrechen.

a) Anerkannte Durchbrechungen

Die formale Trennung von Kommissionsvertrag und Ausführungsgeschäft wird ohnehin in einigen Konstellationen bemängelt und dementsprechend durchbrochen. Ein Beispiel dafür findet sich bereits im Gesetz. Nach § 392 Abs. 2 HGB wird fingiert, dass Forderungen aus dem Ausführungsgeschäft im Verhältnis zum Kommissionär oder dessen Gläubigern als Forderungen des Kommittenten gelten. Im Übrigen verweist die Literatur bei Unbilligkeiten, die sich aus der Trennung der Rechtsverhältnisse ergeben, gerne auf die Grundsätze der unzulässigen Rechtsausübung nach § 242 BGB.[689] Die Durchbrechung der formalen Trennung wird insbesondere durch die Rechtsfigur der Drittschadensliquidation verdeutlicht, die ursprünglich sogar für Fälle der mittelbaren Stellvertretung entwickelt wurde.[690]

b) Berücksichtigung stellvertretungsrechtlicher Wertungen

Zu überlegen ist, ob die Wertungen des Stellvertretungsrechts für die vorliegende Problematik Lösungshinweise geben können. Ein Vergleich mit dem Stellvertretungsrecht erscheint sinnvoll, weil dieses zum einen der naheliegende konzeptionelle

---

börslichen Handelspartner erklären müsste; ausführlich dazu sogleich Dritter Teil. E. II. 2. und 3.

689 Ausführlich für verschiedene Konstellationen des Schadensausgleichs *Fleckner*, in: Beiträge für Hopt, S. 3, 9 ff.; des Weiteren Baumbach/*Hopt*, § 383 Rdn. 20; Ebenroth/Boujong/Joost/*Krüger*, § 383 Rdn. 45; MüKoHGB/*Häuser*, § 383 Rdn. 59; Schlegelberger/*Hefermehl*, § 383 Rdn. 33.

690 OAG zu Lübeck, Erl. v. 20.1.1855 = SeuffA 11 (1857), Nr. 36, S. 23 ff.; zur Entstehung der Lehre von der Drittschadensliquidation für Fälle der mittelbaren Stellvertretung *Lange*, in: Lange/Schiemann, Schadensersatz, S. 466 ff.; *v. Caemmerer*, ZHR 127 (1965), 241, 255 f.

Anknüpfungspunkt ist und zum anderen für die entsprechende Konstellation bei der unmittelbaren Stellvertretung, nämlich die Frage, ob und gegebenenfalls gegenüber wem eine bereits ausgeübte Innenvollmacht anfechtbar ist, bereits eine ausdifferenzierte Diskussion besteht, an die sich möglicherweise anknüpfen lässt.[691] Im Folgenden wird daher überprüft, ob die stellvertretungsrechtlichen Argumente auf das Kommissionsrecht übertragen werden können.[692]

aa) Konzeptionelle Ähnlichkeit

Sowohl die mittelbare als auch die unmittelbare Stellvertretung haben die Geschäftsbesorgung für einen anderen zum Gegenstand. In beiden Rechtsbereichen wird die wirtschaftliche Entscheidung von dem Hintermann – also dem Vertretenen oder dem Kommittenten – getroffen. Diese konzeptionelle Ähnlichkeit spricht für eine gleichartige rechtliche Behandlung. Eine Annäherung an das Stellvertretungsrecht wird für das Verhältnis von Kommittent, Kommissionär und Handelspartner zudem durch die Vorschrift des § 392 Abs. 2 HGB gestützt.[693]

bb) Fiduziarischer Charakter des Kommissionsgeschäfts

Der besondere fiduziarische Charakter der kommissionsrechtlichen Geschäftsbesorgung, welcher insbesondere in der Verpflichtung des Kommissionärs zur Interessenwahrung (§ 384 Abs. 1 Halbs. 2 Alt. 1 HGB) deutlich wird, steht einer Angleichung an das Stellvertretungsrecht nicht entgegen. Dies ist schon deshalb nicht der Fall, weil Kommissions- und Stellvertretungsrecht in diesem Punkt Ähnlichkeiten aufweisen. Die konzeptionelle Annäherung zeigt sich bereits an der Regelung des § 392 Abs. 2 HGB, wonach Forderungen, auch wenn sie nicht abgetreten sind, im Verhältnis zwischen dem Kommittenten und dem Kommissionär oder dessen Gläubigern als Forderungen des Kommittenten gelten.

Beide weisen im Übrigen fiduziarische Charakteristika auf. Diese mögen zwar generell beim Kommissionsgeschäft stärker ausgestaltet sein als bei der Stellvertretung, unterliegen aber gerade im außerbörslichen Direkthandel starken Einschränkungen, da die Bank im Wesentlichen nur als technische Übermittlungsinstanz[694] zwischengeschaltet ist. In Bezug auf das konkrete Wertpapiergeschäft entfaltet sie

---

691 Siehe sogleich Dritter Teil. E. II. 2. b) dd).

692 Ausführlich zur Übertragung der Wertungen des Stellvertretungsrechts am Beispiel des Schadensausgleichs bei der mittelbaren Stellvertretung *Fleckner*, in: Beiträge für Hopt, S. 3, 9 ff.; generell die Annäherung der mittelbaren an die unmittelbare Stellvertretung befürwortend *Kümpel*, Bank- und Kapitalmarktrecht, 3. Aufl. 2004, Rdn. 10.79; tendenziell auch Larenz/*Wolf*, Bürgerliches Recht AT, S. 842.

693 Siehe dazu *Fleckner*, in: Beiträge für Hopt, S. 3, 18.

694 Ausdrücklich *Köndgen*, in: Festschrift Canaris, Bd. II, S. 183, 185 („Im heute keineswegs mehr exzeptionellen Fall des limitierten Onlineauftrags mit Vorgabe des Handelsplatzes und Ausführung in Sekundenschnelle ist der Kommissionär nur noch technische Übermittlungsinstanz, ein Provider von Durchleitungsfazilitäten, den als Geschäftsbesor-

keine eigenständige Tätigkeit und bildet keinen eigenen Willen, sondern leitet die Order des Kunden nur automatisiert, ohne eine Form der Kontrolle, an den außerbörslichen Handelspartner weiter.[695] Die gesamte Entscheidungsgewalt der Wertpapiertransaktion bis in die Ausgestaltung der Durchführung liegt bei ihrem Kunden.[696] Umgekehrt weist das Stellvertretungsrecht selbst treuhandähnliche Züge auf, weil Vollmachten nicht isoliert erteilt werden, sondern ihre Ursache in der Regel in einem Grundverhältnis, wie beispielsweise einer Geschäftsbesorgung nach den §§ 675 ff. BGB oder einem Auftrag nach den §§ 662 ff. BGB haben, die ihrerseits Interessenwahrungspflichten beinhalten.[697] Ein gewisses Maß an fiduziarischen Charakteristika kann daher letztlich eher als strukturelle Ähnlichkeit zwischen Konstellationen mittelbarer und unmittelbarer Stellvertretung angesehen werden.

cc) Offenkundigkeitsprinzip

Der größte strukturelle Unterschied zwischen der mittelbaren und der unmittelbaren Stellvertretung liegt im Offenkundigkeitsprinzip, so dass des Weiteren überprüft werden muss, ob dieses der Übertragung von stellvertretungsrechtlichen Argumenten auf die vorliegende kommissionsrechtliche Problematik entgegensteht. Dies mag zunächst plausibel erscheinen, weil die Beteiligten die freie Wahl haben, ihre Geschäftsbeziehungen rechtlich auszugestalten und sich in aller Regel für das Kommissionsgeschäft und nicht die Stellvertretung entscheiden.[698]

Bei genauerer Betrachtung ist diese Sichtweise jedoch nicht überzeugend. Der Zweck des stellvertretungsrechtlichen Offenkundigkeitsprinzips ist es, den Dritten sowie die Gläubiger der Vertragsparteien und allgemein den Rechtsverkehr zu schützen.[699] Eine Übertragung von stellvertretungsrechtlichen Wertungen, die dem widersprächen, muss also ausgeschlossen sein. Dies wäre sicher der Fall, wenn es

---

gung mit fiduziarischem Charakter zu bezeichnen grob irreführend wäre"); siehe zudem die Nachweise in Fn. 171.

695 Siehe bereits Zweiter Teil. C. III. 2. b) sowie die Nachweise in Fn. 226; teilweise wird der Kommissionär sogar bildlich als „Briefträger" beschrieben, so *Dalwigk zu Lichtenfels*, Effektenkommissionsgeschäft, S. 17; *Fleckner*, in: Beiträge für Hopt, S. 3, 15; *Köndgen*, in: Festschrift Canaris, Bd. II, S. 183, 194.

696 Ausdrücklich auf die Entscheidungsgewalt des Kommittenten als Argument für die Durchbrechung der strikten Trennung von Kommissionsvertrag und Ausführungsgeschäft abstellend Ebenroth/Boujong/Joost/*Krüger*, § 383 Rdn. 45.

697 Zur Interessenwahrung als übergreifendes Konzept im Geschäftsbesorgungsrecht siehe ausführlich *Hopt*, ZGR 2004, 1 ff., insb. 6 f.

698 Zur Abgrenzung der rechtlichen Gestaltungsformen siehe ausführlich Zweiter Teil. C. I.

699 RG, Urt. v. 14.6.1904 – VII 29/04 = RGZ 58, 273, 276; RG, Urt. v. 19.2.1914 – VII 448/13 = RGZ 84, 214, 216; *Bork*, Bürgerliches Recht AT, S. 540 f. m.w.N. (der den Begriff „Offenkundigkeitsprinzip" allerdings kritisiert und stattdessen vom „Offenlegungsgrundsatz" spricht); *Canaris*, Handelsrecht, § 30 Rdn. 69; *ders.*, in: Festschrift Flume, Band I, S. 371, 407; *Fleckner*, in: Beiträge für Hopt, S. 3, 20; Larenz/*Wolf*, Bürgerliches Recht AT, S. 834; a.A. *Einsele*, JZ 1990, 1005, 1006 ff.

den Beteiligten bei der Ausgestaltung des Erwerbs oder der Veräußerung von Wertpapieren als Kommissionsgeschäft gerade darum ginge, ihre Identität geheim zu halten. Dies ist bei Wertpapiergeschäften aber wie dargelegt typischerweise nicht der Fall.[700] Vielmehr liegt die Motivation der Beteiligten bei der Zwischenschaltung einer Bank als Kommissionärin darin, deren Solvenz und Zuverlässigkeit auszunutzen.[701] Die Bank wird gar nicht individuell tätig, sondern leitet die Kundenaufträge nur automatisiert weiter. Zwar kann die Bank eventuell aus Konkurrenzgründen ein Interesse daran haben, die Identität ihrer Kunden nicht offenzulegen.[702] Allerdings gelänge ihr dies nur bei Orders geringeren Volumens, da bei größeren Wertpapiergeschäften eine Offenlegung bei der Veränderung von Stimmrechtsanteilen nach Maßgabe der §§ 21 Abs. 1 S. 1, 22 Abs. 1 S. 1 Nr. 2 WpHG ohnehin vorgeschrieben ist. Auch ein Interesse des Kunden an der Verdeckung seiner Identität wird im Wertpapierhandel – anders als in anderen Bereichen wie beispielsweise dem Kunsthandel – in aller Regel nicht ausgeprägt sein.[703]

Vor diesem Hintergrund spricht also nichts dagegen, stellvertretungsrechtliche Argumente auf die Frage zu übertragen, ob sich die Anfechtung der Order in ihrer Wirkung auch auf das Ausführungsgeschäft erstrecken kann. Dieses Ergebnis wird auch dadurch gestützt, dass bei der Effektenkommission in manchen Fällen ohnehin aufgrund von gesetzlich vorgeschriebenen Meldepflichten die Identität der Beteiligten offen gelegt wird. Zudem würde die Anfechtung nicht dem mit dem Offenkundigkeitsprinzip unter anderem bezweckten Schutz des Erklärungsempfängers, beispielsweise vor dem Vertragsabschluss mit einem nicht solventen oder aus anderen Gründen missbilligenswerten Vertragspartner, zuwiderlaufen.[704] Vielmehr würde durch die Anfechtung nichts verdeckt, sondern nur der frühere Zustand der Vermögenszuordnung wiederhergestellt.

dd) Stellvertretungsrechtliche Lösung

Die vorliegende kommissionsrechtliche Konstellation würde bei der unmittelbaren Stellvertretung der Frage entsprechen, ob und gegebenenfalls gegenüber wem eine bereits ausgeübte Innenvollmacht mittels Anfechtung aufhebbar ist. Auch im Stellvertretungsrecht ist die Lösung dieser Problematik umstritten.[705]

Überwiegend wird dem Vertretenen ein Anfechtungsrecht zugestanden. Dies erscheint schon deshalb überzeugend, da ein vollständiger Ausschluss des Anfech-

---

700 Siehe bereits Zweiter Teil. C. I.

701 *Kümpel*, Bank- und Kapitalmarktrecht, 3. Aufl. 2004, Rdn. 10.6 und Rdn. 10.71; *Fleckner/Vollmuth*, WM 2004, 1263, 1266 ff.; *Fleckner*, in: Beiträge für Hopt, S. 3, 14; *Kümpel*, WM 1993, 2025, 2025 f.

702 Siehe Zweiter Teil. C. I. 1. und die Nachweise in Fn. 116.

703 Siehe Zweiter Teil. C. I. 1. und die Nachweise in Fn. 117.

704 Zum Schutzzweck des Offenkundigkeitsprinzips siehe die Nachweise in Fn. 699.

705 Für einen Überblick siehe *Kindl*, Rechtsscheintatbestände, S. 33 ff.; *Stüsser*, Die Anfechtung der Vollmacht, 1986.

tungsrechts die Interessen des Vertretenen vernachlässigten, der dann bei der Einschaltung eines Vertreters schlechter stünde als bei einem Eigengeschäft.[706] Umstritten ist allerdings, woran dieses anknüpfen soll. Teilweise wird diesbezüglich ausschliesslich auf die Erteilung der Vollmacht abgestellt,[707] während andere nur eine Anfechtung der für das Vertretergeschäft abgegebenen Willenserklärung zulassen wollen und eine Anfechtbarkeit der Vollmachtserteilung ablehnen.[708] Vertreten wird ebenfalls, durch die Anfechtung sowohl die Vollmachtserteilung als auch die Willenserklärung aus dem Vertretergeschäft zu beseitigen.[709]

Für die Fälle, in denen die Willensmängel bei der Vollmachtserteilung sowie des Vertretergeschäfts identisch sind, ist es überzeugend, dass der Vertretene sowohl die Vollmacht als auch das Vertretergeschäft mit seiner Anfechtungserklärung aufheben kann. Denn dem Vertretenen geht es wirtschaftlich nicht darum, dem Vertreter die Vollmacht zu entziehen, sondern vielmehr, sich von dem Vertretergeschäft zu lösen.[710] Es ist nur konsequent, dass es für die Anfechtung auf die Bewusstseinslage der Person ankommen soll, auf deren „Interessenbewertung und Entschließung" das Vertretergeschäft beruht.[711] Die Schutzwürdigkeit des Geschäftspartners steht dem nicht entgegen, weil auch dieser ein Interesse daran hat, von der Anfechtung schnellstmöglich zu erfahren.[712] Im Übrigen darf er nicht besser gestellt werden, als er stünde, wenn der Vertretene direkt mit ihm abgeschlossen hätte. Nach dem Rechtsgedanken des § 166 Abs. 2 BGB sind daher alle Willensmängel des Vertretenen für das Vertretergeschäft anzuerkennen,[713] die sich auf das von dem Vertreter geschlossene Geschäft ausgewirkt haben. Zu überprüfen ist aber für jeden einzel-

---

706 So auch *Bork*, Bürgerliches Recht AT, S. 574 f.

707 Staudinger/*Schilken*, Neubearb. 2009, § 167 Rdn. 77 ff.; *Bork*, Bürgerliches Recht AT, S. 574 ff.; Larenz/*Wolf*, Bürgerliches Recht AT, S. 877; *Schwarze*, JZ 2004, 588, 595.

708 Brox/*Walker*, BGB AT, S. 243 f., *Eujen*/*Frank*, JZ 1973, 232, insbesondere 234 ff. (bei Durchschlagen des Fehlers auf das Vertretergeschäft); *Medicus*, Allgemeiner Teil BGB, Rdn. 945; sofern die Anfechtbarkeit der Vollmachtserteilung unter Verweis auf die Vorschrift des § 166 Abs. 1 BGB abgelehnt wird, wonach es bei Willensmängeln nicht auf die Person des Vertretenen, sondern auf die des Vertreters ankommt, ist dies nicht überzeugend. In Bezug auf die Vollmacht trägt es nicht, da § 166 Abs. 1 BGB sich auf das Vertretergeschäft bezieht. Darüber hinaus wird die Regelung des § 166 Abs. 2 BGB, die sich dem Wortlaut nach zwar nur auf die Wissenszurechnung bezieht, überwiegend auch analog auf die Willensmängel des Vertretenen angewandt, siehe die Nachweise in Fn. 597.

709 *Köhler*, BGB AT, § 11 Rdn. 28; *Petersen*, AcP 201 (2001), 375, insbesondere 385 ff.; tendenziell befürwortend auch *Medicus*, Allgemeiner Teil BGB, Rdn. 945 sowie *Müller-Freienfels*, Die Vertretung beim Rechtsgeschäft, S. 404 Fn. 30.

710 Brox/*Walker*, BGB AT, S. 243 f.; *Köhler*, BGB AT, § 11 Rdn. 28; *Medicus*, Allgemeiner Teil BGB, Rdn. 945.

711 Siehe die Nachweise in Fn. 598.

712 Dazu *Köhler*, BGB AT, § 11 Rdn. 28; *Medicus*, Allgemeiner Teil BGB, Rdn. 945; *Petersen*, AcP 201 (2001), 375, 387.

713 Siehe die Nachweise in Fn. 597.

nen Fall, ob sich der Irrtum bei der Vollmachtserteilung auch im Vertretergeschäft niedergeschlagen hat.[714]

ee) Übertragbarkeit

Diese Überlegungen helfen bei der vorliegenden kommissionsrechtlichen Problematik weiter.

Die Interessenlage ist ähnlich. Dem Kunden geht es genau wie dem Vertretenen nicht darum, den Wertpapierauftrag zu beseitigen, sondern die nachteiligen Folgen des Mistrades im Ausführungsgeschäft abzuwenden. Im Vergleich zum Stellvertretungsrecht ist das Interesse des Kunden an einem Anfechtungsrecht, welches sich auch auf das Ausführungsgeschäft auswirkt, sogar stärker. Denn im Gegensatz zu der stellvertretungsrechtlichen Lösung, bei der eine Anfechtung der ausgeübten Innenvollmacht den Vertreter automatisch zum Vertreter ohne Vertretungsmacht abwertet mit der Folge der schwebenden Unwirksamkeit des Vertretergeschäfts, wäre nach der kommissionsrechtlichen Lösung das Ausführungsgeschäft trotz Anfechtung der Order grundsätzlich wirksam. Dies würde zu dem Ergebnis führen, dass dem Kunden eine Loslösung von dem Mistrade mittels Anfechtung *de facto* verwehrt bliebe, da er dem Vertrauensschadensersatzanspruch seiner Bank ausgesetzt wäre.

Auch die Überlegung, dass der Handelspartner nicht besser gestellt werden darf, als er stünde, wenn er direkt mit dem Kunden abgeschlossen hätte, ist vorliegend hilfreich.[715] Bei direktem Vertragsabschluss mit dem Kunden hätte der Handelspartner einen Anspruch auf Ersatz des Vertrauensschadens gegen ihn. Der Handelspartner wäre so zu stellen, als ob er das Wertpapiergeschäft nie abgeschlossen hätte. Im Wesentlichen wären ihm also Aufwendungen zu ersetzen, die er im Vertrauen auf die Wirksamkeit des Wertpapiergeschäfts getätigt hat. Bei der Einschaltung einer Bank als Kommissionärin – deren Funktion im außerbörslichen Handel wie festgestellt letztlich eine technische Übermittlungsinstanz ist[716] – könnte der Handelspartner hingegen den gesamten wirtschaftlichen Vorteil aus dem Mistrade-Geschäft ziehen. Diesen Posten könnte die Bank in Folge gegen ihren Kunden als Vertrauensschadensersatz geltend machen. Im Ergebnis hätte der Kunde bei einer Anfechtung der Order also nicht wie sonst das negative Interesse zu ersetzen, sondern das positive Interesse. Diesem unbilligen, mit den anfechtungsrechtlichen Grundsätzen nicht zu vereinbarenden Ergebnis kann entgegengewirkt werden, in-

---

714 Brox/*Walker*, BGB AT, S. 243 f.; dies ist bei einem Mistrade-Geschäft zu Ungunsten des Kunden regelmäßig der Fall; eine Ausnahme würde etwa bestehen, wenn der Kunde sich über Eigenschaften seiner Bank geirrt hat.

715 Grundsätzlich zu der Frage, ob Widersprüche beim Handeln in eigenem Namen für fremde Rechnung durch Annäherung entweder an die Lösungswege des Selbsthandelns oder der Stellvertretung bzw. an eine Mischung beider Konzeptionen aufgelöst werden können, siehe *Fleckner*, in: Beiträge für Hopt, S. 3, 9 ff., 15 Fn. 49.

716 Siehe Zweiter Teil. C. III. 2. b) sowie die Nachweise unter Fn. 171, Fn. 315 und Fn. 694.

dem die Anfechtung der Order in ihrer Wirkung auch auf das Ausführungsgeschäft erstreckt wird. Unterstützend lässt sich auch die Regelung des § 143 BGB anführen, welcher der Rechtsgedanke zu entnehmen ist, dass die Anfechtung demjenigen gegenüber zu erklären ist, der auf Grund des Rechtsgeschäfts unmittelbar einen rechtlichen Vorteil erlangt hat.[717]

Als Argument gegen ein direktes Anfechtungsrecht des Kunden wird teilweise angeführt, dass es unbillig wäre, wenn der Handelspartner nicht nur mit Irrtümern seines Vertragspartners, sondern auch noch mit denen unbekannter Hintermänner konfrontiert würde.[718] Diese Überlegung zielt auf die angeblich fehlende Offenkundigkeit bei der mittelbaren Stellvertretung ab und vermag wie bereits erörtert nicht zu überzeugen.[719] Dadurch, dass Wertpapiertransaktionen – zumindest in den Mistrade-Fällen – in der Praxis ganz überwiegend als Kommissionsgeschäfte ausgestaltet werden, muss der Handelspartner zudem damit rechnen, dass der wirtschaftliche Hintermann des Geschäfts nicht mit seinem Vertragspartner übereinstimmt.[720] Im außerbörslichen Direkthandel hat der Handelspartner sogar in der Regel positive Kenntnis davon, dass die Bank für Rechnung eines Dritten abschließt, da der Kunde über die Online-Maske der Bank selbst die Kurse anfordert.[721]

3. *Rechtsfolgen*

Bei Berücksichtigung der wirtschaftlichen Interessenlage von Kunde, Bank und Handelspartner sowie bei Annäherung an die stellvertretungsrechtlichen Wertungen ergibt sich, dass die Anfechtung der Kundenorder in ihrer Wirkung auch auf das Ausführungsgeschäft durchschlägt. Der Kunde muss daher die Anfechtung nicht nur gegenüber der Bank, sondern auch gegenüber dem Handelspartner der Bank erklären.[722]

---

717 Siehe insbesondere § 143 Abs. 4 S. 1 BGB („Bei einem einseitigen Rechtsgeschäft anderer Art ist Anfechtungsgegner jeder, der auf Grund des Rechtsgeschäfts unmittelbar einen rechtlichen Vorteil erlangt hat") und § 143 Abs. 2 BGB („[...] im Falle des § 123 Abs. 2 S. 2 derjenige, welcher aus dem Vertrag unmittelbar ein Recht erworben hat").

718 *Hager*, AcP 180 (1980), 239, 240 siehe auch Fn. 9; zu diesem Argument auch (mit abweichendem Ergebnis) ausführlich *Müller-Erzbach*, Mittelbare Stellvertretung, S. 17 ff. und *Schmidt-Rimpler*, in: Handbuch des gesamten Handelsrechts, S. 616 f.

719 Zum Einwand der fehlenden Offenkundigkeit siehe bereits Dritter Teil. E. II. 2. b) cc).

720 So auch RG, Urt. v. 19.2.1914 – VII 448/13 = RGZ 84, 214, 216; *Fleckner*, in: Beiträge für Hopt, S. 3, 21; a.A. MüKoHGB/*Häuser*, § 383 Rdn. 46 und Rdn. 60, der annimmt, der Dritte würde grundsätzlich von einem Eigengeschäft des Kommissionärs ausgehen; ähnlich *Hager*, AcP 180 (1980), 239, 240 Fn. 9.

721 Siehe bereits Zweiter Teil. C. III. 2. b), Dritter Teil. D. III. 1. c) sowie die Nachweise in Fn. 170.

722 Dessen Identität ist dem Kunden zumindest im außerbörslichen Direkthandel aufgrund der eigenen Auswahl bekannt, ansonsten wäre die Bank diesbezüglich zur Auskunft

Nach erfolgter Anfechtungserklärung auch gegenüber dem Handelspartner kann dieser sich nicht mehr auf Erfüllung des Mistrade-Geschäfts gegenüber der Bank berufen, sondern ist in erster Linie auf die Geltendmachung seines Vertrauensschadens gegenüber dem Kunden analog § 122 Abs. 1 BGB beschränkt.[723] Da der Handelspartner aus Gründen der Zuverlässigkeit und Solvenz allerdings gerade die Bank und nicht den Kunden als Vertragspartner gewählt hat, steht ihm offen, den Vertrauensschaden wahlweise gegen die Bank geltend zu machen.[724] Der Kunde und die Bank haften dem Handelspartner insoweit gesamtschuldnerisch.[725]

III. Zwischenergebnis

Für ein Anfechtungsrecht des Kunden kommen zwei Ansatzpunkte in Betracht: (1) seine Wertpapierorder gegenüber der Bank und (2) das Ausführungsgeschäft zwischen Bank und Handelspartner.

(1) Da der Kunde direkter Vertragspartner der Bank ist, kann er seine Wertpapierorder ihr gegenüber anfechten. Irrtümer in der Willenserklärung scheiden in Mistrade-Fällen als Anfechtungsgrund aus, da sie keinen Einfluss auf die Preisbildung haben und daher nicht zu einem Mistrade führen können. Berufen kann er sich aber auf einen Eigenschaftsirrtum nach § 119 Abs. 2 BGB, wenn er sich bei der Wertermittlung des betreffenden Wertpapiers über eine der unmittelbaren Berechnungsgrößen geirrt hat. Eine Anfechtung wegen arglistiger Täuschung ist in den meisten Fällen ausgeschlossen, weil der außerbörsliche Handelspartner typischerweise Dritter im Sinne des § 123 Abs. 2 BGB ist.

Durch die Anfechtung der Wertpapierorder entzieht der Kunde der Bank die rechtliche Grundlage, die primären wirtschaftlichen Nachteile des Mistrade-Geschäfts direkt an ihn weiterzugeben. Solange allerdings das Mistrade-Geschäft zwischen Bank und Handelspartner wirksam bleibt, lässt es sich *de facto* trotzdem nicht abwenden, dass der Kunde die Nachteile des Mistrades zu tragen hat. Denn die Bank könnte über ihren Ersatzanspruch aus § 122 Abs. 1 BGB letztlich doch den vollständigen Schaden aus dem Mistrade gegen den Kunden geltend machen.

---

verpflichtet; etwas anderes gilt beim Festpreisgeschäft, bei dem an der strikten Trennung der Rechtsverhältnisse festzuhalten ist.

723 So auch für das Stellvertretungsrecht Brox/*Walker*, BGB AT, S. 243 f.; *Köhler*, BGB AT, § 11 Rdn. 28; *Medicus*, Allgemeiner Teil BGB, Rdn. 945; *Petersen*, AcP 201 (2001), 375, 388 f.

724 Die Bank kann diesen Schadensposten ihrerseits als Vertrauensschaden gegen den Kunden nach § 122 Abs. 1 BGB geltend machen, siehe auch Dritter Teil. E. I. 3.

725 So auch für das Stellvertretungsrecht MüKoBGB/*Schramm*, § 167 Rdn. 85; Soergel/*Leptien*, § 166 Rdn. 23; *Petersen*, AcP 201 (2001), 375, 389; a.A. Staudinger/*Schilken*, Neubearb. 2009, § 167 Rdn. 82; *Stüsser*, Die Anfechtung der Vollmacht, S. 49 ff.

(2) Da ohnehin in einigen Konstellationen Durchbrechungen der Trennung von Kommissions- und Ausführungsverhältnis zugelassen werden, liegt es nahe, die Wirkung der Anfechtung auch auf das Ausführungsgeschäft zu erstrecken. Dafür sprechen auch die Wertungen der ähnlich gelagerten stellvertretungsrechtlichen Problematik. Da der Kunde nicht Vertragspartner des außerbörslichen Handelspartners ist, scheidet ein eigenständiges Anfechtungsrecht im Ausführungsgeschäft aus. Allerdings erstreckt sich die Anfechtung der Wertpapierorder in ihrer Wirkung auch auf das Ausführungsgeschäft, sofern sich der Willensmangel des Kunden auf beide Rechtsverhältnisse bezieht. Dies ist bei einem Eigenschaftsirrtum des Kunden regelmäßig der Fall. Der Kunde muss zur Erzielung dieser Wirkung die Anfechtung nicht nur gegenüber der Bank, sondern auch gegenüber dem Handelspartner erklären. Der Handelspartner kann seinen Vertrauensschaden wahlweise gegen den Kunden oder die Bank geltend machen.

F. Zusammenfassung

Die vorstehenden Ausführungen haben gezeigt, dass Anfechtungsrechte geeignet sind, die Mistrade-Problematik im außerbörslichen Wertpapierhandel zu bewältigen. Daraus ergeben sich neue Perspektiven für Wissenschaft und Praxis. Bislang haben sich nur wenige Beiträge in der Literatur und wenige Gerichtsurteile mit der Anfechtung bei Mistrade-Geschäften befaßt. Dies wäre in den meisten Fällen hingegen erforderlich gewesen, da die Berufung auf ein vertragliches Aufhebungsrecht aus den zwischen den Parteien vereinbarten Mistrade-Regeln typischerweise auch als Anfechtungserklärung ausgelegt werden muss.

Der Anwendbarkeit der gesetzlichen Anfechtungsregeln steht keinesfalls entgegen, dass Wertpapiergeschäfte überwiegend online abgeschlossen und ausgeführt werden. Vielmehr steht hinter jeder Datenübertragung des Computers letztlich ein menschlicher Wille, der mittels entsprechender Software umgesetzt wird. Dies liegt auch in der Rechtsprechungslinie des *Bundesgerichtshofes*, der die Anfechtungsregeln auf Fehler bei Vertragsschlüssen im Online-Versandhandel anwendet.

Die Anfechtungsrechte bieten gegenüber den Mistrade-Regeln den Vorteil, dass sie nicht vereinbart werden müssen. Es kommen daher keine Unsicherheiten hinsichtlich ihres rechtlichen Bestands auf.[726] Bei den Mistrade-Regeln ergibt sich hingegen das Problem, dass teilweise Zweifel an der Wirksamkeit einzelner Klauseln vorgebracht werden,[727] die aufgrund des Verbots der geltungserhaltenden Reduk-

726 Zur Konkurrenz zwischen den Anfechtungsrechten und den Aufhebungsrechten aus den Mistrade-Regeln siehe Dritter Teil. B.

727 Zweifel sind insbesondere hinsichtlich der fehlenden Vereinbarung einer Schadensersatzpflicht entsprechend § 122 Abs. 1 BGB vorgebracht worden, dazu *Fleckner/Vollmuth*, WM 2004, 1263, 1275; *Fleckner*, WuB I G 2. – 1.04, S. 663; *ders.*, WuB I G. 2 – 1.09, S. 514; *A. Fuchs*, in: Ulmer/Brandner/Hensen, § 307 Rdn. 237; *Lindfeld*, Mistrade-Re-

tion bei Allgemeinen Geschäftsbedingungen[728] zur Nicht-Anwendbarkeit der gesamten Mistrade-Regel führen können. Zudem knüpfen die Anfechtungsrechte im Gegensatz zu den Mistrade-Regeln nicht nur an die Fehler desjenigen an, der die Beseitigung des Geschäfts wünscht, sondern gegebenenfalls auch an das missbräuchliche Verhalten der Gegenseite.

---

geln, S. 129 ff.; *Friedrich/Seidel*, BKR 2008, 497, 499; *Koch*, ZBB 2005, 265, 270; *Vollmuth*, EWiR § 122 BGB 1/04, 835, 836; der BGH ist aus formellen Gründen nicht zu einer AGB-rechtlichen Prüfung gekommen, hat die fehlende Vereinbarung einer Pflicht zum Ersatz des Vertrauensschadens aber als Verstoß gegen die kommissionsrechtliche Interessenwahrungspflicht aus § 384 Abs. 1 Halbs. 2 Alt. 1 HGB gewertet, BGH, Urt. v. 25.6.2002 – XI ZR 239/01 = WM 2002, 1687, 1688 f. (Mistrade-Urteil).

728 Ob die aktuellen Mistrade-Regeln AGB darstellen, wäre jeweils zu überprüfen; bislang wird dies überwiegend angenommen, siehe *Fleckner/Vollmuth*, WM 2004, 1263, 1273 f.; *Fleckner*, WuB I G 2. – 1.04, S. 663; *ders.*, WuB I G 2. – 2.09, S. 594 (offen gelassen); *ders.*, WuB I G. 2 – 1.09, S. 514 (offen gelassen unter Hinweis auf die gelegentliche Praxis, solche Klauseln individuell auszuhandeln); *Friedrich/Seidel*, BKR 2008, 497, 498; *Koch*, ZBB 2005, 265, 268; *Vollmuth*, EWiR § 122 BGB 1/04, 835, 836; so im Ergebnis auch, aber berechtigterweise kritisch und differenzierend *Lindfeld*, Mistrade-Regeln, S. 121 f.; zum Verbot der geltungserhaltenden Reduktion bei Allgemeinen Geschäftsbedingungen siehe in ständiger Rechtsprechung BGH, Urt. v. 17.5.1982 – VII ZR 316/81 = BGHZ 84, 109, 115 f.; BGH, Urt. v. 13.2.2001 – XI ZR 197/00 = BGHZ 146, 377, 385; BGH, Urt. v. 30.11.2004 – XI ZR 200/03 = BGHZ 161, 189, 196; BGH, Urt. v. 6.4.2005 – VIII ZR 27/04 = NJW 2005, 1574, 1576; *H. Schmidt*, in: Ulmer/Brandner/Hensen, § 306 Rdn. 14 ff.; kritisch *Uffmann*, Verbot der geltungserhaltenden Reduktion, 2010; differenzierend auch MüKoBGB/*Basedow*, § 306 Rdn. 13 ff.

Vierter Teil
Anfechtung im börslichen Wertpapierhandel

Auch im börslichen Wertpapierhandel kommen regelmäßig Mistrade-Geschäfte vor. Die zentrale Fragstellung ist daher wie im außerbörslichen Handel, ob und in welchem Umfang den Beteiligten Aufhebungsrechte zustehen. In Betracht kommen wiederum die gesetzlich bestehenden Anfechtungsrechte sowie die besonderen börslichen Mistrade-Regeln, die für die Frankfurter Wertpapierbörse in den §§ 25 – 28, 30 – 38 BedFWB verankert sind.[729]

Auch Wertpapiergeschäfte im börslichen Handel werden zu einem großen Teil als Kommissionsgeschäfte abgeschlossen. Im Vergleich zum außerbörslichen Handel ergeben sich jedoch weitere Besonderheiten. Zum einen sind die Rechtsbeziehungen der Beteiligten komplizierter: Die Kunden geben über ihre Banken als Kommissionäre jeweils Kauf- und Verkauforders ein, die je nach Handelsart von einem Skontroführer oder einem elektronischen Handelssystem zusammengeführt werden. In den meisten Fällen an der Frankfurter Wertpapierbörse sowie der Eurex tritt die Eurex Clearing AG als Zentraler Kontrahent in den Wertpapierkaufvertrag ein. Nach Ziff. 1.2.1 Abs. 1 der Eurex Clearing-Bedingungen (ClearBed)[730] schließt die Eurex Clearing AG den Vertrag direkt ausschließlich mit Clearing-Mitgliedern ab. Sofern also die Bank des Kunden kein Clearing-Mitglied ist, muss sie sich für den Vertragsabschluss eines Clearing-Mitglieds bedienen. Zum anderen ergeben sich gegenüber Mistrade-Geschäften im außerbörslichen Handel weitere Fehlerquellen, die nicht auf einem Irrtum oder Fehler der an dem Wertpapiergeschäft Beteiligten beruhen, sondern auf technischen Störungen des börslichen Handelssystems.

Wohl aufgrund dieser Besonderheiten sehen die börslichen Bestimmungen einen Ausschluss der Anfechtbarkeit von Wertpapiergeschäften vor. Schließen diese Klauseln die Anfechtbarkeit von Wertpapiergeschäften im börslichen Handel wirksam aus, kommen für die Aufhebung von Mistrades nur die speziellen börslichen Mistrade-Regeln in Betracht. Im Nachfolgenden wird daher erörtert, ob die Ausschluss-Klauseln rechtsverbindlich sind. Wirksamkeit könnten die Klauseln zum einen kraft objektiven Rechts (A.) und zum anderen kraft vertraglicher Vereinbarung (B.) erlangen.

A. Ausschluss der Anfechtbarkeit kraft objektiven Rechts

Zu überprüfen ist zunächst, ob die Anfechtungsrechte der Handelsteilnehmer bei börslichen Mistrade-Geschäften kraft objektiven Rechts ausgeschlossen sind.

---

729 Für die Eurex finden sich Mistrade-Regeln in Ziff. 2.7 BedEurex.

730 Clearing-Bedingungen der Eurex Clearing AG vom 26.4.2011, abrufbar unter http://www.eurexchange.com, unter „Dokumente“ → „Regelwerke“ → „Clearing-Bedingungen“.

I. Ausschlussregelung in den Börsenusancen

Fragen des Zustandekommens und der Wirksamkeit von Wertpapiergeschäften sind teilweise in besonderen börslichen Vorschriften geregelt, insbesondere in den jeweiligen Börsenusancen. Diese stimmen für die sieben Regionalbörsen sowie für die Eurex nicht vollständig, aber inhaltlich doch weitestgehend überein. Eine Regelung, welche Anfechtungsrechte der Handelsteilnehmer ausschließt, findet sich für die Frankfurter Wertpapierbörse in § 28 S. 1 BedFWB. Danach sind zivilrechtliche Ansprüche der Geschäftsparteien „zur Aufhebung und Anpassung von Geschäften sowie das Recht zur Anfechtung von Geschäften“ ausgeschlossen.[731]

II. Wirksamkeit der Ausschlussregelung

Es stellt sich allerdings die Frage, ob ein Ausschluss der Anfechtbarkeit für börsliche Wertpapiergeschäfte in den Börsenusancen überhaupt rechtswirksam möglich ist.[732] Dies hängt vor allem von dem Geltungsgrund der Börsenusancen[733] ab, der sich wiederum aus ihrer Rechtsnatur ergibt.

1. Geltung der Börsenusancen als Satzung

Nur auf den ersten Blick scheint die Frage der Geltung der Börsenusancen aufgrund der Vorschrift des § 12 Abs. 2 S. 1 Nr. 1 Var. 2 BörsG geklärt. Danach erlässt der Börsenrat die Börsenusancen als Satzung. Bei genauer Betrachtung ergeben sich allerdings Zweifel, ob die Börsenusancen als Satzung verfassungsgemäß sind.[734] Bedenken bestehen insbesondere, wenn diese als landesrechtliche Vorschriften einzuordnen wären. Ein Ausschluss der Anfechtbarkeit von Wertpapiergeschäften wie

---

731 Eine ähnliche Regelung findet sich an der Eurex in Ziff. 2.7.9 Abs. 3 S. 1 BedEurex: „Bezüglich der an den Eurex-Börsen abgeschlossenen Geschäfte sind zivilrechtliche Ansprüche der Geschäftsparteien im Sinne von Ziffer 2.2 Absatz 1 bis Absatz 3, die auf die Aufhebung solcher Geschäfte gerichtet sind, insbesondere eine Anfechtung wegen Irrtums, sonstige Anfechtungsrechte und zivilrechtliche Ansprüche, die eine Anpassung des Inhaltes solcher Geschäfte zum Ziel haben, ausgeschlossen.“

732 Von einem wirksamen Ausschluss der Anfechtbarkeit für börsliche Wertpapiergeschäfte ohne nähere Prüfung ausgehend *Lenenbach*, Kapitalmarktrecht, Rdn. 4.97.

733 Ausführlich zu den konzeptionellen und historischen Grundlagen der Börsenusancen sowie deren Rechtsnatur und Geltungsgründe *Fleckner*, Börsengeschäftsbedingungen, 2011, S. 1 – 58 (unveröffentlichtes Manuskript).

734 Grundlegend und ausführlich zur Verfassungswidrigkeit der Börsenusancen als Satzung *Hammen*, WM 2007, 1297, 1300 ff.; ebenso *Fleckner*, WM 2009, 2064, 2070; *Fleckner/Vollmuth*, WM 2009, S. 1819, 1820; *Fleckner*, Börsengeschäftsbedingungen, 2011, S. 1, 30 ff. (unveröffentlichtes Manuskript); a.A. KapitalmarktRK/*Schwark*, § 12 BörsG Rdn. 19.

in § 28 S. 1 BedFWB vorgesehen, könnte nämlich als landesrechtliche Vorschrift im Bereich der konkurrierenden Gesetzgebung nicht die bundesgesetzlichen Vorschriften über die Anfechtung ändern bzw. außer Kraft setzen.

Nachfolgend wird kurz geprüft, ob die als Satzung erlassenen Börsenusancen als landesrechtliche Vorschriften einzuordnen sind (a). Sodann wird ihr Regelungsinhalt bestimmt (b). Im Anschluss daran wird erörtert, ob in der landesrechtlichen Regelung eines Anfechtungsauschlusses für den börslichen Wertpapierhandel ein Verstoß gegen die Kompetenzregelung des Grundgesetzes liegt (c) und was gegebenenfalls die Rechtsfolge eines solchen Verstoßes wäre (d).

a) Landesrechtliche Bestimmung

Für die landes- oder bundesgesetzliche Einordnung einer Satzung ist danach zu differenzieren, ob die sie erlassende juristische Person von dem Bund oder einem Land errichtet wurde.[735] Die jeweilige Börse ist eine Anstalt desjenigen Bundeslandes, das die Erlaubnis für die Errichtung erteilt hat. Dies ist nach §§ 4 Abs. 1, 3 Abs. 1 S. 1 BörsG die jeweilige Börsenaufsichtsbehörde als oberste Landesbehörde. Die vom Börsenrat als Satzung erlassenen Börsenusancen sind demnach als landesrechtliche Bestimmungen einzuordnen.[736]

b) Privatrechtlicher Regelungsinhalt

Der Regelungsinhalt der Börsenusancen kann nicht einheitlich entweder dem Privatrecht[737] oder dem öffentlichen Recht[738] zugeordnet werden,[739] da die Börsenusancen verschiedene Fragenkomplexe regeln. Differenziert werden muss insbesondere

---

735 *Gubelt*, in: Münch/Kunig, Art. 31 GG Rdn. 6 ff.; *Korioth*, in: Maunz/Dürig, Art. 31 GG Rdn. 19; *Stern*, Staatsrecht der Bundesrepublik Deutschland, Bd. I, S. 724; zudem kommt es auf die Ausstattung mit staatlicher öffentlicher Gewalt an, da Rechtsnormen von Körperschaften des öffentlichen Rechts ohne staatliche öffentliche Gewalt weder dem Bundes- noch dem Landesrecht zuordenbar wären (Beispiel Kirche), vgl. dazu *Korioth*, in: Maunz/Dürig, Art. 30 GG Rdn. 10.

736 Ausführlich *Hammen*, WM 2007, 1297, 1300 f.

737 So aber mit unterschiedlicher Begründung Heymann/*Horn*, § 346 Rdn. 18; MüKoHGB/*K. Schmidt*, § 346 Rdn. 19; Schlegelberger/*Hefermehl*, § 346 Rdn. 3; *Baums/Segna*, Börsenreform, S. 50; *Hammen*, in: Festschrift H. Schmidt, S. 313, 328; *ders.*, WM 2007, 1297, 1297; *Pflug*, ZHR 135 (1971), 1, 29 f.

738 So ebenfalls mit unterschiedlicher Begründung VG Frankfurt am Main, Urt. v. 17.6.2002 – 9 E 2028/01 (2) = BKR 2002, 965, 967 (unter Abänderung der vorherigen, gegenteiligen Ansicht, vgl. VG Frankfurt am Main, Urt. v. 25.2.2002 – 9 E 3090/00 = NJOZ 2002, 1916, 1919); *Breitkreuz*, Ordnung der Börse, S. 134 f.; *Beck*, WM 1998, 417, 427 Fn. 105.

739 Richtigerweise nach dem jeweiligen Regelungsgegenstand differenzierend *Götz von Olenhusen*, Börsen und Kartellrecht, S. 62 ff.; *Härle*, Terminbörsen, S. 66 ff.; *Lindfeld*, Mistrade-Regeln, S. 92 ff.; *Fleckner*, Börsengeschäftsbedingungen, 2011, S. 1, 17 f., 40 f. (unveröffentlichtes Manuskript); tendenziell auch Baumbach/*Hopt*, § 16 BörsG Rdn. 4; a.A. KapitalmarktRK/*Schwark*, § 12 BörsG Rdn. 19.

zwischen den Regelungen über die Rechtsbeziehungen der Handelsteilnehmer untereinander und gegenüber der Börse.[740] Im Zusammenhang mit der Frage eines rechtswirksamen Ausschlusses der Anfechtbarkeit von Willenserklärungen der Handelsteilnehmer kommt es nur auf die Regelungen über deren Rechtsbeziehungen an. Abzustellen ist daher auf privatrechtliche Regelungen, wie beispielsweise Bestimmungen im Zusammenhang mit dem Zustandekommen, der Wirksamkeit und der Erfüllung von Wertpapierkaufverträgen zwischen den Handelsteilnehmern. Eindeutig dem Privatrecht zuzuordnen ist insbesondere auch die Vorschrift des § 28 S. 1 BedFWB, wonach die Anfechtungsrechte der Vertragsparteien beim Handel an der Frankfurter Wertpapierbörse ausgeschlossen sind.

c) Verstoß gegen die Kompetenzregelung des Grundgesetzes

Ob der Anfechtungsausschluss nach § 28 S. 1 BedFWB gegen die Kompetenzregelung des Grundgesetzes verstößt, richtet sich zunächst nach der Gesetzgebungszuständigkeit.

Die Frage der Anfechtbarkeit von Willenserklärungen bzw. deren Ausschluss gehört zum Regelungsgegenstand des bürgerlichen Rechts, welcher nach Art. 74 Abs. 1 Nr. 1 Var. 1 GG unter die konkurrierende Gesetzgebung fällt. Nach Art. 72 Abs. 1 GG haben im Bereich der konkurrierenden Gesetzgebung die Länder die Befugnis zur Gesetzgebung, solange und soweit der Bund von seiner Gesetzgebungszuständigkeit nicht durch Gesetz Gebrauch gemacht hat. Erlässt der Bundesgesetzgeber im Bereich der konkurrierenden Gesetzgebung also ein Bundesgesetz, ist es den Ländern nicht mehr gestattet, gesetzliche Vorschriften über den gleichen Regelungsgegenstand zu erlassen.[741] Der Bundesgesetzgeber hat im Bürgerlichen Gesetzbuch die Anfechtung von Willenserklärungen ausführlich geregelt, so dass es für Landesgesetzgeber nicht mehr möglich ist, die Anfechtung zwischen den zum börslichen Handel zugelassenen Teilnehmern auszuschließen.

Darüber hinaus hat der Bundesgesetzgeber auch keine Öffnungsklausel für landesrechtliche Vorschriften über Börsengeschäfte geschaffen. Insbesondere stellt § 12 Abs. 2 S. 1 Nr. 1 Var. 2 BörsG keine solche Öffnungsklausel dar.[742] Dies ergibt sich bereits aus dem Wortlaut, der keinerlei Bestimmung darüber enthält, dass die

740 Eine ausführlichere Bestandsaufnahme der Regelungsgegenstände der Börsenusancen der Frankfurter Wertpapierbörse findet sich bei *Lindfeld*, Mistrade-Regeln, S. 88 f.; siehe zu der Differenzierung auch *Götz von Olenhusen*, Börsen und Kartellrecht, S. 62 ff; *Härle*, Terminbörsen, S. 66 ff.; noch weitergehend differenzierend *Fleckner*, Börsengeschäftsbedingungen, 2011, S. 1, 40 f. (unveröffentlichtes Manuskript).

741 BVerfG, Entsch. v. 9.6.1970 – 2 BvL 16/68 = BVerfGE 29, 11, 16 f.; *Baums/Segna*, Börsenreform, S. 58; eine Ausnahme davon findet sich in den aufgezählten Rechtsgebieten nach Art. 72 Abs. 3 S. 1 GG.

742 *Hammen*, WM 2007, 1297, 1302; *Fleckner*, Börsengeschäftsbedingungen, 2011, S. 1, 31 (unveröffentlichtes Manuskript).

Börse von den Regelungen des Bürgerlichen Gesetzbuches durch den Erlass von zwingenden Börsenbedingungen abweichen kann.

Festhalten lässt sich also, dass der Börsenrat als landesrechtliches Organ durch Erlass der Börsenusancen als Satzung gegen die Kompetenzregelung des Art. 72 Abs. 1 GG verstoßen hat und die Satzung daher verfassungswidrig ist.

d) Rechtsfolge des Verstoßes

Zu überlegen ist des Weiteren, welche Rechtsfolge die Verfassungswidrigkeit der als Satzung erlassenen Börsenusancen hat. In Betracht kommt die unmittelbare Nichtigkeit oder aber nur die Feststellbarkeit der Nichtigkeit.

aa) Keine Nichtigkeit wegen Art. 31 GG

Auch wenn die Satzung wie erörtert als landesrechtliche Bestimmung einzuordnen ist, kann der Geltungskonflikt nicht bereits mit einem Verweis auf Art. 31 GG („Bundesrecht bricht Landesrecht") gelöst werden. Art. 31 GG setzt für die Anordnung des Geltungsvorrangs vielmehr voraus, dass sowohl die bundes- als auch die landesrechtlichen Normen unter Bindung an die Kompetenzordnung des Grundgesetzes erlassenen wurden.[743] Da die Börsenusancen wie dargelegt kompetenzwidrig als Satzung erlassen wurden, ist Art. 31 GG nicht anwendbar.

bb) Unmittelbare Nichtigkeit verfassungswidriger Normen

Damit stellt sich die generelle Frage, ob verfassungswidrige Normen unmittelbar nichtig oder nur vernichtbar sind. Dies ist seit geraumer Zeit umstritten.[744] Dem

---

743 Dreier/*Dreier*, Art. 31 GG Rdn. 19; *Korioth*, in: Maunz/Dürig, Art. 31 GG Rdn. 16.

744 Für die unmittelbare Nichtigkeit verfassungswidriger Normen („Lehre von der *Ipso-iure*-Nichtigkeit") zunächst eindeutig BVerfG, Urt. v. 23.10.1951 – 2 BvG 1/51 = BVerfGE 1, 14, 37 („Aus der Feststellung der Nichtigkeit des Gesetzes ergibt sich, daß es wegen Widerspruchs mit dem Grundgesetz von Anfang an unwirksam war"); danach differenzierter BVerfG, Entsch. v. 11.6.1958 – 1 BvR 596/56 = BVerfGE 7, 377, 387; BVerfG, Beschl. v. 24.6.1958 – 2 BvF 1/57 = BVerfGE 8, 51, 71; BVerfG, Beschl. v. 11.4.1967 – 1 BvL 25/64 = BVerfGE 21, 292, 305; im Zusammenhang mit Art. 31 GG siehe BVerfG, Entsch. v. 9.6.1970 – 2 BvL 16/68 = BVerfGE 29, 11, 17 („Recht, das der Landesgesetzgeber ohne Kompetenz gesetzt hat, ist nicht „schwebend unwirksam" oder nur vorübergehend seiner Geltungskraft beraubt. Es wird derogiert, nicht suspendiert; es ist von Anfang an nichtig und kann nicht aufleben."); BVerfG, Beschl. v. 8.10.1980 – 1 BvL 122/78, 1 BvL 61/79, 1 BvL 21/77 = BVerfGE 55, 100, 110; BVerfG, Urt. v. 14.7.1986 – 2 BvE 2/84, 2 BvR 442/84 = BVerfGE 73, 40, 101; BVerfG, Beschl. v. 5.3.1991 – 1 BvL 83/86, 1 BvL 24/88 = BVerfGE 84, 9, 20; *Schlaich/Korioth*, Bundesverfassungsgericht, Rdn. 378 ff.; *Hartmann*, DVBl. 1997, 1264, 1269; *Lippold*, Der Staat 29 (1990), 185, 190 ff.; *v. Olshausen*, JZ 1967, 116, 117 f.; *Stern*, AöR 91 (1966), 223, 250; *Weißauer/Hesselberger*, DöV 1970, 325, 330; für die reine Vernichtbarkeit („Vernichtbarkeitslehre") hingegen *Maunz*, in: Maunz/Dürig, Art. 93 GG Rdn. 34; tendenziell *Böcken-*

Grundgesetz kann diesbezüglich keine ausdrückliche Regelung entnommen werden.[745]

Für die unmittelbare Nichtigkeit spricht zunächst die Unverbrüchlichkeit der Verfassung,[746] woraus folgt, dass die Bestimmungen des Grundgesetzes Geltung haben und sich deren Vorgaben durchsetzen müssen. Als höchstrangiges Recht stellt das Grundgesetz den Geltungsgrund für niederrangiges Recht dar, so dass dieses nicht gelten kann, wenn es den Vorgaben des Grundgesetzes nicht entspricht.[747] Den Vertretern der Gegenmeinung mag zuzugestehen sein, dass es theoretisch eine alternative Rechtsgeltungsbestimmung im Grundgesetz geben könnte, durch die eine verfassungswidrige Norm möglicherweise zeitlich beschränkte Geltung erfährt.[748] Allerdings findet sich eine solche alternative Rechtsgeltungsbestimmung im Grundgesetz nicht.[749] Die Gesetzeskraft von Entscheidungen des *Bundesverfassungsgerichts* über die Verfassungswidrigkeit nach Art. 93 Abs. 1 i.V.m. Art. 94 Abs. 2 S. 1 GG, § 31 Abs. 2 S. 1 BVerfGG kann keine solche Rechtsgeltungsbestimmung darstellen,[750] ebenso wenig das Rechtssicherheitsprinzip.[751] Eine Rechtsgeltungsbestimmung ergibt sich auch nicht aus Art. 100 Abs. 1 GG, wonach die Verwerfungskompetenz verfassungswidriger, nachkonstitutioneller Gesetze

---

förde, Nichtigkeit verfassungswidriger Gesetze, S. 147 f. (differenzierend nach Fehlertypen); *Ipsen*, Rechtsfolgen der Verfassungswidrigkeit von Norm und Einzelakt, S. 313 f.; *Heckmann*, Geltungskraft und Geltungsverlust von Rechtsnormen, S. 116 ff.; *Kelsen*, Reine Rechtslehre, S. 85 ff.; kritisch auch *Moench*, Verfassungswidriges Gesetz und Normenkontrolle, S. 122 ff.; *Söhn*, Anwendungspflicht oder Aussetzungspflicht bei festgestellter Verfassungswidrigkeit von Gesetzen, S. 14 ff.; *Breuer*, DVBl. 2008, 555, 565; *Götz*, NJW 1960, 1177, 1180 ff.; *G. Hoffmann*, JZ 1961, 193, 195 ff.

745 Eine Ausnahme besteht in der Regelung des Art. 123 Abs. 1 GG, worin bestimmt ist, dass Recht aus der Zeit vor dem Zusammentritt des Bundestages fort gilt, soweit es dem Grundgesetz nicht widerspricht.

746 Diese lässt sich an verschiedenen Bestimmungen des Grundgesetzes ablesen, siehe Art. 1 Abs. 3 GG, Art. 19 Abs. 2 GG, Art. 20 Abs. 3 GG, Art. 79 Abs. 1 GG und Art. 146 GG.

747 Sogenanntes „Rechtsgeltungsmodell", siehe dazu *Ipsen*, Rechtsfolgen der Verfassungswidrigkeit von Norm und Einzelakt, S. 154 ff.; *Hartmann*, DVBl. 1997, 1264, 1264 m.w.N.

748 *Kelsen*, Reine Rechtslehre, S. 86 ff.; *Ipsen*, JZ 1983, 41, 43; *Lippold*, Der Staat 29 (1990), 185, 191 ff.

749 Bei einer gleichheitswidrigen Norm nimmt das *Bundesverfassungsgericht* allerdings nur Verfassungswidrigkeit und keine Nichtigkeit an, siehe BVerfG, Beschl. v. 28.11.1967 – 1 BvR 515/63 = BVerfGE 22, 349, 361 ff.; BVerfG, Urt. v. 14.7.1986 – 2 BvE 2/84, 2 BvR 442/84 = BVerfGE 73, 40, 101; BVerfG, Urt. v. 28.1.1992 – 1 BvR 1025/82, 1 BvL 16/83, 1 BvL 10/91 = BVerfGE 85, 191, 211 f.; BVerfG, Beschl. v. 26.1.1993 – 1 BvL 38/92, 1 BvL 40/92, 1 BvL 43/92 = BVerfGE 88, 87, 101; kritisch *Hartmann*, DVBl. 1997, 1264, 1268.

750 Siehe zur ablehnenden Begründung *Grzeszick*, Rechte und Ansprüche, S. 82 f.; *Hartmann*, DVBl. 1997, 1264, 1267.

751 Dazu ablehnend – aufgrund der Verortung auf der Vollzugsebene von Gesetzen – *Hartmann*, DVBl. 1997, 1264, 1267; *v. Olshausen*, JZ 1967, 116, 119.

dem *Bundesverfassungsgericht* vorbehalten ist.[752] Aus der Zuordnung der Kompetenz für die verbindliche Entscheidung über die Verfassungswidrigkeit nachkonstitutioneller Normen an das *Bundesverfassungsgericht* lässt sich vielmehr keine Aussage über die Rechtsfolge der Verfassungswidrigkeit treffen.[753]

Im Hinblick auf die als Satzung erlassenen Börsenusancen ist zudem zu bedenken, dass es sich dabei um untergesetzliche Normen handelt.[754] Auf diese findet das konkrete Normenkontrollverfahren nach Art. 100 Abs. 1 GG ohnehin keine Anwendung.[755] Umgekehrt spricht gerade das Fehlen eines solchen Vorlageverfahrens bei Satzungen zusätzlich für die Nichtigkeitsfolge.[756] Zudem lässt sich im Umkehrschluss zu einzelnen, die Bestandskraft von Satzungen trotz Fehler anordnenden Vorschriften[757] folgern, dass Satzungen bei Verstoß gegen höherrangiges Recht grundsätzlich nichtig sind, wenn es keine gesetzlich normierte Ausnahme gibt.[758] Festzuhalten bleibt also, dass die als Satzung erlassenen Börsenusancen wegen Verstoßes gegen die Kompetenzregelung des Art. 72 Abs. 1 GG verfassungswidrig und damit unmittelbar nichtig sind.

cc) Gesetzliche Feststellbarkeit der Nichtigkeit

Die Nichtigkeit ist zudem mittels eines abstrakten Normenkontrollverfahrens nach § 47 Abs. 1 Nr. 2 VwGO[759] und Art. 93 Abs. 1 Nr. 2 GG, §§ 13 Nr. 6, 76 – 79 BVerfGG[760] deklaratorisch feststellbar. Es besteht damit eine gewisse Wahr-

---

752 So tendenziell *Moench*, Verfassungswidriges Gesetz und Normenkontrolle, S. 123; *Söhn*, Anwendungspflicht oder Aussetzungspflicht bei festgestellter Verfassungswidrigkeit von Gesetzen, S. 14; *Götz*, NJW 1960, 1177, 1178 f.; *G. Hoffmann*, JZ 1961, 193, 196 f.

753 *Grzeszick*, Rechte und Ansprüche, S. 82; *Ipsen*, Rechtsfolgen der Verfassungswidrigkeit von Norm und Einzelakt, S. 168 f.; *Hartmann*, DVBl. 1997, 1264, 1267; aus der Regelung des Art. 100 Abs. 1 GG zudem umgekehrt auf die Nichtigkeit verfassungswidriger Normen schließend *Schlaich/Korioth*, Bundesverfassungsgericht, Rdn. 379.

754 Zum Entwurf einer speziellen Fehlerlehre für untergesetzliche Normen *Ossenbühl*, NJW 1986, 2805, 2810 ff.; zustimmend *Klein*, ZG 1986, 282, 287.

755 Gegenstand des konkreten Normenkontrollverfahrens nach Art. 100 Abs. 1 GG können nur förmliche, nachkonstitutionelle Gesetze sein, siehe dazu *Maunz*, in: Maunz/Dürig, Art. 100 GG Rdn. 7 ff.

756 Andeutungsweise BVerfG, Beschl. v. 14.5.1985 – 2 BvR 397 – 399/82, 2 BvR 397/82, 2 BvR 398/82, 2 BvR 399/82 = BVerfGE 70, 35, 57 f.; *Maurer*; Allgemeines Verwaltungsrecht, § 4 Rdn. 57 m.w.N.

757 Beispielsweise die §§ 214 ff. BauGB im Hinblick auf Fehler von Bebauungsplänen.

758 *Maurer*; Allgemeines Verwaltungsrecht, § 4 Rdn. 48; *ders.*, in: Festschrift Bachof, S. 215, 237 ff.; zu einer eigenen Fehlerlehre für untergesetzliche Normen *Ossenbühl*, NJW 1986, 2805 ff.

759 Für Hessen in Verbindung mit § 15 Abs. 1 hess. AGVwGO – Hessisches Gesetz zur Ausführung der Verwaltungsgerichtsordnung vom 6.2.1962, GVBl. S. 13.

760 Zur Überprüfung einer Satzung mittels des abstrakten Normenkontrollverfahrens siehe BVerfG, Urt. v. 14.7.1959 – 2 BvF 1/58 = BVerfGE 10, 20, 54; Dreier/*Wieland*, Art. 93

scheinlichkeit, dass die als Satzung erlassenen Börsenusancen in absehbarer Zeit in einem verwaltungsgerichtlichen, abstrakten Normenkontrollverfahren für nichtig erklärt werden. Gemäß § 47 Abs. 2 S. 1 VwGO ist nämlich jede natürliche oder juristische Person berechtigt, einen entsprechenden Antrag zu stellen, sofern sie geltend macht, durch die Rechtsvorschrift oder deren Anwendung in ihren Rechten verletzt zu sein oder in absehbarer Zeit verletzt zu werden. Insofern dürfte der Frage, ob die Nichtigerklärung des Gerichts in einem abstrakten Normenkontrollverfahren wie im Rahmen dieser Arbeit vertreten und vorstehend begründet deklaratorisch oder – wie teilweise befürwortet – konstitutiv wirkt, keine große praktische Bedeutung zukommen. Als Satzung werden die Börsenusancen für die Zukunft keine Geltung erlangen können – nach überzeugender Ansicht schon deshalb nicht, weil sie wegen des Verstoßes gegen die Kompetenzregelung des Art. 72 Abs. 1 GG unmittelbar nichtig sind, jedenfalls aber, weil sie in absehbarer Zeit im Rahmen eines abstrakten Normenkontrollverfahrens für nichtig erklärt werden.

2. *Geltung der Börsenusancen als Gewohnheitsrecht*

Auch wenn die Börsenusancen nach den vorstehenden Überlegungen als Satzung unmittelbar nichtig sind, könnten sie trotzdem auf anderem Wege Geltung erlangen und Teil der Wertpapierkaufverträge zwischen den börslichen Handelsteilnehmern werden. Zur Untersuchung dieser Frage ist es zunächst notwendig, die Rechtsnatur der Börsenusancen zu klären.

a) Forschungsstand: Rechtsnatur der Börsenusancen

Die Rechtsnatur der Börsenusancen ist in der Rechtsprechung und der rechtswissenschaftlichen Literatur seit langem umstritten.[761] Die Meinungen sind vielfältig und reichen von einer Linie der öffentlich-rechtlichen Einordnung als Satzung,[762] als Allgemeinverfügung,[763] als Rechtssatz *sui generis* bzw. sonstige öffentlich-rechtliche Regelung,[764] zu einer Linie der privatrechtlichen Einordnung als

---

GG Rdn. 58; *Maunz*, in: Maunz/Dürig, Art. 93 GG Rdn. 21; *Voßkuhle*, in: Mangoldt/Klein/Starck, Art. 93 GG Rdn. 121.

761 Für einen Überblick siehe insbesondere *Laaser*, Börsenbedingungen, S. 59 ff.

762 VG Frankfurt am Main, Urt. v. 17.6.2002 – 9 E 2028/01 (2) = BKR 2002, 965, 967 (unter Abänderung der vorherigen, gegenteiligen Ansicht, vgl. VG Frankfurt am Main, Urt. v. 25.2.2002 – 9 E 3090/00 = NJOZ 2002, 1916, 1919); *Lindfeld*, Mistrade-Regeln, S. 92 ff.; KapitalmarktRK/*Schwark*, § 12 BörsG Rdn. 19.

763 *Beck*, WM 1998, 417, 427 Fn. 105.

764 VG Frankfurt am Main, Urt. v. 25.2.2002 – 9 E 3090/00 = NJOZ 2002, 1916, 1919; *Breitkreuz*, Ordnung der Börse, S. 134 f. (Rechtssatz *sui generis*); *Burgard*, WM 2001, 2102, 2105; differenzierend und auf die Doppelnatur der Börsenusancen abstellend *Götz von Olenhusen*, Börsen und Kartellrecht, S. 67 („private Vertragsinhalte und *zugleich* Teil eines öffentlich-rechtlichen Regelungsbereiches“).

Handelsbrauch,[765] als AGB[766] oder als sonstige Vertragsbedingungen[767] bis hin zu einer Einordnung als Gewohnheitsrecht.[768]

Die meisten dieser Einordnungen überzeugen im Ergebnis nicht, da ihnen relevante Argumente entgegenstehen. Bereits ausführlich dargelegt worden ist, warum die Börsenusancen nicht als Satzung – wie gesetzlich in § 12 Abs. 2 S. 1 Nr. 1 Var. 2 BörsG bestimmt – eingeordnet werden können. Weiterhin lässt sich beispielsweise gegen eine Einordnung als AGB vorbringen, dass die Börsenusancen von keinem der Handelsteilnehmer der anderen Vertragspartei gestellt wurden.[769] Die Diskussion um die Argumente der einzelnen Meinungen zur Rechtsnatur der Börsenusancen ist in der rechtswissenschaftlichen Literatur bereits zu Genüge geführt worden und soll daher keinen Schwerpunkt im Rahmen dieser Arbeit bilden. Zusammengefasst vermögen die vertretenen Meinungen – bis auf die Einordnung als Gewohnheitsrecht – jedenfalls nicht vollständig zu überzeugen.

b) Einordnung als Gewohnheitsrecht

Die vielfältigen Meinungen zur Rechtsnatur der Börsenusancen lassen sich allerdings auf eine wichtige Frage zurückführen: Es ist zu überlegen, ob die Börsenusancen kraft objektiven Rechts oder kraft vertraglicher Einbeziehung durch die Handelsteilnehmer Geltung erlangen.

aa) Rechtssicherheit durch verbindliche Geltung

Der Gesetzgeber hat mit seiner Entscheidung für die Geltung der Börsenusancen als Satzung zwar eine unglückliche Wahl getroffen. Allerdings liegt darin zumindest

---

765 Baumbach/*Hopt*, § 16 BörsG Rdn. 4; Schlegelberger/*Hefermehl*, § 346 Rdn. 3 (zumindest Handelsbrauch, die Börsenusancen den börslichen Wertpapiergeschäften zugrunde zu legen); *Bremer*, Grundzüge, S. 77 (der nicht klar zwischen Handelsbrauch und Gewohnheitsrecht differenziert); *Ekkenga*, Effektengeschäft, Rdn. 79 Fn. 281; KapitalmarktRK/*Schwark*, 3. Aufl. 2004, § 9 BörsG Rdn. 19 („können zum Handelsbrauch erstarken" – sonst Vertragsbedingungen); *Rinker*, Vertragsschluss, Rdn. 111.

766 Baumbach/*Hopt*, § 346 Rdn. 2 und § 16 BörsG Rdn. 4; Heymann/*Horn*, § 346 Rdn. 18; MüKoHGB/*K. Schmidt*, § 346 Rdn. 19; *Tilmann*, Klauselwerke, S. 18; *Pflug*, ZHR 135 (1971), 1, 30.

767 KapitalmarktRK/*Schwark*, 3. Aufl. 2004, § 9 BörsG Rdn. 19; Schlegelberger/*Hefermehl*, § 346 Rdn. 3; *Baums/Segna*, Börsenreform, S. 50; *Hammen*, in: Festschrift H. Schmidt, S. 313, 328; *ders.*, WM 2007, 1297, 1297.

768 *Bremer*, Grundzüge, S. 77 (der nicht klar zwischen Handelsbrauch und Gewohnheitsrecht differenziert); *Laaser*, Börsenbedingungen, S. 66 f.; *Stransky*, ZHR 75 (1914), 276, 331; in jüngerer Zeit *Fleckner*, WM 2009, 2064, 2071; *ders.*, Börsengeschäftsbedingungen, 2011, S. 1, 41 ff. (unveröffentlichtes Manuskript); zur Geltung kraft objektiven Rechts *Fleckner/Vollmuth*, WM 2004, 1263, 1273.

769 KapitalmarktRK/*Schwark*, 3. Aufl. 2004, § 9 BörsG Rdn. 19; *Breitkreuz*, Ordnung der Börse, S. 133 f.; *Hammen*, WM 2007, 1297, 1299; *Härle*, Terminbörsen, S. 74 ff.

der sinnvolle Ansatzpunkt, die Geltung der Börsenusancen durch eine für alle Beteiligten verbindliche Rechtsetzung zu erreichen.

Das Ziel, die Handelsteilnehmer einheitlich an die Börsenusancen zu binden, würde gleichermaßen durch deren Einordnung als Gewohnheitsrecht realisiert. Denn dieses ist verbindliches Recht, dessen Wirkung und Rang nur davon abhängt, auf welcher Stufe des Rechts es entstanden ist.[770] Da die Börsenusancen im Schwerpunkt Fragen des Zivilrechts regeln und diese als Gegenstand der konkurrierenden Gesetzgebung nach Art. 74 Abs. 1 Nr. 1 und Nr. 11 GG schon seit langem vom Bundesgesetzgeber geregelt werden, wären sie als Bundesgewohnheitsrecht einzustufen.[771] Die Handelsteilnehmer wären dadurch an die Börsenusancen gebunden wie an jedes andere formelle Bundesgesetz.[772] Demgegenüber weist die Alternative, die Geltung der Börsenusancen durch vertragliche Vereinbarung zwischen den Handelsteilnehmern zu erreichen, nicht nur in der rechtlichen Begründung – wie exemplarisch für die Annahme von AGB aufgezeigt – erhebliche Schwierigkeiten auf, sondern auch im Ergebnis. Es wäre danach möglich, dass einige Handelsteilnehmer beim Abschluss von börslichen Wertpapiergeschäften die Börsenusancen nicht in den Vertrag einbezögen. Die daraus folgende uneinheitliche Handhabung für börsliche Wertpapiergeschäfte wäre schwer praktikabel und kann von den Beteiligten nicht gewollt sein. Durch eine Geltung der Börsenusancen als Gewohnheitsrecht kraft objektiven Rechts würden hingegen sowohl die Schwierigkeiten der rechtlichen Begründung als auch der einheitlichen Geltung gelöst und dadurch Rechtssicherheit geschaffen.

bb) Entstehung als Gewohnheitsrecht

Zu überprüfen ist aber zunächst, ob der Umgang der Handelsteilnehmer mit den Börsenusancen die Voraussetzungen für die Entstehung von Gewohnheitsrecht erfüllt. Nach der Definition des *Bundesverfassungsgerichts* entsteht Gewohnheitsrecht „durch längere tatsächliche Übung, die eine dauernde und ständige, gleichmäßige und allgemeine ist und von den Beteiligten als verbindliche Rechtsnorm anerkannt wird".[773] Diese Voraussetzungen erfüllt der Umgang der Handelsteilnehmer mit

770 Dazu *Stern*, Staatsrecht der Bundesrepublik Deutschland, Bd. II, S. 580; *Wolff/Bachof/Stober/Kluth*, Verwaltungsrecht I, § 25 Rdn. 18 ff.

771 So auch *Fleckner*, WM 2009, 2064, 2071; *ders.*, Börsengeschäftsbedingungen, 2011, S. 1, 46 (unveröffentlichtes Manuskript); zu dem Kriterium der Gesetzgebungskompetenz bei der Bestimmung der Stufe des Gewohnheitsrechts BVerfG, Urt. v. 19.10.1982 – 2 BvF 1/81 = BVerfGE 61, 149, 203 f.

772 Zur Abgrenzung zur Observanz siehe *Wolff/Bachof/Stober/Kluth*, Verwaltungsrecht I, § 25 Rdn. 21; *Gröpper*, DVBl. 1969, 954, 946 ff.

773 BVerfG, Entsch. v. 14.2.1973 – 2 BvR 667/72 = BVerfGE 34, 293, 303 f.; ähnlich auch BVerfG, Entsch. v. 28.6.1967 – 2 BvR 143/61 = BVerfGE 22, 114, 121; BVerfG, Beschl. v. 18.2.1970 – 1 BvR 226/69 = BVerfGE 28, 21, 28 f.; die Literatur hat sich dieser Definition weitestgehend angeschlossen Larenz/*Wolf*, Bürgerliches Recht AT, S. 54; *Maurer*; Allgemeines Verwaltungsrecht, § 4 Rdn. 25; *Stern*, Staatsrecht der Bundesrepublik Deutschland, Bd. II, S. 581; *Wolff/Bachof/Stober/Kluth*, Verwaltungsrecht I, § 25

den Börsenusancen. Es gibt eine längere tatsächliche Übung der Handelsteilnehmer, Wertpapiergeschäfte nach den Börsenusancen abzuschließen. Daran zeigt sich auch, dass sie die Börsenusancen als verbindliche Rechtsnormen anerkennen. Dass die rechtliche Einordnung der Börsenusancen in der juristischen Fachliteratur umstritten ist, ist in diesem Zusammenhang unerheblich, da es nur auf ihre tatsächliche Anerkennung durch die betroffenen Personen, also durch die Handelsteilnehmer, ankommt.

Der grundsätzlichen Anerkennung der Börsenusancen als Gewohnheitsrecht steht auch nicht entgegen, dass diese zum einen an den verschiedenen Börsen unterschiedlich ausgestaltet sind und zum anderen laufend geändert werden. Denn der Kernbestand der Börsenusancen ist an den verschiedenen Börsen einheitlich geregelt[774] und über einen längeren Zeitraum – mit einzelnen Abweichungen – gleichgeblieben.[775]

c) Inhalt der gewohnheitsrechtlichen Börsenusancen

Zu klären ist der Inhalt der gewohnheitsrechtlichen Börsenusancen, insbesondere ob und gegebenenfalls in welchem Umfang der Ausschluss der Anfechtung umfasst ist.

Rdn. 15; eine richterliche Anerkennung des Rechtssatzes ist hingegen nicht vorausgesetzt, so auch *Maurer*; Allgemeines Verwaltungsrecht, § 4 Rdn. 25; a.A. BGH, Urt. v. 15.12.1960 – VII ZR 141/59 = NJW 1961, 313, 315 (allerdings inkonsequent, entgegen seiner früheren Auffassung, siehe noch ausdrücklich BGH, Urt. v. 30.1.1958 – III ZR 174/56 = NJW 1958, 709, 709 und entgegen seiner späteren Entscheidungen, siehe beispielsweise ohne Verweis auf anerkennende Rechtsprechung BGH, Urt. v. 28.10.1963 – II ZR 193/62 = NJW 1964, 244, 245); *Esser*, in: Festschrift Hippel, S. 95, 124; wohl auch *Frühauf*, Gewohnheitsrecht im Zivilrecht, S. 201; zur Abgrenzung von Gewohnheits- und Richterrecht *Raisch*, ZHR 150 (1986), 117 ff.

774 Die einzelnen Paragraphen mögen zwar teilweise unterschiedlich formuliert und geordnet sein, regeln aber in Bezug auf das Verhältnis der Handelsteilnehmer untereinander im Wesentlichen die gleichen Fragen; beispielsweise finden sich in den Frankfurter Börsenusancen die Regelung über Geschäftsbestätigungen sowie Einwendungen in §§ 3, 4 BedFWB, in den Münchener Börsenusancen (Bedingungen für die Geschäfte an der Börse München vom 26.11.2009 – BedMüWB) sowie den Düsseldorfer Börsenusancen (Bedingungen für die Geschäfte an der Börse Düsseldorf vom 19.11.2008 – BedDüWB) dafür in §§ 11, 12 BedMüWB bzw. BedDüWB; generell stimmt die Inhaltsübersicht der Börsenusancen der Börsen München und Düsseldorf fast wortgleich überein, während die Börsenusancen der Frankfurter Börse in der Reihenfolge, jedoch nicht im Inhalt der Kernbestimmungen abweichen; *Götz von Olenhusen*, Börsen und Kartellrecht, S. 156 ff. überprüft aufgrund der Vereinheitlichung der Börsenusancen sogar deren kartellrechtliche Zulässigkeit.

775 Die jeweiligen Änderungen der Börsenusancen können über die Website der Gruppe Deutsche Börse abgerufen werden http://deutsche-boerse.com, unter „Info-Center/Regelwerke" → „Regelwerk" → „Bedingungen für Geschäfte an der Frankfurter Wertpapierbörse" → „Details".

aa) Geltung des Anfechtungsausschlusses

Dabei stellt sich zunächst die Frage, was genau der Anküpfungspunkt des Entstehens eines Gewohnheitsrechts im Zusammenhang mit dem Anfechtungsauschluss nach § 28 S. 1 BedFWB ist. In Betracht kommen unterschiedliche Bezugspunkte, zum einen die Anerkennung des Bestehens eines Anfechtungsausschlusses als Teil des Kernbestandes der Börsenusancen (statisches Gewohnheitsrecht, dazu sogleich (1) und zum anderen die Anerkennung des Festlegungsverfahrens der Börsenusancen, insbesondere deren forwährende Änderung (dynamisches Gewohnheitsrecht, dazu sogleich (2).[776]

(1) Statisches Gewohnheitsrecht

Überprüft wird zunächst, ob ein Anfechtungsauschluss in der Vergangenheit bereits Teil der Börsennusancen war und von den Handelsteilnehmern anerkannt wurde. Aus dieser Perspektive gründet das Gewohnheitsrecht vor allem auf statische Elemente, weil aus der Verfestigung einer in der Vergangenheit bewährten Regelung auf ihre Gültigkeit in Gegenwart und Zukunft geschlossen wird.[777]

Gegen eine Geltung des Anfechtungsausschlusses nach § 28 S. 1 BedFWB als ein solches „statisches Gewohnheitsrecht" spricht, dass es bislang keine eindeutige entsprechende Regelung in den Börsenusancen gab. Die Vorschrift wurde in dieser ausdrücklichen und weitgehenden Form vielmehr zum ersten Mal mit Wirkung von April 2009 in die Frankfurter Börsenusancen eingeführt.[778] In vorherigen Fassungen der Börsenusancen gab es zwar bereits Hinweise darauf, dass die börslichen Mistrade-Regeln die allgemeinen Anfechtungsrechte ausschliessen sollten. Bestimmt wurde beispielsweise in §§ 4 Abs. 1, 27 Abs. 1 der Börsenusancen von August 2008 sowie in §§ 8 Abs. 1, 40 Abs. 1 der Börsenusancen von November 2007,[779] dass sich die Handelsteilnehmer *nur* auf die dort speziell für Mistrade-Konstellationen bestimmten Einwendungen berufen konnten. Allerdings bestimmte Ziff. 7 der Ausführungsbestimmungen zu den Börsenusancen (als „Mistrade-Regel[n]" überschrieben, inzwischen aufgehoben), dass die Geltendmachung weiter gehender Rechte zwischen den Parteien des Geschäfts unberührt bliebe.[780] In § 27 Abs. 2 S. 4 der Börsenusancen von August 2008 sowie § 40 Abs. 2 S. 4 der Börsenusancen von

---

776 Zu den Begriffen des statischen und dynamischen Gewohnheitsrechts siehe *Tomuschat*, Verfassungsgewohnheitsrecht, S. 61 ff.

777 Zu diesem Gedanken sowie dem Zusammenspiel von statischem und dynamischem Gewohnheitsrecht *Tomuschat*, Verfassungsgewohnheitsrecht, S. 61 ff.

778 Durch die Zweite Änderungssatzung zu den Bedingungen für Geschäfte an der Frankfurter Wertpapierbörse vom 26.3.2009, zur Abrufbarkeit siehe Fn. 775.

779 Bedingungen für Geschäfte an der Frankfurter Wertpapierbörse, jeweils vom 15.8.2008 und vom 1.11.2007, zur Abrufbarkeit siehe Fn. 775.

780 Diese Bestimmung fand sich in verschiedenen Fassungen der Ausführungsbestimmungen jeweils in Ziff. 7, beispielsweise in der Ausführungsbestimmung vom 28.4.2008, vom 1.11.2007 oder vom 1.8.2007 (alte Fassungen, die inzwischen ganz aufgehoben sind).

November 2007 war wiederum nur vorgesehen, dass weitergehende gesetzliche Schadensersatzansprüche des Kontrahenten oder Dritter unberührt blieben. Der Regelungsgehalt dieser früheren Bestimmungen war daher im Gesamtzusammenhang nicht eindeutig. Naheliegend war aber die Auslegung, dass die Aufhebung der Mistrade-Geschäfte nach den Mistrade-Regeln unter Ausschluss der gesetzlichen Anfechtungsregeln erfolgten und nur sich daraus gegebenenfalls ergebende Schadensersatzansprüche nach den allgemeinen gesetzlichen Vorschriften bestimmt wurden.[781] Vor dem Hintergrund dieser unklaren und auslegungsbedürftigen Konzeption kann in Bezug auf die Regelung des § 28 BedFWB dennoch nicht die Rede davon sein, dass diese seit längerem Teil der Börsenusancen ist, zumal § 28 S. 2 BedFWB gegenseitige Schadensersatzansprüche der Parteien ausdrücklich ausschließt, woraus sich ein klarer Wertungswiderspruch zu früheren Mistrade-Regeln ergibt.[782]

(2) Dynamisches Gewohnheitsrecht

Gewohnheitsrecht ist aber nicht nur in die Vergangenheit gerichtet, sondern dient außerdem als „Vehikel der Anpassung und Rechtsfortbildung“ und hat dadurch immer auch dynamische Merkmale.[783] Vor allem können sich die längere tatsächliche Übung und die allgemeine Anerkennung nicht nur auf das Bestehen von Rechtssätzen beziehen, sondern auch auf das Verfahren ihrer Festlegung. Die Börsenusancen wurden in der Vergangenheit, unter inhaltlicher Beibehaltung ihres Kernbestandes, regelmäßig geändert und den aktuellen Gegebenheiten angepasst.[784] Dadurch, dass sich die Handelsstrukturen und -bedingungen im Börsenhandel häufig ändern, ist es gerade ein Charakteristikum der Börsenusancen, dass diese ständig überarbeitet und den Entwicklungen des Börsenhandels angepasst werden müssen. Dies ist den Handelsteilnehmern auch bekannt und diese erkennen in langjähriger Übung an, dass die Börsenusancen in ihrer jeweiligen Fassung gelten.[785] Daher besteht ein dynamisches Gewohnheitsrecht im Hinblick auf die Geltung der Börsenusancen in ihrer jeweils aktuellen Fassung.[786] Da der Ausschluss der Anfechtbarkeit in § 28 S. 1 BedFWB Teil der sich stetig ändernden Börsenusancen ist, gilt er als Teil dieses dynamischen Gewohnheitsrechts.

781 So auch überzeugend *Lindfeld*, Mistrade-Regeln, S. 69 f.

782 Zum Umfang des Anfechtungsausschlusses nach § 28 BedFWB sogleich Vierter Teil. A. II. 2. c) bb).

783 *Tomuschat*, Verfassungsgewohnheitsrecht, S. 62; ähnlich *Fleckner*, Börsengeschäftsbedingungen, 2011, S. 1, 48 (unveröffentlichtes Manuskript).

784 Für einen Überblick siehe die Nachweise in Fn. 775.

785 Zu diesem Aspekt ausführlich Fleckner, Börsengeschäftsbedingungen, 2011, S. 1, 48 ff. (unveröffentliches Manuskript), der diesbezüglich von einer Geltung *kraft* Gewohnheitsrechts ausgeht.

786 Ähnlich („Geltung kraft Gewohnheitsrechts“) *Fleckner*, Börsengeschäftsbedingungen, 2011, S. 1, 47 f. (unveröffentlichtes Manuskript).

bb) Umfang des Anfechtungsausschlusses

Der Geltung der Börsenusancen – speziell § 28 BedFWB – als dynamisches Gewohnheitsrecht muss aber auch Grenzen gesetzt sein. Es ist leicht nachzuvollziehen, dass die Anerkennung der ständigen Änderungen der Börsenusancen nicht jede Änderung, völlig unabhängig von ihrem Inhalt, umfassen kann. Nachfolgend wird zunächst der Worlaut des § 28 BedFWB dargestellt und ausgelegt (1). Sodann wird überprüft, ob die Regelung des Anfechtungsausschlusses nach § 28 S. 1 BedFWB in einen widerspruchsfreien Ausgleich mit der Rechtsordnung zu bringen ist (2).

(1) Wortlaut und Auslegung des § 28 BedFWB

Der Wortlaut des § 28 S. 1 BedFWB ist weit gefasst und sieht vor, dass „zivilrechtliche Ansprüche der Geschäftsparteien [...] auf Aufhebung und Anpassung von Geschäften sowie das Recht zur Anfechtung von Geschäften“ ausgeschlossen sind. In § 28 S. 2 BedFWB sind im Fall der Aufhebung von Geschäften durch die Geschäftsführung zudem „gegenseitige Ansprüche der Parteien auf Schadensersatz“ ausgeschlossen. Bei einer reinen Auslegung nach dem Wortlaut müsste § 28 BedFWB also so verstanden werden, dass das bürgerlichrechtliche System der Anfechtungsrechte in seiner Gesamtheit ausgeschlossen ist und die fehlerbedingte Aufhebung von börslichen Wertpapiergeschäften nur nach den speziellen Mistrade-Regeln in den §§ 25 – 28, 30 – 38 BedFWB erfolgt.

(2) Widerspruchsfreier Ausgleich mit der Rechtsordnung

Ob der Ausschluss des bürgerlichrechtlichen Systems der Anfechtungsrechte durch § 28 BedFWB zulässig ist, muss durch Auslegung ermittelt werden. Da die Börsenusancen als Bundesgewohnheitsrecht, also im Rang eines formellen Gesetzes gelten, und speziell auf den Wertpapierhandel ausgerichtet sind, könnten sie das System der Anfechtungsrechte nach den allgemeinen Derogationsregeln (*lex specialis derogat legi generali*) möglicherweise als vorrangige Spezialregelung verdrängen.[787]

Vorausgesetzt ist allerdings, dass sie sich durch Auslegung in einen widerspruchsfreien Ausgleich mit der übrigen Rechtsordnung, vorliegend also mit den im gleichen Rang stehenden bürgerlichrechtlichen Anfechtungsregeln, bringen lassen.[788]

787 Siehe beispielsweise BVerfG, Entsch. v. 24.1.1962 – 1 BvL 32/57 = BVerfGE 13, 290, 296; allgemein zu den Derogationsregeln *F. Bydlinski*, Methodenlehre, S. 572 ff.; *Hauser*, Norm, Recht und Staat, S. 83 ff.

788 Zur Auslegung bei Wertwidersprüchen gleichrangigen Rechts *Fleckner*, WM 2009, 2064, 2071 (konkret für die Börsenusancen); zu inhaltlichen Grenzen der Börsenusancen *ders.*, Börsengschäftsbedingungen, 2011, S. 1, 56 f. (unveröffentlichtes Manuskript); allgemein auch *Brüning*, NVwZ 2002, 33, 36; *Jarras*, AöR 2001, 588, 593; zur Rechtsfigur des „Prinzips der Widerspruchsfreiheit der Rechtsordnung“, die vom *Bundesverfassungsgericht* in den Entscheidungen zu landesrechtlichen Abfallabgaben bzw. kommunalen Verpackungssteuern aus dem Rechtsstaatsprinzip abgeleitet und entwickelt wurde, siehe

Generell kann Gewohnheitsrecht das Gesetzesrecht nicht nur ergänzen (*praeter legem*), sondern auch brechen (*contra legem*), wobei es als äusserste Grenze nicht gegen Verfassungsrecht verstoßen darf.[789] Allerdings müssen bei dynamischem Gewohnheitsrecht, das wie vorliegend an die Anerkennung eines Festlegungsverfahrens anküpft, strengere Regeln gelten, damit nicht zu weit gefasste Änderungen Geltung erfahren, die im Einzelfall möglicherweise nicht mehr von allgemeiner Anerkennung getragen werden. Zu überprüfen ist daher bei dynamischem Gewohnheitsrecht, ob sich die jeweils aktuellen Regelungen, vorliegend also § 28 BedFWB, mit den Kerngedanken des bestehenden Gesetzesrechtes gleichen oder höheren Ranges in Ausgleich bringen lassen.

Dafür, die Börsenusancen inklusive des Ausschlusses von Anfechtbarkeit und Schadensersatz nach § 28 BedFWB als vorrangige Spezialregelung anzuerkennen, spricht, dass sie das bürgerlichrechtliche System der Anfechtungsrechte nicht einfach nur ausschliessen, sondern mit den börslichen Mistrade-Regeln durch ein anderes, speziell für den Wertpapierhandel entworfenes System von Aufhebungsrechten ersetzen.[790]

Bedenklich ist dabei allerdings, dass die Mistrade-Regeln kein Aufhebungsrecht wegen arglistiger Täuschung und auch keinen Vertrauensschadensersatzanspruch beinhalten. Der Gesetzgeber hat mit den Anfechtungsrechten ein mehrstufiges System geschaffen, mit dem Ziel, einen gerechten Ausgleich zwischem dem Interesse des Erklärenden an Selbstbestimmung und dem Interesse des Erklärungsempfängers an Vertrauensschutz zu finden. Grundsätzlich gilt, dass beide Parteien an den Vertrag gebunden sind. Als Ausnahme davon wird dem Erklärenden bei gesetzlich normierten Willensmängeln ein Anfechtungsrecht zugestanden, wobei allerdings die Interessen des Erklärungsempfängers berücksichtigt bleiben, indem er unter bestimmten Voraussetzungen seinen Vertrauensschaden ersetzt bekommt.

Das Anfechtungsrecht wegen arglistiger Täuschung stellt einen zentralen Punkt in diesem System dar, weil es den Erklärenden vor besonders schweren Eingriffen

---

BVerfG, Urt. v. 7.5.1998 – 2 BvR 1876/91, 2 BvR 1083/92, 2 BvR 2188/92, 2 BvR 2200/92, 2 BvR 2624/94 = BverfGE 98, 83, 97 ff. sowie BVerfG, Urt. v. 7.5.1998 – 2 BvR 1991/95, 2 BvR 2004/95 = BVerfGE 98, 106, 117 ff.; bestätigt auch in BVerfG, Urt. v. 27.10.1998 – 1 BvR 2306/96, 1 BvR 2314/96, 1 BvR 1108/97, 1 BvR 1109/97, 1 BvR 1110/97 = BVerfGE 98, 265, 301; die Reichweite dieses Prinzips, insbesondere die vom *Bundesverfassungsgericht* vertretene Rechtsfolge der Nichtigkeit des betreffenden Gesetzes wurde in der Literatur unterschiedlich kommentiert, tendenziell unterstützend *Sodan*, JZ 1999, 864, 965 ff.; kritisch *Hanebeck*, Der Staat 41 (2002), 429, 439 ff.; *Jarras*, AöR 126 (2001), 588, 602 ff.; *Sendler*, NJW 1998, 2875, 2875 ff.; in früheren Entscheidungen stellte das *Bundesverfassungsgericht* auch auf ein aus Art. 3 Abs. 1 GG abgeleitetes „Prinzip der Systemgerechtigkeit und Folgerichtigkeit" ab, BVerfG, Beschl. v. 7.11.1972 – 1 BvR 338/68 = BVerfGE 34, 103, 115; distanzierter BVerfG, Beschl. v. 10.11.1981 – 1 BvL 18/77, 1 BvL 19/77 = BVerfGE 59, 36, 49.

789 *Frühauf*, Gewohnheitsrecht im Zivilrecht, S. 6; *Köhler*, BGB AT, § 1 Rdn. 9 m.w.N.

790 Siehe dazu auch *Lindfeld*, Mistrade-Regeln, S. 70 („anderes Regelungsregime").

in seine Selbstbestimmung schützt, die in vielen Fällen sogar strafrechtliche Konsequenzen nach sich ziehen.[791] Der Vertrauensschadensersatzanspruch ist Ausdruck der gesetzlich vorgesehenen Risikoverteilung, derzufolge der Erklärungsempfänger bei nicht in seiner Sphäre liegender Willensmängel zumindest keinen Nachteil aus dem aufgehobenen Geschäft haben soll. Sowohl das Anfechtungsrecht wegen arglistiger Täuschung als auch der Vertrauensschadensersatzanspruch stellen also solche wesentlichen Eckpfeiler im bürgerlichrechtlichen System der Anfechtungsrechte dar, dass ein Abweichen davon ohne entsprechenden Ausgleich in den Börsenusancen mittels dynamischen, nur an das Festlegungsverfahren anküpfenden Gewohnheitsrechts nicht zulässig ist.

Dieses Ergebnis wird auch dadurch gestützt, dass hohe Anforderungen an einen vertraglichen Ausschluss des Anfechtungsrechts wegen arglistiger Täuschung sowie des Vertrauensschadensersatzanspruchs zu stellen wären.[792] Insbesondere wäre ein Ausschluss durch Verweis auf vorformulierte Klauseln gemäß der AGB-rechtlichen Inhaltskontrolle nach § 307 Abs. 1, Abs. 2 Nr. 1 BGB unwirksam.[793] Auch wenn § 28 BedFWB durch seine gewohnheitsrechtliche Geltung Gesetzesrang hat und in dieser Funktion nicht der Kontrolle nach § 307 Abs. 1, Abs. 2 Nr. 1 BGB unterliegt,[794] erscheint es fraglich, dass in den Börsenusancen etwas gelten soll, das zwischen den Beteiligten direkt nicht wirksam vereinbart werden könnte und zudem nicht im Interesse der Kunden als Initiatoren der Geschäftsabschlüsse ist.[795] § 28 BedFWB ist also dahingehend auszulegen, dass der Ausschluss weder das Anfechtungsrecht wegen arglistiger Täuschung noch den Vertrauensschadensersatzanspruch umfasst. Für die Frankfurter Wertpapierbörse wäre es empfehlenswert, dies auch ausdrücklich in den Wortlaut des § 28 BedFWB aufzunehmen.[796]

---

791 In vielen Fällen wird die Erfüllung des Straftatbestandes des Betruges nach § 263 StGB in Betracht kommen; zu denken kann in schwerwiegenden Fällen auch an eine Strafbarkeit wegen vorsätzlichen Verstoßes gegen das Verbot der Marktmanipulation sein, §§ 38 Abs. 2 S. 1, 39 Abs. 1 Nr. 1 oder Nr. 2, 20a Abs. 1 S. 1 Nr. 2 oder Nr. 3 WpHG; zum Verbot der Marktmanipulation siehe *Vogel*, in: Assmann/Schneider, Vor § 20a, 20a WpHG.

792 Siehe ausführlich Vierter Teil. B. I. 4. b) cc) (3).

793 Siehe ausführlich Vierter Teil. B. I. 4. b) cc) (3).

794 Anders bei der vertraglichen Einbeziehung der Ausschlussklauseln in die Clearing-Vereinbarung, dazu Vierter Teil. B. I.

795 Für die Auslegung der Börsenusancen muss auch auf Drittinteressen abgestellt werden, da die Verträge zwar zwischen Handelsteilnehmern geschlossen werden, diese jedoch überwiegend für ihre Kunden als eigentliche Geschäftsherren handeln; so auch *Fleckner*, WM 2009, 2064, 2071; zur Berücksichtigung von Drittinteressen bei der AGB-rechtlichen Inhaltskontrolle siehe Vierter Teil. B. I. 4. b) aa).

796 Dies gilt insbesondere auch im Hinblick auf die AGB-rechtliche Prüfung der in die Clearing-Vereinbarung einbezogenen Ausschlussklauseln, da diese bei Verstoß gegen § 307 Abs. 1, Abs. 2 Nr. 1 BGB mangels geltungserhaltender Reduktion insgesamt unwirksam wären, ausführlich Vierter Teil. B. I. 4. b) dd).

III. Zwischenergebnis

Zusammenfassend ist festzuhalten, dass die Börsenusancen als Satzung trotz der entsprechenden gesetzlichen Einordnung nach § 12 Abs. 2 S. 1 Nr. 1 Var. 2 BörsG nicht wirksam sind, da sie gegen die Kompetenzregelung des Grundgesetzes verstoßen und dadurch unmittelbar nichtig sind. Die Börsenusancen gelten zwar grundsätzlich als Gewohnheitsrecht, allerdings ist der Ausschluss der Anfechtbarkeit mangels längerer und allgemeiner tatsächlicher Übung nicht umfasst. Wirksamkeit erlangt die Ausschlussregelung des § 28 BedFWB als vorrangige Spezialregelung zu den Anfechtungsvorschriften aber, weil es gewohnheitsrechtlich anerkannt ist, dass die Börsenusancen regelmäßig geändert werden und daher in ihrer jeweiligen, aktuellen Fassung gelten (dynamisches Gewohnheitsrecht). Nicht von dem Ausschluss umfasst sind jedoch Anfechtungsrechte wegen arglistiger Täuschung sowie Vertrauensschadensersatzansprüche der Handelsteilnehmer.

B. Ausschluss der Anfechtbarkeit kraft vertraglicher Vereinbarung

Vor dem Hintergrund, dass der Anfechtungsausschluss in den Börsenusancen wie dargestellt weder Anfechtungsrechte wegen arglistiger Täuschung noch Vertrauensschadensersatzansprüche umfasst, wird im Folgenden untersucht, ob ein solcher weitreichender Ausschluss auf anderem Wege für die Beteiligten wirksam werden könnte. Für Wertpapiergeschäfte, die mit dem Zentralen Kontrahenten abgeschlossen werden, kommt zusätzlich ein Ausschluss der Anfechtungsrechte mittels vertraglicher Vereinbarung in Betracht.

I. Vereinbarung zwischen Clearing-Mitglied und Zentralem Kontrahenten

Die Clearing-Mitglieder schließen mit dem Zentralen Kontrahenten einen Rahmenvertrag ab (sogenannte Clearing-Vereinbarung), in der für das Clearing von an der Frankfurter Wertpapierbörse abgeschlossenen und in das Clearing einbezogenen Geschäfte die Clearing-Bedingungen[797] sowie die Börsenusancen für anwend-

797 Die Anerkennung der Clearing-Bedingungen ist im Übrigen nachzuweisen, um zur Handelsteilnahme an der Frankfurter Wertpapierbörse zugelassen zu werden, siehe §§ 16 Abs. 1, 14 Abs. 3 S. 2 der Börsenordnung für die Frankfurter Wertpapierbörse vom 1.4.2011 (FWB-BörsO), abrufbar unter http://deutsche-boerse.com, unter „Info-Center/Regelwerke“ → „Regelwerk“ → „Börsenordnung für die Frankfurter Wertpapierbörse“.

bar erklärt werden.[798] Diese umfassen sowohl die bereits erörterte Ausschlussregelung des § 28 BedFWB als auch einen ähnlichen Ausschluss der Anfechtbarkeit sowie Schadensersatz nach Ziff. 1.2.1 Abs. 6 S. 1 und S. 2 ClearBed.[799]

1. Einordnung der Ausschlussregelungen als AGB

Zu klären ist zunächst, ob die in der Clearing-Vereinbarung für anwendbar erklärten Ausschlussregelungen der § 28 BedFWB sowie Ziff. 1.2.1 Abs. 6 S. 1 und S. 2 ClearBed in diesem Zusammenhang AGB darstellen. Gemäß § 305 Abs. 1 BGB sind AGB „alle für eine Vielzahl von Verträgen vorformulierten Vertragsbedingungen, die eine Vertragspartei (Verwender) der anderen Vertragspartei bei Abschluss eines Vertrags stellt".

a) Für eine Vielzahl von Verträgen vorformuliert

Vertragsbedingungen sind vorformuliert, wenn sie vor Vertragsschluss fertig aufgestellt sind und nicht erst bei Vertragsschluss ausgehandelt werden (§ 305 Abs. 1 S. 3 BGB). Diese Voraussetzung erfüllen die Clearing-Vereinbarung sowie die darin einbezogenen Börsenusancen und Clearing-Bedingungen, da die Eurex Clearing AG diese nicht an die Wünsche einzelner Clearing-Mitglieder anpasst, sondern ein für die generelle Verwendung vorgesehenes Vertragsmuster der Clearing-Vereinbarung bereit hält. Dass die Clearing-Vereinbarung zum Teil Textbausteine zur Wahl frei stellt, hindert die Einordnung als AGB nicht, da diese sich nur auf den Umfang der Clearing-Lizenz für bestimmte Handelsplätze beziehen.[800] Ebenso wenig ein Argument gegen die Anwendung der §§ 305 ff. BGB ist, dass die Motivation zur Vorformulierung von Vertragsbedingungen nicht wie sonst oft auf

---

798 Das jeweils aktuelle Formular der Clearing-Vereinbarung zwischen der Eurex Clearing AG als Zentralem Kontrahenten und den Clearing-Mitgliedern kann abgerufen werden unter http://www.eurexchange.com, unter „Dokumente" → „Formulare" → „Clearing Derivate" oder „Clearing Aktien FWB".

799 Ziff. 1.2.1 Abs. 6 S. 1 und S. 2 ClearBed bestimmen: „Bezüglich der in das Clearing einbezogenen Geschäfte sind zivilrechtliche Ansprüche der Geschäftsparteien, die auf die Aufhebung solcher Geschäfte gerichtet sind, insbesondere eine Anfechtung wegen Irrtum, sonstige Anfechtungsrechte und zivilrechtliche Ansprüche, die eine Anpassung des Inhaltes solcher Geschäfte zum Ziel haben, ausgeschlossen. Im Fall der Aufhebung oder Preiskorrektur oder Vertragsübernahme von solchen Geschäften sind Ansprüche der Parteien auf Schadensersatz ausgeschlossen."

800 Siehe die Clearing-Vereinbarung zwischen der Eurex Clearing AG und dem Clearing-Mitglied (Fn. 798), S. 5, Kapitel II.; im Übrigen ist es ausreichend, wenn Vertragsbedingungen in Form von Textbausteinen aufgezeichnet sind, dazu BGH, Urt. v. 3.11.1999 – VIII ZR 269/98 = BGHZ 143, 104, 112 f.; OLG Hamm, Urt. v. 19.1.1988 – 21 U 110/87 = NJW-RR 1988, 726, 726; OLG Frankfurt am Main, Urt. v. 22.11.1990 – 6 U 161/89 = NJW 1991, 1489, 1490; *Pfeiffer*, in: Wolf/Lindacher/Pfeiffer, § 305 Rdn. 14.

eine informationelle Unterlegenheit der Vertragspartner zurückzuführen ist, sondern eher auf ein Interesse der Eurex Clearing AG an einer einheitlichen Gestaltung der Rechtsbeziehungen zu den Clearing-Mitgliedern.[801] Im Übrigen wird die Clearing-Vereinbarung auch für eine Vielzahl von Verträgen verwendet.[802]

b) Stellen durch die Eurex Clearing AG als Verwenderin

Zweifel könnten möglicherweise daran bestehen, ob die Eurex Clearing AG die Vertragsbedingungen als Verwenderin stellt. Zweck der §§ 305 ff. BGB ist es im Wesentlichen, den einen Vertragsteil gegen die einseitige Interessenverfolgung durch den anderen Teil zu schützen.[803] Das Kriterium des „Stellens" von AGB knüpft also daran an, dass eine Partei diese *einseitig* in den Vertrag einführt.[804] Sollten *beide* Vertragsparteien identische AGB in den Vertrag einbeziehen wollen, ohne dass dem anderen jeweils eine Verhandlungsmöglichkeit zugestanden wird, so ist keine der beiden Parteien Verwender.[805]

Keine Schwierigkeiten bestehen im Hinblick auf die Clearing-Bedingungen; diese führt die Eurex Clearing AG einseitig in die Clearing-Vereinbarung ein. Teilweise wird aber bezweifelt, ob auch die Börsenusancen einseitig von der Eurex Clearing AG gestellt werden, da diese bereits unabhängig von einer Vereinbarung für die Clearing-Mitglieder Anwendung finden[806] und diese daher selbst an einer Einbeziehung auch in die Clearing-Vereinbarung interessiert sein könnten.[807] Dieser Einwand greift im Ergebnis aber nicht durch. Zum einen erfordert das Kriterium des Stellens von AGB nicht, dass diese auch von dem Verwender selbst entworfen wurden.[808] Unschädlich ist daher, dass der Börsenrat die Börsenusancen als

---

801 So auch *Alfes*, Central Counterparty, S. 90; allgemein Larenz/*Wolf*, Bürgerliches Recht AT, S. 771; *Medicus*, Allgemeiner Teil BGB, Rdn. 395.

802 Eine Liste der aktuellen Clearing-Mitglieder kann abgerufen werden unter http://www.eurexclearing.com, unter „Customer Service" → „Clearing Mitglied"; vorausgesetzt wäre ohnehin nur eine Verwendungsabsicht für eine Vielzahl von Verträgen, dazu *P. Ulmer*/*M. Habersack*, in: Ulmer/Brandner/Hensen, § 305 Rdn. 23 ff.

803 *Pfeiffer*, in: Wolf/Lindacher/Pfeiffer, § 305 Rdn. 2; *P. Ulmer*/*M. Habersack*, in: Ulmer/Brandner/Hensen, § 305 Rdn. 29; *Köhler*, BGB AT, § 15 Rdn. 1; Larenz/*Wolf*, Bürgerliches Recht AT, S. 772.

804 *Pfeiffer*, in: Wolf/Lindacher/Pfeiffer, § 305 Rdn. 30; *P. Ulmer*/*M. Habersack*, in: Ulmer/Brandner/Hensen, § 305 Rdn. 26 ff.; Larenz/*Wolf*, Bürgerliches Recht AT, S. 774; *Medicus*, Allgemeiner Teil BGB, Rdn. 405.

805 *Pfeiffer*, in: Wolf/Lindacher/Pfeiffer, § 305 Rdn. 25; *P. Ulmer*/*M. Habersack*, in: Ulmer/Brandner/Hensen, § 305 Rdn. 29 ff.; *Medicus*, Allgemeiner Teil BGB, Rdn. 405.

806 Siehe Vierter Teil. A. II. 2.

807 So *Alfes*, Central Counterparty, S. 91, der darauf abstellt, dass die Clearing-Mitglieder sonst gegen ihre öffentlich-rechtlichen Pflichten aus dem Benutzungsverhältnis mit der FBW verstießen; letztlich kommt *Alfes* aber auch zu dem Ergebnis, dass die Börsenusancen von der Eurex Clearing AG einseitig in den Vertrag einbezogen werden.

808 *Pfeiffer*, in: Wolf/Lindacher/Pfeiffer, § 305 Rdn. 25; *Ulmer*, in: Ulmer/Brandner/Hensen, § 305 Rdn. 31 f.; *Medicus*, Allgemeiner Teil BGB, Rdn. 405.

– wie dargelegt verfassungswidrige und damit unmittelbar nichtige – Satzung[809] erlassen hat.[810] Zum anderen wird die Clearing-Vereinbarung mit dem Verweis auf die Börsenusancen als zusammengehöriges Vertragswerk von der Eurex Clearing AG gestellt. Die Clearing-Mitglieder haben dabei weder hinsichtlich der Clearing-Vereinbarung noch hinsichtlich der Börsenusancen ein Mitgestaltungsrecht. Dass sie selbst Interesse an einer Einbeziehung der Börsenusancen gegenüber der Eurex Clearing AG haben, lässt sich in Übrigen nicht pauschal festhalten, da diese gegenüber den allgemeinen bürgerlichrechtlichen Vorschriften nicht nur vorteilhaft sind[811] und ihre Geltung kraft objektiven Rechts wie dargelegt durchaus mit Unsicherheiten behaftet ist. Daher werden sowohl die Clearing-Bedingungen als auch die Börsenusancen von der Eurex Clearing AG als Verwenderin gestellt und sind in diesem Zusammenhang als AGB einzuordnen.[812]

2. *Wirksame Einbeziehung in die Clearing-Vereinbarung*

Üblicherweise – auch bei Rahmenverträgen wie der Clearing-Vereinbarung – wird die Frage der Einbeziehung von AGB in eine vertragliche Vereinbarung durch die Vorschrift des § 305 Abs. 2 BGB geregelt. Danach werden AGB nur dann Bestandteil eines Vertrags, wenn der Verwender bei Vertragsschluss die andere Vertragspartei auf die Bedingungen hinweist, der anderen Vertragspartei die Möglichkeit der Kenntnisnahme verschafft und diese mit der Geltung einverstanden ist. Da die Clearing-Mitglieder ausnahmslos Unternehmer im Sinne des § 14 BGB sind,[813] ist § 305 Abs. 2, Abs. 3 BGB allerdings gemäß § 310 Abs. 1 BGB nicht anwendbar. Daher richtet sich die Frage der Einbeziehung der § 28 BedFWB sowie Ziff. 1.2.1

---

809 Siehe ausführlich Vierter Teil. A. II. 1.

810 Der Börsenrat ist auch nicht selbst Verwender der Börsenusancen gegenüber den Handelsteilnehmern; siehe dazu *Alfes*, Central Counterparty, S. 91 f. m.w.N.

811 Für die Mistrade-Problematik ist insbesondere relevant, dass die Börsenusancen aufhebungsbedingte Schadensersatzansprüche ersatzlos ausschließen (für die Frankfurter Wertpapierbörse in § 28 S. 2 BedFWB sowie für die Eurex in Ziff. 2.7.9 Abs. 3 S. 2 BedEurex); für die ausgeschlossenen Anfechtungsrechte sind zwar spezielle, börsliche Mistrade-Regeln vorgesehen (für die Frankfurter Wertpapierbörse in den §§ 25 – 28, 30 – 38 BedFWB sowie für die Eurex in Ziff. 2.7 BedEurex), die in ihrer Wirkung teilweise über die Anfechtungsrechte hinausgehen, aber teilweise auch dahinter zurückbleiben, beispielsweise gibt es kein Aufhebungsrecht wegen arglistiger Täuschung; siehe dazu Vierter Teil. B. I. 4.

812 Den Börsenusancen kommt dadurch ein doppelter Geltungsgrund zu; sie gelten einerseits kraft objektiven Rechts als Gewohnheitsrecht (Vierter Teil. A. II. 2.) und andererseits im Verhältnis von den Clearing-Mitgliedern und der Eurex Clearing AG kraft vertraglicher Vereinbarung als AGB.

813 Dies ergibt sich schon aus Ziff. 2.1 Abs. 3 a) ClearBed, wonach die Eurex Clearing AG eine Clearing-Lizenz nur an bestimmte Institute erteilt.

Abs. 6 S. 1 und S. 2 ClearBed in die Clearing-Vereinbarung nach den allgemeinen rechtsgeschäftlichen Regeln.[814]

Die Clearing-Mitglieder und die Eurex Clearing AG haben die Einbeziehung der AGB unproblematisch rechtsgeschäftlich vereinbart. Ihren Willen zur Einbeziehung der Clearing-Bedingungen sowie der Börsenusancen bringt die Eurex Clearing AG durch das Bereitstellen der Clearing-Vereinbarung zum Ausdruck. Die Clearing-Mitglieder können auch in zumutbarer Weise von den AGB Kenntnis nehmen und dürften als professionelle Handelsteilnehmer ohnehin bereits Kenntnis von den Clearing-Bedingungen und den Börsenusancen haben.[815] Es ist daher unschädlich, dass die Clearing-Vereinbarung sie nicht im Wortlaut wiedergibt, sondern nur auf sie verweist. Von den Clearing-Mitgliedern kann – für den kaum denkbaren Fall, dass ihnen die Bedingungen nicht ohnehin schon bekannt sind – im Übrigen verlangt werden, dass sie sich diese selbst beschaffen.[816] Das Einverständnis in die Einbeziehung der Bedingungen geben die Clearing-Mitglieder mit ihrer Erklärung der Annahme der Clearing-Vereinbarung.

Da sowohl die Börsenusancen als auch die Clearing-Bedingungen mit der Zeit überarbeitet und geändert werden, ist allerdings zu überlegen, ob auch die geänderten Fassungen Bestandteil der Clearing-Vereinbarung werden. Beispielsweise ist der ausdrückliche Ausschluss der Anfechtbarkeit erst im April 2009 in die Börsenusancen der Frankfurter Wertpapierbörse aufgenommen worden, so dass fraglich ist, ob dieser auch Eingang in vorher abgeschlossene Clearing-Vereinbarungen findet. Die Clearing-Vereinbarung enthält die Formulierung, dass die Bedingungen in „ihrer jeweils gültigen deutschen Fassung" Bestandteil werden. Allerdings stellt die Änderung der AGB eine Vertragsänderung dar und setzt damit voraus, dass die Eurex Clearing AG die Clearing-Mitglieder darüber in Kenntnis setzt und diese zustimmen. Da die Clearing-Mitglieder und die Eurex Clearing AG in einer laufenden Geschäftsbeziehung stehen, dürfte jedoch in der widerspruchslosen Fortsetzung der Geschäftsbeziehung meist die konkludente Zustimmung der Clearing-Mitglieder liegen.[817]

---

814 Allgemein zur Einbeziehung von AGB im unternehmerischen Geschäftsverkehr *Pfeiffer*, in: Wolf/Lindacher/Pfeiffer, § 305 Rdn. 120 ff.; *Ulmer*, in: Ulmer/Brandner/Hensen, § 305 Rdn. 169 ff., § 310 Rdn. 29 f.

815 Diese sind zudem auf den Websites der Eurex Clearing AG sowie der FBW einsehbar und stehen als Download zur Verfügung: die Clearing-Bedingungen der Eurex Clearing AG können abgerufen werden unter http://www.eurexchange.com, unter „Dokumente" → „Regelwerke" → „Clearing-Bedingungen"; die Börsenusancen der FBW sind abrufbar unter http://deutsche-boerse.com, unter „Info-Center/Regelwerke" → „Regelwerk" → „Bedingungen für Geschäfte an der Frankfurter Wertpapierbörse".

816 Ähnlich auch *Alfes*, Central Counterparty, S. 93; allgemein für Unternehmer *Pfeiffer*, in: Wolf/Lindacher/Pfeiffer, § 305 Rdn. 131; *Ulmer*, in: Ulmer/Brandner/Hensen, § 310 Rdn. 29 f.; Larenz/*Wolf*, Bürgerliches Recht AT, S. 777.

817 So auch *Alfes*, Central Counterparty, S. 94; allgemein für Rahmenverträge *Pfeiffer*, in: Wolf/Lindacher/Pfeiffer, § 305 Rdn. 126; *Ulmer*, in: Ulmer/Brandner/Hensen, § 310 Rdn. 29 f.; *Medicus*, Allgemeiner Teil BGB, Rdn. 413.

3. *Nichteinbeziehung überraschender Klauseln*

Nach § 305c Abs. 1 BGB würden überraschende Klauseln nicht Bestandteil der Clearing-Vereinbarung. Überraschend sind Bestimmungen, die „nach den Umständen, insbesondere nach dem äußeren Erscheinungsbild des Vertrags, so ungewöhnlich sind, dass der Vertragspartner des Verwenders mit ihnen nicht zu rechnen braucht" (§ 305c Abs. 1 BGB). Aus dem Umkehrschluss zu § 310 Abs. 1 BGB ergibt sich, dass § 305c Abs. 1 BGB auch für Verträge zwischen Unternehmern gilt.[818] Da die Börsenusancen sowie die Clearing-Bedingungen Regelungen enthalten, die im Zusammenhang mit dem Wertpapierhandel stehen, dürften diese für die Clearing-Mitglieder als professionelle Handelsteilnehmer nicht überraschend sein.[819] Auch dass der ausdrückliche Ausschluss der Anfechtbarkeit sowie der Schadensersatzansprüche der Beteiligten erst im April 2009 Bestandteil der Börsenusancen der Frankfurter Wertpapierbörse wurde, ist für die Clearing-Mitglieder nicht so ungewöhnlich, dass sie nicht damit zu rechnen brauchten, zumal für den Vertragsschluss an der Börse ohnehin Besonderheiten gelten.[820] Im Übrigen geht es vorliegend um die Einbeziehung von Klauseln und nicht um deren Inhaltskontrolle, so dass auch keine Drittinteressen zu berücksichtigen sind.[821]

4. *Inhaltskontrolle nach § 307 BGB*

Die zentrale Frage ist, ob die Ausschlussklauseln nach § 28 BedFWB sowie Ziff. 1.2.1 Abs. 6 S. 1 und S. 2 ClearBed der AGB-rechtlichen Inhaltskontrolle Stand halten. Da nach § 310 Abs. 1 BGB die §§ 308, 309 BGB keine Anwendung auf Bedingungen finden, die gegenüber einem Unternehmer verwendet werden, kommt nur eine Inhaltskontrolle nach § 307 BGB in Betracht,[822] sofern diese nicht ausgeschlossen ist.

a) Ausschluss der Inhaltskontrolle nach § 307 Abs. 3 S. 1 BGB

Ein Ausschluss der Inhaltskontrolle könnte sich aus § 307 Abs. 3 S. 1 BGB ergeben. Danach ist der Anwendungsbereich der Inhaltskontrolle nur für AGB eröffnet, „durch die von Rechtsvorschriften abweichende oder diese ergänzende Regelungen vereinbart werden".

---

818 Ebenso *Lindacher*, in: Wolf/Lindacher/Pfeiffer, § 305c Rdn. 95 ff.; Larenz/*Wolf*, Bürgerliches Recht AT, S. 779.

819 So auch *Alfes*, Central Counterparty, S. 94.

820 Siehe die Nachweise in Fn. 154.

821 Zur Frage der Berücksichtigung von Kundeninteressen bei der Inhaltskontrolle siehe Vierter Teil. B. I. 4. b) aa); zum Verhältnis von § 305c Abs. 1 BGB als negative Einbeziehungsvoraussetzung zur Inhaltskontrolle nach § 307 BGB *Lindacher*, in: Wolf/Lindacher/Pfeiffer, § 305c Rdn. 5 ff.; *Stoffels*, AGBRecht, S. 109 ff.

822 Die §§ 308, 309 BGB werden aber mittelbar bei der Interessenabwägung berücksichtigt, dazu Vierter Teil. B. I. 4. b).

Die genaue Bedeutung und Reichweite der Vorschrift ist teilweise umstritten. Sie bringt jedenfalls zwei Einschränkungen zum Ausdruck: Zum einen die Wahrung marktwirtschaftlicher Prinzipien, deren Voraussetzung das privatautonome Handeln der Beteiligten ist,[823] und zum anderen die Bindung des Richters an das Gesetz (Art. 20 Abs. 3 GG).[824] Nach ganz überwiegender Ansicht sollen daher weder Klauseln, die Art, Inhalt und Umfang der zu erbringenden Leistung oder Gegenleistung festlegen (Leistungsbeschreibungen bzw. Preisbestimmungen), noch solche, die den Inhalt gesetzlicher Regelungen lediglich wiedergeben (deklaratorische Klauseln), der AGB-rechtlichen Inhaltskontrolle unterliegen.[825]

Die Regelungen über den Ausschluss von Anfechtbarkeit und Schadensersatz nach § 28 BedFWB sowie Ziff. 1.2.1 Abs. 6 S. 1 und S. 2 ClearBed stellen keine Leistungsbeschreibungen oder Preisbestimmungen dar. Zu überlegen ist aber, ob sie als deklaratorische Klauseln von der AGB-rechtlichen Inhaltskontrolle ausgeschlossen sind.[826]

aa) Die Anfechtungsregeln als Rechtsvorschrift

Dies scheint zunächst einfach zu verneinen sein: Gesetzliche Regelungen über die Anfechtbarkeit von Rechtsgeschäften sowie Vertrauensschadensersatz finden sich in den §§ 119 ff. BGB. Da § 28 BedFWB sowie Ziff. 1.2.1 Abs. 6 S. 1 und S. 2 ClearBed die Anfechtungsrechte sowie die daraus möglicherweise resultierenden Schadensersatzansprüche der börslichen Handelsteilnehmer ausschließen, geben sie nicht lediglich deklaratorisch den Inhalt der gesetzlichen Bestimmungen wieder, sondern erklären diese gerade für unanwendbar.

bb) Die Börsenusancen als Rechtsvorschrift

Das gegenteilige Ergebnis könnte damit begründet werden, dass die Börsenusancen der Frankfurter Wertpapierbörse bereits unabhängig von einer vertraglichen Vereinbarung als Gewohnheitsrecht Geltung erlangten und damit eine Rechtsvorschrift darstellten.[827] Der wortgleiche Ausschluss von Anfechtbarkeit und Scha-

---

823 *Stoffels*, AGB-Recht, S. 148 f.; *Wolf*, in: Wolf/Lindacher/Pfeiffer, § 307 Rdn. 275 ff.; *Joost*, ZIP 1996, 1685, 1690.

824 *Fuchs*, in: Ulmer/Brandner/Hensen, § 307 Rdn. 14; *Wolf*, in: Wolf/Lindacher/Pfeiffer, § 307 Rdn. 275 ff.

825 BGH, Urt. v. 14.10.1997 – XI ZR 167/96 = BGHZ 137, 27, 32 f.; BGH, Urt. v. 9.5.2001 – IV ZR 138/99 = BGHZ 147, 373, 376; *Fuchs*, in: Ulmer/Brandner/Hensen, § 307 Rdn. 14; *Wolf*, in: Wolf/Lindacher/Pfeiffer, § 307 Rdn. 275 ff.; *Stoffels*, AGB-Recht, S. 147; weitergehend *Joost*, ZIP 1996, 1685, 1691 ff., der eine Inhaltskontrolle generell ausschließt, wenn es an rechtsnormativen Vorgaben fehlt; demgegenüber eine Kontrolle auch bei deklaratorischen Klauseln bejahend *Niebling*, WM 1992, 845, 848 ff.

826 So im Ergebnis *Alfes*, Central Counterparty, S. 97 ff.

827 *Alfes*, Central Counterparty, S. 97 ff., der von einer Geltung der Börsenusancen als Satzung ausgeht.

densersatz nach § 28 BedFWB sowie der inhaltlich deckungsgleiche Ausschluss nach Ziff. 1.2.1 Abs. 6 S. 1 und S. 2 ClearBed würden offensichtlich nicht davon abweichen.

Diese Überlegung ist grundsätzlich richtig: Der Begriff der Rechtsvorschrift im Sinne des § 307 Abs. 3 S. 1 BGB ist weit auszulegen. Darunter werden alle Gesetzesvorschriften im materiellen Sinne verstanden, neben dem formellen Gesetz also insbesondere auch Rechtsverordnungen, Satzungen und Gewohnheitsrecht.[828] Die Börsenusancen der Frankfurter Wertpapierbörse gelten zwar nicht als Satzung, aber dennoch kraft objektiven Rechts als Gewohnheitsrecht[829] und stellen damit eine Rechtsvorschrift dar. Mit dem in die Clearing-Vereinbarung einbezogenen Ausschluss von Anfechtbarkeit und Schadensersatz nach § 28 BedFWB sowie Ziff. 1.2.1 Abs. 6 S. 1 und S. 2 ClearBed würden die Parteien also das wiederholen, was bereits als Gewohnheitsrecht gilt.

cc) Relevanter Maßstab

Allerdings bedeutet dies nicht, dass die Ausschlussklauseln aus der Clearing-Vereinbarung von der Inhaltskontrolle nach § 307 Abs. 3 S. 1 BGB ausgeschlossen sind.[830] Der Grund dafür, deklaratorische Klauseln keiner Inhaltskontrolle zu unterziehen, ist es, zu vermeiden, dass der Richter sich über die Legislative hinwegsetzen kann, indem er unter Missachtung des Grundsatzes der Gesetzesbindung aus Art. 20 Abs. 3 GG objektiv geltende Rechtsvorschriften seiner Kontrolle unterwirft.[831]

Dieser Schutzzweck wird nicht umgangen, wenn vorliegend die Inhaltskontrolle zugelassen wird. Der relevante Vergleichsmaßstab sind nämlich nicht die gewohnheitsrechtlich geltenden Börsenusancen der Frankfurter Wertpapierbörse, sondern vielmehr die bürgerlichrechtlichen Vorschriften über die Anfechtung. Ein Vergleich der Rechtslagen macht überhaupt nur Sinn, wenn der Vergleichsmaßstab und die zu überprüfende Klausel aus verschiedenen Quellen stammen.[832] Zu bedenken ist auch, dass die Börsenusancen der Frankfurter Wertpapierbörse vom Börsenrat als Satzung erlassen werden, in dieser Form aber wegen Verstoßes gegen die Kompetenzregelung des Grundgesetzes unmittelbar nichtig sind.[833] Der Ausschluss der

---

828 Speziell für die gewohnheitsrechtlich geltenden Börsenusancen *Fleckner*, WM 2009, 2064, 2071; allgemein *Fuchs*, in: Ulmer/Brandner/Hensen, § 307 Rdn. 26; *Wolf*, in: Wolf/Lindacher/Pfeiffer, § 307 Rdn. 281; *Stoffels*, AGB-Recht, S. 153; *Niebling*, WM 1992, 845, 847.

829 Siehe Vierter Teil. A. II. 2.

830 So aber *Alfes*, Central Counterparty, S. 101.

831 *Fuchs*, in: Ulmer/Brandner/Hensen, § 307 Rdn. 14; *Wolf*, in: Wolf/Lindacher/Pfeiffer, § 307 Rdn. 275 und Rdn. 331 ff.; *Stoffels*, AGB-Recht, S. 154.

832 So auch *Stoffels*, AGB-Recht, S. 153.

833 Siehe Vierter Teil. A. II. 1.; auch in diesem Zusammenhang stellen die Vorschriften des Bürgerlichen Gesetzbuches den relevanten Maßstab dar.

Anfechtungsrechte nach § 28 S. 1 BedFWB gilt zwar letztlich – mit Ausnahme des Anfechtungsrechts wegen arglistiger Täuschung – als Gewohnheitsrecht, allerdings mangels längerer und allgemeiner tatsächlicher Übung nicht direkt, sondern nur, weil es anerkannt ist, dass die Börsenusancen regelmäßig geändert werden und daher in ihrer jeweiligen, aktuellen Fassung gelten (dynamisches Gewohnheitsrecht). Keine gewohnheitsrechtliche Geltung erfährt wie dargelegt der Ausschluss von Vertrauensschadensersatzansprüchen der Handelsteilnehmer. Zumindest der Ausschluss des Anfechtungsrechts wegen arglistiger Täuschung sowie potentieller Vertrauensschadensersatzansprüche der Handelsteilnehmer könnte daher in der Praxis ohnehin erst durch die Clearing-Vereinbarung Geltung für die Handelsteilnehmer erlangen.

b) Unangemessene Benachteiligung

Der generelle Prüfungsmaßstab für die Inhaltskontrolle ist in § 307 Abs. 1 S. 1 BGB festgelegt: Die Klauseln der § 28 BedFWB sowie Ziff. 1.2.1 Abs. 6 S. 1 und S. 2 ClearBed sind unwirksam, wenn sie den Vertragspartner der Eurex Clearing AG entgegen den Geboten von Treu und Glauben unangemessen benachteiligen.

Nach § 307 Abs. 2 Nr. 1 BGB ist eine unangemessene Benachteiligung im Zweifel anzunehmen, wenn eine Bestimmung „mit wesentlichen Grundgedanken der gesetzlichen Regelung, von der abgewichen wird, nicht zu vereinbaren ist“.[834] Eine weitere Form der unangemessenen Benachteiligung kann in einem Verstoß gegen das Transparenzgebot aus § 307 Abs. 1 S. 2 BGB liegen. Da sowohl die Eurex Clearing AG als auch die Clearing-Mitglieder Unternehmer im Sinne des § 14 Abs. 1 BGB sind, gelten zudem nach § 310 Abs. 1 S. 2 Halbs. 2 BGB bestimmte Besonderheiten im Prüfungsumfang.

aa) Berücksichtigung von Drittinteressen

Bei der Prüfung der Klauseln aus der Clearing-Vereinbarung zwischen der Eurex Clearing AG und den Clearing-Mitgliedern nach § 307 Abs. 2 Nr. 1 BGB stellt sich zunächst die Frage, ob auch die Interessen der Kunden zu berücksichtigen sind. Problematisch dabei ist, dass § 307 Abs. 1 S. 1 BGB auf die unangemessene Benachteiligung des *Vertragspartners* des Verwenders abstellt, so dass dem Wortlaut nach nur die Interessen der Clearing-Mitglieder relevant sind.

Die wirtschaftlichen Folgen des Wertpapiergeschäfts – und damit auch die Frage ihrer Aufhebbarkeit – treffen jedoch die Kunden der als Clearing-Mitglieder bzw. Nicht-Clearing-Mitglieder[835] agierenden Banken. Von dem Grundsatz der Nichtbe-

---

834 Da es in Mistrade-Fällen um die Aufhebung von Wertpapiergeschäften geht, hat § 307 Abs. 2 Nr. 2 BGB (vertragszweckgefährdende Einschränkung wesentlicher Rechte und Pflichten) üblicherweise keine Relevanz.

835 Den Wertpapierkaufvertrag schließt die Eurex Clearing AG nach Ziff. 1.2.1 Abs. 1 ClearBed immer direkt mit den Clearing-Mitgliedern ab. Eine Bank, die nicht selbst Clearing-

achtung von Drittinteressen sind Ausnahmen zuzulassen, wenn der Vertragspartner des Verwenders dazu verpflichtet ist, die Interessen eines Dritten zu wahren.[836] Eine solche Ausnahme liegt im Verhältnis zwischen Kunden und Bank als Clearing-Mitglied bzw. Nicht-Clearing-Mitglied vor, da die Bank als Kommissionärin dem Kunden gegenüber gemäß §§ 384 Abs. 1 Halbs. 2 Alt. 1 HGB, 2 Abs. 3 Nr. 1, 31 Abs. 1 Nr. 1, 33a WpHG zur Interessenwahrung verpflichtet ist.[837] Bei der Interessenabwägung im Rahmen der Inhaltskontrolle sind daher auch die Interessen der Kunden zu berücksichtigen.[838]

Dadurch sind – trotz des Ausschlusses nach § 310 Abs. 1 BGB gegenüber den Clearing-Mitgliedern[839] – mittelbar auch die Klauselverbote nach §§ 308, 309 BGB in die Wertung mit einzubeziehen.[840] Im Ergebnis ändert sich dadurch jedoch nichts am Prüfungsmaßstab, da kein spezielles Klauselverbot einschlägig ist. Insbesondere wird der Eurex Clearing AG in der Regel keine zu vertretende Pflichtverletzung nachgewiesen werden können, so dass das Klauselverbot nach § 309 Nr. 8a BGB ausscheidet.[841]

bb) Verstoß gegen das Transparenzgebot

Die Klauseln der § 28 BedFWB sowie Ziff. 1.2.1 Abs. 6 S. 1 und S. 2 ClearBed sind nicht schon nach § 307 Abs. 1 S. 2 BGB unwirksam, woraus sich eine unangemessene Benachteiligung daraus ergeben kann, dass die Bestimmung nicht klar und verständlich ist. Daran mag zu denken sein, weil die Clearing-Vereinbarung weder die Ausschlussklauseln noch die Mistrade-Klauseln im Wortlaut wiedergibt, sondern nur auf ihre Geltung verweist. Das reicht aber zumindest im unternehmeri-

---

Mitglied ist, ist auf die Mitwirkung eines Clearing-Mitgliedes angewiesen, so dass in diesen Fällen immer zwei Vertragsverhältnisse entstehen, zum einen zwischen der Eurex Clearing AG und dem Clearing-Mitglied und zum anderen zwischen dem Clearing-Mitglied und dem Nicht-Clearing-Mitglied; zu den Besonderheiten des Vertragsschlusses bei Beteiligung eines Nicht-Clearing-Mitglieds siehe ausführlich *Alfes*, Central Counterparty, S. 143 ff.; *Kunz*, Rechtsprobleme des Zentralen Kontrahenten, S. 307 ff.

836 BGH, Urt. v. 7.10.1981 – VIII ZR 214/80 = NJW 1982, 178, 180; BGH, Urt. v. 28.5.1984 – III ZR 63/83 = NJW 1984, 2816, 2817; *Fuchs*, in: Ulmer/Brandner/Hensen, § 307 Rdn. 135; *Wolf*, in: Wolf/Lindacher/Pfeiffer, § 307 Rdn. 95, Rdn. 166 und Rdn. 170.

837 Dazu ausführlich Zweiter Teil. C. III. 2. c); dies gilt nach §§ 2 Abs. 3 Nr. 2, 31 Abs. 1 Nr. 1, 33a WpHG auch bei der Ausführung als Festpreisgeschäft.

838 Für den außerbörslichen Handel auch *Lindfeld*, Mistrade-Regeln, S. 126 f.; *Fleckner/Vollmuth*, WM 2004, 1263, 1274; *Fridrich/Seidel*, BKR 2008, 497, 498; *Koch*, ZBB 2005, 265, 268 f.; für die Börsenusancen als Gewohnheitsrecht auch *Fleckner*, WM 2009, 2064, 2071.

839 Siehe bereits Vierter Teil. B. I. 4.

840 So für den außerbörslichen Handel auch *Fridrich/Seidel*, BKR 2008, 497, 498.

841 Bei der AGB-rechtlichen Prüfung der Mistrade-Klauseln käme ein Klauselverbot nach § 308 Nr. 3 BGB in Betracht, das aber letztlich daran scheitert, dass ein sachlich gerechtfertigter Grund für die Lösung vom Vertrag besteht, dazu *Fridrich/Seidel*, BKR 2008, 497, 498.

schen Geschäftsverkehr nicht aus, um einen Verstoß gegen das Transparenzgebot anzunehmen, zumal den Beteiligten aufgrund der üblichen Gepflogenheiten bekannt ist, dass im börslichen Wertpapierhandel spezielle Regelungen gelten.[842]

cc) Verstoß gegen wesentliche Grundgedanken der gesetzlichen Regelung

Im Nachfolgenden wird untersucht, ob die Klauseln der § 28 BedFWB sowie Ziff. 1.2.1 Abs. 6 S. 1 und S. 2 ClearBed mit wesentlichen Grundgedanken der gesetzlichen Regelung, von der abgewichen wird – also den bürgerlichrechtlichen Vorschriften über die Anfechtung nach den §§ 119 ff. BGB – nicht zu vereinbaren sind.

(1) Inhalt der Ausschlussklauseln

Wie bereits bei der Prüfung der gewohnheitsrechtlichen Geltung der Börsenusancen dargelegt,[843] ist die Ausschlussklausel des § 28 BedFWB nach dem Wortlaut weit gefasst. Gleiches gilt für Ziff. 1.2.1 Abs. 6 S. 1 und S. 2 ClearBed. Danach wären die Klauseln so zu verstehen, dass sie das bürgerlichrechtliche System der Anfechtungsrechte in seiner Gesamtheit ausschließen und den Handelsteilnehmern nur die Mistrade-Regeln nach §§ 25 28, 30 – 38 BedFWB als Aufhebungsrechte zustehen.

(2) Wesentliche Grundgedanken der Anfechtung

Die gesetzlichen Regelungen, von denen abgewichen wird, sind die §§ 119 ff. BGB. Diese bilden daher den Vergleichsmaßstab für die in die Clearing-Vereinbarung einbezogenen Ausschlussklauseln sowie die stattdessen vorgesehenen börslichen Mistrade-Regeln.

Die wesentlichen Grundgedanken einer gesetzlichen Regelung bestimmen sich nach ihrem Zweck und den in ihr getroffenen Wertentscheidungen, die einem wesentlichen Schutzbedürfnis des Vertragspartners dienen oder maßgebliche Ordnungsvorstellungen des geltenden Rechts verkörpern.[844] Da die Anfechtungsrechte

---

842 So auch BGH, Urt. v. 21.6.1990 – VII ZR 308/89 = BGHZ 111, 388, 391; anders im Privatkundenverkehr, dazu Vierter Teil. B. III.

843 Vierter Teil. A. II. 2. c) bb) (1).

844 *Fuchs*, in: Ulmer/Brandner/Hensen, § 307 Rdn. 222; *Wolf*, in: Wolf/Lindacher/Pfeiffer, § 307 Rdn. 114 ff.; die Rechtsprechung grenzt zwischen Normen ab, die eine Ausprägung des Gerechtigkeitsgebots darstellen und solchen, die auf bloßen Zweckmäßigkeitserwägungen beruhen, siehe BGH, Urt. v. 21.12.1983 – VIII ZR 195/82 = BGHZ 89, 206, 210 f.; BGH, Urt. v. 23.4.1991 – XI ZR 128/90 = BGHZ 114, 238, 240; BGH, Urt. v. 5.11.1998 – III ZR 95/97 = BGHZ 140, 25, 29; BGH, Urt. v. 30.5.2001 – XII ZR 273/98 = NJW 2001, 3480, 3481 f.; *Stoffels*, AGB-Recht, S. 188 f. lehnt demgegenüber das Kriterium des wesentlichen Grundgedankens ab und sieht dieses nur als „einen Hinweis auf die Beachtlichkeit der Schutzrichtung und des Gerechtigkeitsgehaltes der verdrängten Regelung für die beim Merkmal der Unvereinbarkeit angesiedelte abschließende Interessenbewertung".

der Beteiligten im außerbörslichen Wertpapierhandel bereits ausführlich erörtert wurden,[845] sollen an dieser Stelle nur kurz die beiden wesentlichen Grundgedanken in Erinnerung gerufen werden: Zum einen gewähren die Anfechtungsrechte eine Lösung vom Vertrag nur in bestimmten Konstellationen; vorausgesetzt ist entweder ein relevanter Irrtum des Anfechtenden oder ein täuschendes (bzw. drohendes) Verhalten seines Vertragspartners. Zum anderen ist der Anfechtende bei Ausübung seiner Anfechtungsrechte verpflichtet, dem Erklärungsempfänger bzw. gemäß der Lehre über die Drittschadensliquidation dem Dritten seinen Vertrauensschaden zu ersetzen.[846]

(3) Vereinbarkeit mit den wesentlichen Grundgedanken

Um zu überprüfen, ob die in die Clearing-Vereinbarung einbezogenen Ausschlussklauseln sowie die börslichen Mistrade-Regeln mit wesentlichen Grundgedanken der Anfechtung zu vereinbaren sind, müssen die Interessen der Beteiligten gegeneinander abgewogen werden.

(a) Unvereinbarkeit wegen des generellen Ausschlusses der Anfechtungsvorschriften

Jedenfalls unvereinbar sind Klauseln, die von gesetzlichen Normen zum Schutz einer Vertragspartei nicht nur unwesentlich abweichen, sondern ihnen grundlegend widersprechen. Bei isolierter Betrachtung der Ausschlussklauseln nach § 28 BedFWB sowie Ziff. 1.2.1 Abs. 6 S. 1 und S. 2 ClearBed wäre dies der Fall, da diese das System der Anfechtungsrechte insgesamt ausschließen.[847] Allerdings ist zu berücksichtigen, dass die Anfechtungsrechte nicht ersatzlos ausgeschlossen sind. Vielmehr werden über die Einbeziehung der Börsenusancen in die Clearing-Vereinbarung auch die börslichen Mistrade-Regeln Vertragsbestandteil und gewähren den Beteiligten bei einem Mistrade ein dem Anfechtungsrecht – zumindest bis zu einem gewissen Grad – konzeptionell ähnliches Aufhebungsrecht. Der gesetzlich durch die Anfechtungsrechte bezweckte Interessenschutz könnte also möglicherweise durch die Mistrade-Regeln gewahrt bleiben.

(b) Kompensation durch die börslichen Mistrade-Regeln

Eine Klausel ist trotz erheblichen Abweichens nicht unvereinbar mit den wesentlichen Grundgedanken einer gesetzlichen Regelung, wenn sie den gesetzlich bezweckten Interessenschutz mit anderen Mitteln erzielt und eine der gesetzlichen

845 Siehe Dritter Teil. C. – E.

846 Siehe Dritter Teil. C. VII.

847 Ein Ausschluss der Anfechtung im Ganzen wird regelmäßig als unzulässig erachtet, BGH, Urt. v. 28.4.1983 – VII ZR 259/82 = NJW 1983, 1671, 1672; MüKoBGB/*Kramer*, § 119 Rdn. 141; Staudinger/*Singer*, Bearb. 2004, § 119 Rdn. 102.

Lösung gleichwertige Lasten- und Risikoverteilung erreicht.[848] Bevor die Mistrade-Regeln der Frankfurter Wertpapierbörse mit den bürgerlichrechtlichen Vorschriften über die Anfechtung verglichen werden,[849] sollen diese nachstehend kurz skizziert werden:

(aa) Überblick. Die Mistrade-Regeln betreffen sowohl den Präsenzhandel (§§ 25 – 28 BedFWB) als auch den elektronischen Handel (§§ 30 – 38 BedFWB) und enthalten Vorschriften über die Aufhebung und Rückabwicklung von Wertpapiergeschäften, die zu einem nicht marktgerechten Preis geschlossenen wurden. Es werden zwei Tatbestandsalternativen unterschieden: Die Aufhebung von Geschäften von Amts wegen sowie die Aufhebung auf Antrag.

(bb) Geschäftsaufhebung von Amts wegen. Von Amts wegen kann die Geschäftsführung Geschäfte nach § 25 Abs. 1, 35 Abs. 1 BedFWB aufheben, „wenn diese nicht den Anforderungen eines ordnungsgemäßen Börsenhandels entsprechen, insbesondere die Preisfeststellung fehlerhaft war". Die Aufhebungsgründe werden näher in § 25 Abs. 3 BedFWB sowie § 35 Abs. 2 BedFWB beschrieben. Zusammengefasst geht es dabei um Fehler im technischen System der Börse, Abweichungen von veröffentlichten Preisspannen sowie – im Präsenzhandel – Zuteilungsfehler durch den Skontroführer. Für Fondsanteile und strukturierte Produkte sind in §§ 25 Abs. 4, 35 Abs. 3 und Abs. 4 BedFWB weitere Kriterien genannt.

(cc) Geschäftsaufhebung auf Antrag. Auf Antrag hebt die Geschäftsführung im elektronischen Handel Geschäfte auf, wenn dieser zulässig ist und die Geschäfte zu einem offensichtlich nicht marktgerechten Preis zustande gekommen sind. Antragsberechtigt sind nach § 31 Abs. 1 BedFWB die Geschäftsparteien, nicht jedoch das Clearing-Mitglied und die Eurex Clearing AG, der jeweilige Spezialist und der jeweilige Quote-Verpflichtete. Im Übrigen finden sich Vorschriften über die Fristen zur Geltendmachung des Mistrade-Antrags, der nach § 31 Abs. 2 S. 1 BedFWB in der Fortlaufenden Auktion üblicherweise innerhalb von zwei Handelsstunden nach Zugang der Ausführungsbestätigung zu stellen ist. Kriterien, nach denen festgelegt wird, ob der Wertpapierpreis noch als marktgerecht angesehen werden kann, finden sich in den §§ 32 – 34 BedFWB.

(dd) Rückabwicklung. Die Rückabwicklung der Mistrade-Geschäfte erfolgt schließlich nach Maßgabe der §§ 26, 36 BedFWB durch Stornierung oder Löschung der Geschäfte bzw. Eingabe der entsprechenden Gegengeschäfte in die Börsen-EDV.

848 BGH, Urt. v. 1.12.1981 – KZR 37/80 = NJW 1982, 644, 645; BGH, Urt. v. 17.12.1998 – VII ZR 243/97 = NJW 1999, 942, 943; BGH, Urt. v. 29.11.2002 – V ZR 105/02 = BGHZ 153, 93, 102; *Stoffels*, AGB-Recht, S. 180 f.; *Wolf*, in: Wolf/Lindacher/Pfeiffer, § 307 Rdn. 126 ff.

849 Siehe Vierter Teil. B. I. 4. b) cc) (3) (c).

(c) Vergleich der Mistrade-Regeln mit den Anfechtungsvorschriften

Wie aus der kurzen Beschreibung der börslichen Mistrade-Regeln deutlich wird, knüpfen diese nicht an Willensmängel des an der Geschäftsaufhebung Interessierten bzw. an das Fehlverhalten des Vertragspartners an, sondern gewähren Aufhebungsrechte bei technischen Fehlern bzw. bei fehlerbedingten Abweichungen von Referenzpreisen oder Zuteilungsfehlern. Die börslichen Mistrade-Regeln weichen darin von den bürgerlichrechtlichen Anfechtungsvorschriften ab, wobei sie teilweise eine Erweiterung und teilweise eine Einschränkung darstellen. Insgesamt halten die Mistrade-Regeln jedoch ebenso wie die Anfechtungsvorschriften daran fest, dass die Geschäfte grundsätzlich wirksam und nur in Ausnahmefällen aufgrund abgrenzbarer Fehler aufhebbar sind.

Dass sich die zur Aufhebung berechtigenden Gründe unterscheiden, begründet an sich noch keine Unvereinbarkeit mit den wesentlichen Grundgedanken der Anfechtung, da im börslichen Wertpapierhandel die Anknüpfung an objektiv bestimmbare Kriterien wie technische Fehler oder Preisabweichungen durchaus sinnvoll und geboten ist. Aufgrund der Besonderheiten des Vertragsschlusses über die Eurex Clearing AG als Zentralem Kontrahenten sowie der Automatisierungs- und Anonymisierungsvorgänge mögen beispielsweise Willensmängel nicht immer eindeutig einer Partei zuordenbar sein.[850] Dies würde die Ausübung von Anfechtungsrechten erschweren, so dass die Handelsteilnehmer durch ein an objektiv bestimmbare Kriterien anknüpfendes Regime von Aufhebungsrechten in vielen Fällen sogar besser gestellt sein dürften. Diese stehen im Übrigen auch beiden Parteien gleichberechtigt zu.

Problematisch ist allerdings, wie vorstehend bereits für die gewohnheitsrechtliche Geltung der Börsenusancen erörtert,[851] dass sowohl Anfechtungsrechte wegen arglistiger Täuschung als auch Vertrauensschadensersatzansprüche der Parteien nach § 28 BedFWB sowie Ziff. 1.2.1 Abs. 6 S. 1 und S. 2 ClearBed ausgeschlossen sind.

(d) Ausschluss des Anfechtungsrechts wegen arglistiger Täuschung

Der Ausschluss des Anfechtungsrechts wegen arglistiger Täuschung stellt wie bereits erläutert, nicht nur eine geringfügige Benachteiligung für den Erklärenden dar, sondern greift in den Kernbereich der ihm bürgerlichrechtlich gewährten Anfechtungsrechte ein.[852] Durch den Anfechtungsgrund der arglistigen Täuschung soll der Erklärende vor besonders schweren Eingriffen in seine Selbstbestimmung geschützt werden. Da die Börsenusancen und insbesondere die börslichen Mistrade-Regeln in §§ 25 – 28, 30 – 38 BedFWB keinen Ausgleich dafür vorsehen, ist der Ausschluss

850 Siehe die Nachweise in Fn. 872.
851 Siehe Vierter Teil. A. II. 2. c) bb) (2).
852 Siehe bereits kurz Vierter Teil. A. II. 2. c) bb) (2).

des Anfechtungsrechts wegen arglistiger Täuschung nicht mit den wesentlichen Grundgedanken der Anfechtung vereinbar und daher nach § 307 Abs. 1, Abs. 2 Nr. 1 BGB unwirksam.[853]

(e) Ausschluss der Vertrauensschadensersatzpflicht

Ebenfalls problematisch erscheint der Ausschluss der Schadensersatzansprüche der Beteiligten gegeneinander nach § 28 S. 2 BedFWB sowie Ziff. 1.2.1 Abs. 6 S. 2 ClearBed, wozu auch der Vertrauensschadensersatzanspruch nach § 122 Abs. 1 BGB gehört. Diesem liegt die Überlegung zugrunde, dass „die Verantwortung des Irrenden [...] nicht nur auf der Verursachung des Mangels [beruht], sondern auch auf dem Umstand, dass sich der Verantwortliche in einem typisierbaren Bereich erhöhter Gefahr bewegt und die dabei auftretenden Risiken potentiell besser beherrscht als derjenige, der auf die Erklärung vertraut".[854] Durch den generellen Ausschluss von Schadensersatzpflichten zwischen den Beteiligten würde also möglicherweise in das von den bürgerlichrechtlichen Vorschriften über die Anfechtung vorgesehene System der Lasten- und Risikoverteilung eingegriffen.

Hintergrund des generellen Ausschlusses von Schadensersatzansprüchen der Beteiligten mögen zwar die besonderen Automatisierungs- und Anonymisierungsstrukturen des börslichen Wertpapierhandels sein. Durch den Abschluss der Wertpapiergeschäfte über den Zentralen Kontrahenten wird es meist schwierig zu ermitteln sein, welcher Handelnde einen Fehler verursacht hat. Aufgrund der weitreichenden Auswirkungen von Preisfehlern im börslichen Handel müssen auch der Verursacher des Fehlers und der an der Aufhebung des Wertpapiergeschäfts Interessierte nicht unbedingt dieselbe Person sein. Dies gilt insbesondere, da Fehler nicht nur den Handelsteilnehmern – auch mittelbar durch ihnen zurechenbare Computersysteme – unterlaufen, sondern ebenso auf technischen Fehlern der börslichen Handelssysteme beruhen können. Allerdings sind diese Schwierigkeiten keine Legitimation zum Ausschluss der Vertrauensschadensersatzansprüche der Handelsteilnehmer, sondern führten allenfalls praktisch dazu, dass der betreffende Anspruchsinhaber seinen Anspruch nicht durchsetzen kann.

Der Ausschluss der Vertrauensschadensersatzansprüche kann auch nicht damit gerechtfertigt werden, dass bei der Verwendung von AGB gegenüber einen Unternehmer nach § 310 Abs. 1 S. 2 Halbs. 2 BGB auf die im Handelsverkehr geltenden Gewohnheiten und Gebräuche angemessen Rücksicht zu nehmen ist. Denn der Ausschluss von Vertrauensschadensersatzansprüchen war wie dargelegt bislang

---

853 Allgemein für den AGB-rechtlichen Ausschluss des Anfechtungsrechts wegen arglistiger Täuschung MüKoBGB/*Kramer*, § 123 Rdn. 27; Staudinger/*Singer/von Finckenstein*, Bearb. 2004, § 123 Rdn. 87; *Bork*, Bürgerliches Recht AT, S. 369.

854 Protokolle I, S. 452 f.; dazu auch MüKoBGB/*Kramer*, § 122 Rdn. 4; Soergel/*Hefermehl*, § 122 Rdn. 1; Staudinger/*Singer*, Bearb. 2004, § 122 Rdn. 2.

nicht Inhalt der Börsenusancen und ist auch kein Bestandteil der als dynamisches Gewohnheitsrecht geltenden Börsenusancen geworden.[855]

Zu überlegen ist, ob in den börslichen Mistrade-Regeln andere Mechanismen verankert sind, um das Vertrauen der Handelsteilnehmer auf die Wirksamkeit der Willenserklärungen und den Bestand des abgeschlossenen Wertpapiergeschäfts zu schützen.[856] In Betracht kämen möglicherweise die Regelungen der §§ 25 Abs. 5, 35 Abs. 5 BedFWB. Danach hat die Geschäftsführung bei ihrer Entscheidung über die Aufhebung von Geschäften zum einen zu berücksichtigen, welcher Schaden den Parteien bei Geschäftsaufhebung bzw. -fortbestand entstünde. Zum anderen hat sie in ihre Entscheidungsfindung auch ein etwaiges Vertrauen der Parteien auf den Fortbestand der Geschäfte einzubeziehen. Dadurch finden Vertrauensschutzerwägungen bei der Aufhebung von Mistrade-Geschäften zwar Berücksichtigung. Allerdings sind diese konzeptionell nicht als Schadensersatzanspruch ausgestaltet und in ihrer Wirkung daher nicht gleichberechtigt.

Im Ergebnis ist der Ausschluss der Vertrauensschadensersatzpflicht also mit wesentlichen Grundgedanken des bürgerlichrechtlichen Systems der Anfechtung unvereinbar und daher nach § 307 Abs. 1, Abs. 2 Nr. 1 BGB unwirksam.[857]

dd) Rechtsfolge der unwirksamen Klauseln

Da der Ausschluss der Anfechtungsrechte wegen arglistiger Täuschung sowie potentieller Vertrauensschadensersatzanprüche in den Börsenusancen nach § 307 Abs. 1, Abs. 2 Nr. 1 BGB unwirksam ist, stellt sich die Frage, ob die restlichen Bestimmungen der Börsenusancen und der Clearingbedingungen – insbesondere der Ausschluss der übrigen Anfechtungsrechte und die Mistrade-Regeln – wirksam in die Clearing-Vereinbarung einbezogen werden.

---

855 Siehe ausführlich Vierter Teil. A. II. 2. c).

856 Der Vertrauensschadensersatzanspruch ist an sich nach § 122 Abs. 1 BGB abdingbar, Soergel/*Hefermehl*, § 122 Rdn. 2; in der Rechtsprechung als AGB-rechtlich wirksam anerkannt ist die Regelung nach Nr. 8 Abs. 1 AGB-Banken, wonach die Bank fehlerhafte Gutschriften auf Kontokorrentkonten unter bestimmten Voraussetzungen rückgängig machen darf, ohne dass der Kunde gegen die Belastungsbuchung einwenden kann, dass er in Höhe der Gutschrift bereits verfügt hat, BGH, Urt. v. 29.5.1978 – II ZR 166/77 = BGHZ 72, 9, 11; BGH, Urt. v. 9.5.1983 – II ZR 241/82 = BGHZ 87, 246, 252; dazu auch *Fleckner/Vollmuth,* WM 2004, 1263, 1275; kritisch im Hinblick auf die Übertragbarkeit auf Mistrade-Konstellationen *Koch*, ZBB 2005, 265, 270 f.

857 Im Ergebnis auch für die AGB-rechtliche Unwirksamkeit von Mistrade-Klauseln ohne Vertrauensschadensersatzregelung im außerbörslichen Handel *Koch,* ZBB 2005, 265, 270 f.; offen *Fridrich/Seidel*, BKR 2008, 497, 499; der *Bundesgerichtshof* hat in seiner Mistrade-Entscheidung die Nichtvereinbarung einer der Regelung des § 122 BGB entsprechenden Klausel als einen Verstoß gegen die Interessenwahrungspflicht des Kommissionärs aus § 384 Abs. 1 Halbs. 2 Alt. 1 BGB angesehen, BGH, Urt. v. 25.6.2002 – XI ZR 239/01 = WM 2002, 1687, 1688 f., eine AGB-rechtlichen Prüfung fand aus formellen Gründen nicht statt; a.A. *Lindfeld*, Mistrade-Regeln, S. 132 ff.; *Fleckner/Vollmuth,* WM 2004, 1263, 1275.

Hinsichtlich der Ausschlussregelungen der § 28 BedFWB sowie Ziff. 1.2.1 Abs. 6 S. 1 und S. 2 ClearBed gelten die speziellen Vorgaben des § 305c Abs. 2 BGB. Darin ist bestimmt, dass Zweifel bei der Auslegung von AGB zu Lasten des Verwenders gehen. Eine geltungserhaltende Reduktion ist im AGB-Recht – auch im Unternehmerverkehr – daher nicht zulässig.[858] Der Verwender soll sich nicht darauf verlassen können, dass die zu weit gefassten Klauseln gleichwohl im Rahmen des gerade noch nach den §§ 307 – 309 BGB Zulässigen gelten und sich dadurch seiner Formulierungsverantwortung entziehen.[859] Die Ausschlussregelungen der § 28 BedFWB sowie Ziff. 1.2.1 Abs. 6 S. 1 und S. 2 ClearBed sind damit insgesamt unwirksam und werden nicht Teil der Clearing-Vereinbarung zwischen der Eurex Clearing AG und den Clearing-Mitgliedern.

Nach § 306 Abs. 1 BGB bleibt die Clearing-Vereinbarung im Übrigen wirksam, in die wie dargelegt auch die anderen Klauseln der Börsenusancen sowie der Clearingbedingungen – soweit im Einzelnen AGB-rechtlich zulässig – einbezogen sind.[860] Dies gilt insbesondere auch für die Mistrade-Regeln nach den §§ 25–28, 30–38 BedFWB. Da der Ausschluss von Anfechtbarkeit und Schadensersatz unwirksam ist, fallen diese Klauseln ersatzlos weg und nach § 306 Abs. 2 BGB kommen dafür die gesetzlichen Vorschriften zur Anwendung. Diese wären vorliegend grundsätzlich die bürgerlichrechtlichen Anfechtungsrechte, die aber für den Bereich des börslichen Wertpapierhandels wie dargelegt von der gewohnheitsrechtlich anerkannten, vorrangigen Ausschlussregelung des § 28 BedFWB – mit Ausnahme der Anfechtungsrechte wegen arglistiger Täuschung und potentieller Vertrauensschadensersatzansprüche – verdrängt werden. Im Ergebnis gelten also die Mistrade-Regeln sowie die Anfechtungsrechte wegen arglistiger Täuschung, einschliesslich potentieller Vertrauensschadensersatzansprüche, nebeneinander.

II. Zwischenergebnis

Im Vergleich zu den als dynamisches Gewohnheitsrecht geltenden Börsenusancen, insbesondere § 28 BedFWB, konnte also auch kein weitreichenderer Ausschluss der Anfechtungsrechte durch AGB-rechtliche Einbeziehung der Ausschlussklauseln der § 28 BedFWB und Ziff. 1.2.1 Abs. 6 S. 1 und S. 2 ClearBed in die Clearing-Vereinbarung erreicht werden. Damit eine AGB-rechtliche Bezugnahme in der Clearing-Vereinbarung auf diese Klauseln überhaupt erst wirksam würde, wäre es empfehlenswert, bei der nächsten Änderung der Börsenusancen die Anfechtung wegen arglistiger Täuschung sowie potentielle Vertrauensschadensersatzansprüche vom Anwendungsbereich der Ausschlussklauseln auszunehmen.

---

858 Siehe die Nachweise in Fn. 728 a.E.

859 *Lindacher*, in: Wolf/Lindacher/Pfeiffer, § 305c Rdn. 118 ff. m.w.N.; MüKoBGB/*Basedow*, § 305c Rdn. 28.

860 Siehe dazu Vierter Teil. B. I. 2.

III. Vereinbarung zwischen Kunde und Bank

Sowohl die Börsenusancen als auch die Clearingbedingungen gelten unmittelbar grundsätzlich nur zwischen den Handelsteilnehmern bzw. den Clearing-Mitgliedern,[861] so dass sich die Frage stellt, ob und gegebenenfalls wie die Bestimmungen auch im Verhältnis zwischen Kunde und Bank gelten.

Mittelbar entfalten die Klauseln bereits nach den kommissionsrechtlichen Bestimmungen Wirkung für den Kunden, da ihn die Aufhebung des Ausführungsgeschäfts wirtschaftlich betrifft. Dies ist kein Verstoß gegen den Grundsatz, dass Vereinbarungen nicht zu Lasten Dritter getroffen werden dürfen, da das Kommissionsrecht die wirtschaftliche Drittwirkung gerade vorsieht.

Im Übrigen gelten die Klauseln in der Regel auch unmittelbar im Verhältnis zwischen Bank und Kunde als Teil der vereinbarten AGB. Zweifel an der wirksamen Einbeziehung der Klauseln in den Kommissionsvertrag nach § 305 Abs. 2 BGB könnten bestehen, wenn die Einbeziehung über eine Kette von Weiterverweisungen auf verschiedene Klauselwerke erfolgt. Dies ist vorliegend der Fall: Nach Nr. 3 Abs. 1 Halbs. 1 SBW[862] sowie Nr. 1 Abs. 1 S. 4 SBT[863] finden die Börsenusancen sowie die Clearing-Bedingungen Anwendung im Verhältnis zwischen Bank und Kunde.[864] Auf die Geltung der Sonderbedingungen verweist wiederum Nr. 1 Abs. 1 S. 2 AGB-Banken, welche bei der Konto- oder Depoteröffnung in der Regel in den Rahmenvertrag zwischen Bank und Kunde einbezogen werden.[865] Fraglich ist, ob der Kunde auf diese Weise eine zumutbare Kenntnisnahmemöglichkeit hat.[866] Für den unternehmerischen Geschäftsverkehr erachtet der *Bundesgerichtshof* solche Weiterverweisungen auf Klauselwerke als zulässig.[867] Bedenken bleiben jedoch für das Privatkundengeschäft bestehen.[868] Praktisch kann und wird dies bereits zum Teil so gelöst, dass die Bank dem Kunden bei der Begründung der Geschäftsbeziehung das gesamte Regelwerk zur Verfügung stellt, entweder schriftlich oder zum

---

861 § 1 BedFWB: „[...] zwischen an ihr zum Börsenhandel zugelassenen Unternehmen [...]"; Ziff. 1.2.1 Abs. 1 ClearBed: „[...] kommen nur zwischen der Eurex Clearing AG und einem Clearing-Mitglied zustande".

862 Der Wortlaut des Nr. 3 Abs. 1 Halbs. 1 SBW ist: „Die Ausführungsgeschäfte unterliegen den für den Wertpapierhandel am Ausführungsplatz geltenden Rechtsvorschriften und Geschäftsbedingungen (Usancen) [...]".

863 Der Wortlaut des Nr. 1 Abs. 1 S. 4 SBT ist: „Für sämtliche Geschäfte mit dem Kunden in Kontrakten, die zum Handel an der Eurex Deutschland zugelassen sind, gelten die Handels- und Clearingbedingungen sowie die Börsenordnung der Eurex Deutschland".

864 Dazu auch *Fleckner/Vollmuth*, WM 2004, 1263, 1276; *Lindfeld*, Mistrade-Regeln, S. 192 f. bestreitet den Charakter des Nr. 1 Abs. 2 SBW a.F. als Rezeptionsklausel.

865 Ausführlich *Ekkenga*, Effektengeschäft, Rdn. 176 f.

866 Dazu auch *Ekkenga*, Effektengeschäft, Rdn. 180; *Lindfeld*, Mistrade-Regeln, S. 194.

867 BGH, Urt. v. 21.6.1990 – VII ZR 308/89 = BGHZ 111, 388, 391.

868 *Lenenbach*, Kapitalmarktrecht, Rdn. 4.100; *Lindfeld*, Mistrade-Regeln, S. 192 f.

Herunterladen auf der Website.[869] Damit wird dem privaten Anleger die Möglichkeit zur Kenntnisnahme der Klauseln gegeben; bei professionellen Anlegern kann sowieso davon ausgegangen werden, dass diesen die börslichen Reglungen bekannt sind. Späteren Änderungen der AGB muss der Kunde zustimmen, wobei es nach Nr. 1 Abs. 2 S. 3 AGB-Banken als Zustimmung gilt, wenn die Bank den Kunden über die Änderung schriftlich informiert und er ihrer Einbeziehung nicht innerhalb der festgelegten Frist widerspricht.[870]

Im Übrigen sind für die Inhaltskontrolle die gleichen Erwägungen anzustellen, die bereits vorstehend für das Verhältnis zwischen der Eurex Clearing AG und den Clearing-Mitgliedern geschildert wurden.[871] Sofern der Kunde Verbraucher ist, fallen allerdings die Besonderheiten für den Unternehmerverkehr (§ 310 BGB) weg. Unzulässig ist zusammengefasst ebenfalls ein genereller Ausschluss des gesamten Systems der Anfechtungvorschriften, insbesondere der Anfechtungsrechte wegen arglistiger Täuschung sowie potentieller Vertrauensschadensersatzansprüche. Würden diese vom Wortlaut der Klauseln ausgenommen, wäre der Ausschluss – vorausgesetzt die Klauseln würden dem privaten Anleger in Textform dargeboten und über die Mistrade-Regeln entsprechend weitreichende Aufhebungsmöglichkeiten vorsehen – gemäß den vorstehenden Erwägungen zulässig.

C. Zusammenfassung

Auch im börslichen Wertpapierhandel stehen den Beteiligten Aufhebungsrechte bei einem Mistrade zu. Im Wesentlichen sind sie dabei auf die speziellen, börslichen Mistrade-Regeln nach §§ 25 – 28, 30 – 38 BedFWB angewiesen. Diese gelten zwar wegen Verstoßes gegen die Kompetenzregelung des Grundgesetzes nicht wie nach § 12 Abs. 2 S. 1 Nr. 1 Var. 2 BörsG vorgesehen als Satzung, aber als Gewohnheitsrecht. Zudem werden sie als AGB wirksamer Bestandteil der Clearing-Vereinbarung zwischen der Eurex Clearing AG und den Clearing-Mitgliedern. Die Anfechtungsrechte sind hingegen nach § 28 BedFWB – abgesehen von Anfechtungsrechten wegen arglistiger Täuschung und potentiellen Vertrauensschadensersatzansprüchen – ausgeschlossen. Dieser Ausschluss gilt wie dargelegt weder als Satzung, noch als AGB, sondern als dynamisches Gewohnheitsrecht.

Neben den börslichen Mistrade-Regeln stünde den Beteiligten zwar – je nach den Umständen des Einzelfalls – gegebenenfalls ein Anfechtungsrecht wegen arglistiger Täuschung zu. Bei der Geltendmachung sind jedoch die Besonderheiten des Vertragsschlusses an der Börse zu berücksichtigen, die insbesondere bei Beteiligung eines Zentralen Kontrahenten – wie es überwiegend der Fall sein wird – weitere

869 Siehe auch *Ekkenga*, Effektengeschäft, Rdn. 180; *Lindfeld*, Mistrade-Regeln, S. 194.
870 Dazu auch *Ekkenga*, Effektengeschäft, Rdn. 181.
871 Siehe Vierter Teil. B. I. 4.

dogmatische Schwierigkeiten aufwerfen.[872] Ohnehin wird das Anfechtungsrecht wegen arglistiger Täuschung im börslichen Handel aufgrund noch größerer Beweisschwierigkeiten als im außerbörslichen Handel wohl praktisch keine große Bedeutung erlangen.[873]

872 Dazu *Alfes*, Central Counterparty, S. 76 ff.; *Kunz*, Rechtsprobleme des Zentralen Kontrahenten, S. 77 ff. und S. 277 ff.; *Rinker*, Vertragsschluss, Rdn. 302 ff.; *Brass/Tiedemann*, ZBB 2007, 257 ff.; allgemein zu den Besonderheiten des Vertragsschlusses im elektronischen Handel *Kümpel*, WM 1991, Sonderbeil. 4, S. 4 ff.

873 Siehe Dritter Teil. C. III. 2.

Fünfter Teil
Zusammenfassung in Thesen

1. Unter einem Mistrade ist der Abschluss eines Wertpapiergeschäfts zu einem nicht marktgerechten Preis zu verstehen. Mistrades kommen sowohl im börslichen als auch im (bilateralen) außerbörslichen Wertpapierhandel vor. Da der Hauptteil des börslichen und außerbörslichen Wertpapierhandels elektronisch abgewickelt wird, liegt die Ursache von Mistrades oft in Software- oder Automatisierungsfehlern der Computersysteme, die zu einer unrichtigen Preisberechnung oder -übermittlung führen. Gegenstand eines Mistrades kann grundsätzlich jedes börslich oder außerbörslich gehandelte Finanzinstrument sein. Besonders oft treten Mistrades beim Handel mit derivativen Finanzinstrumenten auf, deren komplizierte Wertberechnung Preisfehler begünstigen. Rechtlich ausgestaltet sind Wertpapieraufträge ganz überwiegend als Kommissionsgeschäfte und nicht – wie von den Kunden in Gerichtsverfahren häufig vorgetragen – als Festpreisgeschäfte.

2. Im außerbörslichen Wertpapierhandel können die Beteiligten je nach den konkreten Umständen des Mistrade-Falls ihre Willenserklärungen anfechten. Die außerbörslichen Mistrade-Regeln sehen üblicherweise vor, dass die Anfechtungsrechte unberührt bleiben, so dass sich keine Konkurrenzprobleme stellen. Für die Beteiligten hat die Geltendmachung ihrer Anfechtungsrechte den Vorteil, dass ihr generelles Bestehen – anders als bei den Mistrade-Regeln, die möglicherweise gar nicht oder unwirksam vereinbart wurden – nicht mit Unsicherheiten behaftet ist.

3. Das Aufhebungsbegehren geht im außerbörslichen Handel meist von dem Handelspartner der Bank aus. Diesem stehen grundsätzlich – je nach Fehlerursache – verschiedene Anfechtungsrechte zu. Auch wenn sich der Irrtum des außerbörslichen Handelspartners bei Mängeln in der Willenserklärung zunächst nur in einer *invitatio ad offerendum* niederschlägt, kann er darauf trotzdem sein Anfechtungsrecht stützen, sofern der Irrtum in der automatisiert erstellten Annahmeerklärung fortwirkt, ohne dass er die Möglichkeit zur Korrektur hatte. Bei manuellen Eingabefehlern sowie unrichtiger Datenübermittlung aufgrund von Softwarefehlern kann der außerbörsliche Handelspartner – je nach den Umständen – wegen Erklärungsirrtums nach § 119 Abs. 1 Alt. 2 BGB bzw. § 120 BGB anfechten. Für den praktisch relevanten Fall, dass der Handelspartner einem Irrtum bei der Preisberechnung des Wertpapiers unterliegt und der Kunde diesen erkennt und seine Bank daraufhin zur Abgabe eines Kaufangebots veranlasst, kommt ein Anfechtungsrecht wegen Inhaltsirrtums nach § 119 Abs. 1 Alt. 1 BGB (erkannter und ausgenutzter Kalkulationsirrtum) in Betracht. Ein Eigenschaftsirrtum nach § 119 Abs. 2 BGB liegt als Anfechtungsgrund vor, wenn der Handelspartner sich über Tatsachen irrt, die den Wert des jeweiligen Wertpapiers unmittelbar beeinflussen. Verkehrswesentliche Eigenschaften im Sinne des § 119 Abs. 2 BGB stellen insbesondere Wertberechnungsfaktoren derivativer Finanzinstrumente dar, wie beispielsweise der Kurs des zugrundeliegenden Basiswertes. Bei arglistiger Täuschung durch den

Kunden steht dem Handelspartner zudem ein Anfechtungsrecht nach § 123 Abs. 1 Alt. 1 BGB zu. Seiner Pflicht, dem Kunden Arglist nachzuweisen, wird er oft anhand von Indizien (plötzlich erhöhtes Ordervolumen, Aufspaltung von Orders) nachkommen können.

4. Sowohl an den Beginn als auch die Länge der Anfechtungsfristen nach §§ 121 Abs. 1, 124 Abs. 1 BGB sind strenge Anforderungen zu stellen. Die Anfechtungsfrist beginnt wie üblich nach Kenntniserlangung von dem Anfechtungsgrund. Für den Wertpapierhandel besteht aber zur Vermeidung von Spekulationsrisiken die Besonderheit, dass den Handelspartner eine Obliegenheit trifft, sich um die weitere Aufklärung des Sachverhalts zu bemühen, sofern er das Vorliegen eines Anfechtungsgrundes ernsthaft für möglich hält. Als Anhaltspunkt für den Unverzüglichkeitsmaßstab der Anfechtungsfrist dient die in der Praxis der Mistrade-Regeln etablierte Frist von 120 Minuten nach Geschäftsabschluss.

5. Nach der Anfechtung seiner Annahmeerklärung aufgrund der §§ 119, 120 BGB ist der außerbörsliche Handelspartner gemäß § 122 Abs. 1 BGB in Verbindung mit den Grundsätzen der Drittschadensliquidation verpflichtet, der Bank den Schaden zu ersetzen, der ihrem Kunden im Vertrauen auf die Wirksamkeit des Mistrade-Geschäfts entstanden ist. Die Bank hat diesen Anspruch an ihren Kunden abzutreten. In der Regel kannte der Kunde allerdings die Anfechtbarkeit, so dass die Schadensersatzpflicht nach § 122 Abs. 2 BGB entfällt, wenn der außerbörsliche Handelspartner die Kenntnis bzw. fahrlässige Unkenntnis des Kunden nachweisen kann.

6. Der Bank stehen bei einem Mistrade im Wesentlichen keine praktisch relevanten Anfechtungsrechte zu. Eine Anfechtung ihrer Angebotserklärung im Rahmen des Ausführungsgeschäfts wird schon am Vorliegen eines Anfechtungsgrundes scheitern. Der Irrtum über das Vorhandensein einer wirksamen Kundenorder ist ein unbeachtlicher Motivirrtum und berechtigt die Bank nicht zur Anfechtung. Da die Bank als Kommissionärin des Kunden keinen eigenen Willen bildet, sondern lediglich seinen übernimmt, erliegt sie auch im Übrigen keinen eigenen Willensmängeln. Allenfalls käme ein Anfechtungsgrund wegen fehlerhafter Datenübermittlung oder -berechnung aufgrund von Softwarefehlern in Betracht, der allerdings praktisch kaum zu einem Mistrade führen wird. Zu einer Anfechtung wegen Fehler der Kunden bei der Orderabgabe ist die Bank nicht berechtigt. Das Gleiche gilt im Ergebnis auch für die Anfechtung ihrer Annahmeerklärung aus dem Kommissionsvertrag. Sofern die Bank ihrem Kunden gegenüber in Ausnahmefällen überhaupt wegen mangelnder Namhaftmachung ihres Handelspartners auf Erfüllung nach § 384 Abs. 3 HGB haftet, was allenfalls im Telefonhandel in Betracht kommt, kann die Bank jedenfalls ihre Ausführungsanzeige wegen Inhaltsirrtums analog § 119 Abs. 1 Alt. 1 BGB anfechten.

7. Der Kunde kann seine Wertpapierorder gegenüber der Bank wegen eines Eigenschaftsirrtums nach § 119 Abs. 2 BGB anfechten, wenn er sich bei der Wertermittlung über eine der unmittelbaren Berechnungsgrößen geirrt hat. Eine Anfechtung wegen arglistiger Täuschung ist hingegen in den meisten Fällen ausgeschlos-

sen, weil der außerbörsliche Handelspartner in der Regel Dritter im Sinne des § 123 Abs. 2 BGB ist. Durch die Anfechtung der Wertpapierorder entzieht der Kunde der Bank die rechtliche Grundlage, um die primären wirtschaftlichen Nachteile des Mistrade-Geschäfts direkt an ihn weiterzugeben. Allerdings könnte die Bank, sofern das Mistrade-Geschäft zwischen Bank und Handelspartner bestehen bleibt, über ihren Ersatzanspruch aus § 122 Abs. 1 BGB letztlich doch den vollständigen Schaden aus dem Mistrade gegen den Kunden geltend machen. Vor diesem Hintergrund hat der Kunde zwar kein eigenständiges Anfechtungsrecht in Bezug auf das Ausführungsgeschäft, allerdings erstreckt sich die Anfechtung seiner Wertpapierorder in ihrer Wirkung auch auf das Ausführungsgeschäft, sofern sich der Willensmangel des Kunden auf beide Rechtsverhältnisse bezieht. Dies hat zur Folge, dass der Kunde die Anfechtung sowohl gegenüber der Bank als auch dem außerbörslichen Handelspartner erklären muss.

8. Im börslichen Wertpapierhandel sind die Beteiligten bei einem Mistrade – bis auf ihre Anfechtungsrechte wegen arglistiger Täuschung – im Wesentlichen auf ihre Aufhebungsrechte nach den speziellen, börslichen Mistrade-Regeln gemäß §§ 25 – 28, 30 – 38 BedFWB angewiesen. Die Anfechtungsrechte sind bis auf die arglistige Täuschung kraft objektiven Rechts durch die Börsenusancen, speziell durch § 28 BedFWB, ausgeschlossen. Allerdings sind die Börsenusancen trotz der entsprechenden gesetzlichen Einordnung nach § 12 Abs. 2 S. 1 Nr. 1 Var. 2 BörsG nicht als Satzung wirksam, da ihr Erlaß gegen die Kompetenzregelung des Grundgesetzes verstößt und sie dadurch unmittelbar nichtig sind. Vielmehr gelten sie als dynamisches Gewohnheitsrecht, weil es von den Handelsteilnehmern anerkannt ist, dass die Börsenusancen in ihrer jeweiligen, aktuellen Fassung gelten.

9. Kraft vertraglicher Vereinbarung entfalten die Ausschlussklauseln in ihrer aktuellen Fassung keine Wirksamkeit, da der generelle Ausschluss der Anfechtungsrechte inklusive der arglistigen Täuschung sowie potentieller Vertrauensschadensersatzansprüche AGB-rechtlich unwirksam ist.

Rechtsprechungsübersicht

In der nachstehenden Rechtsprechungsübersicht wird ein Überblick über die bislang bekannt gewordenen und im Rahmen der Arbeit zitierten Gerichtsentscheidungen zu Mistrades gegeben. Überwiegend geht es dabei um Mistrades im außerbörslichen Wertpapierhandel.

Gericht	**Datum**	**Aktenzeichen**	**Fundstelle**
LG Düsseldorf	30.10.1998	15 O 60/98	(unveröffentlicht).
OLG Düsseldorf	27.1.2000	6 U 168/98	RIW 2001, 226–228.
BGH	4.10.2000	XI ZR 53/00	(unveröffentlicht).
LG München I	14.9.2000	6 O 5426/00	(unveröffentlicht).
OLG München	26.4.2001	19 U 5248/00	ZBB 2002, 223 (red. Leitsatz).
BGH	25.6.2002	XI ZR 239/01	WM 2002, 1687–1689.
OLG Frankfurt a.M.	18.1.2001	1 U 209/99	ZIP 2001, 730–733 (Sachverhalt).
LG Nürnberg-Fürth	14.2.2001	10 O 8312/00	WM 2001, 988–990 (Sachverhalt).
AG Nürnberg	29.8.2002	20 C 3178/02	(unveröffentlicht).
LG Nürnberg-Fürth	13.3.2003	10 S 8297/02	(unveröffentlicht).
LG Itzehoe	10.10.2003	7 O 40/03	(unveröffentlicht).
OLG Schleswig	9.1.2004	5 U 130/03	WM 2004, 1280–1282.
VG Frankfurt a.M.	5.4.2004	9 E 175/03	(unveröffentlicht) (Sachverhalt).
VG Frankfurt a.M.	5.4.2004	9 E 4690/02	(unveröffentlicht) (Sachverhalt).
LG Itzehoe	12.1.2006	7 O 292/05	(unveröffentlicht).
LG Nürnberg-Fürth	25.1.2007	10 O 8762/05	WM 2007, 2374–2376.
OLG Nürnberg	anhängig	6 U 468/07	(nicht anwendbar).
LG Frankfurt a.M.	11.1.2008	2–21 O 261/04	(unveröffentlicht).
OLG Frankfurt a.M.	4.3.2009	16 U 174/08	WM 2009, 1032–1034.
LG Frankfurt a.M.	20.5.2008	2–19 O 370/07	(unveröffentlicht).
LG Frankfurt a.M.	23.12.2008	2–19 O 147/08	WM 2009, 455–457.
BGH	30.6.2009	XI ZR 364/08	WM 2009, 1500–1503 (obiter dictum).

Anhang

Beispiele für außerbörsliche Mistrade-Regeln

Mistrade-Regel zwischen Cortal Consors und Deutsche Bank

Abrufbar unter https://www.cortalconsors.de, unter „Produkte & Beratung" → „Trading" → „Handelsplätze" → „Außerbörslicher Handel" → „Handelspartner" → „Deutsche Bank" (Stand 11.8.2008).

(1) Die Parteien vereinbaren ein vertragliches Aufhebungsrecht für den Fall der Bildung nicht marktgerechter Preise im außerbörslichen Geschäft („Mistrade"). Danach können die Parteien ein Geschäft aufheben, wenn ein Mistrade vorliegt und eine der Parteien die Aufhebung gegenüber der anderen Partei fristgemäß verlangt.

(2) Ein Mistrade liegt vor, wenn der Preis des Geschäfts aufgrund

eines Fehlers im technischen System des Emittenten bzw. des Vertragspartners oder eines dritten Netzbetreibers oder

eines Fehlers bei der Eingabe eines Preisgebots oder einer Preisindikation in das Handelssystem oder bei der Ermittlung des zugrundeliegenden Preises

erheblich und offenkundig von dem zum Zeitpunkt des Zustandekommens des betreffenden Geschäfts marktgerechten Preis („Referenzpreis") abweicht. Die fehlerhafte Eingabe des Volumens berechtigt nicht zur Aufhebung des Geschäftsabschlusses.

(3) Eine erhebliche und offenkundige Abweichung vom marktgerechten Preis bei Geschäftsabschlüssen in stücknotierten Wertpapieren liegt vor, wenn die Abweichung von dem Referenzpreis mindestens 10% und mindestens 0,003 EUR beträgt oder eine Abweichung vom marktgerechten Preis von mehr als 2,50 EUR vorliegt. Vorstehende Regelung gilt für Geschäftsabschlüsse in prozentnotierten Wertpapieren entsprechend.

(4) (a) Als Referenzpreis gilt der Durchschnittspreis der letzten drei vor dem Geschäft in dem fraglichen Wertpapier an einer Referenzstelle wirksam zustandegekommenen Geschäfte desselben Handelstages. Referenzstelle ist jedes börsliche oder außerbörsliche Handelssystem, das für das fragliche Wertpapier zustandegekommene Preise in einem marktüblichen Informationsverbreitungssystem veröffentlicht.

(b) Ist kein Durchschnittspreis nach der vorstehenden Bestimmung zu ermitteln oder bestehen Zweifel, ob der so ermittelte Durchschnittspreis den fairen Marktverhältnissen entspricht, so ermittelt die aufhebungsberechtigte Partei den Referenzpreis nach billigem Ermessen auf der Grundlage der jeweiligen Marktverhältnisse. Bei Optionsscheinen und sonstigen verbrieften Termingeschäften, Indexzertifikaten, strukturierten Wertpapieren und Investmentanteilscheinen erfolgt die Ermittlung des Referenzpreises in diesem Fall mittels allgemein anerkannter und marktüblicher mathematischer Berechnungsmethoden.

(5) (a) Das Aufhebungsverlangen kann nur von den Parteien selbst gestellt werden. Das Aufhebungsverlangen ist bei Aktien, bei Optionsscheinen und sonstigen Wertpapieren i.S.v. § 5 (4) (b) Satz 2 innerhalb von 120 Minuten nach Abschluß des aufzuhebenden Geschäfts gegenüber der anderen Partei zu erklären. Wird das aufzuhebende Geschäft nach 20 Uhr abgeschlossen, verlängert sich diese Frist bis 10 Uhr des nächsten Handelstages.

(b) Bei Geschäften, bei denen das Produkt aus der Anzahl der gehandelten Wertpapiere und der Differenz zwischen gehandeltem Preis und Referenzpreis 20.000 EUR übersteigt, halbieren sich die für die Preisabweichung erforderlichen Schwellen in § 5 (3). Darüber hinaus kann das Aufhebungsverlangen bis 11 Uhr des nächsten Handelstages für das jeweilige Wertpapier erklärt werden.

Das Erreichen der in Satz 1 genannten Summe von 20.000 EUR ist für die Halbierung der Schwellen und die Verlängerung des Aufhebungsverlangens bis 11 Uhr nicht erforderlich, wenn Anhaltspunkte dafür vorliegen, dass diese Summe durch die Erteilung eines oder mehrerer entsprechender Aufträge in einem Wertpapier oder in verschiedenen Wertpapieren auf einen Basiswert von der aus der fehlerhaften Preisfeststellung begünstigten Partei bzw. verschiedenen Kunden des Vertragspartners ausgenutzt wurde. Hierbei ist insbesondere die Anzahl der erfolgten Geschäftsabschlüsse, das Volumen des jeweiligen Geschäftsabschlusses oder eine entsprechende Limitierung des jeweiligen Geschäftsauftrages zu berücksichtigen. Die Nachweispflicht obliegt der meldenden Partei.

(c) Das nach Maßgabe von § 5 (5) (a) und (b) wirksam erklärte Aufhebungsverlangen ist innerhalb angemessener Frist, die in der Regel einen Zeitraum von 60 Minuten seit der Erklärung nicht überschreiten sollte, auf Verlangen der nicht aufhebungsberechtigten Partei schriftlich zu begründen. Die schriftliche Begründung muss mindestens enthalten: Wertpapier, Anzahl und Abschlusszeitpunkt der betroffenen Geschäfte mit dem jeweils gehandelten Volumen und den jeweils gehandelten Preisen, Angaben zur Ermittlung des marktüblichen Preises (Berechnungsmethoden und dazugehörige Faktoren) und die Umstände, aus denen sich nach Auffassung der aufhebungsberechtigten Partei das Aufhebungsverlangen rechtfertigt.

(6) Ein Aufhebungsrecht nach § 5 (1) besteht im Regelfall nicht für Geschäfte, bei denen das Produkt aus der Anzahl der gehandelten Papiere und der Differenz zwischen gehandeltem Preis und Referenzpreis unter 100 EUR liegt. Das Erreichen der in Satz 1 genannten Mindestschadenssumme ist für die Geltendmachung des

vertraglichen Aufhebungsrechts nicht erforderlich, wenn Anhaltspunkte dafür vorliegen, dass die Mindestschadenssumme durch die Erteilung eines oder mehrerer entsprechender Aufträge in einem Wertpapier oder in verschiedenen Wertpapieren auf einen Basiswert von der aus der fehlerhaften Preisfeststellung begünstigten Partei bzw. verschiedenen Kunden des Vertragspartners ausgenutzt wurde. Hierbei ist insbesondere die Anzahl der erfolgten Geschäftsabschlüsse, das Volumen des jeweiligen Geschäftsabschlusses oder eine entsprechende Limitierung des jeweiligen Geschäftsauftrages zu berücksichtigen. Die Nachweispflicht obliegt der meldenden Partei.

(7) Die Aufhebung des Geschäfts erfolgt mittels Stornierung des Geschäftes durch beide Parteien bzw., sofern eine Stornierung nicht mehr möglich ist, durch die Verbuchung eines entsprechenden Gegengeschäftes.

(8) Die Vereinbarung dieses vertraglichen Aufhebungsrechts läßt sonstige Rechte nach allgemeinen zivil- und handelsrechtlichen Bestimmungen, insbesondere Anfechtungsrechte und das Recht zur Abtretung der Forderung, unberührt.

(9) Die Regelungen in § 5 (1)–(8) gelten entsprechend auch für den Fall, dass die Parteien telefonisch ein Geschäft über ein auf dem Handelssystem angebotenes Produkt schließen.

(10) Wird ein Geschäft gemäß diesen Bedingungen aufgehoben, ist von der aufhebungsberechtigten Partei an die andere Partei eine Bearbeitungsgebühr i.H.v. 150 Euro pro Trade und pro Underlying zu zahlen, wobei die Bearbeitungsgebühr pro Tag und Underlying unabhängig von der Anzahl der Mistrades höchstens 500 Euro beträgt. Die Nachweispflicht obliegt der die Bearbeitungsgebühr geltend machenden Partei.

(11) Sollte sich eine Mistrade-Regelung im Markt etablieren, beabsichtigen die Parteien, die vorliegende Mistrade-Regelung durch den Marktstandard in einer Ergänzungsvereinbarung zu ersetzen.

(12) Die in diesem Abschnitt getroffenen Regelungen über Mistrades dürfen von den Parteien unabhängig von den Reglungen des § 10 zur Vertraulichkeit veröffentlicht werden.

Abrufbar unter http://www.maxblue.de/, unter „Produkte„ → „Depot" → „Handel" → „Handelspartner und Zeiten" → „Citigroup Global Markets Deutschland AG & Co. KGaA" (Stand laut Website 5.1.2011).

1. Für den Fall der Bildung nicht marktgerechter Preise in dem computergestützten Handelssystem bzw. der telefonischen Vereinbarung eines nicht marktgerechten Preises (jeweils ein „Mistrade") vereinbaren die Parteien das Recht zur Vertragsaufhebung.

2. Ein Mistrade liegt vor, wenn der Preis des Geschäfts aufgrund

a.) eines Fehlers im technischen System des Intermediärs oder der Bank oder eines dritten Netzbetreibers
oder
b.) aufgrund eines Fehlers bei der Eingabe eines Preisgebots oder einer Preisindikation in das Handelssystem oder bei der Ermittlung des zugrundeliegenden Preises oder
c.) eines entsprechenden Fehlers im Rahmen einer telefonischen Vereinbarung

erheblich und offenkundig von dem marktgerechten Preis (Referenzpreis) abweicht. Die fehlerhafte Eingabe des Volumens berechtigt nicht zur Aufhebung des Einzelvertrages.

3. Eine erhebliche und offenkundige Abweichung vom marktgerechten Preis liegt insbesondere vor,

a) bei einem Referenzpreis größer als 0,40 Euro bis 2,00 EUR, wenn die Abweichung ausgehend vom Referenzpreis mindestens 10% oder mindestens 0,20 EUR beträgt; ab einem Referenzpreis größer 2,00 EUR, wenn die Abweichung ausgehend vom Referenzpreis mindestens 10% beträgt; diese Schwellen gelten nicht, wenn eine Abweichung von mehr als 1,00 Euro vorliegt;
b) bei einem Referenzpreis kleiner oder gleich 0,40 Euro, wenn die Abweichung – ausgehend vom Referenzpreis – mindestens 50% beträgt, wenn der Referenzpreis größer als der beanstandete Preis ist oder mindestens 100% beträgt, wenn der Referenzpreis kleiner als der beanstandete Preis ist. Zusätzlich muss die Abweichung mindestens 0,003 Euro betragen. Die genannten Schwellen gelten nicht, wenn eine Abweichung von mehr als 0,10 Euro vorliegt.

4. Bei Geschäften, bei denen das Produkt aus der Anzahl der gehandelten Wertpapiere und der Differenz zwischen gehandeltem Preis und Referenzpreis 20.000 EUR übersteigt, halbieren sich die für die Preisabweichung erforderlichen Schwellen in Ziffer 3 (a) und (b) und das Aufhebungsverlangen kann bis 11 Uhr des nächsten Handelstags erklärt werden.

5. a.) Als Referenzpreis gilt der Durchschnittspreis der letzten drei vor dem Geschäft in dem fraglichen Wertpapier an einer Referenzstelle wirksam zustande gekommenen Geschäfte desselben Handelstages. Referenzstelle ist jedes börsliche oder außerbörsliche Handelssystem, das für das fraglichen Wertpapier zustande gekommene Preise in einem marktüblichen Informationsverbreitungssystem veröffentlicht.

b.) Ist kein Durchschnittspreis nach der vorstehenden Bestimmung zu ermitteln oder bestehen Zweifel, ob der so ermittelte Durchschnittspreis den fairen Marktverhältnissen entspricht, so ermittelt die aufhebungsberechtigte Partei den Referenzpreis nach billigem Ermessen auf der Grundlage der jeweiligen Marktverhältnisse. Bei Optionsscheinen und sonstigen verbrieften Termingeschäften, Indexzertifikaten, strukturierten Wertpapieren und Investmentanteilscheinen erfolgt die Ermittlung des Referenzpreises in diesem Fall mittels allgemein anerkannter und marktüblicher mathematischer Berechnungsmethoden.

6. a.) Das Aufhebungsverlangen kann nur von den Parteien selbst gestellt werden. Das Aufhebungsverlangen ist bei Aktien innerhalb von 30 Minuten, bei Optionsscheinen und sonstigen Wertpapieren i.S.v. Absatz 4 (b) Satz 2 innerhalb von 120 Minuten nach Abschluss des aufzuhebenden Geschäfts gegenüber der anderen Partei zu erklären.

b.) Bei Geschäften, bei denen das Produkt aus der Anzahl der gehandelten Wertpapiere und der Differenz zwischen gehandeltem Preis und Referenzpreis 20.000 EUR übersteigt, kann das Aufhebungsverlangen ausnahmsweise bis 11:00 Uhr des nächsten Handelstages erklärt werden.

c.) Das nach Maßgabe von Absatz 5 (a) und (b) wirksam erklärte Aufhebungsverlangen ist innerhalb der angemessenen Frist, die in der Regel einen Zeitraum von 60 Minuten seit der Erklärung nicht überschreiten sollte, schriftlich zu begründen. Die schriftliche Begründung muss mindestens enthalten: Wertpapier, Anzahl und Abschlusszeitpunkt der betroffenen Geschäfte mit dem jeweils gehandelten Volumen und den jeweils gehandelten Preisen, Angaben zur Ermittlung des marktüblichen Preises (Berechnungsmethoden und dazugehörige Faktoren) und die Umstände, aus denen sich nach Auffassung der aufhebungsberechtigten Partei das Aufhebungsverlangen rechtfertigt.

Kein Mistrade liegt vor bei Geschäften, bei denen die Anzahl der gehandelten Papiere multipliziert mit der Differenz zwischen dem gehandelten Preis und dem Referenzpreis unter 250,– Euro liegt (Mindestschaden).

7. Die Aufhebung des Geschäfts erfolgt mittels Stornierung des Geschäfts durch beide Vertragsparteien bzw., sofern eine Stornierung nicht mehr möglich ist, durch die Verbuchung eines entsprechenden Gegengeschäfts.

8. Soweit das betreffende Geschäft in Übereinstimmung mit den obigen Bedingungen storniert wird, sind die Parteien zur Rückabwicklung des Geschäftes verpflichtet. Weitergehende Ansprüche stehen einer Partei infolge der Stornierung nur

zu, wenn die andere Partei das zur Stornierung führende Ereignis grob fahrlässig oder vorsätzlich verursacht hat. Die irrtümliche Stellung eines nicht marktgerechten Kurses oder die Fehleingabe eines Kurses in ein Computersystem stellen keine grob fahrlässige Pflichtverletzung dar.

9. Die Vereinbarung dieses vertraglichen Aufhebungsrechts läßt sonstige Rechte nach allgemeinen zivil- und handelsrechtlichen Bestimmungen, insbesondere Anfechtungsrechte, unberührt.

Beispiele für börsliche Mistrade-Regeln

Bedingungen für Geschäfte an der Frankfurter Wertpapierbörse (BedFWB)

Abrufbar unter http://deutsche-boerse.com, unter „Info-Center/Regelwerke" → „Regelwerk" → „Bedingungen für Geschäfte an der Frankfurter Wertpapierbörse" (Stand 1.4.2011).

§ 25 Aufhebung von Geschäften von Amts wegen

(1) Die Geschäftsführung kann von Amts wegen Geschäfte aufheben, wenn diese nicht den Anforderungen eines ordnungsgemäßen Börsenhandels entsprechen, insbesondere die Preisfeststellung fehlerhaft war.

(2) Die Aufhebung von Geschäften in Wertpapieren, für die eine Geschäftsabwicklung über die Eurex Clearing AG stattfindet, umfasst sämtliche gemäß § 2 Abs. 2 zustande gekommenen Geschäfte. Bei Aufgabegeschäften erfolgt vor Schließung der Aufgabe eine Aufhebung des mit der Orderausführung unter Vorbehalt der Aufgabe abgegebenen Geschäftsangebots; die Absätze 1 und 3 bis 5 sowie die § 26 bis 28 gelten in diesem Fall entsprechend.

(3) Von Amts wegen können insbesondere Geschäfte aufgehoben werden, die

1. auf einem Fehler im technischen System der Börse beruhen;
2. zu einem Preis außerhalb einer veröffentlichten Taxe oder Spanne zustande gekommen sind;
3. abweichend von bei der Preisfeststellung verwendeten Preiszusätzen aufgrund einer offensichtlich fehlerhaften Zuteilung durch den Skontroführer zustande gekommen sind;
4. in Wertpapieren zustande gekommen sind, für die ein Ereignis, das gemäß § 92 BörsO zu einer Löschung bestehender Orders führt, nicht oder fehlerhaft durch entsprechende Systemeingaben umgesetzt wurde.

Im Fall der Nummer 3 ist die Aufhebung von Geschäften auf die fehlerhafte Zuteilung beschränkt; im Übrigen bleiben die Geschäfte wirksam.

(4) Geschäfte in Anteilsscheinen an in- oder ausländischen offenen Investmentfonds (Fondsanteile) und Exchange Traded Funds (ETFs) können über die in Absatz 2 genannten Fälle hinaus von Amts wegen insbesondere aufgehoben werden, wenn

1. die Fondsgesellschaft die Rücknahme oder Ausgabe der Fondsanteile oder ETFs ausgesetzt hat und
2. die Geschäfte in dem Zeitraum zwischen der letzten der Aussetzung vorausgehenden Rücknahme- oder Ausgabemöglichkeit und

a) dem Handelsende des Börsentages, an dem der Skontroführer die Geschäftsführung über die Aussetzung der Rücknahme oder Ausgabe der Fondsanteile oder ETFs durch die Fondsgesellschaft informiert hat, oder

b) einer etwaigen Aussetzung des Handels der Fondsanteile oder ETFs durch die Geschäftsführung

zustande gekommen sind, wobei das zeitlich letzte Ereignis gemäß lit. a) oder b) maßgeblich ist.

(5) Bei ihrer Entscheidung über die Aufhebung von Geschäften berücksichtigt die Geschäftsführung insbesondere

1. den im Fall der Aufhebung oder dem Bestand der Geschäfte den Geschäftsparteien etwa entstehenden voraussichtlichen Schaden;
2. eine auf Nachfrage des Skontroführers vor Orderausführung etwa erfolgte Bestätigung oder Änderung einer eingestellten und mit dem Geschäft ausgeführten Order durch eine Geschäftspartei;
3. ein etwaiges Vertrauen an der FWB zum Börsenhandel zugelassener Unternehmen auf den Bestand der Geschäfte;
4. den seit dem Zustandekommen der Geschäfte vergangenen Zeitraum.

§ 26 Umsetzung von Geschäftsaufhebungen

Hebt die Geschäftsführung Geschäfte auf, weist sie den Skontroführer an, die aufgehobenen Geschäfte zu stornieren. Soweit eine Stornierung nicht mehr möglich ist, weist die Geschäftsführung den Skontroführer an, entsprechende Gegengeschäfte in die Börsen-EDV Präsenzhandel einzugeben. Soweit zur Umsetzung von Geschäftsaufhebungen erforderlich, sind auch andere Makler zu entsprechenden Systemeingaben verpflichtet.

§ 27 Löschung von Orders

Die Geschäftsführung kann von Amts wegen den Skontroführer anweisen, Orders zu löschen, wenn sie Kenntnis von Orders erhält,

1. die im Fall ihrer Ausführung zu Geschäften führen würden, die von der Geschäftsführung von Amts wegen aufgehoben werden könnten, und
2. die zum Börsenhandel zugelassenen Unternehmen, für die die Orders eingestellt wurden, für eine Rücksprache wegen der eingestellten Orders nicht erreichbar sind.

§ 28 Ausschluss zivilrechtlicher Ansprüche

Zivilrechtliche Ansprüche der Geschäftsparteien gemäß § 2 Abs. 1 und 2 auf Aufhebung und Anpassung von Geschäften sowie das Recht zur Anfechtung von Geschäften sind ausgeschlossen. Im Fall der Aufhebung von Geschäften durch die Geschäftsführung sind gegenseitige Ansprüche der Parteien auf Schadensersatz ausgeschlossen.

[...]

§ 30 Aufhebung von Geschäften auf Antrag

Die Geschäftsführung hebt auf Antrag Geschäfte auf, wenn der Antrag gemäß § 31 zulässig ist und die Geschäfte zu einem offensichtlich nicht marktgerechten Preis gemäß §§ 32 bis 34 zustande gekommen sind. Die Aufhebung von Geschäften in Wertpapieren, für die eine Geschäftsabwicklung über die Eurex Clearing AG stattfindet, umfasst sämtliche gemäß § 2 Abs. 2 zustande gekommenen Geschäfte.

§ 31 Antrag auf Aufhebung von Geschäften

(1) Die Aufhebung von Geschäften ist bei der Geschäftsführung zu beantragen (Mistrade-Antrag). Antragsberechtigt sind

1. die Geschäftsparteien gemäß § 2 Abs. 1 und Abs. 2, nicht jedoch das Clearing Mitglied und die Eurex Clearing AG;
2. der jeweilige Spezialist;
3. der jeweilige Quote-Verpflichtete.

(2) Bei Geschäften in Wertpapieren, die in der Fortlaufenden Auktion gehandelt werden, ist der Mistrade-Antrag innerhalb von zwei Handelsstunden nach Zugang der Ausführungsbestätigung gemäß § 2 Abs. 1 Satz 2 zu stellen. Soweit bei Geschäften in anderen Wertpapieren als strukturierten Produkten, die in der Fortlaufenden Auktion gehandelt werden, die Antragsfrist gemäß Satz 1 nach Ende der Handelszeit eines Börsentages endet, ist der Mistrade-Antrag spätestens eine halbe Stunde nach Ende der Handelszeit zu stellen. Die Antragstellung kann schriftlich, per Telefax (+49 (0) 69-211-1 44 19), in elektronischer Form (mistrade@deutsche-boerse.com) oder telefonisch (+49 (0) 69-211-1 38 70) erfolgen. Bei telefonischer Antragstellung sind die gemäß Absatz 4 erforderlichen Angaben innerhalb einer Stunde nach Ende der Antragsfrist gemäß Satz 1 schriftlich, per Telefax oder in elektronischer Form nachzureichen. Anderenfalls gilt der Mistrade-Antrag als zurückgenommen.

(3) Bei Geschäften in Wertpapieren, die im Fortlaufenden Handel mit untertägigen Auktionen, in der Auktion oder Midpoint Order Matching gehandelt werden, ist der Mistrade-Antrag innerhalb von 10 Minuten nach Zugang der Ausführungsbestätigung gemäß § 2 Abs. 1 Satz 2 zu stellen. Die Antragstellung kann schriftlich, per Telefax (+49 (0) 69-211-1 1401), in elektronischer Form (xetrahelpdesk@deutsche-boerse.com) oder telefonisch (+49 (0) 69-211-1 14 00) erfolgen.

(4) Der Mistrade-Antrag muss folgende Angaben enthalten:

1. Firma und Ansprechpartner des Antragstellers;
2. Bezeichnung des Wertpapiers, das Gegenstand des Geschäfts ist, unter Angabe von Name und ISIN;
3. Zeitpunkt sowie Volumen und Preis des Geschäfts;
4. Angaben zum marktgerechten Preis.

Bei Geschäften in strukturierten Produkten müssen die Angaben zum marktgerechten Preis auch die Berechnungsformel und sämtliche dafür relevanten Faktoren umfassen.

(5) Ein Mistrade-Antrag ist außer in den in § 165 BörsO geregelten Fällen unzulässig, wenn auf Nachfrage der Geschäftsführung oder, in der Fortlaufenden Auktion, des Spezialisten die antragstellende Geschäftspartei vor Orderausführung die von ihr eingestellte und mit dem Geschäft ausgeführte Order oder den von ihr eingestellten und mit dem Geschäft auf der Geld- oder Briefseite ausgeführten verbindlichen Quote bestätigt oder geändert hat.

(6) Die Geschäftsführung macht die Stellung des Mistrade-Antrags und dessen Bescheidung oder Rücknahme bekannt. Unabhängig von der Bekanntmachung gemäß Satz 1 unterrichtet sie die Geschäftsparteien sowie den Spezialisten und den Quote-Verpflichteten über den gestellten Mistrade-Antrag.

§ 32 Offensichtliche Preisabweichung bei Geschäften in strukturierten Produkten, die in der Fortlaufenden Auktion gehandelt werden

Bei Geschäften in strukturierten Produkten, die in der Fortlaufenden Auktion gehandelt werden, ermittelt die Geschäftsführung aufgrund von im Einzelfall geeigneten Kriterien, ob das Geschäft zu einem offensichtlich nicht marktgerechten Preis zustande gekommen ist. Die Geschäftsführung kann berücksichtigen, wenn sich beide Geschäftsparteien übereinstimmend zum Vorliegen eines offensichtlich nicht marktgerechten Preises äußern. Sie kann zur Ermittlung einer offensichtlichen Abweichung vom marktgerechten Preis ferner fachkundige Personen aus dem Kreis der an der FWB zugelassenen Börsenhändler befragen. Die befragten Personen dürfen nicht für ein Unternehmen zur Teilnahme am Börsenhandel berechtigt sein, das für das betroffene Geschäft gemäß § 31 Abs. 1 antragsberechtigt ist. Die Geschäftsführung legt die Stellungnahmen von drei befragten fachkundigen Personen zugrunde. Liegen innerhalb eines angemessenen Zeitraums weniger als drei Stellungnahmen vor, kann die Geschäftsführung zwei Stellungnahmen oder eine Stellungnahme berücksichtigen.

§ 33 Offensichtliche Preisabweichung bei Geschäften in Fondsanteilen und ETFs, die in der Fortlaufenden Auktion gehandelt werden

(1) Bei Geschäften in Fondsanteilen und ETFs, die in der Fortlaufenden Auktion gehandelt werden, wählt die Geschäftsführung zur Ermittlung des marktgerechten Preises eine der nachstehend bestimmten Ermittlungsmethoden unter Beachtung der gemäß Nummer 1 bis 5 geregelten Rangfolge aus. Ist eine danach vorrangig anzuwendende Methode im Einzelfall ungeeignet, bleibt diese unberücksichtigt. Die Geschäftsführung legt als marktgerechten Preis zugrunde:

1. Den Durchschnitt aus den letzten drei Preisen, die vor der Preisfeststellung für das Geschäft im elektronischen Handelssystem der FWB festgestellt wurden; wur-

den im elektronischen Handelssystem der FWB weniger als drei Preise festgestellt, den Durchschnitt aus zwei Preisen oder einen Preis;

2. den zeitgewichteten Durchschnitt aus dem Mittel der drei indikativen Quotes des Spezialisten, die dem verbindlichen Quote des Spezialisten vorausgingen, innerhalb dessen die Preisfeststellung für das Geschäft erfolgte, wobei der indikative Quote unberücksichtigt bleibt, auf dessen Grundlage der Spezialist im Aufruf der Fortlaufenden Auktion den der Preisfeststellung für das Geschäft unmittelbar vorausgehenden verbindlichen Quote eingegeben hat;

3. den durch Befragung fachkundiger Personen ermittelten Preis; § 32 S. 3 – 6 gilt entsprechend;

4. den zuletzt verfügbaren Nettoinventarwert;

5. den aufgrund anderer sachgerechter Kriterien, insbesondere unter Heranziehung von Informationsdiensten, ermittelten Preis.

(2) Geschäfte in Fondsanteilen und ETFs, die in der Fortlaufenden Auktion gehandelt werden, sind zu einem offensichtlich nicht marktgerechten Preis zustande gekommen, wenn der Preis des Geschäfts bei

1. Aktienfonds, die ausschließlich oder überwiegend in deutsche oder westeuropäische Aktien investieren, mindestens 3,0 Prozent;

2. Aktienfonds, die überwiegend in außer- oder osteuropäische Aktien oder in bestimmte Branchen investieren, sowie Immobilienfonds, gemischten und sonstigen Fonds mindestens 4,0 Prozent;

3. Rentenfonds mindestens 2,0 Prozent;

4. Geldmarktfonds mindestens 1,0 Prozent;

von dem gemäß Absatz 1 ermittelten marktgerechten Preis abweicht.

§ 33a Offensichtliche Preisabweichung bei Geschäften in Aktien, Aktien vertretenden Zertifikaten und Renten, die in der Fortlaufenden Auktion gehandelt werden

(1) Bei Geschäften in Aktien, Aktien vertretenden Zertifikaten und Renten, die in der Fortlaufenden Auktion gehandelt werden, wählt die Geschäftsführung zur Ermittlung des marktgerechten Preises eine der nachstehend bestimmten Ermittlungsmethoden unter Beachtung der gemäß Nummer 1 bis 4 geregelten Rangfolge aus. Ist eine danach vorrangig anzuwendende Methode im Einzelfall ungeeignet, bleibt diese unberücksichtigt. Die Geschäftsführung legt als marktgerechten Preis zugrunde:

1. Den Durchschnitt aus den letzten drei Preisen, die vor der Preisfeststellung für das Geschäft im elektronischen Handelssystem der FWB festgestellt wurden; wurden im elektronischen Handelssystem der FWB weniger als drei Preise festgestellt, den Durchschnitt aus zwei Preisen oder einen Preis;

2. den zeitgewichteten Durchschnitt aus dem Mittel der drei indikativen Quotes des Spezialisten, die dem verbindlichen Quote des Spezialisten vorausgingen, innerhalb dessen die Preisfeststellung für das Geschäft erfolgte, wobei der indikative

Quote unberücksichtigt bleibt, auf dessen Grundlage der Spezialist im Aufruf der Fortlaufenden Auktion den der Preisfeststellung für das Geschäft unmittelbar vorausgehenden verbindlichen Quote eingegeben hat;

3. die im Präsenzhandel der FWB oder an einer von der Geschäftsführung im Einzelfall zu bestimmenden anderen Börse oder börslichen Handelsplattform im In- oder Ausland festgestellten Preise;

4. den aufgrund anderer sachgerechter Kriterien, insbesondere unter Heranziehung von Informationsdiensten, ermittelten Preis.

(2) Geschäfte in Aktien und Aktien vertretenden Zertifikaten, die in der Fortlaufenden Auktion gehandelt werden, sind zu einem offensichtlich nicht marktgerechten Preis zustande gekommen, wenn der Preis des Geschäfts mindestens um 5% und mindestens um EUR 0,50 von dem gemäß Absatz 1 ermittelten marktgerechten Preis abweicht.

(3) Geschäfte in Renten, die in der Fortlaufenden Auktion gehandelt werden, sind zu einem offensichtlich nicht marktgerechten Preis zustande gekommen, wenn der Preis des Geschäfts

1. um mehr als den Wert aus der Tabelle gemäß Satz 3 von dem gemäß Absatz 1 ermittelten marktgerechten Preis,

2. mindestens jedoch um mehr als das 1,5-fache des zeitgewichteten Durchschnitts der absoluten Differenz zwischen der Geld- und Briefseite (Spread) der letzten fünf taggleichen indikativen Quotes des Spezialisten, die dem verbindlichen Quote des Spezialisten vorausgingen, innerhalb dessen die Preisfeststellung für das Geschäft erfolgte,

abweicht. Bei der Berechnung gemäß Satz 1 Nr. 2 bleibt der indikative Quote unberücksichtigt, auf dessen Grundlage der Spezialist im Aufruf der Fortlaufenden Auktion den der Preisfeststellung für das Geschäft unmittelbar vorausgehenden verbindlichen Quote eingegeben hat. Gemäß Satz 1 Nr. 1 sind folgende Werte zugrunde zu legen:

Restlaufzeit in Jahren	**Bundeswertpapiere**	**andere Renten**
0 <= Restlaufzeit <= 2,5	0,15 Eurocent	0,75 Eurocent
2,5 < Restlaufzeit <= 6,5	0,30 Eurocent	1,00 Eurocent
6,5 < Restlaufzeit <= 10,5	0,50 Eurocent	1,50 Eurocent
10,5 > Restlaufzeit	1,00 Eurocent	2,00 Eurocent

§ 34 Offensichtliche Preisabweichung bei Geschäften im Fortlaufenden Handel mit untertägigen Auktionen, in der Auktion und im Midpoint Order Matching

(1) Bei Geschäften in Wertpapieren, die im Fortlaufenden Handel mit untertägigen Auktionen, in der Auktion oder im Midpoint Order Matching gehandelt werden, wählt die Geschäftsführung zur Ermittlung des marktgerechten Preises eine

der nachstehend bestimmten Ermittlungsmethoden unter Beachtung der gemäß Nummer 1 bis 3 geregelten Rangfolge aus. Ist eine danach vorrangig anzuwendende Methode im Einzelfall ungeeignet, bleibt diese unberücksichtigt. Die Geschäftsführung legt als marktgerechten Preis zugrunde:

1. Den Durchschnitt aus den letzten drei Preisen, die vor der Preisfeststellung für das Geschäft im elektronischen Handelssystem der FWB festgestellt wurden; wurden im elektronischen Handelssystem der FWB weniger als drei Preise festgestellt, den Durchschnitt aus zwei Preisen oder einen Preis;
2. im Präsenzhandel der FWB festgestellte Preise;
3. die an einer von der Geschäftsführung im Einzelfall zu bestimmenden anderen Börse oder börslichen Handelsplattform im In- oder Ausland festgestellten Preise oder den durch Befragung fachkundiger Personen gemäß § 32 Abs. 2 oder aufgrund anderer sachgerechter Kriterien, insbesondere unter Heranziehung von Informationsdiensten, ermittelten Preis.

(2) Geschäfte in Wertpapieren, die im Fortlaufenden Handel mit untertägigen Auktionen, in der Auktion oder im Midpoint Order Matching gehandelt werden, sind zu einem offensichtlich nicht marktgerechten Preis zustande gekommen, wenn

1. bei Renten die Rendite des Geschäfts um mindestens zwanzig Renditepunkte (nach International Securities Market Association – ISMA), bei Zero-Anleihen, Stripped Bonds und Anleihen mit einer Restlaufzeit von unter zwei Jahren um mindestens dreißig Renditepunkte (nach International Securities Market Association – ISMA) von der Rendite des gemäß Absatz 1 ermittelten marktgerechten Preises, jedoch mindestens der Preis des Geschäfts um 0,10 Prozentpunkte vom marktgerechten Preis abweicht;
2. bei sonstigen Wertpapieren der Preis des Geschäfts um mehr als das Zweifache des dynamischen Preiskorridors, jedoch mindestens um 5 Prozent und mindestens um EUR 0,50 (Mindestabweichung) von dem gemäß Absatz 1 ermittelten marktgerechten Preis abweicht. Bei Wertpapieren, die nicht in Euro (Fremdwährung) gehandelt werden, muss die Mindestabweichung dem Gegenwert von EUR 0,50 in der jeweiligen Fremdwährung entsprechen. Zur Berechnung des Gegenwertes wird der am Vortag veröffentlichte Wechselkurs der Europäischen Zentralbank (EZB) in Euro verwendet. Sollte am Vortag kein Wechselkurs von der EZB veröffentlicht worden sein, wird der letzte vor dem Vortag von der EZB veröffentlichte Wechselkurs verwendet.

§ 35 Aufhebung von Geschäften von Amts wegen

(1) Die Geschäftsführung kann Geschäfte von Amts wegen aufheben, wenn diese nicht den Anforderungen eines ordnungsgemäßen Börsenhandels entsprechen, insbesondere die Preisfeststellung fehlerhaft war. Die Aufhebung von Geschäften in Wertpapieren, für die eine Geschäftsabwicklung über die Eurex Clearing AG stattfindet, umfasst sämtliche gemäß § 2 Abs. 2 zustande gekommenen Geschäfte.

(2) Von Amts wegen können insbesondere Geschäfte aufgehoben werden, die

1. bei Fehlen eines gemäß § 31 zulässigen Mistrade-Antrages zu einem gemäß §§ 32 bis 34 offensichtlich nicht marktgerechten Preis zustande gekommen sind;

2. auf einem Fehler im technischen System der Börse beruhen;

3. in Wertpapieren zustande gekommen sind, für die ein Ereignis, das gemäß § 144 Abs. 5 i.V.m. § 92 BörsO zu einer Löschung bestehender Orders führt, nicht oder fehlerhaft durch entsprechende Systemeingaben umgesetzt wurde.

(3) Geschäfte in strukturierten Produkten, die in der Fortlaufenden Auktion gehandelt werden, können über die in Absatz 2 genannten Fälle hinaus von Amts wegen insbesondere aufgehoben werden, wenn die strukturierten Produkte

a) aufgrund des Erreichens eines bestimmten Preises des Basiswertes wertlos geworden sind oder nur noch zu einem festen Rücknahmepreis gehandelt werden und nicht mehr von der weiteren Preisentwicklung des Basiswertes abhängen;

b) zu demselben Produkttyp gehören und denselben Basiswert haben wie ein strukturiertes Produkt, das Gegenstand eines Geschäfts ist, das auf Antrag oder von Amts wegen aufgrund einer offensichtlichen Abweichung vom marktgerechten Preis aufgehoben wurde.

(4) Geschäfte in Fondsanteilen und ETFs, die in der Fortlaufenden Auktion gehandelt werden, können über die in Absatz 2 genannten Fälle hinaus von Amts wegen insbesondere aufgehoben werden, wenn

1. die Fondsgesellschaft die Rücknahme oder Ausgabe der Fondsanteile oder ETFs ausgesetzt hat und

2. die Geschäfte in dem Zeitraum zwischen der letzten der Aussetzung vorausgehenden Rücknahme- oder Ausgabemöglichkeit und

a) dem Handelsende des Börsentages, an dem der Spezialist die Geschäftsführung über die Aussetzung der Rücknahme oder Ausgabe der Fondsanteile oder ETFs durch die Fondsgesellschaft informiert hat, oder

b) einer etwaigen Aussetzung des Handels der Fondsanteile oder ETFs durch die Geschäftsführung

zustande gekommen sind, wobei das zeitlich letzte Ereignis gemäß lit. a) oder b) maßgeblich ist.

(5) Bei ihrer Entscheidung über die Aufhebung von Geschäften berücksichtigt die Geschäftsführung insbesondere

1. den im Fall der Aufhebung oder dem Bestand der Geschäfte etwa entstehenden voraussichtlichen Schaden;

2. eine auf Nachfrage der Geschäftsführung oder, in der Fortlaufenden Auktion, des Spezialisten vor Orderausführung etwa erfolgte Bestätigung oder Änderung einer eingestellten und mit dem Geschäft ausgeführten Order oder eines eingestellten und mit dem Geschäft auf der Geld- oder Briefseite ausgeführten verbindlichen Quotes durch eine Geschäftspartei;

3. ein etwaiges Vertrauen an der FWB zum Börsenhandel zugelassener Unternehmen auf den Bestand der Geschäfte;

4. den seit dem Zustandekommen der Geschäfte vergangenen Zeitraum.

§ 36 Umsetzung von Geschäftsaufhebungen

Hebt die Geschäftsführung Geschäfte auf, werden die Geschäfte im elektronischen Handelssystem gelöscht. Soweit eine Löschung nicht mehr möglich ist, gibt die Geschäftsführung entsprechende Gegengeschäfte in die Börsen-EDV elektronischer Handel ein.

§ 37 Löschung von Orders

Die Geschäftsführung kann von Amts wegen Orders löschen, wenn sie Kenntnis von Orders erhält,

1. die im Fall ihrer Ausführung zu Geschäften führen würden, die von der Geschäftsführung auf Antrag aufgehoben werden müssten oder von Amts wegen aufgehoben werden könnten, und

2. die zum Börsenhandel zugelassenen Unternehmen, für die die Orders eingestellt wurden, für eine Rücksprache wegen der eingestellten Orders nicht erreichbar sind.

§ 38 Anwendbarkeit der Bestimmungen des II. Abschnitts

Die Bestimmungen des II. Abschnitts finden mit Ausnahme der §§ 3 bis 6 und 25 bis 27 auf Wertpapiergeschäfte im elektronischen Handelssystem Anwendung, soweit § 29 a keine davon abweichenden Regelungen trifft. § 21 Abs. 3 gilt nicht für den Handel von strukturierten Produkten in der Fortlaufenden Auktion.

Bedingungen für den Handel an der Eurex Deutschland und der Eurex Zürich (BedEurex)

Abrufbar unter http://www.eurexchange.com, unter „Dokumente" → „Regelwerke" → „Handelsbedingungen" (Stand 2.1.2009).

2.7 Aufhebung und Preiskorrektur von Geschäften

Über die Aufhebung oder die Korrektur des Preises eines Geschäftes („Preiskorrektur") entscheiden die Geschäftsführungen der Eurex-Börsen nach Maßgabe der Regelungen in Ziffer 2.7. Die Geschäftsführungen der Eurex-Börsen können Geschäfte ohne Stellung eines Antrages von Amts wegen gemäß Ziffer 2.7.1 aufheben. Darüber hinaus heben die Geschäftsführungen der Eurex-Börsen Geschäfte auf oder nehmen Preiskorrekturen vor, wenn ein Antrag im Sinne von Ziffer 2.7.2 gestellt wurde und die Voraussetzungen gemäß Ziffer 2.7.3 oder Ziffer 2.7.4 erfüllt sind. Der Umfang der von Geschäftsaufhebungen oder Preiskorrekturen erfassten Geschäfte richtet sich in jedem dieser Fälle nach Ziffer 2.7.8.

2.7.1 Aufhebung von Geschäften durch die Eurex-Börsen von Amts wegen

(1) Die Geschäftsführungen der Eurex-Börsen können von Amts wegen Geschäfte aufheben, wenn die Gewährleistung eines ordnungsgemäßen Börsenhandels dies erfordert. Insbesondere können Geschäfte zur Herstellung von Preiskontinuität aufgehoben werden, wenn zum Zeitpunkt des Zustandekommens des jeweiligen Geschäftes ein geordneter Preisverlauf für dieses Produkt nicht gegeben war und der Preis des jeweiligen Geschäftes erheblich von dem zu diesem Zeitpunkt maßgeblichen Referenzpreis abweicht. Eine erhebliche Abweichung vom Referenzpreis ist gegeben, wenn der Preis des jeweiligen Geschäftes um mehr als die von den Geschäftsführungen der Eurex-Börsen gemäß Ziffer 2.7.5 bestimmte Mistrade-Range von dem zum Zeitpunkt des Zustandekommens dieses Geschäftes maßgeblichen Referenzpreis abweicht. Der Referenzpreis wird gemäß Ziffer 2.7.6 ermittelt.

(2) Von Amts wegen können auch solche Geschäfte durch die Geschäftsführungen der Eurex-Börsen aufgehoben werden, die auf einem Fehler im EDV-System der Eurex-Börsen beruhen.

2.7.2 Antrag auf Aufhebung von Geschäften

(1) Anträge auf Aufhebung eines Geschäftes sind bei den Geschäftsführungen der Eurex-Börsen zu stellen, die je nach Eingangszeitpunkt des Antrags gemäß Ziffer 2.7.3 oder Ziffer 2.7.4 über diesen entscheiden.

(2) Antragsberechtigt ist ausschließlich die Geschäftspartei im Sinne von Ziffer 2.2 Absatz 1 bis Absatz 3, die zum Zeitpunkt des Geschäftsabschlusses durch dieses Geschäft benachteiligt wurde („antragsberechtigter Börsenteilnehmer"). Nicht an-

tragsberechtigt sind Clearing-Mitglieder der Eurex Clearing AG und Clearing-Mitglieder eines Link-Clearinghauses im Sinne von Ziffer 2.2 Abs. 3, wenn diese an dem jeweiligen Geschäft nicht durch Eingabe eines Auftrages oder Quotes in das EDV-System der Eurex-Börsen mitgewirkt haben. Link-Clearinghäuser im Sinne von Ziffer 2.2 Abs. 3 sind ebenfalls nicht antragsberechtigt.

Antragsberechtigte Börsenteilnehmer im Sinne von Satz 1 verwirken ihr Antragsrecht, wenn diese Börsenteilnehmer von einer der Geschäftsführungen der Eurex-Börsen nach Ablauf von 30 Minuten seit dem Zeitpunkt des Geschäftsabschlusses darüber informiert werden, dass sie bezüglich eines von ihnen abgeschlossenen Geschäftes einen Antrag gemäß Ziffer 2.7.2 Abs. 1 stellen könnten und bei den Eurex-Börsen einen solchen Antrag nicht unverzüglich sowie vor Ablauf der in Ziffer 2.7.4 genannten Frist stellen.

(3) Befugt zur Stellung eines Antrages gemäß Absatz 1 für den antragsberechtigten Börsenteilnehmer gemäß Absatz 2 sind ausschließlich die bei den Eurex-Börsen für den antragsberechtigten Börsenteilnehmer registrierten Börsenhändler, Backoffice-Mitarbeiter und User Security Administratoren, denen von den Eurex-Börsen jeweils eine Benutzerkennung zugeteilt und damit Zugang zum Eurex-System eingeräumt wurde, sowie Organmitglieder des Börsenteilnehmers, die gegenüber den Eurex-Börsen als für den Börsenteilnehmer vertretungsberechtigte Personen benannt wurden.

(4) Der Antrag muss telefonisch (Rufnummer: +49 (0)-69-211-11210 oder +49 (0)-69-211-11240), per Telefax (Telefax-Nummer: +49 (0)-69-211-14345) oder in elektronischer Form per E-Mail an mistrade@eurexchange.com gestellt werden. Für einen Börsenteilnehmer, der Teilnehmer beider Eurex-Börsen ist, gilt ein gegenüber einer der Geschäftsführungen der Eurex-Börsen gemäß Satz 1 gestellter Antrag als gegenüber den Geschäftsführungen beider Eurex-Börsen gestellt.

(5) Ein Antrag gemäß Absatz 1 muss folgende Angaben enthalten:

- Firma des Antragsstellers und den Namen des Börsenhändlers, Backoffice-Mitarbeiters, User Security Administrators (einschließlich deren jeweiliger Eurex-Benutzerkennung) oder der vertretungsberechtigten Person im Sinne von Absatz 3, die den Antrag gestellt hat,
- Zeitpunkt der Ausführung (Matching) des Auftrages oder Quotes,
- Preis des ausgeführten Geschäfts beziehungsweise bei Futures-Spread-Kombinationen der Futures-Spread-Kombinations-Preis und bei Options-Strategien der Strategie-Preis,
- Kontraktbezeichnung und
- Eurex-Transaktionsnummer, des aufgrund des Auftrages oder Quotes ausgeführten Geschäftes.

(6) Auf einen Antrag gemäß Abs. 1 erhält der Antragsteller und im Falle einer Aufhebung von Geschäften oder Vornahme einer Preiskorrektur erhalten zudem

die Börsenteilnehmer, deren Aufträge oder Quotes zusammengeführt wurden, einen entsprechenden Bescheid der Eurex-Börsen.

2.7.3 Aufhebung von Geschäften bei Antragstellung innerhalb von 30 Minuten seit Geschäftsabschluss

Die Geschäftsführungen der Eurex-Börsen heben ein Geschäft auf, wenn bei den Geschäftsführungen der Eurex-Börsen für einen antragsberechtigten Börsenteilnehmer, unter Einhaltung der Formerfordernisse gemäß Ziffer 2.7.2, die Aufhebung eines Geschäftes innerhalb von 30 Minuten nach dessen Abschluss und vor Ablauf von 30 Minuten nach Beendigung der Trading-Periode des jeweiligen Produktes an dem Handelstag, an dem das Geschäft zustande kam, beantragt wurde und die Voraussetzungen einer der nachfolgend in lit. a) bis lit. d) dargelegten Sachverhaltskonstellationen erfüllt sind:

a) Einzelgeschäfte („Outright Transaktionen“)
Soweit sich der Antrag auf ein Einzelgeschäft („Outright Transaktion“) bezieht, muss der Preis einer solchen Outright Transaktion um mehr als die Mistrade-Range gemäß Ziffer 2.7.5 von dem zum Zeitpunkt des Zustandekommens dieser Outright Transaktion maßgeblichen Referenzpreis gemäß Ziffer 2.7.6 abweichen. Zu den Outright Transaktionen zählen auch solche Geschäfte, die entweder durch das Zusammenführen von kombinierten Aufträgen oder kombinierten Quotes über Futures-Kontrakte im Sinne von Ziffer 3.4 mit einzelnen Aufträgen oder Quotes oder ebenfalls mit kombinierten Aufträgen oder kombinierten Quotes in nichtidentischen Verfallmonaten zustande gekommen sind („spezielle Outright Transaktionen“).

b) Futures-Stop-Aufträge
Soweit eine Outright Transaktion aufgrund eines ausgelösten Stop-Auftrages über Futures-Kontrakte im Sinne von Ziffer 3.5 abgeschlossen wurde, muss der Preis einer solchen Outright Transaktion um mehr als die Mistrade-Range gemäß Ziffer 2.7.5 von dem zum Zeitpunkt des Zustandekommens dieser Outright Transaktion maßgeblichen Referenzpreis gemäß Ziffer 2.7.6 abweichen.

c) Futures-Spread-Kombinationen
Soweit sich der Antrag auf ein Geschäft bezieht, das im Zusammenhang mit einer Futures-Spread-Kombination im Sinne von Satz 2 abgeschlossen wurde, muss der Futures-Spread-Kombinations-Preis, der zwecks Abschlusses des jeweiligen Futures Spreads in das Handelssystem der Eurex-Börsen eingegeben wurde, um mehr als die Mistrade-Range gemäß Ziffer 2.7.5 von dem zum Zeitpunkt des Zustandekommens dieser Geschäfte maßgeblichen Referenzpreis gemäß Ziffer 2.7.6 abweichen. Futures-Spread-Kombinationen bestehen aus Geschäften, die durch das Zusammenführen (Matching) zwei entgegen gerichteter kombinierter Aufträge oder kombinierter Quotes, die sich auf Futures in denselben Verfallmonaten beziehen, zustande gekommen sind.

d) Options-Strategie
Soweit sich der Antrag auf ein Geschäft bezieht, das im Options-Strategie-Orderbuch gemäß Ziffer 3.9 abgeschlossen wurde, muss der Strategie-Preis, der zwecks Abschlusses der jeweiligen Options-Strategie in das Handelssystem der Eurex-Börsen eingegeben wurde, um mehr als die Mistrade-Range gemäß Ziffer 2.7.5 von dem zum Zeitpunkt des Zustandekommens dieses Geschäftes maßgeblichen Referenzpreis gemäß Ziffer 2.7.6 abweichen.

2.7.4 Aufhebung von Geschäften bei Antragstellung nach Ablauf von 30 Minuten seit Geschäftsabschluss

(1) Die Geschäftsführungen der Eurex-Börsen heben ein Geschäft auf oder nehmen infolge entsprechender Ausübung des Wahlrechts des begünstigten Börsenteilnehmers nach Ziffer 2.7.4 Absatz 3 eine Preiskorrektur vor, wenn bei den Geschäftsführungen der Eurex-Börsen für einen antragsberechtigten Börsenteilnehmer, unter Einhaltung der Formerfordernisse gemäß Ziffer 2.7.2, nach Ablauf von 30 Minuten, jedoch nicht später als 3 Stunden seit dem Geschäftsabschluss und vor Ablauf von 30 Minuten nach Beendigung der Trading-Periode des jeweiligen Produktes an dem Handelstag, an dem das Geschäft zustande kam, die Aufhebung dieses Geschäftes beantragt wurde, die Voraussetzungen einer der nachfolgend in lit. a) bis lit. d) dargelegten Sachverhaltskonstellationen erfüllt sind und dem antragsberechtigten Börsenteilnehmer ein Mindestschaden im Sinne des Absatzes 2 entstanden ist:

a) Einzelgeschäfte – („Outright Transaktionen")
Soweit sich der Antrag auf ein Einzelgeschäft („Outright Transaktion") bezieht, muss der Preis einer solchen Outright Transaktion um mehr als die Mistrade-Range gemäß Ziffer 2.7.5 von dem zum Zeitpunkt des Zustandekommens dieser Outright Transaktion maßgeblichen Referenzpreis gemäß Ziffer 2.7.6 abweichen. Zu den Outright Transaktionen zählen auch solche Geschäfte, die entweder durch das Zusammenführen von kombinierten Aufträgen oder kombinierten Quotes über Futures-Kontrakte im Sinne von Ziffer 3.4 mit einzelnen Aufträgen oder Quotes oder ebenfalls mit kombinierten Aufträgen oder kombinierten Quotes in nichtidentischen Verfallmonaten zustande gekommen sind („spezielle Outright Transaktionen").

b) Futures-Stop-Aufträge
Soweit eine Outright Transaktion aufgrund eines ausgelösten Stop-Auftrages abgeschlossen wurde, muss der Preis einer solchen Outright Transaktion um mehr als die Mistrade-Range gemäß Ziffer 2.7.5 von dem zum Zeitpunkt des Zustandekommens dieser Outright Transaktion maßgeblichen Referenzpreis gemäß Ziffer 2.7.6 abweichen.

c) Futures-Spread-Kombinationen
Soweit sich der Antrag auf ein Geschäft bezieht, das im Zusammenhang mit einer Futures-Spread-Kombination im Sinne von Satz 2 abgeschlossen wurde, muss der

Futures-Spread-Kombinations-Preis, der zwecks Abschlusses des jeweiligen Futures Spreads in das Handelssystem der Eurex-Börsen eingegeben wurde, um mehr als die Mistrade-Range gemäß Ziffer 2.7.5 von dem zum Zeitpunkt des Zustandekommens dieser Geschäfte maßgeblichen Referenzpreis gemäß Ziffer 2.7.6 abweichen. Futures-Spread-Kombinationen bestehen aus Geschäften, die durch das Zusammenführen (Matching) zwei entgegen gerichteter kombinierter Aufträge oder kombinierter Quotes, die sich auf Futures in denselben Verfallmonaten beziehen, zustande gekommen sind.

d) Options-Strategie
Soweit sich der Antrag auf ein Geschäft bezieht, das im Options-Strategie-Orderbuch gemäß Ziffer 3.9 abgeschlossen wurde, muss der Strategie-Preis, der zwecks Abschlusses der jeweiligen Options-Strategie in das Handelssystem der Eurex-Börsen eingegeben wurde, um mehr als die Mistrade-Range gemäß Ziffer 2.7.5 von dem zum Zeitpunkt des Zustandekommens dieses Geschäftes maßgeblichen Referenzpreis gemäß Ziffer 2.7.6 abweichen.

(2) Der für den Antragsteller resultierende Gesamtverlust aus den jeweiligen Geschäften, auf die sich der Antrag gemäß Ziffer 2.7.2 bezieht und die aufgrund der Ausführung (Matching) eines einzelnen Auftrages oder Quotes abgeschlossen wurden, muss einen Betrag in Höhe von EUR 25.000 („Mindestschaden“) überschreiten. Die Höhe des aus einem Geschäft resultierenden Verlustes errechnet sich aus dem jeweiligen Kontraktgegenwert, der auf dem Preis des Geschäftes basiert, abzüglich des jeweiligen Kontraktgegenwertes, der sich auf den gemäß Ziffer 2.7.6 zu ermittelnden Referenzpreis bezieht. Der Kontraktgegenwert wird ermittelt, indem der Kontraktwert oder die Kontraktgröße des jeweiligen Produktes mit der Anzahl der gehandelten Kontrakte und mit dem Preis des jeweiligen Geschäftes oder dessen Referenzpreis multipliziert wird.

(3) Der Geschäftspartei im Sinne von Ziffer 2.2 Absatz 1 bis Absatz 3, die an dem Abschluss des Geschäfts, für das eine Aufhebung beantragt wurde, durch Eingabe eines Auftrages oder Quotes in das EDV-System der Eurex-Börsen mitgewirkt hat und die durch dieses Geschäft begünstigt wird („begünstigter Börsenteilnehmer“), steht ein Wahlrecht dahingehend zu, statt der Aufhebung des jeweiligen Geschäftes eine Korrektur des Preises dieses Geschäftes („Preiskorrektur“) zu verlangen. Das Wahlrecht ist von dem begünstigten Börsenteilnehmer unverzüglich, nachdem dieser von den Eurex-Börsen über sein Wahlrecht informiert wurde, gegenüber den Eurex-Börsen telefonisch, per Telefax oder in elektronischer Form im Sinne von Ziffer 2.7.2 Abs. 4 auszuüben. Befugt zur Ausübung eines solchen Wahlrechts für den begünstigten Börsenteilnehmer sind ausschließlich die bei den Eurex-Börsen für den begünstigten Börsenteilnehmer registrierten Börsenhändler, Backoffice-Mitarbeiter und User Security Admistratoren, denen von den Eurex-Börsen jeweils eine Benutzerkennung zugeteilt und damit Zugang zum Eurex-System eingeräumt wurde, sowie die Organmitglieder des begünstigten Börsenteilnehmers, die

gegenüber den Eurex-Börsen als für den begünstigten Börsenteilnehmer vertretungsberechtigte Personen benannt wurden.

Soweit eine Preiskorrektur des Geschäftes gewählt wird, erfolgt die Ermittlung des Umfangs der Preiskorrektur des jeweiligen Geschäftes gemäß Ziffer 2.7.7. Übt der durch das jeweilige Geschäft begünstigte Börsenteilnehmer sein Wahlrecht nicht unverzüglich aus, verwirkt er sein Wahrecht. In diesem Fall heben die Geschäftsführungen der Eurex-Börsen das jeweilige Geschäft auf.

2.7.5 Ermittlung von Mistrade-Ranges

(1) Die Geschäftsführungen der Eurex-Börsen bestimmen die für Futures-Kontrakte, Optionskontrakte, Futures-Spread-Kombinationen, Options-Strategien und Options-Volatilitätsstrategien jeweils geltenden Intervalle für Abweichungen von dem gemäß Ziffer 2.7.6 zu ermittelnden Referenzpreis, außerhalb derer ein Geschäft gemäß den Regelungen in Ziffer 2.7 aufgehoben werden oder dessen Preis korrigiert werden kann („Mistrade-Ranges") und machen diese bekannt.

(2) Im Falle, dass eine erhöhte Marktvolatilität festgestellt wurde oder erwartet wird, legen die Geschäftsführungen der Eurex-Börsen nach pflichtgemäßem Ermessen den Beginn und das Ende einer „Fast-Market-Periode" fest. Für die während einer Fast-Market-Periode zustande gekommenen Geschäfte in Optionskontrakten verdoppeln sich die gemäß Absatz 1 geltenden Mistrade-Ranges. Die Börsenteilnehmer werden von den Geschäftsführungen der Eurex-Börsen über die Festlegung sowie den Beginn und das Ende einer Fast-Market-Periode informiert.

(3) Für Geschäfte, die im Zusammenhang mit Options-Strategien oder mit Options-Volatilitätsstrategien im Sinne von Ziffer 3.9 abgeschlossen wurden, bestimmt sich die für die jeweiligen Geschäfte einer solchen Strategie maßgebliche Mistrade-Range wie folgt:

Für Options-Strategien gilt:	
Anzahl Kontrakte:	**Mistrade-Range:**
– zwei Kontrakte	– 100 Prozent der Mistrade-Range gemäß Absatz 1 bzw. Absatz 2
– drei Kontrakte	– 125 Prozent der Mistrade-Range gemäß Absatz 1 bzw. Absatz 2
– vier Kontrakte	– 150 Prozent der Mistrade-Range gemäß Absatz 1 bzw. Absatz 2
Für Options-Volatilitätsstrategien gilt:	
– unabhängig von der Anzahl der Kontrakte der jeweiligen Strategie, beträgt die für Options-Volatilitätsstrategien geltende Mistrade-Range 150 Prozent der gemäß Absatz 1 bzw. Absatz 2 festgelegten Mistrade-Range.	

2.7.6 Ermittlung von Referenzpreisen

(1) Der Referenzpreis entspricht grundsätzlich dem Preis des Geschäftes, das unmittelbar vor dem jeweiligen Geschäft zustande gekommenen ist, dessen Aufhe-

bung beantragt wurde oder das von Amts wegen aufgehoben werden soll. Soweit die Aufhebung eines Geschäftes beabsichtigt ist, das im Zusammenhang mit einer Options-Strategie, einer Options-Volatilitätsstrategie gemäß Ziffer 3.9 oder einer Futures-Spread-Kombination ausgeführt wurde, entspricht der Referenzpreis für dieses Geschäft in Abweichung von Satz 1 dem Strategie-Preis der Options-Strategie beziehungsweise der Options-Volatilitätsstrategie oder dem Futures-Spread-Kombinations-Preis der Futures-Spread-Kombination, die unmittelbar vor dem jeweiligen Geschäft, dessen Aufhebung beabsichtigt ist, abgeschlossen wurde. Soweit Geschäfte Teil einer Options-Volatilitätsstrategie sind, erfolgt die Ermittlung des Referenzpreises der jeweiligen Optionskontrakte zudem unter Berücksichtigung des Wertes der der Options-Volatilitätsstrategie zugrunde liegenden Options- und Futureskontrakte zum Zeitpunkt des Abschlusses des Geschäftes.

(2) Kann ein Referenzpreis für einen Optionskontrakt, eine Options-Strategie, eine Options-Volatilitätsstrategie, einen Futures-Kontrakt oder eine Futures-Spread-Kombination gemäß Absatz 1 nicht festgestellt werden oder bestehen begründete Zweifel, dass der festgestellte Referenzpreis dem fairen Wert entspricht, legen die Geschäftsführungen der Eurex-Börsen nach pflichtgemäßem Ermessen einen Referenzpreis fest. Hierzu können sie insbesondere ein theoretisches Preismodell heranziehen oder aus dem Kreis der zum Handel an den Eurex-Börsen zugelassenen Börsenteilnehmer, die nicht an dem Geschäft beteiligt sind, kompetente Börsenhändler befragen, welche jeweils einen Marktpreis für den betroffenen Kontrakt, die betroffene Strategie oder die betroffene Futures-Spread-Kombination zu benennen haben. Konnte auf diese Weise ein Referenzpreis nicht ermittelt werden, sind die Geschäftsführungen der Eurex-Börsen berechtigt, insbesondere den bis zum Abschluss des jeweiligen Geschäftes für das Produkt, dessen Aufhebung beantragt wurde, im System der Eurex-Börsen gehandelten Preis eines preiskorrelierten Produktes oder den Preis für ein an einem anderen Geregelten Markt oder einem Multilateralen Handelssystem gehandelten Produkt auf denselben Basiswert zu berücksichtigen.

2.7.7 Ermittlung von Preiskorrekturen

(1) Übt der begünstigte Börsenteilnehmer sein Wahlrecht gemäß Ziffer 2.7.4 Absatz 3 dahingehend aus, dass eine Preiskorrektur vorgenommen werden soll und handelt es sich aus Sicht dieses Börsenteilnehmers bezüglich des jeweiligen Geschäftes um eine Kauftransaktion, entspricht die vorzunehmende Preiskorrektur dem gemäß Ziffer 2.7.6 ermittelten Referenzpreis abzüglich der jeweils geltenden Mistrade-Range gemäß Ziffer 2.7.5.

(2) Übt der begünstigte Börsenteilnehmer sein Wahlrecht gemäß Ziffer 2.7.4 Absatz 3 dahingehend aus, dass eine Preiskorrektur vorgenommen wird und handelt es sich aus Sicht dieses Börsenteilnehmers bezüglich des jeweiligen Geschäftes um eine Verkauftransaktion, entspricht die vorzunehmende Preiskorrektur dem

gemäß Ziffer 2.7.6 ermittelten Referenzpreis zuzüglich der jeweils geltenden Mistrade-Range gemäß Ziffer 2.7.5.

(3) Die Regelungen der Absätze 1 und 2 finden bei Futures-Spread-Kombinationen, Options-Strategien oder Options-Volatilitätsstrategien gleichfalls Anwendung, wobei für die Einordnung solcher Kombinationen oder Strategien als Kauf- oder Verkaufstransaktion die jeweiligen Futures-Spread-Kombinationen, Options-Strategien oder Options-Volatilitätsstrategien als Gesamtheit behandelt werden.

2.7.8 Umfang der von Geschäftsaufhebungen oder Preiskorrekturen erfassten Geschäfte

Aufhebungen oder Preiskorrekturen von Geschäften gemäß Ziffer 2.7.1, Ziffer 2.7.3 oder Ziffer 2.7.4 umfassen sämtliche gemäß Ziffer 2.2 Absatz 1 bis Absatz 3 zustande gekommenen Geschäfte. Darüber hinaus werden alle entsprechenden Geschäfte, die von der Eurex Clearing AG anlässlich des von einer Aufhebung oder einer Preiskorrektur betroffenen Geschäftes mit ihren Clearing-Mitgliedern und von diesen Clearing-Mitgliedern gegebenenfalls mit ihren Nicht-Clearing-Mitgliedern abgeschlossen wurden, ebenfalls aufgehoben oder deren Preise korrigiert.

2.7.9 Umsetzung von Geschäftsaufhebungen oder Preiskorrekturen

(1) Die Aufhebung, Preiskorrektur oder Vertragsübernahme von Geschäften gemäß Ziffer 2.7.1, Ziffer 2.7.3, Ziffer 2.7.4 oder Ziffer 2.7.10 und deren Umsetzung bedarf keiner ausdrücklichen Zustimmung oder Erklärung der jeweiligen Geschäftsparteien, insbesondere nicht der Eurex Clearing AG oder deren Clearing-Mitglieder.

(2) Wurden von den Eurex-Börsen Geschäfte gemäß Ziffer 2.7.1, Ziffer 2.7.3, Ziffer 2.7.4 oder Ziffer 2.7.10 aufgehoben und/oder Preiskorrekturen oder Vertragsübernahmen vorgenommen, geben die Geschäftsführungen der Eurex-Börsen entsprechende Gegengeschäfte und im Falle einer Preiskorrektur oder einer Vertragsübernahme zusätzlich ein neues, um den Preis beziehungsweise die Geschäftspartei korrigiertes Geschäft in das EDV-System der Eurex-Börsen ein.

(3) Bezüglich der an den Eurex-Börsen abgeschlossenen Geschäfte sind zivilrechtliche Ansprüche der Geschäftsparteien im Sinne von Ziffer 2.2 Absatz 1 bis Absatz 3, die auf die Aufhebung solcher Geschäfte gerichtet sind, insbesondere eine Anfechtung wegen Irrtums, sonstige Anfechtungsrechte und zivilrechtliche Ansprüche, die eine Anpassung des Inhaltes solcher Geschäfte zum Ziel haben, ausgeschlossen. Im Fall der Aufhebung oder Preiskorrektur oder Vertragsübernahme von Geschäften gemäß diesen Bedingungen für den Handel an der Eurex Deutschland und der Eurex Zürich sind gegenseitige Ansprüche der Parteien auf Schadensersatz ausgeschlossen.

(4) Die Eurex Deutschland stellt jeder Geschäftspartei, die einen Antrag gemäß Ziffer 2.7.2 stellt, eine Bearbeitungsgebühr gemäß der Gebührenordnung der Eurex Deutschland in Rechnung.

(5) Soweit in diesen Bedingungen für den Handel an der Eurex Deutschland und der Eurex Zürich nichts anderes bestimmt ist, erfolgen Bekanntmachungen der Eurex-Börsen an Börsenteilnehmer im Zusammenhang mit den Regelungen gemäß Ziffer 2.7 „Aufhebung und Preiskorrektur von Geschäften" grundsätzlich mittels des EDV-Systems der Eurex-Börsen oder durch sonstige Benachrichtigung der Börsenteilnehmer.

Ungeachtet von Satz 1 veröffentlichen die Eurex-Börsen die von ihr gemäß Ziffer 2.7.4 Abs. 3 i.V.m. Ziffer 2.7.7 vorgenommenen Preiskorrekturen einzelner Geschäfte ausschließlich auf den Internetseiten der Eurex-Börsen (http://www.eurexchange.com). Dies gilt, soweit die Eurex-Börsen solche Veröffentlichungen nicht auf andere geeignete Weise vornehmen, was den Börsenteilnehmern entsprechend bekannt gemacht wird.

2.7.10 Folgen von Geschäftsaufhebungen und Preiskorrekturen bei speziellen Outright Transaktionen

Sind Geschäfte durch die Zusammenführung (Matching) eines kombinierten Auftrages oder eines kombinierten Quotes über Futures-Kontrakte im Sinne von Ziffer 3.4 entweder mit zwei einzelnen Aufträgen oder Quotes oder ebenfalls mit einem kombinierten Auftrag oder einem kombinierten Quote in nicht-identischen Verfallmonaten abgeschlossen worden („spezielle Outright Transaktionen"), erstreckt sich die Aufhebung oder die Preiskorrektur nur auf das Einzelgeschäft, bezüglich dessen die nach Ziffer 2.7.1, Ziffer 2.7.3 lit. a) oder 2.7.4 lit. a) für eine Aufhebung oder Preisanpassung festgelegten Voraussetzungen gegeben sind. Im Falle der Geschäftsaufhebung können die Geschäftsführungen der Eurex-Börsen die benachteiligte Geschäftspartei im Sinne von Ziffer 2.2 Abs. 1 bis Abs. 3 als Partei des Geschäfts, das aus der Ausführung des kombinierten Auftrages oder kombinierten Quotes resultiert und das nicht gemäß Ziffer 2.7.1, Ziffer 2.7.3 lit. a) oder 2.7.4 lit. a) aufgehoben wird, in das Eurex-System eingeben. Die begünstigte Geschäftspartei hat insoweit ein gegenüber den Geschäftsführungen der Eurex-Börsen unverzüglich auszuübendes Wahlrecht, ob die benachteiligte Geschäftspartei dieses Geschäft übernehmen und als Geschäftspartei in das Eurex-System eingegeben werden soll. Soweit bezüglich eines solchen Geschäfts das Wahlrecht dahingehend ausgeübt wird, dass die benachteiligte Geschäftspartei das entsprechende Geschäft übernehmen soll, erfolgt zwischen den ursprünglichen Geschäftsparteien dieses Geschäfts, gegebenenfalls mit deren Clearing-Mitgliedern, der Eurex Clearing AG (Clearinghaus) sowie der antragstellenden Geschäftspartei und deren Clearing-Mitglied jeweils eine Übernahme des nicht aufzuhebenden Geschäfts (Vertragsübernahme).

Literaturverzeichnis

Adams, Michael, Irrtümer und Offenbarungspflichten im Vertragsrecht, in: AcP 186 (1986), S. 453 – 489.

Alfes, André, Central Counterparty – Zentraler Kontrahent – Zentrale Gegenpartei – Über den Vertragsschluss an der Frankfurter Wertpapierbörse mittels des elektronischen Handelssystems Xetra unter Einbeziehung einer Central Counterparty, Berlin 2005.

Assmann, Heinz-Dieter / Schneider, Uwe. H. (Hrsg.), Wertpapierhandelsgesetz Kommentar, Köln, 5. Aufl. 2009.

Assmann, Heinz-Dieter / Schütze, Rolf A. (Hrsg.), Handbuch des Kapitalanlagerechts, München, 3. Aufl. 2007.

Balzer, Peter, Rechtsfragen des Effektengeschäfts der Direktbanken, in: WM 2001, S. 1533 – 1542.

ders., Bankpflichten bei der Durchführung von Wertpapieraufträgen – systematischer Überblick, in: Horn, Norbert / Krämer, Achim (Hrsg.), RWS-Forum 22, Bankrecht 2002, Köln 2003, S. 365 – 417.

ders., Der Vorschlag der EG-Kommission für eine neue Wertpapierdienstleistungsrichtlinie, in: ZBB 2003, S. 177 – 192.

Bamberger, Heinz Georg / Roth, Herbert (Hrsg.), Kommentar zum Bürgerlichen Gesetzbuch, Band 1: §§ 1 – 610, CISG, München, 2. Aufl. 2007.

Bank for International Settlements (BIS), Triennial Central Bank Survey – Foreign exchange and derivatives market activity in 2007, December 2007, abrufbar unter http://www.bis.org, unter „Statistics“ → „Derivatives“ → „Triennial Survey“.

Basedow, Jürgen / Hopt, Klaus J. / Zimmermann, Reinhard (Hrsg.), Handwörterbuch des Europäischen Privatrechts, Band I, Tübingen 2009.

Baum, Harald / Hopt, Klaus J., Zum Stand der Börsenreform – Umgesetzte Reformziele und offene Fragen, in: Schäfer, Klaus / Burghof, Hans-Peter / Johanning, Lutz / Wagner, Hannes F. / Rodt, Sabine (Hrsg.), Risikomanagement und kapitalmarktorientierte Finanzierung, Festschrift zum 65. Geburtstag von Bernd Rudolph, Frankfurt am Main 2009, S. 537 – 556.

Baumbach, Adolf / Hopt, Klaus J., Handelsgesetzbuch mit GmbH & Co. KG, Handelsklauseln, Bank- und Börsenrecht, Transportrecht, München, 34. Aufl. 2010.

Baums, Theodor / Segna, Ulrich, Börsenreform, Arbeitspapier Nr. 65, abrufbar unter http://publikationen.ub.uni-frankfurt.de/volltexte/2005/794/.

Beck, Heiko, Das neue elektronische Handelssystem Xetra der Frankfurter Wertpapierbörse, in: WM 1998, S. 417 – 430.

Berg, Hans, Drittschadensliquidation und Vertrag mit Schutzwirkung für Dritte, in: MDR 1969, S. 613 – 617.

Berger, Christian, Anmerkung zu BGH, Urt. v. 7.7.1998 – X ZR 17/97, in: LM Nr. 36 zu § 119 BGB.

Beuthien, Volker, Zur Wissenszurechnung nach § 166 BGB – § 166 II BGB ausweiten – § 166 I klarer ordnen, in: NJW 1999, S. 3583 – 3587.

Black, Fischer / Scholes, Myron, The Pricing of Options and Corporate Liabilities, in: Journal of Political Economy, Vol. 81, No. 3, 1973, S. 637 – 654.

Böckenförde, Christoph, Die sogenannte Nichtigkeit verfassungswidriger Gesetze – Eine Untersuchung über Inhalt und Folgen der Rechtssatzkontrollentscheidungen des Bundesverfassungsgerichts, Berlin 1966.

Bork, Reinhard, Allgemeiner Teil des Bürgerlichen Gesetzbuchs, Tübingen, 3. Aufl. 2011.

Bötticher, Eduard, Besinnung auf das Gestaltungsrecht und das Gestaltungsklagerecht, in: Caemmerer, Ernst von / Nikisch, Arthur / Zweigert, Konrad (Hrsg.), Vom deutschen zum europäischen Recht, Festschrift für Hans Dölle, Band I, Tübingen 1963, S. 41 – 77.

Brass, Stefan / Tiedemann, Thomas, Die zentrale Gegenpartei beim unzulässigen Erwerb eigener Aktien, in: ZBB 2007, S. 257 – 262.

Brealey, Richard A. / Myers, Stewart C. / Allen, Franklin, Principles of Corporate Finance, Burr Ridge, 10th edition 2010.

Brehm, Wolfgang, Zur automatisierten Willenserklärung, in: Jayme, Erik / Laufs, Adolf / Misera, Karlheinz / Reinhart, Gert / Serick, Rolf (Hrsg.), Festschrift für Hubert Niederländer zum siebzigsten Geburtstag, Heidelberg 1991, S. 233 – 242.

Breitkreuz, Tilman, Die Ordnung der Börse – Verwaltungsrechtliche Zentralfragen des Wertpapierbörsenwesens, Berlin 2000.

Bremer, Heinz, Grundzüge des deutschen und ausländischen Börsenrechts, Berlin / Heidelberg / New York 1969.

Breuer, Marten, Nichtiges Gesetz und vernichtbarer Verwaltungsakt, in: DVBl. 2008, S. 555 – 565.

Brox, Hans, Die Einschränkung der Irrtumsanfechtung, Karlsruhe 1960.

Brox, Hans / Walker, Wolf-Dietrich, Allgemeiner Teil des BGB, München, 34. Aufl. 2010.

Brüning, Christoph, Widerspruchsfreiheit der Rechtsordnung – Ein Topos mit verfassungsrechtlichen Konsequenzen?, in: NVwZ 2002, S. 33 – 37.

Bunte, Hermann-Josef, AGB-Banken und Sonderbedingungen mit AGB-Sparkassen und AGB-Postbank, München, 2. Aufl. 2009.

Burgard, Ulrich, Online-Marktordnung und Inhaltskontrolle, in: WM 2001, S. 2102–2113.

Bydlinski, Peter, Die Übertragung von Gestaltungsrechten, Wien 1986.

Bydlinski, Franz, Juristische Methodenlehre und Rechtsbegriff, Wien / New York, 2. Aufl. 1991.

Canaris, Claus-Wilhelm, Die Vertrauenshaftung im deutschen Privatrecht, München 1971.

ders., Die Verdinglichung obligatorischer Rechte, in: Jakobs, Horst Heinrich / Knobbe-Keuk, Brigitte / Picker, Eduard / Wilhelm, Jan (Hrsg.): Festschrift für Werner Flume zum 70. Geburtstag, Köln 1978, S. 371 – 427.

ders., Großkommentar Handelsrecht, Dritter Band, 3. Teil: Bankvertragsrecht, Berlin / New York, 2. Bearb. 1981.

ders., Leistungsstörungen beim Unternehmenskauf, in: ZGR 1982, S. 395 – 434.

ders., Die Feststellung von Lücken im Gesetz – Eine methodologische Studie über Voraussetzungen und Grenzen der richterlichen Rechtsfortbildung praeter legem, Berlin, 2. Aufl. 1983.

ders., Handelsrecht, München, 24. Aufl. 2006.

Capelle, Karl-Hermann, Das Aussenverhältnis bei der Vertretung fremder Interessen nach skandinavischem Recht, in: Ipsen, Hans Peter (Hrsg.), Festschrift für Leo Raape zu seinem siebzigsten Geburtstag, Hamburg 1948, S. 325 – 339.

Casper, Matthias, Der Optionsvertrag, Tübingen 2005.

Claussen, Carsten Peter, Bank- und Börsenrecht für Studium und Praxis, München, 4. Aufl. 2008.

Dalwigk zu Lichtenfels, Reinhard Freiherr von, Das Effektenkommissionsgeschäft, Köln / Berlin / Bonn / München 1975.

Deutsch, Hans-Peter, Derivate und Interne Modelle – Modernes Risikomanagement, Stuttgart, 4. Aufl. 2008.

Deutsche Bundesbank, Pressenotiz vom 25.9.2007 – Devisenhandels- und Derivateumsätze von Banken in Deutschland, abrufbar unter http://www.bundesbank.de, unter „Pressezentrum" → „Pressenotizen" → „2007".

Deutscher Derivate Verband – DDV (Hrsg.), DDV Marktübersicht – Börsenumsätze in derivativen Wertpapieren, Jahresstatistik 2007, abrufbar unter http://www.deutscher-derivate-verband.de, unter „Statistiken" → „Börsenumsätze" → „Jahresstatistiken" → „Jahresstatistik 2007".

Dieckmann, Raimar, Retail-Zertifikate: Eine deutsche Erfolgsgeschichte – Markttrends, regulatorischer Rahmen und Perspektiven, Deutsche Bank Research vom 15.2.2007, abrufbar unter http://www.dbresearch.de, unter „Publikationen" → „EU-Monitor".

Dreier, Horst (Hrsg.), Grundgesetz Kommentar, Band III, Art. 83 – 146, Tübingen, 2. Aufl. 2008.

Düringer, Adalbert / Hachenburg, Max (Hrsg.), Das Handelsgesetzbuch vom 10. Mai 1897 (unter Ausschluß des Seerechts) auf der Grundlage des Bürgerlichen Gesetzbuchs, V. Band, 2. Hälfte: §§ 383 – 473, Mannheim / Berlin / Leipzig, 3. Aufl. 1932.

Ebenroth, Carsten Thomas / Boujong, Karlheinz (Begr.) / Joost, Detlev / Strohn, Lutz (Hrsg.), Handelsgesetzbuch, Band 2: §§ 343 – 475h, Transportrecht, Bank- und Börsenrecht, München 2. Aufl. 2009.

Ehrenberg, Victor (Hrsg.), Handbuch des gesamten Handelsrechts mit Einschluß des Wechsel-, Scheck-, See- und Binnenschiffahrtsrechts, des Versicherungsrechts sowie des Post- und Telegraphenrechts, Fünfter Band, I. Abteilung, 1. Hälfte, Leipzig 1928.

Einsele, Dorothee, Inhalt, Schranken und Bedeutung des Offenkundigkeitsprinzips – unter besonderer Berücksichtigung des Geschäfts für den, den es angeht, der fiduziarischen Treuhand sowie der dinglichen Surrogation, in: JZ 1990, S. 1005 – 1014.

dies., Wertpapierrecht als Schuldrecht – Funktionsverlust von Effektenurkunden im internationalen Rechtsverkehr, Tübingen 1995.

dies., Interessenwahrungspflicht bei Kommissionsgeschäften, Anmerkung zu BGH, Urt. v. 25.6.2002 – XI ZR 239/01, in: WuB I G 2 – 5.02, S. 1163 – 1166.

dies., Bank- und Kapitalmarktrecht – Nationale und Internationale Bankgeschäfte, Tübingen, 2. Aufl. 2010.

Enneccerus, Ludwig / Nipperdey, Hans Carl, Allgemeiner Teil des Bürgerlichen Rechts, Erster Band, Halbband 2, Tübingen, 15. Aufl. 1960.

Esser, Josef, Richterrecht, Gerichtsgebrauch und Gewohnheitsrecht, in: Esser, Josef / Thieme, Hans (Hrsg.), Festschrift für Fritz von Hippel zum 70. Geburtstag, Tübingen 1967, S. 95 – 130.

Eujen, Heiko / Frank, Rainer, Anfechtung der Bevollmächtigung nach Abschluß des Vertretergeschäfts?, in: JZ 1973, S. 232 – 238.

Ewald, Christian-Oliver / Yang, Zhaojun / Xiao, Yajun, Ewald/Yang/Xiao, Implied Volatility from Asian Options via Monte Carlo Methods, in: International Journal of Theoretical and Applied Finance, Vol. 12, No. 2, 2009, S. 153 – 178.

Fehr, Tobias, Recht des außerbörslichen Aktienhandels vor dem Hintergrund des Rechts des börslichen Aktienhandels – Das Kapitalmarktszenario für kapitalmarktaktive Aktiengesellschaften, deren Unternehmensführungen und aktuelle und potentielle Aktionäre und für Wertpapierdienstleister, Frankfurt am Main 2006.

Fleckner, Andreas M., Aufhebung von Wertpapiergeschäften im außerbörslichen Handel, Anmerkung zu OLG Schleswig, Urt. v. 9.1.2004 – 5 U 130/03), in: WuB I G 2. – 1.04, S. 661 – 664.

ders., Inhalt der kommissionsrechtlichen Ausführungspflicht, Anmerkung zu LG Nürnberg-Fürth, Urt. v. 25.1.2007 – 10 O 8762/05, in: WuB I G 2. – 1.08, S. 267 – 270.

ders., Schadensausgleich beim Handeln in eigenem Namen für fremde Rechnung, in: Baum, Harald / Fleckner, Andreas M. / Hellgardt, Alexander / Roth, Markus (Hrsg.), Perspektiven des Wirtschaftsrechts – Beiträge für Klaus J. Hopt, Berlin 2008, S. 3 – 33.

ders., Verspätete Stornierung eines kommissionsrechtlichen Ausführungsgeschäfts, Anmerkung zu LG Frankfurt, Urt. v. 23.12.2008 – 2-19 O 147/08, in: WuB I G 2. – 1.09, S. 513 – 516.

ders., Die Börsengeschäftsbedingungen (Börsenusancen) – Konzeptionelle und historische Grundlagen, Klassifizierungsversuche von Allgemeinen Geschäftsbedingungen über öffentlich-rechtliche Satzungen bis hin zu Gewohnheitsrecht, Geltungsgründe der Gegenwart, 2011, S. 1 – 58 (unveröffentlichtes Manuskript).

ders., Stornierung eines kommissionsrechtlichen Ausführungsgeschäfts ohne Aufhebungsbefugnis, Anmerkung zu OLG Frankfurt a.M., Urt. v. 4.3.2009 – 16 U 174/08, in: WuB I G 2. – 2.09, S. 591 – 594.

ders., Aufhebung nicht marktgerechter Wertpapiergeschäfte (Mistrades) – Auswertung der Spruchpraxis und Vorstellung offener Fragen, in: WM 2011, S. 585 – 596.

Fleckner, Andreas M. / Hopt, Klaus J., Entwicklung des Börsenrechts, in: Handelskammer Hamburg (Hrsg.), Die Hamburger Börse 1558 – 2008, Trends im Börsenwesen, Hamburg 2008, S. 249 – 282.

Fleckner, Andreas M. / Vollmuth, Christian, Geschäfte zu nicht marktgerechten Preisen (Mistrades) im außerbörslichen Handel – Zu den Grenzen außerbörslicherMistrade-Regeln, zur Interessenwahrung im außerbörslichen Handel sowie zur Drittschadensliquidation im Rahmen des § 122 BGB – zugleich Anmerkung zu BGH WM 2002, 1687, in: WM 2004, S. 1263 – 1278.

dies., Bücherschau: Angela Lindfeld, die Mistrade-Regeln – Voraussetzungen und Rechtsfolgen der Stornierung von Wertpapiergeschäften im börslichen und außerbörslichen Handel, in: WM 2009, S. 1819 – 1820.

Fleischer, Holger, Konkurrenzprobleme um die culpa in contrahendo: Fahrlässige Irreführung versus arglistige Täuschung, in: AcP 200 (2000), S. 91 – 120.

ders., Informationsasymmetrie im Vertragsrecht: eine rechtsvergleichende und interdisziplinäre Abhandlung zu Reichweite und Grenzen vertragsschlußbezogener Aufklärungspflichten, München 2001.

ders., Der Kalkulationsirrtum – Eine rechtsvergleichende und rechtsökonomische Studie, in: RabelsZ 65 (2001), S. 264 – 292.

Flume, Werner, Allgemeiner Teil des Bürgerlichen Rechts, Zweiter Band: Das Rechtsgeschäft, Berlin / Heidelberg / New York, 4. Aufl. 1992.

Fridrich, Johannes / Seidel, Sebastian, Lücken üblicher Mistrade-Klauseln im außerbörslichen Handel und deren Behebung durch Vertragsgestaltung, in: BKR 2008, S. 497 – 504.

Frühauf, Matthias, Zur Legitimation von Gewohnheitsrecht im Zivilrecht – unter besonderer Berücksichtigung des Richterrechts, Berlin 2006.

Gernhuber, Joachim, Synallagma und Zession, in: Baur, Fritz / Esser, Josef / Kübler, Friedrich / Steindorf, Ernst (Hrsg.), Funktionswandel der Privatrechtsinstitutionen – Festschrift für Ludwig Raiser zum 70. Geburtstag, Tübingen 1974, S. 56 – 98.

Geßler, Ernst / Hefermehl, Wolfgang / Hildebrandt, Wolfgang / Schröder, Georg, Schlegelberger Handelsgesetzbuch, Band IV: §§ 343 – 372, München, 5. Aufl. 1976.

Geßler, Ernst / Hefermehl, Wolfgang / Hildebrandt, Wolfgang / Schröder, Georg, Schlegelberger Handelsgesetzbuch, Band VI: §§ 383 – 460, München, 5. Aufl. 1977.

Göhmann, Lars Christian, Die Verhaltenspflichten von Banken gegenüber ihren Kunden bei der Durchführung von Effektengeschäften, Baden-Baden 2006.

Gomber, Peter / Hirschberg, Holger, Ende oder Stärkung der konventionellen Börsen? – Die Umsetzung der MiFID in Deutschland, in: AG 2006, S. 777 – 784.

Gottwald, Peter, Die Haftung für culpa in contrahendo, in: JuS 1982, S. 877 – 885.

Götz, Heinrich, Der Wirkungsgrad verfassungswidriger Gesetze, in: NJW 1960, S. 1177 – 1182.

Götz von Olenhusen, Peter, Börsen- und Kartellrecht, Baden-Baden 1983.

Grigoleit, Hans Christoph, Vorvertragliche Informationshaftung – Vorsatzdogma, Rechtsfolgen, Schranken, München 1997.

Gröpper, Hans, Gewohnheitsrecht, Observanz, Herkommen und Unvordenkliche Verjährung, in: DVBl. 1969, S. 945 – 950.

Groß, Wolfgang, Kapitalmarktrecht, Kommentar zum Börsengesetz, zur Börsenzulassungs-Verordnung, zum Wertpapierprospektgesetz und zum Verkaufsprospektgesetz, München, 4. Aufl. 2009.

Grunewald, Barbara / Schlitt, Michael, Einführung in das Kapitalmarktrecht, München, 2. Aufl. 2009.

Grzeszick, Bernd, Rechte und Ansprüche: eine Rekonstruktion des Staatshaftungsrechts aus den subjektiven öffentlichen Rechten, Tübingen 2002.

Hadding, Walther, Drittschadensliquidation und „Schutzwirkungen für Dritte" im bargeldlosen Zahlungsverkehr, in: Hadding, Walther / Immenga, Ulrich / Mertens, Hans-Joachim / Pleyer, Klemens / Schneider, Uwe H. (Hrsg.), Festschrift für Winfried Werner zum 65. Geburtstag am 17. Oktober 1984, Handelsrecht und Wirtschaftsrecht in der Bankpraxis, Berlin / New York 1984, S. 165 – 199.

Hagen, Horst, Die Drittschadensliquidation im Wandel der Rechtsdogmatik, Frankfurt am Main 1971.

Hager, Günter, Die Prinzipien der Mittelbaren Stellvertretung, in: AP 180 (1980), S. 239 – 262.

ders., Entwicklungsstadien der bereicherungsrechtlichen Durchgriffshaftung, in: Symposium der Juristischen Fakultät der Universität Heidelberg (Hrsg.), Ungerechtfertigte Bereicherung – Grundlagen, Tendenzen, Perspektiven, Symposium zum Gedenken an Detlef König, Heidelberg 1984, S. 161 – 182.

Hammen, Horst, Börsengeschäft und allgemeines Privatrecht – Das „Matchen" von Angeboten desselben Kreditinstitutes, in: ZBB 2000, S. 293 – 360.

ders., „Best" – Was ist Börsenhandel?, in: WM 2002, S. 2129 – 2137.

ders., Sanktionsausschuß einer Börse und Anspruch auf kaufmännisches Vertrauen, in: Bessler, Wolfgang (Hrsg.), Börsen, Banken und Kapitalmärkte, Festschrift für Hartmut Schmidt zum 65. Geburtstag, Berlin 2006, S. 313 – 322.

ders., Börsenreform und Verfassungsrecht – Rechtsnatur der Börsenbedingungen und Zuständigkeit für die Einführung von Aktien zum Börsenhandel in den Teilbereichen, in: WM 2007, S. 1297 – 1305.

Hanebeck, Alexander, Die Einheit der Rechtsordnung als Anforderung an den Gesetzgeber? – Zu verfassungsrechtlichen Anforderungen wie „Systemgerechtigkeit" und „Widerspruchsfreiheit" als Maßstab verfassungsgerichtlicher Kontrolle, in: Der Staat 41 (2002), S. 429 – 451.

Harel, David / Feldman, Yishai, Algorithmik: Die Kunst des Rechnens, Berlin / Heidelberg 2010.

Härle, Philipp, Die Terminbörsen EUREX und WTB – Das Börseninnen- und Börsenaußenverhältnis, Berlin 2003.

Harrer, Herbert / Müller, Roger, Die Renaissance des Freiverkehrs – Eine aktuelle Analyse mit internationalem Vergleich, in: WM 2006, S. 653 – 664.

Härting, Niko, Internetrecht, Köln, 4. Aufl. 2010.

Hartmann, Christian, Verfassungswidrige und doch wirksame Rechtsnormen? – Zur Frage alternativer Rechtsgeltungsbestimmungen im Grundgesetz, in: DVBl. 1997, S. 1264 – 1269.

Hauser, Raimund, Norm, Recht und Staat – Überlegungen zu Hans Kelsens Theorie der Reinen Rechtslehre, Wien / New York 1968.

Heckmann, Dirk, Geltungskraft und Geltungsverlust von Rechtsnormen – Elemente einer Theorie der autoritativen Normgeltungsbeendigung, Tübingen 1997.

Heiermann, Wolfgang, Der Kalkulationsirrtum des Bieters beim Bauvertrag, in: BB 1984, S. 1836 – 1842.

Heinsius, Theodor / Horn, Arno / Than, Jürgen, Depotgesetz: Kommentar zum Gesetz über die Verwahrung und Anschaffung von Wertpapieren vom 4. Februar 1937, Berlin / New York 1975.
Henrich, Dieter, Die unbewußte Irreführung, in: AcP 162 (1963), S. 88 – 104.
Heun, Sven-Erik, Die elektronische Willenserklärung – Rechtliche Einordnung, Anfechtung und Zugang, in: CR 1994, S. 595 – 600.
Hirschberg, Holger, MiFID – Ein neuer Rechtsrahmen für die Wertpapierhandelsplätze in Deutschland, in: AG 2006, S. 398 – 406.
Hoeren, Thomas / Sieber, Ulrich (Hrsg.), Handbuch Multimedia-Recht, München 1999.
Hoffmann, Gerhard, Die Verwaltung und das verfassungswidrige Gesetz, in: JZ 1961, S. 193 – 205.
Hoffmann, Mario, Willenserklärungen im Internet, Hamburg 2003.
Hoffmann, Uwe, Abtretung der Hauptforderung und Verzugsschaden, in: WM 1994, S. 1464 – 1466.
Hopt, Klaus J., Interessenwahrung und Interessenkonflikte im Aktien-, Bank- und Berufsrecht – Zur Dogmatik des modernen Geschäftsbesorgungsrechts, in: ZGR 2004, S. 1 – 52.
Horn, Norbert (Hrsg.), Heymann Handelsgesetzbuch (ohne Seerecht) Kommentar, Band 4 (Viertes Buch): §§ 343 – 475h, Berlin u.a., 2. Aufl. 2005.
Hundertmark, Reiner, Die Behandlung des fehlkalkulierten Angebots bei der Vergabe nach VOB/A, in: BB 1982, S. 16 – 20.
Ipsen, Jörn, Rechtsfolgen der Verfassungswidrigkeit von Norm und Einzelakt, Baden-Baden 1980.
ders., Nichtigerklärung oder „Verfassungswidrigerklärung" – Zum Dilemma der verfassungsgerichtlichen Normenkontrollpraxis, in: JZ 1998, S. 41 – 45.
Jarras, Hans D., Die Widerspruchsfreiheit der Rechtsordnung als verfassungsrechtliche Vorgabe – Zugleich ein Beitrag zum Verhältnis von Sachgesetzgeber und Abgabengesetzgeber, in: AöR 126 (2001), S. 588 – 607.
Joost, Detlev, Der Ausschluss der Inhaltskontrolle bei Entgeltregelungen in Allgemeinen Geschäftsbedingungen, in: ZIP 1996, S. 1685 – 1693.
Junker, Abo, Grundkurs Arbeitsrecht. München, 9. Aufl. 2010.
Junker, Michael, Der Umfang des einem Zessionar zu leistenden Schadensersatzes wegen Verzuges bei Abtretung vertraglicher Ansprüche, in: AcP 195 (1995), S. 1 – 12.
Keller, Moritz, Versandhandelskauf und Preisirrtum im Internet, in: K & R 2005, S. 167 – 174.
Kelsen, Hans, Reine Rechtslehre – Einleitung in die rechtswissenschaftliche Problematik, Leipzig / Wien 1934.
Kindl, Johann, Rechtsscheintatbestände und ihre rückwirkende Beseitigung, Berlin 1999.
ders., Der Kalkulationsirrtum im Spannungsfeld von Auslegung, Irrtum und unzulässiger Rechtsausübung – Zugleich Besprechung der Entscheidung des BGH vom 7.7.1998, WM 1998, 2375 –, in: WM 1999, S. 2198 – 2208.
Klein, Harald, Fehler und Fehlerfolgen untergesetzlicher Normen, in: ZG 1986, S. 282 – 287.
Klement, Jan Henrik, Verantwortung: Funktion und Legitimation eines Begriffs im Öffentlichen Recht, Tübingen 2006.
Knütel, Rolf, Weisungen bei Geschäftsbesorgungsverhältnissen, insbesondere bei Kommission und Spedition, in: ZHR 137 (1973), S. 285 – 333.
Koch, Jens, Mistrade-Klauseln in der AGB-Inhaltskontrolle, in: ZBB 2005, S. 265 – 273.
Köhler, Helmut, Die Problematik automatisierter Rechtsvorgänge, insbesondere von Willenserklärungen, in: AcP 182 (1982), S. 126 – 171.
ders., BGB Allgemeiner Teil, München, 34. Aufl. 2010.
Koller, Ingo / Roth, Wulf-Henning / Morck, Winfried, Handelsgesetzbuch, München, 7. Aufl. 2011.

Köndgen, Johannes, Die Entwicklung des privaten Bankrechts in den Jahren 1999–2003, in: NJW 2004, S. 1288 – 1301.

ders., Internalisierter Wertpapierhandel unter MiFID: zwischen Anlegerschutz und Markteffizienz, in: Bessler, Wolfgang (Hrsg.), Börsen, Banken und Kapitalmärkte, Festschrift für Hartmut Schmidt zum 65. Geburtstag, Berlin 2006.

ders., Preis- und Vergütungsgestaltung im Wertpapierhandel – Zur Obsoleszenz des Kommissionsrechts, in: Heldrich, Andreas / Prölss, Jürgen / Koller, Ingo u.a. (Hrsg.), Festschrift für Claus-Wilhelm Canaris zum 70. Geburtstag, Band II, München 2007, S. 183 – 207.

Korn, Ralf / Korn, Elke, Optionsbewertung und Portfolio-Optimierung: Moderne Methoden der Finanzmathematik, Braunschweig / Wiesbaden, 2. Aufl. 2001.

Krause, Nils, Alternative Wertpapierhandelssysteme unter besonderer Berücksichtigung von Regulierungs- und Aufsichtsproblemen im Internet; vor dem Hintergrund der US-amerikanischen Rechtslage und des 4. Finanzmarktförderungsgesetzes sowie der europäischen Rechtsentwicklung, Frankfurt am Main u.a. 2005.

Krückmann, Paul, Zum Kalkulationsirrtum, in: JW 1927, S. 2404 – 2405.

ders., Zum Kalkulationsirrtum bei Börsenaufträgen, in: LZ 1928, S. 930 – 936.

Kuhn, Matthias, Rechtshandlungen mittels EDV und Telekommunikation – Zurechenbarkeit und Haftung, München 1991.

Kumpan, Christoph, Die Regulierung außerbörslicher Wertpapierhandelssysteme im deutschen, europäischen und US-amerikanischen Recht, Berlin 2006.

Kumpan, Christoph / Hellgardt, Alexander, Haftung der Wertpapierdienstleistungsunternehmen nach Umsetzung der EU-Richtlinie über Märkte für Finanzinstrumente (MiFID), in: DB 2006, S. 1714 – 1720.

Kümpel, Siegfried, Zur Aufnahme des elektronischen Handels an der Frankfurter Wertpapierbörse, in: WM 1991, Sonderbeilage 4, S. 1 – 24.

ders., Das Effektengeschäft im Lichte des 2. Finanzmarktförderungsgesetz, in: WM 1993, S. 2025 – 2031.

ders., Zur Unanwendbarkeit der Informationspflichten des WpHG auf Direkt(Selbst)emissionen und Investmentgesellschaften, in: Damm, Reinhard / Heermann, Peter W. / Veil, Rüdiger (Hrsg.), Festschrift für Thomas Raiser zum 70. Geburtstag am 20. Februar 2005, Berlin 2005, S. 700 – 722.

Kümpel, Siegfried / Hammen, Horst, Börsenrecht. Eine systematische Darstellung, Berlin, 2. Aufl. 2003.

Kümpel, Siegfried / Hammen, Horst / Ekkenga, Jens (Hrsg.), Kapitalmarktrecht, Handbuch für die Praxis, Systematische Sammlung der Gesetze, Verordnungen, behördliche Verlautbarungen sowie Einführungen und Kurzerläuterungen, Berlin Loseblattsammlung 2011, Stand: Lieferung 1/11 aus Februar 2011.

Kümpel, Siegfried / Wittig, Arne (Hrsg.), Bank- und Kapitalmarktrecht, Köln, 4. Aufl. 2011.

Kümpel, Siegfried, Bank- und Kapitalmarktrecht, Köln, 3. Aufl. 2004.

Kunz, Jens H., Ausgewählte Rechtsprobleme des Zentralen Kontrahenten – Unter besonderer Berücksichtigung des Clearing-Systems an der Frankfurter Wertpapierbörse, Frankfurt am Main u.a. 2009.

Laaser, Erich, Die Rechtsnatur der Börsenbedingungen, Königsberg 1922.

Lange, Hermann / Schiemann, Gottfried, Handbuch des Schuldrechts – Schadensersatz, Tübingen, 3. Aufl. 2003.

Langenbucher, Katja / Adolff, Johannes, Zur Zulässigkeit der Drittschadensliquidation in Dreipersonenverhältnissen, in: Heldrich, Andreas / Prölss, Jürgen / Koller, Ingo u.a. (Hrsg.), Festschrift für Claus-Wilhelm Canaris zum 70. Geburtstag, Band I, München 2007, S. 679 – 697.

Larenz, Karl, Lehrbuch des Schuldrechts, Band I: Allgemeiner Teil, München, 14. Aufl. 1987.

Larenz, Karl / Canaris, Claus-Wilhelm, Methodenlehre der Rechtswissenschaft, Berlin u.a., 3. Aufl. 1995.
Larenz, Karl / Wolf, Manfred, Allgemeiner Teil des Bürgerlichen Rechts, München, 9. Aufl. 2004.
Leenen, Detlef, Anfechtung von Verträgen – Zur Abstimmung zwischen § 142 Abs. 2 und §§ 119 ff BGB, in: Jura 1991, S. 393 – 399.
Lehmann, Matthias, Finanzinstrumente – Vom Wertpapier- und Sachenrecht zum Recht der unkörperlichen Vermögensgegenstände, Tübingen 2009.
Lenenbach, Markus, Kapitalmarktrecht und kapitalmarktrelevantes Gesellschaftsrecht, Köln, 2. Aufl. 2010.
ders., Kapitalmarkt- und Börsenrecht, Köln 2002.
Lindfeld, Angela, Die Mistrade-Regeln – Voraussetzungen und Rechtsfolgen der Stornierung von Wertpapiergeschäften im börslichen und außerbörslichen Handel, BadenBaden 2008.
Lippold, Rainer, Gilt im Deutschen Recht ein Fehlerkalkül für Gesetze? – Eine Untersuchung der Problems verfassungswidriger Gesetze auf Grundlage der Reinen Rechtslehre, in: Der Staat 29 (1990), S. 185 – 208.
Lorenz, Stephan, Der Schutz vor dem unerwünschten Vertrag – Eine Untersuchung von Möglichkeiten und Grenzen der Abschlußkontrolle im geltenden Recht, München 1997.
ders., Vertragsaufhebung wegen culpa in contrahendo: Schutz der Entscheidungsfreiheit oder des Vermögens?, in: ZIP 1998, S. 1053 – 1057.
Mangoldt, Hermann v. / Klein, Friedrich / Starck, Christian (Hrsg.), Kommentar zum Grundgesetz, Band 3: Artikel 83 bis 146, München, 6. Aufl. 2010.
Mankowski, Peter, Beseitigungsrechte – Anfechtung, Widerruf und verwandte Institute, Tübingen 2003.
ders., Kurzkommentar zu LG Köln, Urt. v. 16.4.2003 – 9 S 289/02, in: EWiR § 150 BGB 1/03, S. 853 – 854.
Maunz, Theordor / Dürig, Günter (Begr.), Grundgesetz Kommentar, Loseblattsammlung, Band IV, Art. 23 – 53 a, München, 60. Lieferung 2010.
Dies., Grundgesetz Kommentar, Loseblattsammlung, Band VI, Art. 86 – 106a, München, 60. Lieferung 2010.
Maurer, Hartmut, Bestandskraft für Satzungen?, in: Püttner, Günter u.a. (Hrsg.), Festschrift für Otto Bachof zum 70. Geburtstag am 6. März 1984, München 1984, S. 215 – 243.
ders., Allgemeines Verwaltungsrecht, München, 17. Aufl. 2009.
Medicus, Dieter, Allgemeiner Teil des BGB, Heidelberg, 10. Aufl. 2010.
Merton, Robert C., Theory of Rational Option Pricing, in: The Bell Journal of Economics and Management Science, Vol. 4, No. 1, 1973, S. 141 – 183.
Moench, Christoph, Verfassungswidriges Gesetz und Normenkontrolle – Die Problematik der verfassungsrechtlichen Sanktion, dargestellt anhand der Rechtsprechung des Bundesverfassungsgerichtes, Baden-Baden 1977.
Moritz, Hans-Werner / Dreier, Thomas (Hrsg.), Rechts-Handbuch zum E-Commerce, Köln, 2. Aufl. 2005.
Mues, Meike, Die Irrtumsanfechtung im Handelsverkehr, Berlin 2004.
Müller, Gerd, Umsätze und Erträge – Eigenschaften der Kaufsache? Eine kritische Analyse der Rechtsprechung, in: ZHR 147 (1983), S. 501 – 543.
Müller-Erzbach, Rudolf, Die Grundsätze der mittelbaren Stellvertretung: aus der Interessenlage entwickelt, Berlin 1905.
Müller-Freienfels, Wolfram, Die Vertretung beim Rechtsgeschäft, Tübingen 1955.
Münch, Ingo v. / Kunig, Philip (Hrsg.), Grundgesetzkommentar, Band 2, Art. 20 bis 69, München, 5. Aufl. 2001.
Münchener Kommentar zum Bürgerlichen Gesetzbuch, Säcker, Franz Jürgen (Red.), Band 1, 1. Halbband: Allgemeiner Teil, §§ 1 – 240, ProstG, München, 5. Aufl. 2006.

Münchener Kommentar zum Bürgerlichen Gesetzbuch, Krüger, Wolfgang (Red.), Band 2: Schuldrecht Allgemeiner Teil, §§ 241 – 432, München, 5. Aufl. 2007.
Münchener Kommentar zum Bürgerlichen Gesetzbuch, Krüger, Wolfgang / Westermann, Harm Peter (Red.), Band 3: Schuldrecht Besonderer Teil, §§ 433 – 610, Finanzierungsleasing, HeizkostenV, BetriebskostenV, CISG, München, 5. Aufl. 2008.
Münchener Kommentar zum Handelsgesetzbuch, Schmidt, Karsten (Hrsg.) / Hadding, Walther (Red.), Band 5: Viertes Buch, Handelsgeschäfte, Erster Abschnitt, Allgemeine Vorschriften §§ 343 – 372, Recht des Zahlungsverkehrs, Effektengeschäft, Depotgeschäft, Ottawa Übereinkommen über Internationales Factoring, München, 2. Aufl. 2009.
Münchener Kommentar zum Handelsgesetzbuch, Schmidt, Karsten (Hrsg.) / Grunewald, Barbara (Red.), Band 6: Viertes Buch, Handelsgeschäfte, Zweiter Abschnitt, Handelskauf, Dritter Abschnitt, Kommissionsgeschäft §§ 373 – 406, Wiener UN-Übereinkommen über Verträge über den internationalen Warenkauf – CISG, München, 2. Aufl. 2007.
Neuner, Jörg, Der Schutz und die Haftung Dritter nach vertraglichen Grundsätzen, in: JZ 1999, S. 126 – 135.
Niebling, Jürgen, Die Inhaltskontrolle von Preisen und Leistungen nach dem AGBG, in: WM 1992, S. 845 – 852.
Oertmann, Paul, Anmerkung zu RG, Urt. v. 22.2.1929 – II 357/28 = RGZ 124, 115, 120, in: JW 1929, S. 1457 – 1459.
Ossenbühl, Fritz, Eine Fehlerlehre für untergesetzliche Normen, in: NJW 1986, S. 2805 – 2812.
Palandt, Otto (Begr.), Bürgerliches Gesetzbuch, München, 70. Aufl. 2011.
Pawlowski, Hans-Martin, Die Kalkulationsirrtümer: Fehler zwischen Motiv und Erklärung, in: JZ 1997, S. 741 – 747.
ders., Methodenlehre für Juristen, Theorie der Norm und des Gesetzes, Heidelberg, 3. Aufl. 1999.
Peters, Frank, Die Schadensberechnung bei der Verletzung zedierter Forderungen, in: JZ 1977, S. 119 – 122.
ders., Zum Problem der Drittschadensliquidation, in: AcP 180 (1980), S. 329 – 372.
ders., Anmerkung zu BGH, Urt. v. 7.7.1998 – X ZR 17/97, in: JR 1999, S. 157 – 158.
Petersen, Jens, Die Anfechtung der ausgeübten Innenvollmacht, in: AcP 201 (2001), S. 375 – 390.
Pflug, Hans-Joachim, Schecksperre und Handelsbrauch, in: ZHR 135 (1971), S. 1 – 52.
Probst, Martin, Zur „Eindeutigkeit" von Anfechtungserklärungen, in: JZ 1989, S. 878 – 883.
Prütting, Hans / Wegen, Gerhard / Weinreich, Gerd (Hrsg.), BGB Kommentar, Köln, 5. Aufl. 2010.
Raisch, Peter, Zur Abgrenzung von Gewohnheitsrecht und Richterrecht im Zivil- und Handelsrecht, in: ZHR 150 (1986), S. 117 – 140.
Reichsgerichtsrätekommentar (RGRK), Das Bürgerliche Gesetzbuch mit besonderer Berücksichtigung der Rechtsprechung des Reichsgerichts und des Bundesgerichtshofes, Kommentar herausgegeben von den Mitgliedern des Bundesgerichtshofes, Band 1: §§ 1 – 240, Berlin u.a., 12. Aufl. 1982.
Reuschle, Fabian / Fleckner, Andreas M., Börsenähnliche Einrichtungen – die privatrechtliche Organisation einer Börse im materiellen Sinne, in: BKR 2002, S. 617 – 625.
Rinker, Mike, Vertragsschluss im börslichen elektronischen Handelssystem, Berlin 2003.
ders., Wetterderivate: Funktionsweise – rechtlicher Rahmen – MiFID – Ultra-vires-Doktrin, Berlin 2008.
Röhricht, Volker / Westphalen, Friedrich Graf von (Hrsg.), Handelsgesetzbuch: Kommentar zu Handelsstand, Handelsgesellschaften, Handelsgeschäften und besonderen Handelsverträgen (ohne Bilanz-, Transport- und Seerecht), Köln, 3. Aufl. 2008.

Rudolph, Bernd / Schäfer, Klaus, Derivative Finanzmarktinstrumente – Eine anwendungsbezogene Einführung in Märkte, Strategien und Bewertung, Berlin / Heidelberg, 2. Aufl. 2010.

Schilken, Eberhard, Wissenszurechnung im Zivilrecht, Eine Untersuchung zum Anwendungsbereich des § 166 BGB innerhalb und außerhalb der Stellvertretung, Bielefeld 1983.

Schlaich, Klaus / Korioth, Stefan, Das Bundesverfassungsgericht – Stellung, Verfahren, Entscheidungen, München, 8. Aufl. 2010.

Schlitt, Michael / Schäfer, Susanne, Der neue Entry Standard an der Frankfurter Wertpapierbörse, in: AG 2006, S. 147 – 155.

Schlüter, Uwe, Börsenhandelsrecht – Handbuch für Banken und Finanzdienstleistungsinstitute, München 2. Aufl. 2002.

Schmidt, Karsten, Gesellschaftsrecht, Köln u.a., 4. Aufl. 2002.

ders., Wertpapierhandel im Kommissionsgeschäft, Anmerkung zu BGH, Urt. v. 25.6.2002, in: JuS 2003, S. 198 – 198.

Schmidt, Martin, Derivative Finanzinstrumente – Eine anwendungsorientierte Einführung, Stuttgart, 3. Aufl. 2006.

Schmidt-Rimpler, Walter, Eigenschaftsirrtum und Erklärungsirrtum, in: Nipperdey, Hans Carl u.a. (Hrsg.), Das deutsche Privatrecht in der Mitte des 20. Jahrhunderts: Festschrift für Heinrich Lehmann zum 80. Geburtstag, Band I, Berlin / Tübingen 1956.

Schmitz, Bernhard, Wetterderivate als Instrument im Risikomanagement landwirtschaftlicher Betriebe, Bonn 2007.

Schönemann, Frank, Die Organisationsstruktur der Börse – Von der öffentlich-rechtlichen zu einer privatrechtlichen Börsenverfassung, Berlin 2010.

Schubert, Werner, Unredliches Verhalten Dritter bei Vertragsschluß, in: AcP 168 (1968), S. 470 – 512.

Schürnbrand, Jan, Gestaltungsrechte als Verfügungsgegenstand, in: AcP 204 (2004), S. 177 – 207.

Schwark, Eberhard, Rechtsprobleme bei der mittelbaren Stellvertretung, JuS 1980, S. 777 – 782.

Schwark, Eberhard / Zimmer, Daniel (Hrsg.), Kapitalmarktrechtskommentar: Börsengesetz mit Börsenzulassungsverordnung, Wertpapierprospektgesetz, Verkaufsprospektgesetz mit Vermögensanlagen-Verkaufsprospektverordnung, Wertpapierhandelsgesetz, Wertpapiererwerbs- und übernahmegesetz, München, 4. Aufl. 2010.

Schwark, Eberhard (Hrsg.), Kapitalmarktrechtskommentar: Börsengesetz mit Börsenzulassungsverordnung, Verkaufsprospektgesetz mit Verkaufsprospektverordnung, Wertpapierhandelsgesetz, Wertpapiererwerbs- und übernahmegesetz, München, 3. Aufl. 2004.

Schwarze, Roland, Die Anfechtung der ausgeübten (Innen-)Vollmacht – Ein Lehrstück über Konstruktion und Wertung, in: JZ 2004, S. 588 – 595.

Schwenzer, Ingeborg, Zession und sekundäre Gläubigerrechte, in: AcP 182 (1982), S. 214 – 253.

Seetzen, Uwe, Sekundäre Gläubigerrechte nach Abtretung des Hauptanspruchs aus einem gegenseitigen Vertrag – Zugleich ein Beitrag zum Schuldnerersatz, in: AcP 169 (1969), S. 352 – 371.

Sendler, Horst, Grundrecht auf Widerspruchsfreiheit der Rechtsordnung? – Eine Reise nach Absurdistan?, in: NJW 1998, S. 2875 – 2877.

Singer, Reinhard, Der Kalkulationsirrtum – ein Fall für Treu und Glauben, JZ 1999, S. 342 – 349.

Söhn, Hartmut, Anwendungspflicht oder Aussetzungspflicht bei festgestellter Verfassungswidrigkeit von Gesetzen?, Frankfurt a.M. 1974.

Sodan, Helge, Das Prinzip der Widerspruchsfreiheit der Rechtsordnung, in: JZ 1999, S. 864 – 873.

Soergel, Hans Theodor (Begr.), Bürgerliches Gesetzbuch mit Einführungsgesetz und Nebengesetzen, Band 2: Allgemeiner Teil 2, §§ 104 – 240, Stuttgart u.a., 13. Aufl. 1999.

Soergel, Hans Theodor (Begr.), Bürgerliches Gesetzbuch mit Einführungsgesetz und Nebengesetzen, Band 2: Schuldrecht I, §§ 241 – 432, Stuttgart u.a., 12. Aufl. 1990.

Soergel, Hans Theodor (Begr.), Bürgerliches Gesetzbuch mit Einführungsgesetz und Nebengesetzen, Band 3: Schuldrecht II, §§ 433 – 515, AGB-Gesetz, AbzG, EAG, EKG, UN-KaufAbk, Stuttgart u.a., 12. Aufl. 1991.

Spindler, Gerald, Anmerkung zu BGH, Urt. v. 26.1.2005 – VIII ZR 79/04, in: JZ 2005, S. 793–794.

Spindler, Gerald / Kasten, Roman A., Der neue Rechtsrahmen für den Finanzdienstleistungssektor – die MiFID und ihre Umsetzung, in: WM 2006, S. 1797 – 1804.

Staub, Hermann / Canaris, Claus-Wilhelm / Schilling, Wolfgang / Ulmer, Peter (Hrsg.), Handelsgesetzbuch Großkommentar, Sechster Band: §§ 383 – 424, Berlin, 4. Aufl. 1985.

Staudinger, Julius von (Begr.), Kommentar zum Bürgerlichen Gesetzbuch mit Einführungsgesetz und Nebengesetzen, Erster Band: Allgemeiner Teil, Berlin, 11. Aufl. 1957.

Staudinger, Julius von (Begr.), Kommentar zum Bürgerlichen Gesetzbuch mit Einführungsgesetz und Nebengesetzen, Erstes Buch: Allgemeiner Teil, §§ 90 – 240, Berlin, 12. Aufl. 1980.

Staudinger, Julius von (Begr.), Kommentar zum Bürgerlichen Gesetzbuch mit Einführungsgesetz und Nebengesetzen, Erstes Buch: Allgemeiner Teil, §§ 90 – 133; §§ 1 – 54, 63 BeurkG, Berlin, Bearbeitung 2004.

Staudinger, Julius von (Begr.), Kommentar zum Bürgerlichen Gesetzbuch mit Einführungsgesetz und Nebengesetzen, Erstes Buch: Allgemeiner Teil, §§ 134 – 163, Berlin, Neubearbeitung 2003.

Staudinger, Julius von (Begr.), Kommentar zum Bürgerlichen Gesetzbuch mit Einführungsgesetz und Nebengesetzen, Erstes Buch: Allgemeiner Teil: §§ 164 – 240, Berlin, Neubearbeitung 2009.

Staudinger, Julius von (Begr.), Kommentar zum Bürgerlichen Gesetzbuch mit Einführungsgesetz und Nebengesetzen, Zweites Buch: Recht der Schuldverhältnisse: §§ 249 – 254, Berlin, Neubearbeitung 2005.

Staudinger, Julius von (Begr.), Kommentar zum Bürgerlichen Gesetzbuch mit Einführungsgesetz und Nebengesetzen, Zweites Buch: Recht der Schuldverhältnisse: §§ 397 – 432, Berlin, Neubearbeitung 2005.

Staudinger, Julius von (Begr.), Kommentar zum Bürgerlichen Gesetzbuch mit Einführungsgesetz und Nebengesetzen, Drittes Buch: Sachenrecht, §§ 925 – 984; Anhang zu §§ 929 ff.: Sonderformen der Übereignung, Berlin, Neubearbeitung 2004.

Stern, Klaus, Das Bundesverfassungsgericht und die sog. Konkrete Normenkontrolle nach Art. 100 Abs. 1 GG, in: AöR 91 (1966), S. 223 – 253.

ders., Das Staatsrecht der Bundesrepublik Deutschland, Band I: Grundbegriffe und Grundlagen des Staatsrechts, Strukturprinzipien der Verfassung, München, 2. Aufl. 1984.

ders., Das Staatsrecht der Bundesrepublik Deutschland, Band II: Staatsorgane, Staatsfunktionen, Finanz- und Haushaltsverfassung, Notstandsverfassung, München 1980.

Stoffels, Markus, AGB-Recht, München, 2. Aufl. 2009.

Stransky, Richard, Zur Frage der rechtlichen Natur der Börsenusancen, insbesondere vom Standpunkt des österreichischen Rechts, in: ZHR 75 (1914), S. 276 – 343.

Stüsser, Rolf, Die Anfechtung der Vollmacht nach bürgerlichem Recht und Handelsrecht, Berlin 1986.

Tägert, Hans, Die Geltendmachung des Drittschadens, Heide in Holstein 1938.

Than, Jürgen, Kapitalmarkt und Globalurkunde, in: Kübler, Friedrich / Mertens, Hans-Joachim / Werner, Winfried (Hrsg.), Festschrift für Theodor Heinsius zum 65. Geburtstag, Berlin 1991, S. 809 – 840.

Than, Jürgen, Wertpapierrecht ohne Wertpapiere?, in: Horn, Norbert / Lwowski, Hans-Jürgen / Nobbe, Gerd (Hrsg.), Festschrift für Herbert Schimansky, Köln 1999, S. 821 – 836.

Tilmann, Albert Michael, Rechtssetzung durch Private bei nationalen und internationalen Klauselwerken des Handels: dargestellt an den Berliner Vereinbarungen und RUCIP als Geschäftsbedingungen des nationalen und internationalen Kartoffelhandels, Bergen 2000.

Tilp, Andreas W., Anmerkung zu OLG München, Urt. v. 26.4.2001 – 19 U 5248/00, in: EWiR Nr. 9 SBW 1/02, S. 453 – 454.

Titze, Heinrich, Vom sogenannten Motivirrtum, in: Festschrift für Ernst Heymann zum 70. Geburtstag am 6. April 1940, Band 2: Recht der Gegenwart, Weimar 1940, S. 72 – 111.

Tomuschat, Christian, Verfassungsgewohnheitsrecht? – Eine Untersuchung zum Staatsrecht der Bundesrepublik Deutschland, Heidelberg 1972.

Uffmann, Katharina, Das Verbot der geltungserhaltenden Reduktion, Tübingen 2010.

Ulmer, Peter / Brandner, Hans Erich / Hensen, Horst-Diether (Hrsg.), AGB-Recht – Kommentar zu den §§ 305 – 310 BGB und zum UKlaG, Köln, 11. Aufl. 2010.

Vollmuth, Christian, Anmerkung zu OLG Schleswig, Beschl. v. 9.1.2004 – 5 U 130/03, in: EWiR § 122 BGB 1/04, S. 835 – 836.

Von Caemmerer, Ernst, Das Problem des Drittschadensersatzes, in: ZHR 127 (1965), S. 241 – 279.

Von Olshausen, Henning, Die Wirksamkeit des Gesetzes und der Geltungsanspruch der Verfassung, in: JZ 1967, S. 116 – 120.

Waltermann, Raimund, Die Wissenszurechnung – am Beispiel der juristischen Personen des privaten und des öffentlichen Rechts, in: AcP 192 (1992), S. 181 – 226.

Weißauer, Walther / Hesselberger, Dieter, Nichtigkeit oder Vernichtbarkeit verfassungswidriger Normen, in: DöV 1970, S. 325 – 330.

Westermann, Harm Peter (Hrsg.), Erman Bürgerliches Gesetzbuch, Handkommentar mit AGG, EGBGB (Auszug), ErbbauRG, HausratsVO, LPartG, ProdHaftG, UKlaG, VAHRG und WEG, Köln, 12. Aufl. 2008.

Wiebe, Andreas, Die elektronische Willenserklärung: kommunikationstheoretische und rechtsdogmatische Grundlagen des elektronischen Geschäftsverkehrs, Tübingen 2002.

Wiedemann, Herbert, Anmerkung zu BGH, Urt. v. 26.9.1997 – VZR 29/96, in: JZ 1998, S. 1176 – 1177.

Wieser, Eberhard, Der Kalkulationsirrtum, in: NJW 1972, S. 708 – 711.

Willemsen, Heinz Josef, Zum Verhältnis von Sachmängelhaftung und culpa in contrahendo beim Unternehmenskauf, in: AcP 182 (1982), S. 515 – 572.

Wohlwend, Hanspeter, Der Markt für strukturierte Produkte in der Schweiz: eine empirische Untersuchung, Lohmar u.a., 2. Aufl. 2004.

Wolf, Manfred / Lindacher, Walther F. / Pfeiffer, Thomas (Hrsg.), AGB-Recht Kommentar, München, 5. Aufl. 2009.

Wolff, Hans J. (Begr.) / Bachof, Otto / Stober, Rolf / Kluth, Winfried, Verwaltungsrecht I, München, 12. Aufl. 2007.

Zingel, Frank, Die Verpflichtung zur bestmöglichen Ausführung von Kundenaufträgen nach dem Finanzmarkt-Richtlinie-Umsetzungsgesetz, in: BKR 2007, S. 173 – 178.

Zitelmann, Ernst, Irrtum und Rechtsgeschäft: eine psychologisch-juristische Untersuchung, Leipzig 1879.

Zöllner, Wolfgang, Die Zurückdrängung des Verkörperungselements bei Wertpapieren, in: Baur, Fritz / Esser, Josef / Kübler, Friedrich / Steindorf, Ernst (Hrsg.), Funktionswandel der Privatrechtsinstitutionen – Festschrift für Ludwig Raiser zum 70. Geburtstag, Tübingen 1974, S. 249 – 286.

Die Fundstellen aus dem Internet wurden zuletzt im April 2011 abgerufen.

Sachregister

Kolibri 360 GmbH
Ferdinand-Jühlke-Straße 7
99095 Erfurt, Deutschland
produktsicherheit@kolibri360.de